中国石油科技进展丛书（2006—2015年）

石油炼制

主　编：蔺爱国
副主编：何盛宝　马　安　于建宁

石油工业出版社

内 容 提 要

本书全面系统地总结了“十一五”和“十二五”期间中国石油在石油炼制领域的科技发展，从关键核心技术研究攻关、特色产品升级换代及新产品研制开发、新技术推广应用及前景等方面介绍了中国石油取得的一批重大技术进展和重要成果。在此基础上，对中国石油在石油炼制领域的技术发展进行了展望。

本书可供从事石油炼制的技术人员和管理人员使用，也可作为高等院校相关专业师生的参考书。

图书在版编目（CIP）数据

石油炼制 / 蔺爱国主编 . —北京：石油工业出版社，2019.1

（中国石油科技进展丛书 . 2006—2015 年）

ISBN 978-7-5183-3010-2

Ⅰ . ①石… Ⅱ . ①蔺… Ⅲ . ①石油炼制 Ⅳ . ① TE62

中国版本图书馆 CIP 数据核字（2018）第 282611 号

出版发行：石油工业出版社

（北京安定门外安华里 2 区 1 号　100011）

网　址：www. petropub. com

编辑部：（010）64523546　图书营销中心：（010）64523633

经　　销：全国新华书店

印　　刷：北京中石油彩色印刷有限责任公司

2019 年 1 月第 1 版　2019 年 1 月第 1 次印刷

787 × 1092 毫米　开本：1/16　印张：20.25

字数：490 千字

定价：160.00 元

（如出现印装质量问题，我社图书营销中心负责调换）

《中国石油科技进展丛书（2006—2015年）》

编　委　会

专　家　组

《石油炼制》编写组

主　　编： 蔺爱国

副 主 编： 何盛宝　马　安　于建宁

编写人员：（按姓氏笔画排序）

于志敏	马国梁	马晨菲	王　刚	王　鹏	王书旭
王亚青	王志刚	王宏德	王宗贤	王建明	王路海
王新平	方　力	卢竟蔓	申宝剑	乔　明	任广行
向永生	刘　贺	刘　涛	刘宏海	刘珑生	刘统华
刘晓东	刘海澄	刘银东	汤仲平	孙发民	孙志国
纪　晔	李　玮	李　勍	李　磊	李玉环	李吉春
李建忠	李荣观	李剑新	李胜山	李铁森	李雪静
杨俊杰	肖占敏	何玉莲	汪　毅	汪长军	宋绍彤
张　杰	张　佳	张　星	张　靖	张文成	张玉峰
张军明	张忠东	张艳梅	张静淑	张耀亨	陈　坤
陈　霞	邵鹏程	金　鹏	周笑洋	庞新梅	赵秦峰
赵锁奇	赵愉生	胡长禄	钟海军	段　伟	袁明江
袁晓亮	聂　程	夏少青	徐　剑	高　飞	郭金涛
郭爱军	常宏岗	阎子峰	葛少辉	董智勇	温崇荣
游晓艳	颜　峰	糜丽萍			

序

习近平总书记指出，创新是引领发展的第一动力，是建设现代化经济体系的战略支撑，要瞄准世界科技前沿，拓展实施国家重大科技项目，突出关键共性技术、前沿引领技术、现代工程技术、颠覆性技术创新，建立以企业为主体、市场为导向、产学研深度融合的技术创新体系，加快建设创新型国家。

中国石油认真学习贯彻习近平总书记关于科技创新的一系列重要论述，把创新作为高质量发展的第一驱动力，围绕建设世界一流综合性国际能源公司的战略目标，坚持国家“自主创新、重点跨越、支撑发展、引领未来”的科技工作指导方针，贯彻公司“业务主导、自主创新、强化激励、开放共享”的科技发展理念，全力实施“优势领域持续保持领先、赶超领域跨越式提升、储备领域占领技术制高点”的科技创新三大工程。

“十一五”以来，尤其是“十二五”期间，中国石油坚持“主营业务战略驱动、发展目标导向、顶层设计”的科技工作思路，以国家科技重大专项为龙头、公司重大科技专项为抓手，取得一大批标志性成果，一批新技术实现规模化应用，一批超前储备技术获重要进展，创新能力大幅提升。为了全面系统总结这一时期中国石油在国家和公司层面形成的重大科研创新成果，强化成果的传承、宣传和推广，我们组织编写了《中国石油科技进展丛书（2006—2015年）》（以下简称《丛书》）。

《丛书》是中国石油重大科技成果的集中展示。近些年来，世界能源市场特别是油气市场供需格局发生了深刻变革，企业间围绕资源、市场、技术的竞争日趋激烈。油气资源勘探开发领域不断向低渗透、深层、海洋、非常规扩展，炼油加工资源劣质化、多元化趋势明显，化工新材料、新产品需求持续增长。国际社会更加关注气候变化，各国对生态环境保护、节能减排等方面的监管日益严格，对能源生产和消费的绿色清洁要求不断提高。面对新形势新挑战，能源企业必须将科技创新作为发展战略支点，持续提升自主创新能力，加快构筑竞争新优势。“十一五”以来，中国石油突破了一批制约主营业务发展的关键技术，多项重要技术与产品填补空白，多项重大装备与软件满足国内外生产急需。截至 2015 年底，共获得国家科技奖励 30 项、获得授权专利 17813 项。《丛书》全面系统地梳理了中国石油“十一五”“十二五”期间各专业领域基础研究、技术开发、技术应用中取得的主要创新性成果，总结了中国石油科技创新的成功经验。

《丛书》是中国石油科技发展辉煌历史的高度凝练。中国石油的发展史，就是一部创业创新的历史。建国初期，我国石油工业基础十分薄弱，20 世纪 50 年代以来，随着陆相生油理论和勘探技术的突破，成功发现和开发建设了大庆油田，使我国一举甩掉贫油的帽子；此后随着海相碳酸盐岩、岩性地层理论的创新发展和开发技术的进步，又陆续发现和建成了一批大中型油气田。在炼油化工方面，“五朵金花”炼化技术的开发成功打破了国外技术封锁，相继建成了一个又一个炼化企业，实现了炼化业务的不断发展壮大。重组改制后特别是“十二五”以来，我们将“创新”纳入公司总体发展战略，着力强化创新引领，这是中国石油在深入贯彻落实中央精神、系统总结“十二五”发展经验基础上、根据形势变化和公司发展需要作出的重要战略决策，意义重大而深远。《丛书》从石油地质、物探、测井、钻完井、采油、油气藏工程、提高采收率、地面工程、井下作业、油气储运、石油炼制、石油化工、安全环保、海外油气勘探开发和非常规油气勘探开发等 15 个方面，记述了中国石油艰难曲折的理论创新、科技进步、推广应用的历史。它的出版真实反映了一个时期中国石油科技工作者百折不挠、顽强拼搏、敢于创新的科学精神，弘扬了中国石油科技人员秉承“我为祖国献石油”的核心价值观和“三老四严”的工作作风。

《丛书》是广大科技工作者的交流平台。创新驱动的实质是人才驱动，人才是创新的第一资源。中国石油拥有 21 名院士、3 万多名科研人员和 1.6 万名信息技术人员，星光璀璨，人文荟萃、成果斐然。这是我们宝贵的人才资源。我们始终致力于抓好人才培养、引进、使用三个关键环节，打造一支数量充足、结构合理、素质优良的创新型人才队伍。《丛书》的出版搭建了一个展示交流的有形化平台，丰富了中国石油科技知识共享体系，对于科技管理人员系统掌握科技发展情况，做出科学规划和决策具有重要参考价值。同时，便于科研工作者全面把握本领域技术进展现状，准确了解学科前沿技术，明确学科发展方向，更好地指导生产与科研工作，对于提高中国石油科技创新的整体水平，加强科技成果宣传和推广，也具有十分重要的意义。

掩卷沉思，深感创新艰难、良作难得。《丛书》的编写出版是一项规模宏大的科技创新历史编纂工程，参与编写的单位有60多家，参加编写的科技人员有1000多人，参加审稿的专家学者有200多人次。自编写工作启动以来，中国石油党组对这项浩大的出版工程始终非常重视和关注。我高兴地看到，两年来，在各编写单位的精心组织下，在广大科研人员的辛勤付出下，《丛书》得以高质量出版。在此，我真诚地感谢所有参与《丛书》组织、研究、编写、出版工作的广大科技工作者和参编人员，真切地希望这套《丛书》能成为广大科技管理人员和科研工作者的案头必备图书，为中国石油整体科技创新水平的提升发挥应有的作用。我们要以习近平新时代中国特色社会主义思想为指引，认真贯彻落实党中央、国务院的决策部署，坚定信心、改革攻坚，以奋发有为的精神状态、卓有成效的创新成果，不断开创中国石油稳健发展新局面，高质量建设世界一流综合性国际能源公司，为国家推动能源革命和全面建成小康社会作出新贡献。

王宜林

2018年12月

丛书前言

石油工业的发展史，就是一部科技创新史。“十一五”以来尤其是“十二五”期间，中国石油进一步加大理论创新和各类新技术、新材料的研发与应用，科技贡献率进一步提高，引领和推动了可持续跨越发展。

十余年来，中国石油以国家科技发展规划为统领，坚持国家“自主创新、重点跨越、支撑发展、引领未来”的科技工作指导方针，贯彻公司“主营业务战略驱动、发展目标导向、顶层设计”的科技工作思路，实施“优势领域持续保持领先、赶超领域跨越式提升、储备领域占领技术制高点”科技创新三大工程；以国家重大专项为龙头，以公司重大科技专项为核心，以重大现场试验为抓手，按照“超前储备、技术攻关、试验配套与推广”三个层次，紧紧围绕建设世界一流综合性国际能源公司目标，组织开展了50个重大科技项目，取得一批重大成果和重要突破。

形成40项标志性成果。（1）勘探开发领域：创新发展了深层古老碳酸盐岩、冲断带深层天然气、高原咸化湖盆等地质理论与勘探配套技术，特高含水油田提高采收率技术，低渗透/特低渗透油气田勘探开发理论与配套技术，稠油/超稠油蒸汽驱开采等核心技术，全球资源评价、被动裂谷盆地石油地质理论及勘探、大型碳酸盐岩油气田开发等核心技术。（2）炼油化工领域：创新发展了清洁汽柴油生产、劣质重油加工和环烷基稠油深加工、炼化主体系列催化剂、高附加值聚烯烃和橡胶新产品等技术，千万吨级炼厂、百万吨级乙烯、大氮肥等成套技术。（3）油气储运领域：研发了高钢级大口径天然气管道建设和管网集中调控运行技术、大功率电驱和燃驱压缩机组等16大类国产化管道装备，大型天然气液化工艺和20万立方米低温储罐建设技术。（4）工程技术与装备领域：研发了G3i大型地震仪等核心装备，“两宽一高”地震勘探技术，快速与成像测井装备、大型复杂储层测井处理解释一体化软件等，8000米超深井钻机及9000米四单根立柱钻机等重大装备。（5）安全环保与节能节水领域：

研发了 CO_2 驱油与埋存、钻井液不落地、炼化能量系统优化、烟气脱硫脱硝、挥发性有机物综合管控等核心技术。（6）非常规油气与新能源领域：创新发展了致密油气成藏地质理论，致密气田规模效益开发模式，中低煤阶煤层气勘探理论和开采技术，页岩气勘探开发关键工艺与工具等。

取得 15 项重要进展。（1）上游领域：连续型油气聚集理论和含油气盆地全过程模拟技术创新发展，非常规资源评价与有效动用配套技术初步成型，纳米智能驱油二氧化硅载体制备方法研发形成，稠油火驱技术攻关和试验获得重大突破，井下油水分离同井注采技术系统可靠性、稳定性进一步提高；（2）下游领域：自主研发的新一代炼化催化材料及绿色制备技术、苯甲醇烷基化和甲醇制烯烃芳烃等碳一化工新技术等。

这些创新成果，有力支撑了中国石油的生产经营和各项业务快速发展。为了全面系统反映中国石油 2006—2015 年科技发展和创新成果，总结成功经验，提高整体水平，加强科技成果宣传推广、传承和传播，中国石油决定组织编写《中国石油科技进展丛书（2006—2015 年）》（以下简称《丛书》）。

《丛书》编写工作在编委会统一组织下实施。中国石油集团董事长王宜林担任编委会主任。参与编写的单位有 60 多家，参加编写的科技人员 1000 多人，参加审稿的专家学者 200 多人次。《丛书》各分册编写由相关行政单位牵头，集合学术带头人、知名专家和有学术影响的技术人员组成编写团队。《丛书》编写始终坚持：一是突出站位高度，从石油工业战略发展出发，体现中国石油的最新成果；二是突出组织领导，各单位高度重视，每个分册成立编写组，确保组织架构落实有效；三是突出编写水平，集中一大批高水平专家，基本代表各个专业领域的最高水平；四是突出《丛书》质量，各分册完成初稿后，由编写单位和科技管理部共同推荐审稿专家对稿件审查把关，确保书稿质量。

《丛书》全面系统反映中国石油 2006—2015 年取得的标志性重大科技创新成果，重点突出“十二五”，兼顾“十一五”，以科技计划为基础，以重大研究项目和攻关项目为重点内容。丛书各分册既有重点成果，又形成相对完整的知识体系，具有以下显著特点：一是继承性。《丛书》是《中国石油“十五”科技进展丛书》的延续和发展，凸显中国石油一以贯之的科技发展脉络。二是完整性。《丛书》涵盖中国石油所有科技领域进展，全面反映科技创新成果。三是标志性。《丛书》在综合记述各领域科技发展成果基础上，突出中国石油领先、高端、前沿的标志性重大科技成果，是核心竞争力的集中展示。四是创新性。《丛书》全面梳理中国石油自主创新科技成果，总结成功经验，有助于提高科技创新整体水平。五是前瞻性。《丛书》设置专门章节对世界石油科技中长期发展做出基本预测，有助于石油工业管理者和科技工作者全面了解产业前沿、把握发展机遇。

《丛书》将中国石油技术体系按 15 个领域进行成果梳理、凝练提升、系统总结，以领域进展和重点专著两个层次的组合模式组织出版，形成专有技术集成和知识共享体系。其中，领域进展图书，综述各领域的科技进展与展望，对技术领域进行全覆盖，包括石油地质、物探、测井、钻完井、采油、油气藏工程、提高采收率、地面工程、井下作业、油气储运、石油炼制、石油化工、安全环保节能、海外油气勘探开发和非常规油气勘探开发等 15 个领域。31 部重点专著图书反映了各领域的重大标志性成果，突出专业深度和学术水平。

《丛书》的组织编写和出版工作任务量浩大，自 2016 年启动以来，得到了中国石油天然气集团公司党组的高度重视。王宜林董事长对《丛书》出版做了重要批示。在两年多的时间里，编委会组织各分册编写人员，在科研和生产任务十分紧张的情况下，高质量高标准完成了《丛书》的编写工作。在集团公司科技管理部的统一安排下，各分册编写组在完成分册稿件的编写后，进行了多轮次的内部和外部专家审稿，最终达到出版要求。石油工业出版社组织一流的编辑出版力量，将《丛书》打造成精品图书。值此《丛书》出版之际，对所有参与这项工作的院士、专家、科研人员、科技管理人员及出版工作者的辛勤工作表示衷心感谢。

人类总是在不断地创新、总结和进步。这套丛书是对中国石油 2006—2015 年主要科技创新活动的集中总结和凝练。也由于时间、人力和能力等方面原因，还有许多进展和成果不可能充分全面地吸收到《丛书》中来。我们期盼有更多的科技创新成果不断地出版发行，期望《丛书》对石油行业的同行们起到借鉴学习作用，希望广大科技工作者多提宝贵意见，使中国石油今后的科技创新工作得到更好的总结提升。

孫龍德

2018 年 12 月

前言

“十一五”和“十二五”期间，中国石油高度重视科技创新工作，认真贯彻落实国家创新驱动发展战略，按照“自主创新、重点跨越、支撑发展、引领未来”的科技指导方针，瞄准建设世界水平综合性国际能源公司和国际知名创新型企业目标，大力实施“资源、市场、国际化”战略，坚持“主营业务战略驱动、发展目标导向、顶层设计”的科技发展理念，全力推进“优势领域持续保持领先、赶超领域实现跨越式提升、储备领域抢占制高点”的科技创新三大工程，着力突破制约中国石油发展的重大关键瓶颈技术，持续提升科技自主创新能力和核心竞争力，为推动中国石油稳健发展提供有力技术支撑。

炼油业务是中国石油重要主营业务之一，是增加价值、提升品牌、提高竞争力的关键环节。“十一五”和“十二五”期间，中国石油炼油科技工作立足炼油主营业务发展的重大需求，全面实施科技创新三大工程，紧密围绕清洁油品质量升级、劣质重油加工、炼油系列催化剂、千万吨级大型炼厂、炼油特色产品生产等关键技术领域进行集中攻关，关键核心技术研发应用取得重大突破，超前储备技术取得重大进展，形成一批科技创新成果，推广应用成效显著。着力构建“一个整体，两个层次”炼油科技创新体系，初步建成了以中国石油石油化工研究院等直属科研院所、中国石油工程建设有限公司等工程设计企业、中国石油渤海石油装备制造有限公司等装备制造企业和中国石油吉林石化公司等地区公司为主体的研发组织体系；初步建成了以国家科技项目为龙头、中国石油重大科技专项为核心、中国石油重大技术现场试验为抓手，突出超前技术储备、突出新技术推广应用的科技攻关体系；初步建成了以国家重点实验室、国家工程技术研究中心、中国石油重点实验室和中试试验基地为主体的科技条件平台体系；初步建成了以科技创新人才、科技稳定投入、科技政策制度、科技合作交流和科技激励机制等为主体的科技保障体系。炼油领域科技自主创新能力实现了跨越式发展，整体技术水平和核心竞争力显著提升，为中国石油炼油业务有质量、有效益、可持续发展提供了强有力的技术支撑。

本书是对中国石油“十一五”和“十二五”期间炼油领域取得科技进展和成果的系统总结，主要包括清洁燃料生产、劣质重油加工、润滑油及沥青等炼油特色产品、新型催化剂与催化材料、炼油装置大型化、炼油生产过程优化等技术领域。第一章绪论由中国石油科技管理部于建宁牵头编写，第二章清洁燃料生产技术由中国石油石油化工研究院兰玲牵头编写，第三章重油加工技术由中国石油石油化工研究院胡长禄牵头编写，第四章润滑油、沥青和石蜡生产技术由中国石油润滑油公司杨俊杰、燃料油公司李剑新牵头编写，第五章新型催化剂与催化材料技术由中国石油石油化工研究院庞新梅、中国石油大学（北京）申宝剑牵头编写，第六章炼油装置大型化技术由中国寰球工程有限公司王书旭牵头编写，第七章炼油生产过程优化技术由中国石油规划总院段伟牵头编写。此外，参加编写的单位还包括中国石油辽河石化公司、中国石油克拉玛依石化公司、中国石油兰州石化公司、中国昆仑工程有限公司、中国石油渤海石油装备制造有限公司等。本书对持续推进中国石油炼油科技发展水平、加强科技成果宣传和技术推广应用具有重要意义。

借此机会，向所有支持和关心本书出版的参编人员和专家谨致谢忱。由于本书涉及专业面广、跨度大，编者水平有限，书中难免有不妥之处，敬请读者谅解并批评指正。

目 录

第一章 绪 论

第一节 石油炼制技术主要进展

“十一五”和“十二五”期间，按照中国石油科技创新工作总体部署，紧紧围绕炼油主营业务发展的重大需求，以国家科技项目为龙头，以中国石油重大科技专项为核心，以中国石油重大技术现场试验为抓手，突出超前储备技术研究，突出新技术推广应用，按照“超前储备、技术攻关、试验配套”三个层次，重点围绕清洁油品质量升级、劣质重油加工、千万吨级大型炼厂、炼油系列催化剂、高档润滑油等炼油特色产品、特大功率烟气轮机及焦化塔底阀等关键技术领域，规划实施了一批重大炼油科技项目，持续推进集团公司层面的直属研究院、技术中心、重点实验室和试验基地建设，初步建成了以“研发组织、科技攻关、条件平台、科技保障”为核心的炼油科技创新体系，培养形成了一只具有较高素质的科技创新人才队伍，关键核心技术研发应用取得重大突破，超前储备技术取得重大进展，取得了一批高水平的科技创新成果，为中国石油炼油业务发展目标的顺利实现提供了强有力的技术支撑。

“十一五”和“十二五”期间，炼油领域共申请专利 1450 件，其中发明专利 1097 件；授权专利 599 件，其中发明专利 316 件；炼油领域获得国家科学技术进步奖一等奖 1 项、二等奖 4 项，国家技术发明二等奖 1 项（表 1–1），获得省部级以上科技奖励 200 余项。

表 1–1 “十一五”和“十二五”期间获得国家科技奖励情况表

<table>
<tr><th>年度</th><th>奖励类型 / 等级</th><th>获奖成果名称</th></tr>
<tr><td>2011</td><td>国家科学技术进步奖一等奖</td><td>环烷基稠油生产高端产品技术研究开发与工业化应用</td></tr>
<tr><td>2006</td><td rowspan="4">国家科学技术进步奖二等奖</td><td>催化裂化汽油辅助反应器改质降烯烃技术的开发和应用</td></tr>
<tr><td>2008</td><td>原位晶化型重油高效转化催化裂化催化剂及其工程化成套技术</td></tr>
<tr><td>2012</td><td>高档系列内燃机油复合剂研制及工业化应用</td></tr>
<tr><td>2015</td><td>满足国家第四阶段汽车排放标准的清洁汽油生产成套技术开发与应用</td></tr>
<tr><td>2009</td><td>国家技术发明二等奖</td><td>齿轮油极压抗磨添加剂、复合剂制备技术与工业化应用</td></tr>
</table>

在清洁油品技术领域，国Ⅳ / 国Ⅴ标准清洁汽柴油生产成套技术开发应用取得突破，成为中国石油新一轮汽柴油质量升级的主体技术。中国石油自主开发的 FCC 汽油选择性加氢脱硫技术（PHG），解决了深度脱硫、降低烯烃含量和保持辛烷值这一制约 FCC 汽油生产的重大技术难题；在国内率先提出了分步脱除 FCC 汽油中各类硫化物的“阶梯”脱硫技术路线，构建了适用于深度脱硫的催化剂级配和工艺体系，形成“全馏分 FCC 汽油预加氢—轻重汽油切割—轻汽油醚化—重汽油选择性加氢脱硫—接力脱硫 / 辛烷值恢复”

成套工艺技术，实现了在深度脱硫的同时有效保持汽油辛烷值。中国石油和中国石油大学（北京）共同开发的催化汽油加氢改质技术（GARDES），是将高选择性加氢脱硫和烯烃定向转化技术组合，构建了适于高硫、高烯烃含量催化裂化汽油清洁化生产工艺技术，形成了自主知识产权的 FCC 全馏分汽油预加氢、重馏分汽油选择性加氢脱硫、重馏分汽油辛烷值恢复催化剂与工艺技术等。PHG 技术和 GARDES 技术开发形成了装置系列化成套技术工艺包，实现了技术的标准化、有形化和系列化，整体技术水平达到国际先进，在中国石油庆阳石化公司（简称庆阳石化）、中国石油宁夏石化公司（简称宁夏石化）等 20 余家企业实现成功推广应用，“满足国家第四阶段汽车排放标准的清洁汽油生产成套技术开发与应用”获 2015 年国家科学技术进步奖二等奖。中国石油自主开发的超低硫柴油加氢系列技术，包括 PHF 系列柴油加氢精制技术、FDS 系列柴油加氢精制技术、PHV 柴油加氢降凝技术，均具备生产国Ⅳ / 国Ⅴ车用柴油调和组分的能力，加氢性能、能耗等指标均达到或超过国内外同类技术，整体达到国际先进水平，先后在中国石油大庆石化公司（简称大庆石化）、中国石油辽阳石化公司（简称辽阳石化）等近 20 套装置推广应用。国Ⅳ / 国Ⅴ标准清洁汽柴油生产成套技术成为中国石油新一轮汽柴油质量升级的主体技术，为我国清洁油品质量升级阶段目标的实现做出了积极贡献[1]。

在炼油装置大型化技术领域，千万吨级大型炼厂成套技术实现了跨越式发展，具备了千万吨级炼厂自主设计和工程化能力。成功开发出拥有自主知识产权的千万吨级大型炼厂成套技术，总体技术水平达到国际先进。开发完成常减压蒸馏、催化裂化、蜡油加氢裂化、延迟焦化、催化汽油加氢、柴油加氢（精制及改质）6 套核心装置工艺包，开发出润滑油基础油生产、20×10^4t/a MTBE、12×10^4t/a 干气制乙苯、污水处理回用 4 个配套装置工艺包。开发形成了减压深拔、重质原油电脱盐、催化裂化反应再生、大型多溢流塔盘、定向反射阶梯式防结焦焦化炉、智能化水力除焦系统、加氢裂化反应器内构件、大型烟机轮盘和高温特阀等 70 余项特色关键技术。具备了 220×10^4t/a 连续重整、200×10^4t/a 渣油加氢（单系列）以及 50×10^4t/a 润滑油加氢异构等多套装置的自主工程化设计能力，形成从全厂总体规划到所有生产装置全部实现自主工程设计的技术能力。

在炼油系列催化剂及催化材料领域，整体技术水平达到国际先进，推广应用取得显著经济效益。在催化裂化、加氢裂化、渣油加氢、硫黄回收等主要炼油催化剂开发及应用方面取得重大进展，形成 56 项关键技术，研制开发了 6 大类、21 个系列、60 多个品种催化剂新产品及新材料。催化裂化催化剂产品在国内 40 余套装置工业应用，中国石油内部市场占有率超过 80%；催化裂化催化剂产品已成功进入欧美高端市场，标志着中国石油催化裂化催化剂技术已具有较强的国际竞争力，达到国际先进水平。自主开发的脱金属剂、脱硫剂、脱残炭剂、保护剂四大系列 12 个牌号渣油加氢催化剂工业试验取得成功，填补了中国石油技术空白。成功研发出 3 个品种 4 个牌号硫黄回收催化剂新产品，并在 20 多个企业的 30 多套装置上进行推广应用，硫黄回收率提高到 99.9%。自主开发的 ZSM-5 和 NaY 等分子筛实现了技术从无到有和工业化生产，有力支撑了中国石油催化剂新产品的开发与生产，大幅提高了催化剂性价比和市场竞争力。

在重质油加工技术领域，劣质重油加工成套技术开发与推广取得重大进展。环烷基稠油生产高端产品技术攻克了稠油深加工国际重大难题，在中国石油克拉玛依石化公司建成了百万吨级稠油深加工基地，实现了我国稠油深加工技术从空白到国际先进的历史性跨跃，整体技术达到国际先进水平，获得2011年国家科学技术进步奖一等奖。两段提升管催化裂化、催化汽油辅助反应器改质降烯烃以及重油催化裂化后反应系统优化等关键技术达到国际先进水平，已在40多套催化裂化装置上获得推广应用，取得显著经济效益，2006年获得国家科学技术进步奖二等奖。完成了国内首次全委内瑞拉超重油（简称委油）渣油百万吨级延迟焦化工业试验，实现了中国石油辽河石化公司 100×10^4t/a 工业装置长周期安全平稳运行。成功开发委内瑞拉超重油供氢热裂化技术，并在百万吨级装置上实现工业应用，改质油50℃运动黏度小于380mm^2/s，稳定储存180天以上，在中国石油辽河石化公司、中国石油燃料油有限责任公司等多套减黏裂化装置实现应用。

在炼油特色产品领域，润滑油及沥青等炼油特色产品开发不断取得新突破。自主开发的异构脱蜡催化剂在中国石油大庆炼化公司 20×10^4t/a 润滑油加氢装置成功替代进口剂，Ⅱ类、Ⅲ类基础油收率明显提高，达到国际先进水平。环烷基润滑油系列产品应用于大亚湾核电和国家重点工程1000kV、±800kV特高压输变电线路以及南极科考项目。基于水杨酸盐添加剂技术的四大系列高档系列内燃机油复合剂产品应用于一汽、上柴、铃木、福田等，为新中国成立60周年及抗战胜利70周年阅兵提供润滑保障。齿轮油极压抗磨添加剂及复合剂制备技术实现了齿轮油配方的全系列国产化，使齿轮油高端产品市场占有率显著提高，2009年获得国家技术发明二等奖。以南美重油及新疆稠油沥青为原料，开发出自有改性沥青生产工艺技术及配方，新建及改建生产装置多套，生产能力达到 100×10^4t/a，工艺技术达到国内领先水平。成功开发出桥面铺装沥青、机场沥青等系列新产品，已形成6大类50多个品种各类道路沥青产品，80%应用到实体工程中。成功开发出性能优良的机场跑道专用沥青产品，已经在昆明新机场4F级跑道等国内20多个机场跑道成功使用[2]。

在炼油关键装备制造技术领域，特大功率烟气轮机各项性能指标和主要设计水平达到国际先进。成功研制的33000kW特大型烟气轮机在12项关键技术上取得突破性进展，其气动设计、结构设计、高温材料的选用及制造、主要零部件的加工工艺均处于国际先进水平，是世界上最大的烟气轮机之一，使中国成为继美国之后世界上第2个拥有设计、制造特大烟气轮机的国家。研制开发的YL型烟气轮机在产量、规格、技术性能等方面均在行业内遥遥领先，被评为国家重点新产品，获得14项省部级奖励，已累计交付用户200多台，出厂台数占世界总产量的60%，国内市场占有率超过95%。

第二节 中国石油石油炼制技术“十三五”及未来展望

一、石油炼制技术发展面临的机遇和挑战

我国经济发展由高速增长转为中高速增长的新常态，炼油产能过剩形势进一步加剧，油品供需总体呈宽松趋势，消费柴汽比持续降低，成品油市场竞争日趋激烈。清洁燃料标准升级加速，节能环保要求日趋严格，炼厂既要生产清洁产品，还要通过技术进步实现自身生产过程的清洁环保。炼油企业加工原料日益复杂，重油加工作为实现资源高价值利用

的关键技术，需要更加适应现有装置和资源特点，以创造更高的经济效益。从长期看，世界原油质量将趋于重质化、劣质化，拥有自主产权的劣质重油加工成套技术将成为未来市场竞争的关键。科技创新是提升炼油业务市场竞争力的关键，适应中国石油资源特点和市场需求的关键核心技术必须依靠自主创新。信息技术革命与大数据带来新的发展机遇，需要重视智能化炼厂和分子管理等先进技术开发应用，进一步提升工厂运营管理水平，实现更大价值。电动汽车、燃料电池汽车等将会对以汽柴油为基础的交通能源体系造成新的冲击，需要及早介入，提前布局，把握先机。

经过“十一五”和“十二五”期间的发展，中国石油炼油科技创新能力有了显著提升，具备了实现跨越式发展的基础和条件。但原始创新能力依然较为薄弱，高层次人才尤其是领军人才不足，科技自主创新领域竞争日趋全球化、白热化，急需进一步加快科技体制机制改革、加大科技创新投入，尽快实现新发展和新突破。瞄准中国石油炼油业务中长期发展需求，持续强化自主创新，不断加快开发适合中国石油原料、装置特点和中国市场需求的重大关键核心技术及高附加值新产品，为中国石油炼油结构优化和提质增效提供强有力技术支撑。密切跟踪炼油行业未来发展趋势，加快战略储备新技术布局，在炼油分子管理、智能化炼厂、高性能催化材料及催化剂、生物质燃料、新一代交通能源技术等方面超前谋划，突破核心技术，占领制高点，培育形成新优势。

二、中国石油石油炼制技术“十三五”发展展望

清洁燃料生产技术：中国石油在清洁燃料生产中面临国Ⅴ及以上标准清洁油品质量升级新挑战。汽油质量升级存在进一步降硫、降烯烃的同时保持高辛烷值的难题，烷基化、异构化等高辛烷值汽油组分比例偏低。柴油生产存在加氢能力不足、催化剂牌号少、成本高等难题。航煤生产能力难以满足市场大幅增长的需求。因此，迫切需要发展满足第六阶段及更高标准的清洁汽柴油生产技术、增产汽油与降低柴汽比技术、高辛烷值汽油组分生产技术等。

重油加工技术：催化裂化面临提高轻油收率，灵活调整汽柴油产品结构，降低生焦及干气产率等挑战。延迟焦化面临进一步提高液收、降低焦炭产率等挑战。渣油加氢存在加工能力较低、催化剂成本高、处理劣质原料种类有限等问题。针对未来可利用的超重油、油砂沥青等重油资源，需要开发高效、低成本的成套加工新技术。因此，需要发展提高目标产品收率炼油系列催化剂及工艺技术、低成本固定床渣油加氢技术、悬浮床渣油加氢裂化技术、降低生焦及提高液收的延迟焦化技术、提高重油转化及增加汽油收率重油加工组合技术等。

大型炼油基地优化与智能化技术：中国石油在炼油综合商品率、加工损失率及综合能耗方面与国际领先水平还存在一定差距，在炼厂提质增效、产品结构调整、节能降耗等方面需要结构调整和优化升级。现有炼厂智能化水平不高，优化技术尚未实现大规模推广应用，运营水平尚有提升空间，不能满足“互联网 +”等发展要求，急需加快分子管理和智能化炼厂技术的开发应用。需要加快发展大型炼厂优化升级技术、智能化炼厂技术、基于分子管理的炼化增效技术等。

润滑油及沥青等高值化炼油特色产品：在润滑油方面，具备石蜡基原料生产高档润滑油基础油的能力，还需要开发中间基、环烷基等原料生产高档润滑油基础油以及合成润

滑油生产技术，需要进一步提高高档内燃机油等高档润滑油产品的质量和市场占有率。在燃料油方面，需要开发适应更清洁新标准的船用燃料油生产技术。在沥青、石蜡等炼油特色产品方面，品种应进一步多样化，开发适应市场需求的针状焦、橡胶填充油、微晶蜡等高附加值新产品。因此，需要发展加氢异构高档润滑油基础油生产技术、合成润滑油（PAO）基础油生产技术、高档内燃机油等润滑油新产品、船用燃料油生产技术、高等级沥青及针状焦等高附加值炼油特色产品等。

新型催化材料和新工艺过程技术：催化裂化催化剂需要进一步提高性能，降低成本；加氢催化剂生产能力不足，成本偏高。关键分子筛材料种类偏少，成本偏高。氧化铝等载体材料成本高，生产工艺不够稳定，制约催化剂的推广应用。MOFs（金属有机骨架）材料、等级孔等新型催化材料的研究开发刚刚起步。因此，需要开发新型高效催化裂化材料技术、低成本氧化铝等加氢催化新材料技术、催化材料及催化剂清洁化生产新技术、MOFs 材料等催化材料技术等。

炼油关键设备制造、防腐和长周期运行技术：设备是实现炼油装置“安、稳、长、满、优”运行的关键。随着炼油企业含硫含酸等劣质原油加工量的增长，炼油设备腐蚀成为制约长周期运行的难题，需要加强设备防腐蚀技术和装置长周期运行技术的攻关和推广。同时，中国石油在烟气轮机、特阀等领域应继续保持优势，提高水平，扩大市场占有率。因此，需要开发烟气轮机大型化及高效运行技术、大口径烟道蝶阀等特阀设计制造技术、高效换热设备制造技术、炼油主要装置长周期运行技术、炼油装置系统工艺防腐技术等[3]。

三、未来科技展望

未来全球经济发展呈现新形态，世界经济复苏乏力，呈低速增长。中国经济进入中高速增长“新常态”，能源结构转型升级加快。油气仍是主要的化石能源，石油仍将继续在交通能源中占主导，能源结构向低碳清洁化转型。石油需求增速下降，油品质量持续提升。替代燃料、燃油经济性、原料多元化不断冲击炼油行业，重大革命性创新技术将影响甚至引领炼油行业未来发展。中国石油将紧密围绕炼油主营业务发展的重大需求，全力实施科技创新三大工程，采取选择性领先的发展策略，突出重点，攻克关键，持续巩固优势技术领域，着力突破重大关键技术瓶颈，超前布局前沿技术，支撑和引领炼油业务可持续发展。优势领域继续加大攻关和推广应用力度，整体技术持续保持国际先进水平；追赶领域实现跨越式提升，力争达到国际先进水平；储备领域占领技术制高点，开拓新领域，引领炼油业务可持续发展。

瞄准世界炼油行业发展主要方向，结合中国石油炼油主营业务发展需求，未来科技发展主要包括满足更高环保标准要求的清洁汽柴油生产技术，纳米等级孔等新型炼油催化材料，悬浮床渣油加氢裂化等重油加工新技术，基于分子管理的智能炼厂技术，基于价值链优化的多产低成本化工原料技术，新一代交通能源技术，支持未来炼油业务由燃料为主向化工原料为主的转型发展技术等。到 2030 年，实现中国石油炼油技术全面达到国际先进水平，形成多项技术指标先进的重大炼油战略性技术，持续完善炼油科技创新体系，力争炼油科技实力位居综合性国际能源公司前列。

参 考 文 献

［1］胡徐腾 . 走向炼化技术前沿［M］.2 版 . 北京：石油工业出版社，2010.
［2］中国石油化工信息学会 . 2017 年中国石油炼制科技大会论文集［M］. 北京：中国石化出版社，2017.
［3］王基铭 . 中国炼油技术新进展［M］. 北京：中国石化出版社，2017.

第二章　清洁燃料生产技术

为了保护环境，世界各国对发动机燃料的质量提出了越来越高的要求，环保问题越来越受到世界各国的重视。众多炼油化工企业更加重视清洁燃料生产、升级换代与创新等技术的研究与开发，低成本清洁燃料生产技术作为炼油企业经济利润的核心贡献技术，提高了我国石油资源的综合利用率，缓解了我国石油资源的对外依存度，对于提高企业的核心竞争力及促进企业的可持续发展具有重要的作用。

从世界范围内来看，炼油业务进行了大范围、深层次的调整，整体实力和盈利能力大幅度提升，但制约炼油业务发展的矛盾和问题依然突出。与发达国家相比，中国原油二次加工装置结构中，催化裂化（FCC）所占比重过大，而重整能力过小，汽油池结构不合理，限制了汽油质量的提高，而国Ⅴ、国Ⅵ标准均对烯烃和芳烃含量提出了更严格的要求，增加了汽油质量升级技术开发的难度，如何解决中国汽油硫含量高、烯烃含量高、高辛烷值调和组分不足的问题已成为中国清洁汽油生产技术开发的关键。与国外相比，中国柴油加氢能力不足、产品硫含量高、十六烷值低等问题已成为中国高标准清洁汽柴油生产技术开发的关键。

基于中国汽油组成、炼厂装置结构特点，结合清洁油品市场需求，中国石油围绕低成本清洁燃料生产技术开发存在的问题，开展了清洁汽柴油生产技术、高辛烷值汽油组分生产技术、降低柴汽比技术、生物能源生产技术等研究，并形成了多项工业成套化技术。在清洁汽油生产技术方面，中国石油开发了选择性加氢脱硫技术（PHG）和催化汽油加氢改质技术（M-PHG、GARDES）、催化轻汽油醚化技术；在高辛烷值清洁汽油调和组分生产技术方面，开发了重整技术、C_4 烷基化技术、C_5/C_6 异构化技术等；在清洁柴油生产技术方面，开发了柴油加氢技术（PHF、PHU）。在车用燃料油标准化工作方面，制定了多项国家和地方标准，为推动石化行业检测方法的进步做出了重要贡献。“十三五”期间，针对清洁燃料生产领域中关键性、综合性和共性的工程技术以及具有广泛应用前景的前沿性技术，中国石油将继续进行联合研究与开发，开发优势汽柴油加氢技术、馏分油加氢裂化技术、高辛烷值油品生产技术、生物能源生产技术，同时对燃料相关标准进行研究制定，为中国汽柴油质量升级换代提供技术支撑。

本章主要从国内外技术现状与产业发展趋势、中国石油总体技术概况、清洁燃料生产技术主要技术进展（包括催化汽油加氢处理技术、高辛烷值汽油组分生产技术、柴油加氢技术、生物能源生产技术、车用燃料相关标准研究制定）及展望三个方面进行阐述。

第一节　国内外清洁燃料生产技术现状与发展趋势

汽油、柴油是传统炼厂大宗的液体产品，2015 年，中国汽油产量为 1.21×10^8t，柴油产量为 1.8×10^8t，清洁燃料的消费量保持较快速度增长。进入“十二五”后，中国汽柴油标准升级提速，自2010年起执行国Ⅲ标准，2014年起执行国Ⅳ标准，2017年起全面执行国Ⅴ标准，计划于2019年起执行国Ⅵ标准。随着燃油标准升级节奏的不断加快以及炼化业务转型升级的现实需要，提升“环保性”“经济性”已成为清洁燃料生产技术进步的最大推力。

当今世界汽油清洁化的主题由以往单纯的催化汽油脱硫逐渐过渡到汽油池调和组分的清洁化，主要实现途径包括催化汽油的脱硫、降烯烃以及削减催化汽油比例，增加无硫、无烯烃、无芳烃高辛烷值汽油调和组分（烷基化、异构化油）的汽油池优化；柴油清洁化的主题由以往部分高硫柴油组分的脱硫逐渐过渡到全部柴油池组分的脱硫、提升柴油池整体品质及灵活调整柴汽比上。

综上所述，本节内容所阐述的清洁燃料生产技术主要包括清洁汽油及柴油生产技术。清洁汽油生产技术围绕汽油池调和组分的清洁化开发，主要包括催化汽油加氢处理技术和以C_4烷基化技术、C_5/C_6异构化技术为代表的高辛烷值清洁汽油调和组分生产技术。清洁柴油生产技术包括柴油加氢精制技术和柴油加氢改质技术两大类，技术进步主要围绕柴油池调和组分的清洁化、提高十六烷值及柴汽比的优化需要展开。

一、国内外清洁燃料生产技术现状

1. 催化汽油加氢处理技术

国内外催化汽油加氢处理技术主要分三大类。第一类是催化汽油选择性加氢脱硫，占据主体技术地位，工业应用最多。通过对工艺及催化剂的改进，抑制催化剂的烯烃饱和活性，在加氢脱硫的同时避免烯烃被过多饱和，减少加氢脱硫过程的辛烷值损失。第二类是催化汽油加氢改质技术。加氢脱硫使用常规加氢催化剂，同时通过烃类异构化、芳构化等反应提高汽油的辛烷值，以弥补加氢脱硫过程中的辛烷值损失，可大幅降烯烃含量。第三类是临氢吸附脱硫技术，具有辛烷值损失小、氢耗低等特点，特别适用于进行高脱硫率、低烯烃饱和率的原料加工需要。

1）选择性加氢脱硫技术

选择性加氢脱硫技术具有脱硫率高、运行周期长、辛烷值和液体收率损失较小等特点，技术成熟度高。根据FCC轻汽油富烯低硫、重汽油富硫低烯的特点，选择性加氢脱硫技术均采用“全馏分FCC汽油分馏—重汽油加氢脱硫”的基础工艺思路来减少辛烷值损失。国外代表性技术为Axens公司的Prime-G$^+$技术和CDTECH公司的CD Hydro/CD HDS技术；国内代表性技术主要有中国石油化工集团公司（简称中国石化）的OCT-M技术、RSDS技术以及中国石油的PHG技术。

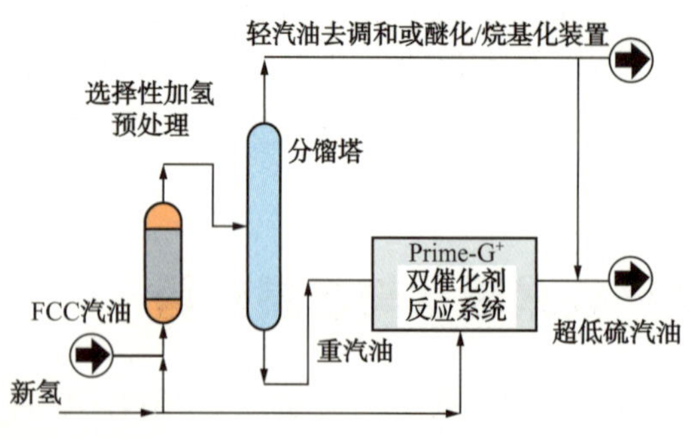

图2-1 Prime-G$^+$技术工艺流程示意图

（1）Prime-G$^+$技术[1-3]。

Prime-G$^+$技术于2001年首次实现工业应用，全球应用业绩在230套以上。Prime-G$^+$工艺流程如图2-1所示。

装置核心单元配置主要包括：全馏分FCC汽油选择性预加氢、分馏和重汽油选择性加氢脱硫。选择性预加氢反应器（催化剂HR-845）主要进行轻质硫化物重质化以及二烯烃选择性加氢，确保轻汽油的脱硫效果，同时避免重汽油中二烯烃在加氢反应器中聚合，从而保证反应器运行周期；重汽油加氢脱硫采用两种催化剂：前端催化剂（HR-806）主要进行脱硫反应，对于难脱除的硫化物具有很高的脱硫活性，而烯烃饱和活性低；末端催化剂（HR-841）几乎没有烯烃饱和活性，主要起补充脱硫作用，并避免硫化氢与烯烃重新结合生成硫醇，所得产品硫含量很低，辛烷值损失少。Prime-G$^+$ 技术还可以与 OATS（噻吩硫的烯烃烷基化）技术组合，分馏单元抽出的中汽油在 OATS 单元进行噻吩硫与轻质烯烃的烷基化，转化为较重的烷基噻吩，出口产品经分离后可得到低硫、低蒸气压的轻汽油，重组分进入 Prime-G$^+$ 技术的重汽油选择性加氢脱硫单元进行处理，通过上述组合可以在保证最小辛烷值损失的前提下进一步降低硫含量。由于 OATS 单元催化剂运行稳定性等问题，该类组合业绩较少。

中国石油大港石化公司（简称大港石化）率先采用 Prime-G$^+$ 工艺技术建成了 1 套 75×10^4t/a 的 FCC 汽油加氢脱硫装置，于 2008 年 5 月成功投产，同年 12 月 17 日开始对装置进行全面标定。结果表明，该工艺技术在国Ⅳ汽油生产中表现出很好的脱硫选择性。

在国Ⅴ阶段由于脱硫率达 90% 以上，为避免单段脱硫工艺在高脱硫率下产生较大的辛烷值损失，在国Ⅴ升级方案中 Prime-G$^+$ 技术在大港石化实施了两段脱硫改造（即重汽油一段加氢脱硫后脱除循环氢中硫化氢，继续进行第二段加氢脱硫），于 2014 年 9 月 28—30 日对装置进行了标定，两段脱硫工艺在生产满足国Ⅴ汽油过程中比单段工艺辛烷值损失小。

（2）CD Hydro/CD HDS 技术[4, 5]。

采用催化蒸馏 FCC 汽油加氢脱硫 CD Hydro/CD HDS 技术的首套装置于 2000 年应用，全球业绩达 40 多套。

装置由 CD Hydro 和 CD HDS（及其改进版 CD HDS$^+$）两部分组成，全馏分 FCC 汽油首先进入 CD Hydro 塔，塔的上层装有催化剂，在进行蒸馏切割的同时，完成轻质硫化物重质化反应及二烯烃饱和反应；塔底的中汽油 / 重汽油作为 CD HDS 塔的原料，从中部进入 CD HDS 塔，氢气以逆流的方式从塔底进入，富硫的重汽油在塔底进行较高苛刻度的反应，而富烯烃的中汽油在塔顶缓和条件下脱硫，从而在获得高脱硫率的同时将辛烷值损失降低到最小。改进后的 CD HDS$^+$ 将 CD HDS 产物重汽油脱除硫化氢和干气后送至固定床 polish 反应器，进一步将产品硫含量降至 10μg/g 以下，高硫原料采用两段脱硫工艺后辛烷值损失更低。

（3）OCT-M 技术[6]。

OCT-M 技术由中国石化抚顺石油化工研究院开发，采用轻重馏分分开处理的工艺路线，于 2003 年首次应用，至今经历了从 OCT-M、OCT-MD 到 OCT-ME 的发展历程，最新的 OCT-ME 技术将 FCC 汽油原料预分馏为轻、重馏分，催化轻汽油无碱脱臭并与柴油混合进吸收分馏塔，塔顶轻汽油硫含量降至 10μg/g 以下可直接调和，塔底柴油去柴油加氢装置，催化重汽油通过新一代 ME-1 催化剂进行加氢脱硫。

（4）RSDS 技术[7, 8]。

RSDS 技术是由中国石化石油化工科学研究院开发，自 2003 年首次应用经历了从 RSDS-Ⅰ到 RSDS-Ⅱ、RSDS-Ⅲ的发展历程，最新一代的 RSDS-Ⅲ技术将全馏分 FCC 汽油分馏切割为轻、重汽油，轻汽油进行碱抽提脱硫醇，重汽油加氢脱硫，通过催化剂选择性调控技术（RSAT）和新型催化剂提升重汽油脱硫选择性。

（5）PHG 技术[9, 10]。

PHG 技术于 2008 年首次应用，采用 FCC 汽油原料预加氢—分馏—重汽油加氢脱硫—后处理—轻重汽油调和的工艺路线，并配套高选择性催化剂 GHC-32/ GHC-11/ GHC-31。2013 年，在中国石油 5 家炼厂应用，实现了国Ⅳ汽油的生产。通过调整工艺条件即可实现国Ⅳ、国Ⅴ工况的灵活切换，可满足企业的汽油质量升级需要。PHG 工艺流程如图 2-2 所示。

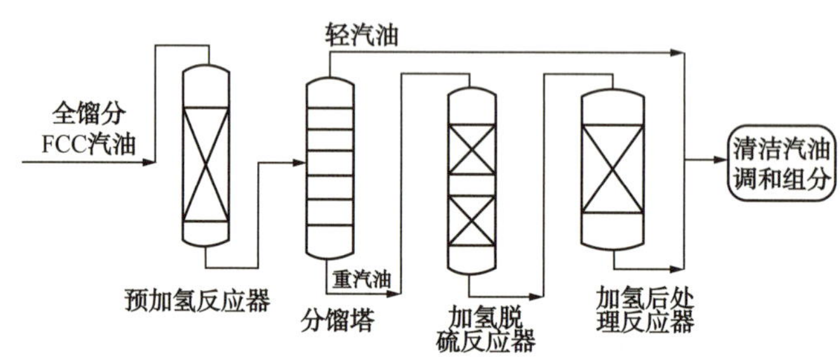

图 2-2　PHG 技术工艺流程示意图

2）加氢改质技术

加氢改质技术主要有 ExxonMobil 公司的 OCTGAIN 技术、UOP 公司的 ISAL 技术、中国石化石油化工科学研究院（RIPP）的 RIDOS 技术、中国石油的 M-PHG 技术和中国石油与中国石油大学（北京）联合开发的 GARDES 技术。这些技术适用于有大幅降烯烃、深度脱硫需求的企业。

（1）OCTGAIN 技术[11]。

ExxonMobil 公司开发的 OCTGAIN 技术是一种 FCC 汽油加氢改质技术，其特点是可降低 FCC 汽油中的烯烃含量并深度脱硫[4]。对于既要求降低汽油硫含量，又要求降低汽油烯烃含量且液化气市场好的炼厂来说，这是一项可选择的技术。OCTGAIN 技术工艺过程为先加氢脱硫再进行辛烷值恢复，辛烷值恢复主要依托改质催化剂保留的部分裂化功能实现。自 1991 年 OCTGAIN 技术首次实现工业化以来，至今已经历了三代技术。

（2）ISAL 技术[12]。

ISAL 工艺是由 UOP 公司和 Intevep 公司专为解决 FCC 汽油后处理过程中辛烷值损失和降低硫含量相互制约的问题而开发的，该工艺在加氢脱硫过程中同步饱和烯烃，而在辛烷值恢复单元使用非贵金属分子筛催化剂以异构化、择型裂化等反应恢复损失的部分辛烷值。ISAL 工艺自 2000 年工业化以来，已许可设计 8 套装置，其中已经有 4 套装置投入工业应用。在处理 C_{7+}FCC 汽油时，其 C_{5+} 液体收率达到 99%（质量分数）左右，硫含量从 1450μg/g 降到 10μg/g，抗爆指数损失在 2 个单位以内。从族组成看，汽油中芳烃和环烷烃含量基本无变化，而烯烃含量则从 19.6% 降至 1.0%，烷烃含量从 17.7% 增加到 37.2%，烷烃中异构与正构比例从 3.0 提高到 3.4，异构烷烃增加较明显，适合于加工高硫原料。

（3）RIDOS 技术[13]。

RIDOS 技术是中国石化石油化工科学研究院开发的 FCC 汽油加氢改质技术。RIDOS

采用将轻汽油与重汽油分开处理的办法，对轻汽油进行碱抽提脱硫醇，对重汽油进行加氢精制及改质处理，实现深度脱硫和烯烃饱和，再通过异构化及裂化反应提高辛烷值。RIDOS 技术于 2002 年在中国石化燕山石化分公司实现了工业化，一次开车成功。在装置平稳运行两个月后进行了标定，标定结果表明，汽油烯烃含量下降 30 个百分点左右，产品硫含量小于 15μg/g，RON（研究法辛烷值）损失 3 个单位左右，汽油收率降低。

（4）M-PHG 技术[14, 15]。

M-PHG 技术是中国石油研发的 FCC 汽油加氢改质技术，可大幅降低 FCC 汽油烯烃、硫含量并保持辛烷值。该技术采用 FCC 汽油原料预加氢—分馏—重汽油加氢改质—加氢脱硫—轻重汽油调和的工艺路线并配套高选择性催化剂 GHC-32/ FO-35M /GHC-11，2011 年该技术首次实现工业应用，截至 2018 年，M-PHG 技术已经在 4 套装置实现工业应用。

工业应用结果表明：FCC 重汽油经过加氢改质—脱硫的工艺进行加工，烯烃含量降低 16.6 个百分点，芳烃含量增加 2.6 个百分点，脱硫率达到 90% 以上，RON 增加 0.9 个单位，满足企业脱硫和降烯烃双重要求，辛烷值基本没有损失，为国Ⅵ阶段的清洁汽油生产提供了技术支持。

（5）GARDES 技术[16, 17]。

GARDES 技术是由中国石油与中国石油大学（北京）联合开发的 FCC 汽油加氢改质技术，采用 FCC 汽油原料预加氢—分馏—重汽油加氢脱硫—辛烷值恢复—轻重汽油调和的工艺路线，采用具有异构 / 芳构功能的辛烷值恢复催化剂，实现大幅降烯烃并保持辛烷值，截至 2017 年底已经授权 10 家企业应用。GARDES 工艺流程如图 2-3 所示。

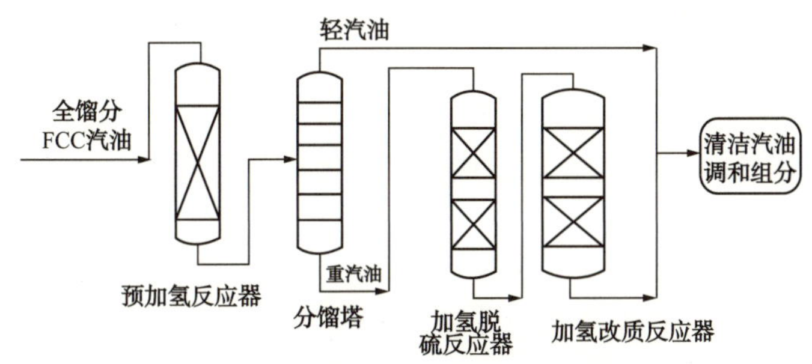

图 2-3　GARDES 技术工艺流程示意图

3）临氢吸附脱硫技术

临氢吸附脱硫技术分为流化床和固定床两种技术形式，脱硫选择性好是其最大优势，脱硫过程烯烃损失小，辛烷值损失小。

（1）S-Zorb 技术[18, 19]。

流化床临氢吸附脱硫技术以康菲公司开发的 S-Zorb 技术为代表，于 2001 年首次应用。该技术在临氢条件下，利用低加氢活性的吸附剂 ZnO/NiO，吸附硫化物的硫原子，使之保留在吸附剂上，而硫化物的烃基部分被释放回工艺物流中，实现脱硫过程；整个过程不产生 H_2S，因而可避免传统加氢脱硫技术反应过程中 H_2S 与烯烃再生成硫醇的问题以及硫化氢对加氢脱硫反应的抑制作用。采用流化床的工艺设计将反应—再生单元高度耦合，克服了吸附脱硫剂硫容量不足的缺陷。

中国石化整体买断 S-Zorb 技术，进行了技术创新与改进，实现了国产化。重点解决影响装置长周期稳定运行等问题，并自主开发了吸附脱硫剂，推出了第二代 S-Zorb 技术，在多套装置使用许可。该技术能将 FCC 汽油硫含量由 400μg/g 降至 10μg/g 以内，RON 损失 1 个单位左右。

（2）YD-CADS 技术[20, 21]。

中国科学院大连化学物理研究所、陕西延长石油（集团）有限责任公司成功开发了 FCC 汽油 YD-CADS 固定床临氢吸附脱硫技术，该技术采用脱二烯烃和催化吸附脱硫串联固定床工艺，具有流程短、投资低、操作简单等优点，适用于低硫 FCC 汽油的超深度脱硫。

该技术 2015 年底在山东恒源石油化工股份有限公司 40×10^4t/a 重汽油深度加氢脱硫装置进行了工业应用，精制汽油硫含量平均低于 10μg/g，RON 损失在 1 个单位以内，单次使用硫容大于 10%，产品收率大于 99.9%。

2. 高辛烷值清洁汽油调和组分生产技术

除催化汽油以外，汽油池主要由辛烷值较高的重整汽油、烷基化油及异构化油和少量的醚、醇类物质构成。高辛烷值汽油组分生产技术主要包括重整技术、C_4 烷基化技术、C_5/C_6 异构化技术、催化轻汽油醚化技术等。烷基化、异构化汽油几乎无硫、无烯烃、无芳烃，是非常理想的高辛烷值汽油调和组分，近年来相关领域技术进步幅度较大。催化轻汽油醚化技术既能降烯烃，又能将甲醇变汽油，实现高值化，也是近年来颇受重视的高辛烷值组分生产技术。

1）C_4 烷基化技术[22-24]

特指在酸性催化剂作用下，催化裂化装置副产的 C_4 馏分中的异丁烷与丁烯转化为 C_8 支链异辛烷的催化反应过程。目前主流的工艺为硫酸法和氢氟酸法烷基化工艺。硫酸法和氢氟酸法烷基化工艺催化剂不同，反应器也有所不同，但是烷基化油生成过程基本类似，烷基化油的组成和质量要求也基本相同。产品要求由 70% 的 C_8 烷烃（主要是三甲基戊烷）、15% 的 C_5—C_7、15% 的 C_9—C_{12} 组成；烷基化油不含芳烃和烯烃，低硫、低雷德蒸气压（RVP），RON 在 92~96 之间。

目前硫酸法烷基化技术主要以杜邦公司的 Stratco 工艺、鲁姆斯公司的 CDAlky 工艺为代表；氢氟酸法烷基化技术提供商主要有 UOP 和菲利普斯。2014 年，全球 204 套烷基化装置中，氢氟酸法烷基化装置 109 套，加工能力为 4260×10^4t/a，占总烷基化能力的 48%；硫酸法烷基化装置 83 套，能力为 3535×10^4t/a，占总烷基化能力的 40%；另有 12 套非传统意义的烷基化装置。在近十几年内，全世界大约 90% 的烷基化装置改造、扩建以及新建装置都使用 Stratco 烷基化技术（表 2-1）。

表 2-1　全球主要烷基化工艺

序号	专利商	工艺名称	工艺类型	应用现状
1	杜邦	Stratco 工艺	硫酸法	广泛应用
2	鲁姆斯	CDAlky 工艺	硫酸法	已工业化
3	UOP	HF 工艺	氢氟酸法	广泛应用
4	菲利普斯	HF 工艺	氢氟酸法	广泛应用
5	康菲	增强型烷基化工艺（ReVAP）	氢氟酸法	已工业化
6	鲁姆斯，Albemarle	AlkyClean 工艺	固体酸法	已工业化
7	中国石油大学（北京）	复合离子液体烷基化工艺（CILA）	离子液体法	已工业化

在非传统领域的烷基化技术中，固体酸烷基化与离子液体烷基化率先取得突破，实现了工业应用。

AlkyClean 工艺是全球首套实现工业应用的固体酸烷基化工艺，该工艺由鲁姆斯公司提供工艺包，Albemarle 公司提供催化剂，其原理与液体酸烷基化工艺基本类似，不同的是其固定床反应器及特殊的 Pt/Y 分子筛、AlkyStar™ 固体酸催化剂。采用该技术的全球首套工业化装置（10×10^4t/a）于 2015 年 8 月在山东汇丰石化投产，表现出良好的可靠性和稳定性，每一个再生周期后催化剂活性可完全恢复，生产的烷基化油 RON 达 95~96。

CILA 是全球首套实现工业化的离子液体烷基化技术，该工艺由中国石油大学（北京）开发，采用具有高活性和选择性的具有双金属复合阴离子的离子液体催化剂，通过双金属或多金属配位中心的协同作用，抑制了聚合和裂解副反应，实现了对 C_4 烷基化反应的精确调控。采用该技术的全球首套工业化装置（10×10^4t/a）于 2013 年 8 月在山东德阳化工有限公司投产，产品烷基化油辛烷值高达 97 以上，吨烷基化油的催化剂当量消耗 5kg，吨烷基化油能耗 157kg 标油。复合离子液体几乎无腐蚀，可大幅提高生产安全性并降低设备投资，已经实施了至少 3 家企业的技术许可。

2）C_5/C_6 异构化技术[25, 26]

将重整拔头油、芳烃抽余油、加氢裂化轻石脑油等低辛烷值原料中的正构烷烃转化为高辛烷值的异构烷烃。C_5/C_6 烷烃异构化技术按照催化剂类型主要分为低温型（115~165℃）、中温型（210~300℃）和固体超强酸型（160~220℃）三类。其中，低温异构化工艺（一次通过流程）具有液收高、异构化率高等特点，但反应过程需要注氯且对原料杂质要求严格，以 UOP 公司的 I-82/I84、Axens 与 AKZO NOBEL 公司联合开发的 ATIS-2L 为代表；中温型对原料杂质要求较宽松，但收率相对较低，以 UOP 公司的 HS-10 及 Axens 公司的 IP632 为代表；固体超强酸型液收和异构化率、反应温度介于低温型和中温型之间，以 UOP 公司的 PI-242、PI-244 为代表。

C_5/C_6 烷烃异构化技术按照工艺流程大致分为一次通过流程、脱异乙烷塔循环流程和全循环流程三类。

（1）一次通过流程：轻石脑油仅通过异构化反应器一次。正构烷烃转化为异构烷烃，但转化率受到平衡反应的限制，产品的 RON 一般为 80~84。

（2）脱异己烷塔循环流程：用脱异己烷塔将未转化的正己烷和低辛烷值的甲基戊烷回收并返回到反应器系统，是成本最低的循环工艺，RON 值可以达到 87~89。

（3）全循环流程：循环工艺包括分馏法和吸附法，主要目的是将未转化的正戊烷、正己烷、甲基戊烷循环到反应系统，最大限度异构化，RON 值可以达到 90~93。

截至 2015 年底，世界上的 C_5/C_6 异构化装置 200 多套，UOP 公司的技术占据了绝大部分的市场份额。

3）FCC 轻汽油醚化技术[27, 28]

FCC 轻汽油中的叔碳烯与甲醇进行醚化反应，可以降低 FCC 汽油烯烃含量，提高辛烷值，并将甲醇转化为汽油组分，增加汽油收率。在国外，CDTECH 公司、Neste 公司、ARCO 公司、IFP、UOP 公司、BP 公司、意大利 SPA 公司等均开发出催化轻汽油醚化技术，上述公司开发的催化轻汽油醚化工艺技术大致相同，但在催化轻汽油馏分选择上不尽相同。轻汽油醚化技术的共同特征是由以下单元组成：FCC 汽油分馏单元、水洗单元、选择加氢脱二烯烃单元、轻汽油醚化单元、甲醇回收利用单元、烯烃异构化单元等。以美国CDTECH公司醚化技术为代表，包括催化蒸馏加氢技术、催化蒸馏醚化技术和直链烯烃深度利用技术为其产权特点。意大利轻汽油醚化的DET工艺技术，是以膨胀床醚化反应器为其技术的产权。芬兰Neste公司轻汽油醚化技术是以甲醇回收利用技术为其产权。UOP公司轻汽油的醚化工艺关键技术是采用一种名为Katamax的含催化剂的塔式结构型规整填料为其产权。国外较为先进的技术是CDTECH开发的催化轻汽油醚化技术，世界上采用该技术已建有100多套催化轻汽油醚化工业生产装置投入运行。轻汽油醚化作为一种催化汽油改质新技术，受到世界各国炼化公司的普遍关注，竞相开发出不同工艺的轻汽油醚化新技术，已成为国内外炼化企业生产高标号汽油的主要工艺技术之一。其中，CDTECH公司、SPA公司、Neste公司和UOP公司开发的轻汽油醚化成套工艺技术，技术成熟度较高，已成为国际市场上广泛采用的技术，也是中国炼化企业和市场需求应对汽油质量升级依赖的进口技术。中国石油开发的LNE FCC轻汽油醚化技术近5年应用步伐较快，截至2016年，已经实施了12套装置的技术许可。

3. 柴油加氢精制技术[29-31]

柴油加氢精制技术是在氢气存在的条件下，通过催化加氢工艺过程实现对柴油中的硫化物、氮化物、芳烃等杂质的深度脱除，以达到改善柴油产品性质的目的，具有反应条件温和、氢耗低、柴油收率高的特点。

国外柴油加氢处理装置以直馏柴油为主要原料，部分掺炼一定比例的二次加工柴油，如焦化柴油和催化柴油等，因此，国外具有代表性的柴油加氢技术以脱硫为主要目的。常用的加氢精制催化剂中，Co-Mo型催化剂加氢脱硫活性较高，适于在中低压条件下深度脱硫；在高压情况下Ni-Mo或Ni-W型催化剂通常加氢脱硫活性高于Co-Mo型催化剂，在中高压条件下在深度脱氮的同时，加氢脱硫活性高于Co-Mo型催化剂，因而适于中高压装置及处理二次加工柴油比例较高或高氮含量的原料，生产超低硫柴油。

为在原料日益劣质的情况下生产超低硫柴油，各催化剂技术公司开发了许多新技术用以提高催化剂活性，包括新型载体材料和改性技术来优化载体表面性能，采用络合浸渍技术提高金属分散度以形成更多Ⅱ型加氢活性相等。国外具有代表性的高活性加氢处理催化剂有：（1）Albemarle公司的STARS（Ketjen与Akzo Nobel合作开发）和Nebula（ExxonMobil与Akzo Nobel合作开发）系列催化剂，STARS催化剂的活性中心为高活性的Ⅱ型活性相，大幅度提高了催化剂的活性。Co-Mo型的KF-757和Ni-Mo型的KF-848是最早采用STARS技术的两个催化剂。Nebula与常规催化剂的区别在于其活性组分和全新的载体设计，Nebula-1是第一个采用该技术的催化剂，新一代的Nebula-20催化剂在保持活性的基础上降低了堆密度。鉴于Nebula催化剂活性太高且价格较高，Albemale推荐使用Nebula/STARS复配装填方式。对于中间馏分油的加氢脱硫中试及工业结果显示，使用Nebula-20和KF-760进行复配时，较单纯使用STARS系列催化剂在反应温度上可体现出15~18℃的活性优势；至2016年Nebula催化剂已售出超过5000t，应用于全球60多家炼厂。（2）Criterion公司通过结合前期的CENTINEL、CENTINEL GOLD、ASCENT技术，开发出最新一代催化剂制备技术——Centera。该技术在催化剂制备过程中采用纳米技术，将纳米尺寸的活性金属氧化物前驱体转化为硫化态的活性相，在催化剂制备过程中实现每一个催化剂活性中心的单独组装并且防止活性中心的聚集，从而提高催化剂的活性。用于中间馏分油加氢的催化剂有Co-Mo型的DC-2318、DC-2618和Ni-Mo型的DN-3330、DN-

3630 系列等。（3）Tops φ e 公司研发的 Brim™ 技术可用于生产超低硫柴油，截至 2015 年底，已应用于全球 170 多套装置。该技术认为 Brim 活性中心通过预加氢途径来脱硫，对于脱除带强烈位阻的含杂原子物种非常重要，特别是对于超低硫柴油的生产。Brim™ 技术的特点就是增加并优化了催化剂的加氢活性中心；同时还通过提高Ⅱ型活性中心的数量提高了直接脱硫活性，采用 Brim™ 技术的催化剂有 TK-574、TK-576、TK-578 等，可处理多种原料生产超低硫柴油。

我国柴油的质量特点与国外不同，国内炼厂主要加工低硫的重质石蜡和中间基原油，直馏柴油馏分少，重油二次加工的柴油所占比例较高，在 1/3 以上。二次加工柴油中大部分为催化柴油，其余大多是焦化柴油。催化柴油质量差，硫含量高且其中难脱除的含硫物种所占比例较大，芳烃特别是多环芳烃含量较高，十六烷值低；焦化柴油氮含量很高，烯烃含量也较高。相应的国内开发的柴油加氢处理催化剂多为高活性 Mo-Ni 或 Mo-W-Ni 型，柴油加氢装置多在中高压下操作。以 RASS 技术和 MAS 技术等为代表:（1）中国石化抚顺石油化工研究院开发了 RASS（Reaction Active Sites Synergy）催化剂制备技术，该技术关键在于调节载体与活性金属间相互作用，使之产生协同增进作用，从而大幅度提高催化剂的活性。针对不同原料油深度脱硫的反应特点，通过载体孔结构调变、助剂改性调整载体表面性质、活性金属优化组合及负载方式的改进等多种措施，进一步提高了活性中心数及其本征活性，开发了 FHUDS 系列催化剂，包括 Ni-Mo-W 型 FHUDS-2，Co-Mo 型 FHUDS-3、FHUDS-5，Ni-Mo 型 FHUDS-6、FHUDS-8 等，这些催化剂已在国内外 30 多套柴油加氢装置工业应用。（2）中国石化石油化工科学研究院通过对催化剂活性相的认识开发了 MAS（Maximization of Active Sites）技术平台，实现活性中心数量最大化。MAS 技术包括优化升级的络合制备技术、载体表面性质调控技术、缓和活化技术和金属精确匹配技术。基于 MAS 技术平台开发的高活性 RS-1000、RS-1100、RS-2000 系列催化剂脱硫、脱氮活性高，稳定性好，可在常规加氢精制条件下生产硫含量小于 10μg/g 的低硫柴油，其中 RS-2000 催化剂在生产硫含量小于 10μg/g 的低硫柴油时，所需反应温度较 RS-1000 降低 15℃以上。

在上述催化剂制备技术基础上，各个公司均开发了相应的催化剂级配技术，如标准公司的第二代 Centera 钴钼—镍钼—钴钼催化剂级配体系，可解决超低硫柴油加氢装置氢耗高、处理原料受限制等难题；Albemarle 公司开发的 STAX 催化剂级配体系，用于超低硫柴油中高压 / 高压加氢将催化剂分 3 层装填，用于低压 / 中压加氢处理装置将催化剂分 2 层级配装填。

此外，在柴油加氢精制领域以杜邦公司 IsoTherming 为代表的液相循环加氢工艺具有划时代的意义，其反应系统为全液相系统，除原料泵、循环油泵和补充氢压缩机外，只有原料油加热炉、氢气 / 原料混合器和反应器 3 件高压设备，取消了传统加氢工艺必备的氢气循环系统。与常规的固定床柴油加氢工艺相比，液相循环加氢工艺具有投资少（因反应器结构简单，无循环氢系统，整个压力系统明显缩小和简化，与常规固定床加氢相比投资减少 50%）、液体产品收率高、反应系统安全性高（反应器温升小，液体流动分布均匀，使温度失常、失控的危险概率减至最小）、总氢耗低（因为无循环氢，不需要外排氢以维持氢纯度）等特点，自 2003 年首次应用后实施了至少 23 套许可。中国石化也开发了相应的 SRH 和 SLHT 柴油液相加氢技术。

4. 柴油加氢改质技术[32, 33]

近年来随着环保法规的日益严格，油品质量升级的步伐不断加快，生产低芳烃、低密度和高十六烷值的柴油，成为柴油加氢改质技术的主要发展方向；同时随着我国消费柴汽比的逐年降低，柴油消费峰值提前到来，柴油已出现过剩的局面，能够将柴油转化为汽油的柴油改质技术，也成为近年来研究的热点。

1）两段法技术

这类技术在第一段采用非贵金属加氢催化剂，产物经汽提后进入第二段且使用贵金属催化剂，可同步达到降低柴油密度和多环芳烃，同时提高十六烷值的目的。在对柴油中多环芳烃含量限制严格的地区应用较多。

Tops φ e 公司的两段法加氢工艺可以使柴油的多环芳烃含量小于 2%，密度降低 0.01~0.02g/cm^3，十六烷值提高 3~6 个单位，目前该工艺已在多套装置上实现了工业化。

Axens 公司开发的两段柴油加氢工艺，第一段采用 Ni-Mo 型催化剂，二段催化剂为贵金属催化剂，该技术可处理含硫较高的原料油。经过两段反应后，芳烃含量可以降低到 1.4% 左右。如采用两段工艺加工硫含量为 1.58% 的原料油，经过一段反应后，硫含量小于 5μg/g，经过二段反应后，芳烃含量可降至 1.5% 左右。

2）最大化提高柴油十六烷值技术

这类柴油改质技术以催化裂化柴油为主要原料，以最大化提高柴油十六烷值为目标。

中国石化抚顺石油化工研究院研究开发了 MCI 技术，该技术采用单段双剂或单段单剂一次通过流程，通过控制萘类芳烃化合物开环而不断链，达到提高十六烷值的同时保证柴油收率的效果。MCI 技术精制段采用 FH-5、FH-5A 和 FH-98 精制剂，改质段采用 MCI 改质剂。MCI 改质催化剂第一代牌号为 3963，第 2 代牌号为 FC-18 和 FC-20。第二代催化剂添加改性分子筛作为裂化活性中心，负载 Ni-Wo 金属作为加氢活性中心，相比第一代催化剂可使芳烃脱除率提高 15%，十六烷值增加 2 个单位。MCI 工艺的主要特点是控制萘系芳烃开环而不断链，提高十六烷值的同时保证柴油收率，是介于加氢精制和中压加氢裂化的一种工艺。经该工艺改质的催化柴油，生成油中双环芳烃和三环芳烃大幅度减少，环烷烃含量基本不变，而单环芳烃及链烷烃大幅增加。与传统加氢精制类似的条件就可以完成 MCI 的工艺生产，其优点在于不仅可以使油品深度加氢脱硫、脱氮，使烯烃和双环以上的芳烃加氢饱和、开环，从而提高柴油十六烷值，同时可以保证柴油的高收率（大于 95%）。

中国石化石油化工科学研究院开发了 RICH 技术，可同时实现脱硫、脱氮并提高十六烷值。该技术采用 RIC 双功能催化剂，具有较高的脱硫和开环选择性。该工艺在保证提高柴油收率的前提下，密度降低 0.035g/cm^3 以上，十六烷值提高 10 个单位以上，柴油收率大于 95%。2001 年 6 月，中国石化洛阳分公司 80×10^4t/a 柴油加氢装置采用了该催化剂进行加氢处理，运行结果表明，在压力 7.4 MPa、平均反应温度 366 ℃和空速 1.0h^{-1} 条件下，可将催化柴油十六烷值由 32.2 提高到 42.4，柴油收率大于 95%。

3）催化柴油转化高辛烷值汽油技术

这类技术利用催化柴油芳烃含量高的特点，通过选择性裂化多产高辛烷值汽油。

2005 年，UOP 公司开发了 LCO Unicracking 技术，用于将催化柴油转化为高辛烷值汽油调和组分。该技术采用一次通过部分转化工艺，配套开发的预精制催化剂具有多环芳烃加氢选择性好、反应条件温和的特点，HC-190 裂化剂能在较低的温度和压力下以部分转化的工艺进行操作，将重质单环芳烃转换为轻质单环芳烃。中试试验结果表明，与传统加氢裂化相比，该技术具有操作压力低、操作温度缓和的优点，降低了设备投资和运行费用，同时催化柴油通过加氢处理增加了产品的附加值，使得 LCO Unicracking 较传统的加氢裂化技术具有较高的投资回报率和市场应用前景。

中国石化抚顺石油化工研究院开发的 FD2G 技术，旨在充分利用催化柴油富含芳烃的特点，将柴油中重质芳烃通过加氢裂化的方式，轻质化富集到汽油馏分中，以达到降低炼厂柴汽比，生产高辛烷值汽油调和组分的目的。该技术通过加氢预精制剂 FF-36 和裂化剂 FC-24B 的优化组合及工艺条件的调整，实现了催化柴油的选择性加氢脱多环芳烃，能够尽可能多地保留汽油产品中单环芳烃，达到生产高附加值汽油调和组分的目的。该技术反应压力为 8.0~10.0 MPa，总体积空速为 0.6~1.0 h^{-1}。2013 年 10 月，在金陵石化实现工业应用，运行数据显示，汽油产品收率达 38%，硫含量小于 10μg/g，辛烷值大于 90。该技术在茂名石化、金陵石化 3 套装置实施了技术许可。

二、清洁燃料生产技术发展趋势

1. 环境友好的汽油生产技术

1）催化汽油加氢处理技术

随着新汽油标准的出台，汽油池硫、烯烃含量将大幅降低，芳烃含量也进一步收紧。催化汽油是汽油池中硫和烯烃的主要来源，对催化汽油加氢处理技术提出了更高的要求——如何在超深度脱硫过程中减小辛烷值损失，在超深度脱硫过程中能否同步实现大幅降烯烃并保持辛烷值。结合汽油池组分的优化配置，通过渣油加氢或蜡油加氢来降低催化汽油的硫含量并改善组分分布，是缓解催化汽油加氢后处理过程由于高苛刻度脱硫造成辛烷值损失增大的最有效手段。但炼厂新增装置将带来投资的大幅增加，多数炼油企业还是寄希望于催化汽油加氢后处理技术的进步来实现上述目标。

目前，催化汽油选择性加氢脱硫技术均通过将低硫富含高辛烷值烯烃的 FCC 轻汽油切出，对 FCC 重汽油加氢脱硫实现辛烷值损失的最小化，这种工艺的思路是尽量避免 C_6 烯烃在汽油深度加氢过程中饱和，增大催化汽油辛烷值损失；但是在超深度脱硫阶段，受 FCC 汽油原料组分分布的制约，富含 C_6 组分的中汽油馏分（65~95℃）由于控制轻汽油硫含量的需要，不得不切入重汽油中进行加工。因此，对于中汽油中噻吩的有效脱除是优化现有工艺切割比例、减小辛烷值损失、提升技术竞争力的关键。通过溶剂抽提解决中汽油中噻吩的脱除，优化催化汽油切割比例，减少 C_6 烯烃进入重汽油进行加氢是可以选择的技术路径之一。中国石化清江石化公司采用 RSDS- 溶剂抽提与加氢精制组合工艺实施了工艺应用[34]，轻汽油在碱抽提脱硫醇后再进入溶剂抽提脱噻吩单元，富含噻吩及芳烃的抽出油与重汽油混合进行加氢脱硫，溶剂精制后的轻汽油硫含量可满足国Ⅴ生产调和要求。通过 2016 年清江石化公司工业实践，在实施溶剂抽提组合工艺后，将硫含量 300~480μg/g 的 FCC 汽油硫含量降至 10μg/g 以下，切割比例由 20% 提高至 40%，辛烷值损失减少 1.7 个单位左右。

对于催化汽油加氢改质装置，大部分加工流程均为重汽油先进行加氢脱硫再进行辛烷值恢复，这样对于轻汽油比例较低的原料实际上将大量的 C_6 烯烃放入重汽油进行加氢脱硫，辛烷值损失极大。如果弱化辛烷值恢复单元的加氢功能，强化烯烃定向转化功能，实际上可以利用辛烷值恢复单元把 C_6—C_8 烯烃裂化再异构化、芳构化，然后再进行加氢脱硫，不仅可以大幅减少辛烷值损失，还可以大幅降低烯烃，是组分分布不合理的 FCC 汽油原料（轻汽油比例低）较好的清洁化措施。中国石油开发的 M-PHG 技术 2016 年在玉门油田公司炼油化工总厂（简称玉门炼厂）进行了很好的应用实践，将轻汽油比例 25% 的高烯烃 FCC 汽油硫含量从 200~400μg/g 降至 10μg/g 左右，辛烷值损失在 2 个单位以内，烯烃含量可降低 15 个百分点，同步实现了 FCC 汽油的脱硫、降烯烃并保持辛烷值。本项改进的汽油加氢改质技术，对于汽油池不够理想的中小型炼厂尤为适用。

2）高辛烷值清洁汽油调和组分生产技术

汽油标准的升级，使得生产几乎无硫、无烯烃、无芳烃的高辛烷值汽油调和组分的烷基化、异构化技术迎来了更大的推广应用机会。另外，能够适当降烯烃并实现甲醇高值化的催化轻汽油醚化技术的作用也将在大部分地区受到限制。

传统烷基化工艺以浓硫酸或氢氟酸为催化剂，存在严重的设备腐蚀及潜在的环境污染与人身危害等重大问题，其工业应用受到了严峻的挑战。因此，环境友好的烷基化生产技术将是高辛烷值清洁汽油调和组分生产技术领域未来的发展方向。自固体酸烷基化技术 2015 年实现首次工业应用后，进入了快速发展时期；KBR 公司也成功开发了 K-SAAT 固体酸烷基化工艺，计划于 2020 年进行首次工业应用。中国石化开发了高效稳定的 ZCA-1 固体酸烷基化催化剂，在燕山石化完成了工业试验。

此外，离子液体烷基化技术在 2013 年也实现了工业应用，该技术可大幅降低传统烷基化过程对环境的污染。雪佛龙公司开发的 ISOALKY 离子液体烷基化技术可实现离子液体现场再生，不会出现催化剂挥发现象，计划于 2020 年投运。

2. 清洁柴油生产技术领域

随着我国经济结构的调整和经济增速的放缓，我国炼油行业内燃机燃料油的生产将面临结构调整，未来一段时间内国内柴汽比将从 2014 年的 1.5~1.6 降低到 1.0~1.1，因而对柴油馏分的转化技术需求量将增加。另外，清洁燃料标准升级加快，对柴油的硫含量及多环芳烃含量限制将进一步严苛。柴油加氢领域技术的发展将会在催化剂、工艺、装置优化和改造、解决方案等方面全方位进行。

在柴油加氢精制技术领域，将进一步强化“低成本是核心竞争力”的理念。在催化剂低成本方面，开发高性能的催化材料、提升Ⅱ类活性中心的制备技术是实现催化剂低成本的主要方向；在装置运行低成本方面，进行装置进料优化、实施催化剂级配体系设计，降低装置氢耗、延长运行周期，采用液相加氢技术降低装置能耗等。

在柴油加氢改质技术领域，提高劣质柴油十六烷值、降低芳烃含量的两段法技术在个别国家或地区将会有一定的需求；在柴油消费已经达到峰值的国家，具有改质（如芳烃含量、十六烷值、密度、T95、冷流动性）及调整柴汽比、脱硫等多重功能的技术将获得更多的青睐，如催化柴油加氢改质生产高辛烷值汽油技术；同时提高未转化柴油十六烷值技术；催化柴油生产 BTX（“三苯”：苯、甲苯、二甲苯），同时兼产低凝柴油的加氢改质技术；直馏柴油多产航空煤油、石脑油，同步实现柴油降凝的加氢改质技术等。

第二节　清洁燃料生产技术进展

“十二五”期间，中国石油在清洁汽油、柴油、航空煤油及车用燃料标准等领域取得了一大批高水平、具有自主知识产权的创新成果。

在清洁汽油生产技术开发领域，中国石油成功开发了 PHG 催化汽油选择性加氢脱硫、M-PHG、GARDES 催化汽油加氢改质、LNE 系列催化轻汽油醚化及 LDS 环保型超重力液化气深度脱硫等技术，形成“全馏分 FCC 汽油预加氢—轻重汽油切割—轻汽油醚化—重汽油选择性加氢脱硫—接力脱硫 / 辛烷值恢复”成套工艺路线，解决了 FCC 汽油深度脱硫、降烯烃和保持辛烷值这一制约汽油清洁化的难题，“量体裁衣”式满足各企业汽油质量升级的不同需求，成功支撑中国石油国Ⅳ、国Ⅴ汽油质量升级。

在清洁柴油生产技术开发领域，中国石油成功开发了 PHF、FDS 柴油加氢精制及 PHU 柴油加氢改质催化剂及工艺技术。截至 2016 年，柴油加氢精制技术已于中国石油大庆石化公司（简称大庆石化）等 15 套装置进行工业应用，可大幅度降低柴油中的硫、氮含量，满足炼化企业生产国Ⅴ标准超低硫柴油需求。PHU 加氢改质技术在中国石油乌鲁木齐石化公司（简称乌鲁木齐石化）实现工业应用，可大幅度提高柴油十六烷值，满足企业生产高芳潜石脑油及国Ⅴ标准清洁柴油的需求，填补了中国石油该领域的技术空白。

在航空煤油生产技术开发领域，中国石油组织生产的航空生物燃料，实现了我国航空生物燃料验证飞行。

在车用燃料油标准制定领域，中国石油参与起草制定了包括第五阶段国家车用汽柴油标准、《航空涡轮生物燃料》国家标准及北京市第六阶段车用汽柴油标准等多项国家和地方标准，为推动石化行业检测方法的进步做出了贡献。

一、催化汽油加氢处理技术

“十二五”期间，中国石油通过持续技术攻关，开发完成了具有自主知识产权的催化汽油加氢 PHG、M-PHG 和 GARDES 成套技术工艺包，全面替代引进技术，为中国石油汽油质量从国Ⅲ到国Ⅳ、国Ⅴ标准的持续升级提供了重要支撑，在中国石油汽油质量升级项目包括中国石油大庆炼化公司、中国石油大庆石化公司、中国石油庆阳石化公司、中国石油宁夏石化公司等 15 套装置上工业化推广应用，总加工量达 1355×10^4t/a，规模从 25×10^4t/a 至 150×10^4t/a 不等。2006 年，催化汽油加氢 PHG 成套技术工艺包开始科技攻关，2008 年首次进行工业试验，2013 年开始大面积推广应用[35]。截至 2017 年底，已投产装置运行时间已达三年以上，标定数据显示主要技术指标均达到或超过设计值，汽油产品质量全部可以满足国Ⅴ标准，工艺技术总体达到国际先进水平。

自主催化汽油加氢成套技术以催化裂化（FCC）汽油为原料，采用固定床加氢技术，通过优化工艺路线、工艺参数和催化剂的选择性，对催化汽油选择性加氢脱硫 / 改质，生产汽油调和组分，使炼厂汽油产品满足车用汽油标准要求，同时尽量减少辛烷值损失。该成套技术包含催化剂、单项工艺技术及工艺包技术，包含 FCC 汽油选择性加氢脱硫技术（PHG）、FCC 汽油选择性加氢脱硫 / 加氢改质组合技术（M-PHG）和 FCC 汽油选择性加氢改质技术（GARDES）三个技术系列。截至 2017 年底，该成套技术拥有专利 14 项，其中发明专利 8 项、实用新型专利 6 项，获 2015 年国家科学技术进步奖二等奖。

1. 催化汽油选择性加氢脱硫技术的开发（PHG）

FCC 汽油选择性加氢脱硫技术（PHG）是中国石油自主开发的一种处理 FCC 汽油降低硫含量、抑制烯烃饱和生产清洁汽油的关键技术。该技术的核心理念是在 FCC 汽油深度加氢脱硫的同时尽可能减少烯烃饱和，以最小的辛烷值代价保证产品质量合格。

研究表明：轻重汽油中硫化物和烯烃的分布有很大差别：（1）FCC 汽油中约 10% 的硫分布在轻组分中，主要为小分子硫醇；约 90% 的硫分布在重组分中，主要为大分子硫醚、噻吩类含硫化合物；轻组分中小分子硫醇可以通过加成反应重质化转入重组分，重组分中的硫化物可以通过加氢脱除，少量残余含硫化合物和再生成的硫醇可以接力脱硫去除。（2）FCC 汽油中约 35% 的轻组分含有近 60% 的烯烃，而重组分的烯烃含量较低；直接对全馏分 FCC 汽油加氢脱硫，轻质烯烃易被加氢饱和，辛烷值损失大；将 FCC 汽油切割为轻、重馏分分别进行处理是减少烯烃饱和的有效途径。

FCC 汽油中的不同含硫化合物的脱除对催化剂性质、工艺操作条件具有不同要求，难以在单独的催化剂上实现超深度脱硫而辛烷值损失较小的目标。中国石油围绕加氢脱硫与辛烷值保持这一核心问题，通过深入研究 FCC 汽油中含硫化合物和烯烃的分布规律及催化转化行为，研制催化剂新型载体材料，筛选活性金属，创新催化剂合成方法，设计催化剂关键制备技术，制备出用于不同含硫化合物脱除的高选择性脱硫系列催化剂，包括 FCC 汽油预加氢催化剂、重汽油选择性加氢脱硫催化剂、后处理催化剂；充分利用上述催化剂的特点，构建了“全馏分 FCC 汽油预加氢—轻重汽油切割—重汽油选择性加氢脱硫—加氢后处理”分段脱硫新工艺，成功开发出 FCC 汽油选择性加氢脱硫成套技术（PHG），实现了不同含硫化合物高选择性深度加氢脱除，具有优异的辛烷值保持功能，实现了规模化工业应用，为国Ⅴ汽油质量升级提供了技术支持（图 2–4）。

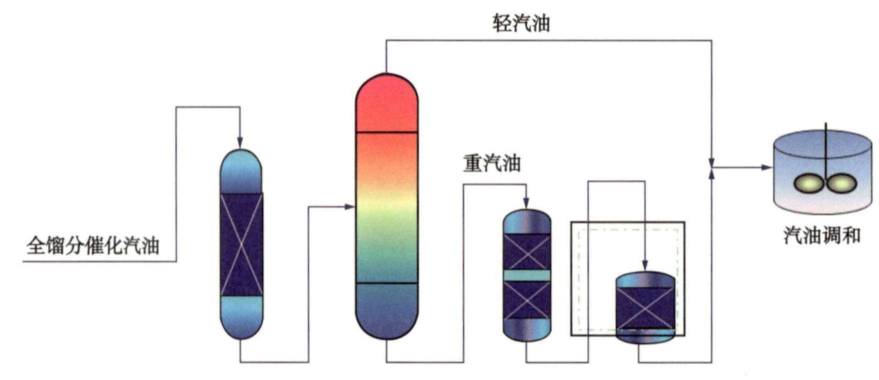

图 2–4　中国石油开发的 PHG 技术工艺流程示意图

全馏分 FCC 汽油与氢气混合进入预加氢反应器，该反应器装填配套开发的预加氢催化剂，起到饱和二烯烃、轻汽油中硫醇重质化的作用。经预加氢处理后的 FCC 汽油进入分馏塔，切割为低硫高烯烃的轻汽油和高硫低烯烃的重汽油，轻汽油可以配合醚化单元；重汽油与氢气混合后先后进入加氢脱硫和后处理反应器，分别装填 FCC 汽油选择性加氢脱硫催化剂和加氢后处理催化剂，起到高选择性脱除重汽油中含硫化合物的作用。重汽油加氢脱硫产物经高分气液分离、稳定塔汽提后，与轻汽油混合，最终得到合格的国Ⅴ清洁汽油调和组分。

1）主要技术进展

（1）催化剂特点和指标参数[36, 37]。

预加氢催化剂：通过开发高选择性预加氢催化剂，实现了缓和临氢条件下小分子硫醇与二烯烃反应生成大分子硫醚而被转移到重汽油中，残余二烯烃也被高选择性脱除，且高辛烷值单烯烃基本不被饱和。从表 2–2 所列工业试验结果可以看出，处理中国石油哈尔滨石化公司（简称哈尔滨石化）FCC 汽油，产品硫醇硫含量从 36.6μg/g 降到了 3.6μg/g，二烯值从 0.55g（I）/100g 降到了 0.25g（I）/100g，研究法辛烷值增加 0.1。

表 2–2 预加氢催化剂工业应用结果

性　　能	原　　料	产　　品
硫醇硫含量，μg/g	36.6	3.6
二烯值，g（I）/100g	0.55	0.25
研究法辛烷值	87.4	87.5

加氢脱硫催化剂：解决了金属活性相纵向多层堆垛和横向高度分散这一相互矛盾的催化剂制备难题，开发出高活性、高选择性加氢脱硫催化剂，可在烯烃较少被加氢饱和情况下，将重汽油中以噻吩类硫为主的含硫化合物深度加氢脱除，反应条件缓和，辛烷值损失小。从表 2–3 所列对比评价数据可以看出，处理高硫重汽油，在达到 95% 相同脱硫率下，与参比剂相比烯烃饱和率约低 10 个百分点。

表 2–3 加氢脱硫催化剂中试评价结果

样　　品	硫含量，μg/g	烯烃含量，%（体积分数）	脱硫率，%	烯烃饱和率，%
重汽油原料	386	20.9		
重汽油产品（参比剂）	19	14.4	95.1	31.1
重汽油产品（研制剂）	20	16.4	94.8	21.5

加氢后处理催化剂：开发出高选择性后处理催化剂，可在烯烃极少被加氢饱和情况下，实现重汽油加氢脱硫产物中残余含硫化合物的加氢脱除，使重汽油产品硫含量满足国Ⅴ汽油生产要求。从表 2–4 所列单独加氢脱硫与组合脱硫工艺对比评价数据可以看出，处理硫含量为 240μg/g、烯烃含量为 41.0%（体积分数）的 FCC 重汽油，在 95% 相同脱硫率下，与单独采用加氢脱硫催化剂相比，采用“加氢脱硫 + 接力脱硫催化剂”组合，研究法辛烷值损失减少 1.5，且加氢脱硫单元的反应温度降低了 20℃。

表 2–4 单独加氢脱硫与组合脱硫工艺对比

项　　目	重汽油原料	重汽油产品	
		单独加氢脱硫	“加氢脱硫 + 后处理”组合
总硫含量，μg/g	240	12	12
烯烃含量，%（体积分数）	41.0	33.1	36.2
研究法辛烷值损失	—	4.0	2.5
加氢脱硫反应温度，℃	—	265	245

主要特点：①预加氢催化剂高硫醇转移和二烯烃加氢饱和活性，单烯饱和少，辛烷值损失小，操作条件缓和，运行周期长，原料适应性强；②加氢脱硫和加氢后处理催化剂高脱硫活性，烯烃饱和少，辛烷值损失小，液收高，操作条件缓和，运行周期长，原料适应性强。主要物化性质指标见表 2–5。

表 2-5 PHG 系列催化剂主要物化性质

项 目	PHG-131 催化剂	PHG-111 催化剂	PHG-151 催化剂
外观	球形	三叶草条形	三叶草条形
径向尺寸，mm	2.0~4.0	1.5~2.0	1.5~2.0
比表面积，m^2/g	≥ 120	≥ 160	≥ 150
孔体积，cm^3/g	≥ 0.30	≥ 0.40	≥ 0.40
堆积密度，g/mL	0.75~0.85	0.70~0.80	0.70~0.80
抗压碎力，N/cm	> 50	> 150	> 150

（2）工业运行情况。

PHG 技术适用于催化汽油深度脱硫的同时抑制烯烃饱和，有效保持辛烷值，主要适用于催化汽油脱硫、保持辛烷值为主要需求的炼厂。该技术已在中国石油庆阳石化公司等 8 套汽油加氢装置许可应用，应用结果表明：处理硫含量小于 400μg/g、烯烃含量小于 45%（体积分数）的催化汽油，生产国Ⅴ汽油组分的研究法辛烷值损失小于 1.5，液收大于 99.5%（质量分数），能耗小于 18 kg（标油）/t。主要操作参数见表 2-6。

表 2-6 PHG 技术主要操作参数

反应器名称	总压，MPa	体积空速，h^{-1}	床层入口温度，℃		氢油体积比
			初期	末期	
预加氢反应器	2.2~2.4	2.0~4.0	90~120	180~200	6~12
加氢脱硫反应器	1.9~2.1	2.0~4.0	220~240	280~305	250~500
后处理反应器	1.8~2.0	4.0~8.0	270~300	330~360	250~500

2）应用前景

采用 PHG 技术成果自主设计和建设的工业装置与引进世界上具有代表性的 FCC 汽油加氢技术建成的装置相比，PHG 技术具有原料适应性强、操作费用低、脱硫率高、辛烷值损失小、液收高、能耗低、运转周期长等技术特点，应用前景广阔（表 2-7）。

表 2-7 PHG 技术与引进技术主要指标的对比[38, 39]

项 目		PHG 技术			国外对比技术		效果
装置规模，$10^4t/a$		150	60	70	75	75	—
原料	总硫含量，μg/g	101	112	110.7	119	234.5	—
	烯烃含量，%（体积分数）	34.6	28.4	43.2	36.1	31.0	—
产品	总硫含量，μg/g	9	10	14.6	19.0	14.9	—
	烯烃含量，%（体积分数）	32.3	—	38.2	33.7	25.5	—
	脱硫率，%	91.0	91.1	86.8	84.0	93.6	相当
	辛烷值损失	-0.6	-1.4	-1.1	-0.4	-1.4	相当
	液收，%	99.51	99.74	99.85	99.7	100	相当
能耗，kg（标油）/t		14.83	—	15.88	26.8	22.8	优于

2. 催化汽油加氢改质—脱硫组合技术（M-PHG）

世界上已形成了以加氢脱硫和临氢吸附脱硫为主流的两大 FCC 汽油清洁化技术，其共同点是在最大限度地保证烯烃不被加氢饱和的前提下降低硫含量，因而无法满足降烯烃需求。为解决中国 FCC 汽油清洁化所特有的需在降硫的同时，降低烯烃含量，中国石油在系统厘清 FCC 汽油中烯烃的催化转化机制的基础上，探索同步实现降低烯烃含量和保持辛烷值的新途径。

烯烃可在金属—分子筛催化剂上发生芳构化反应生成辛烷值更高的芳烃，有关烯烃芳构化的经典反应机理认为，在此过程中二烯烃是必须的中间产物，但二烯烃容易导致酸性分子筛催化剂的结焦失活。研究发现，C_7—C_{10} 烯烃在 Brönsted（B）酸中心上经质子化、环化生成环烯烃，然后在 B 酸中心上经氢转移或在金属中心上经脱氢生成芳烃，临氢条件下氢气的存在使得烯烃经脱氢或氢转移转化为二烯烃的反应受到了抑制，因而可使催化剂的稳定性得以大幅提高，这就从理论上阐明了烯烃临氢芳烃化催化剂长周期稳定运行的可能性。

通过深入研究揭示 FCC 汽油中烯烃定向转化为高辛烷值组分的新途径，设计催化剂关键制备技术，研制出具有优异芳构化活性和稳定性的辛烷值恢复催化剂，开发 C_7—C_{10} 烯烃芳构化技术，构建了“全馏分 FCC 汽油预加氢—轻重汽油切割—重汽油辛烷值恢复—选择性加氢脱硫”组合新工艺，成功开发出 FCC 汽油加氢改质—脱硫组合技术（M-PHG），实现了 FCC 汽油深度脱硫、大幅降烯烃的同时有效保持辛烷值，实现了规模化工业应用，为国Ⅴ及未来国Ⅵ汽油质量升级提供技术支持（图 2-5）。

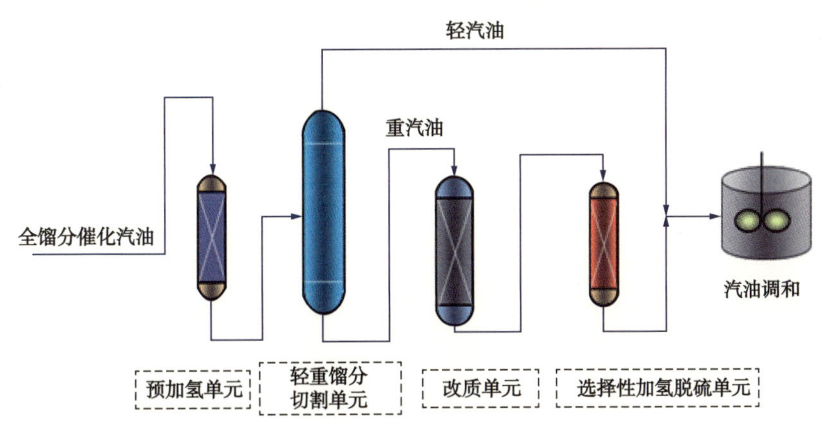

图 2-5 M-PHG 技术工艺流程示意图

全馏分 FCC 汽油与氢气混合进入预加氢反应器，该反应器装填配套开发的预加氢催化剂，起到饱和二烯烃、轻汽油中硫醇重质化的作用。经预加氢处理后的 FCC 汽油进入分馏塔，切割为低硫高烯烃的轻汽油和高硫低烯烃的重汽油，轻汽油可以配合醚化单元；重汽油与氢气混合后先后进入加氢改质和选择性加氢脱硫反应器，分别装填重汽油辛烷值恢复催化剂和选择性加氢脱硫催化剂，起到将重汽油中大分子烯烃异构/芳构化、深度脱除含硫化合物的作用。重汽油加氢脱硫产物经高分气液分离、稳定塔汽提后，与轻汽油混合，最终得到合格的国Ⅴ清洁汽油调和组分。

1）主要技术进展

（1）催化剂特点和指标参数。

加氢改质单元装填辛烷值恢复催化剂。通过以 HZSM-5 分子筛为基础材料，发明了一种将水热处理控制分子筛晶粒尺寸和 Si/Al 与有机酸处理分子筛相结合的改性方法，实现了 HZSM-5 分子筛晶粒尺寸、孔道结构与酸性的精细调变，有效抑制长链烯烃裂化、缩合结焦等副反应；将改性 HZSM-5 分子筛和氧化铝进行有效混合设计孔结构和酸性合适的新型载体，采用加氢组分的高效负载方法，研制了具有优异芳构化活性和稳定性的辛烷值恢复催化剂。表 2-8 所示中试评价结果表明，在反应温度 380℃、反应压力 2.0MPa、体积空速 $1.2h^{-1}$、氢油体积比 300 ：1 下，处理硫含量为 370μg/g、烯烃含量为 38.3%（体积分数）的 FCC 重汽油，脱硫率 33.5 %，烯烃含量下降 17.1 个百分点，芳烃含量增加 3.8 个百分点，研究法辛烷值增加 1.8 个单位。

表 2-8　加氢改质催化剂中试评价结果

性　　能	重汽油原料	重汽油产品
总硫含量，μg/g	370	246
烯烃含量，%（体积分数）	38.3	21.2
芳烃含量，%（体积分数）	21.8	25.6
研究法辛烷值	84.0	85.8

辛烷值恢复催化剂主要特点：具有一定的加氢脱硫活性，较高的烯烃异构 / 芳构化活性，辛烷值恢复能力强，液收高，运行周期长，原料适应性强。催化剂主要物化性质指标见表 2-9。

表 2-9　加氢改质催化剂主要物化性质

性　　能	FO-35M 催化剂
外观	圆柱条形
径向尺寸，mm	1.5~2.0
比表面积，m^2/g	> 250
孔体积，cm^3/g	> 0.20
堆积密度，g/mL	0.60~0.70
抗压碎力，N/cm	> 120

（2）工业运行情况。

本技术适用于催化汽油深度脱硫、大幅降烯烃的同时有效保持辛烷值，主要适用于脱硫、降烯烃、保持辛烷值需求的炼厂。已在中国石油乌鲁木齐石化公司、玉门油田炼油化工总厂、中国石油塔里木油田公司勘探开发公司炼油厂 3 套催化汽油加氢装置实现工业应用，应用结果表明：处理硫含量小于 500μg/g、烯烃含量小于 50%（体积分数）的催化汽油，生产国Ⅴ汽油组分的研究法辛烷值损失小于 1.5，烯烃降幅 10%~15%（体积分数），液收大于 99.0%（质量分数），能耗小于 20 kg（标油）/t。主要操作参数见表 2-10。

表 2-10 M-PHG 技术操作工艺条件

反应器名称	总压，MPa	体积空速，h^{-1}	床层入口温度，℃		氢油体积比
			初期	末期	
预加氢反应器	2.2~2.4	2.0~4.0	90~120	180~200	6~12
加氢改质反应器	2.0~2.2	1.0~1.5	360~380	400~410	250~500
加氢脱硫反应器	1.9~2.1	2.0~4.0	230~250	280~305	250~500

2）应用前景

本技术有机地将 FCC 汽油中含硫化合物的脱除和烯烃的定向转化相结合，在降低 FCC 汽油硫含量的同时，通过烯烃异构 / 芳构化等提升辛烷值的反应弥补加氢脱硫过程中烯烃饱和造成的辛烷值损失，实现了 FCC 汽油在深度脱硫、降烯烃的同时有效保持辛烷值；具有广泛的原料和产品方案适应性，烯烃降幅大，辛烷值损失小。

自 2019 年起中国将全面实施国Ⅵ汽油标准，要求将烯烃含量从 24%（体积分数）降至 15%~18%（体积分数），这就要求进一步降低烯烃含量。M-PHG 技术表现出优异的大幅降烯烃能力和辛烷值保持性能，突破了国内外同类技术不能同时实现降低硫含量、降低烯烃含量和保持辛烷值的技术瓶颈，是适合我国炼油行业结构特点的清洁汽油生产技术。

3. FCC 汽油选择性加氢改质技术（GARDES）

GARDES 技术通过将 FCC 汽油加氢脱硫与烯烃定向转化有效耦合，将烯烃定向转化为高辛烷值组分来弥补加氢脱硫过程中烯烃饱和带来的辛烷值损失，从而实现脱硫、降烯烃和保辛烷值的三重目标。

研究发现：FCC 汽油中，烯烃主要集中在 C_5—C_6 轻组分中，该部分烯烃具有活性高、辛烷值高的特点；而含硫化合物主要集中在 C_7—C_{12} 的重组分中，轻组分中的含硫化合物主要为硫醇。烯烃可在金属—分子筛催化剂上发生异构化和芳构化反应，生成辛烷值更高的异构烃或芳烃，该反应需要催化剂具有一定的酸性，而酸性过强会导致催化剂的裂化活性过高，影响催化剂的寿命和装置的液收；同时酸性过高，也会降低加氢脱硫的选择性。

基于上述 FCC 汽油中烯烃和硫化物的分布，以及对烯烃和硫化物的转化行为的认识，本技术设计了预加氢—切割—重汽油选择性加氢脱硫—辛烷值恢复工艺路线。通过预加氢将硫醇重质化，从而降低了轻汽油中的硫含量，同时将易加氢饱和的 C_5—C_6 烯烃蒸馏至轻汽油中，从而避免了烯烃的饱和；再将重汽油中易脱除的含硫化合物在高选择性的加氢脱硫催化剂上进行加氢脱硫，避免了采用酸性载体导致的加氢脱硫过程选择性的降低，再在含分子筛酸性载体的辛烷值恢复催化剂上进行烯烃的定向转化和难脱除的噻吩硫的脱除，同时辛烷值恢复催化剂具有抑制硫化氢与烯烃反生成硫醇的功能，节省了后续脱硫醇反应器，有效降低了装置投资。

本技术通过深入分析 FCC 汽油中烯烃和含硫化合物转化行为，提出了分步脱除 FCC 汽油中不同结构含硫化合物的“梯级”脱硫方法和将烯烃定向转化为高辛烷值异构烷烃 / 芳烃的新途径，并将“梯级”脱硫与烯烃定向转化高效耦合，开发了用于国Ⅳ / 国Ⅴ标准清洁汽油生产的 FCC 汽油选择性加氢改质技术 GARDES 工艺（图 2-6），突破了现有加氢脱硫技术和吸附脱硫技术不能同步实现 FCC 汽油深度脱硫、降低烯烃含量和保持辛烷值这一中国炼油领域特有的技术难题，支撑了中国石油油品质量升级。

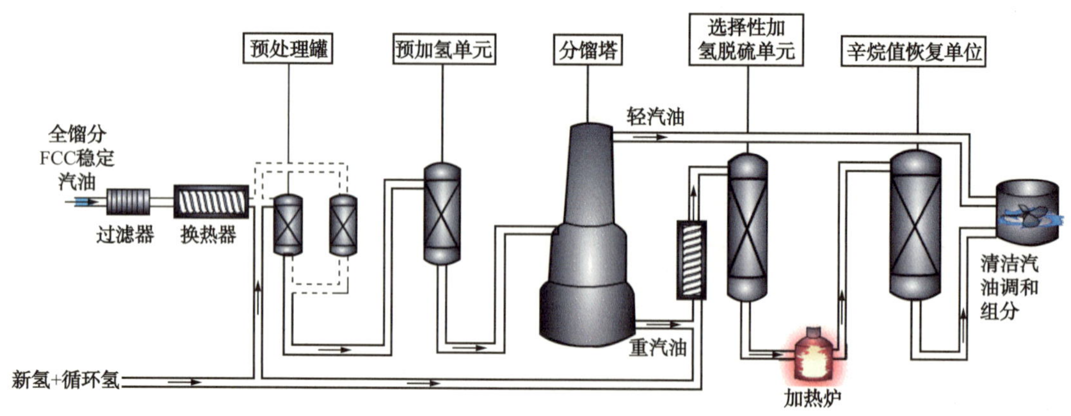

图 2-6 GARDES 技术工艺流程示意图

GARDES 技术具有广泛的原料和产品方案适应性，可以根据原料硫含量、烯烃含量、产品指标等情况，通过反应工艺的优化配置和催化剂的合理级配，实现不同类型含硫化合物的递进脱除，同时具有辛烷值恢复功能，可在大幅降低汽油烯烃含量的同时减少其辛烷值损失，在不改变工艺流程的前提下，通过改变催化剂的级配方式和优化工艺条件实现从生产国Ⅳ标准清洁汽油到生产国Ⅴ标准清洁汽油的过渡，从而为我国 FCC 汽油的清洁化提供一条行之有效的技术途径。

1）主要技术进展

GARDES 技术于 2006 年在中国石油科技管理部立项，设立 FCC 汽油清洁化重大研究和推广专项，2009 年在中国石油大连石化公司 20×10^4t/a FCC 汽油加氢装置完成了工业试验。2013 年，GARDES 技术在中国石油得到了大规模的推广应用，该技术在中国石油从国Ⅲ汽油升级到国Ⅳ汽油的任务中发挥了作用。2015 年，GARDES 技术又在不增流程、不增设备、不换催化剂的情况下，仅通过调整工艺完成从国Ⅳ到国Ⅴ的汽油质量升级的平滑过渡。

GARDES 技术采用“预加氢—轻重汽油切割—重汽油选择性加氢脱硫—重汽油辛烷值恢复—轻重汽油调和”的技术路线，其中预加氢单元实现烯烃双键异构和硫醇 / 噻吩向重汽油的转移，然后轻、重汽油切割，轻汽油直接用于产品调和；重汽油经选择性加氢脱硫单元和辛烷值恢复单元实现梯级脱硫和烯烃定向转化，以确保在深度加氢脱硫、大幅降低烯烃含量的同时保持辛烷值。该技术配套催化剂包括 GDS-10、GDS-20、GDS-30、GDS-40 共 4 个，以及辅助性材料 GDS-01 预处理剂 1 个，其主要物化性质指标见表 2-11。

表 2-11 GARDES 技术配套催化剂主要物化性质

性能	预处理剂 GDS-01	保护剂 GDS-10	预加氢催化剂 GDS-20	选择性加氢 脱硫催化剂 GDS-30	辛烷值 恢复催化剂 GDS-40
外观	三叶草条形	三叶草条形	三叶草条形	三叶草条形	三叶草条形
规格，mm×mm	ϕ3.0×（2~12）	ϕ3.0×（2~12）	ϕ1.6×（2~12）	ϕ1.5×（2~12）	ϕ1.7×（2~12）
比表面积，m^2/g	≥230	≥230	≥210	≥160	≥230
孔体积，mL/g	＞0.5	＞0.5	＞0.3	＞0.3	＞0.2
堆密度，g/mL	≥0.45	≥0.45	≥0.65	≥0.55	≥0.65
机械强度，N/cm	≥120	≥70	≥100	≥100	≥120

预加氢单元装填保护剂 GDS-10 和预加氢催化剂 GDS-20，其发挥的功能是能够同时脱除 FCC 全馏分汽油中的杂质（如含氧化合物、金属有机化合物）、二烯烃，并将硫醇转化为硫醚，避免因二烯烃聚合而导致催化剂的结焦失活，为后续的选择性脱硫催化剂和辛烷值恢复催化剂的长周期运行提供保证。其装填的预加氢催化剂所达到的技术水平是通过将 FCC 全馏分汽油中的硫醇重质化，可使 FCC 全馏分汽油的硫醇硫含量不大于 10μg/g。

分馏塔发挥的功能是可根据不同 FCC 全馏分汽油性质，灵活掌握切割温度，合理配置轻馏分油中烯烃、硫的比例，从而保证辛烷值的最大化。

选择性加氢脱硫单元装填保护剂 GDS-10 和选择性加氢脱硫催化剂 GDS-30，其发挥的功能是在催化剂的作用下尽可能将 FCC 重馏分油中噻吩、甲基噻吩、苯并噻吩和甲基苯并噻吩等大分子含硫化合物加以脱除，同时确保烯烃少饱和。其装填的选择性加氢脱硫催化剂所达到的技术水平是通过对 FCC 重馏分汽油中的大分子含硫化合物加氢脱除，可使 FCC 重汽油的脱硫率达到 87% 以上，同时烯烃饱和率小于 20%。

辛烷值恢复单元装填辛烷值恢复催化剂 GDS-40，其发挥的功能是烯烃通过催化剂发生异构化和芳构化反应，生成高辛烷值组分以弥补汽油辛烷值损失，另外还兼具脱除重馏分油中硫醇、硫醚等小分子含硫化合物的作用。其装填的辛烷值恢复催化剂所达到的技术水平是能将重馏分油中芳烃含量增加 3 个百分点左右，烯烃含量降低 15 个百分点左右，脱硫率能够达到 30%。

基于上述预加氢、轻重馏分切割、选择性加氢脱硫和辛烷值恢复 4 个反应—分离单元，GARDES 技术可根据原料性质和目标产物要求合理配置不同的催化剂后再经适当调整反应工艺条件以用于生产国Ⅳ / 国Ⅴ标准清洁汽油。

反应工艺与催化剂的优化级配技术高效耦合了劣质汽油的梯级脱硫和辛烷值恢复，可根据 FCC 汽油的性质，调整 4 个反应—分离单元的配置方式，确定最优的压力、温度、氢油比、空速等操作条件，可大幅提高催化剂的活性并提高产品质量。梯级脱除不同类型含硫化合物的创新性思维降低了每个加氢单元的反应苛刻度，从而使整体工艺表现出超深度脱硫和高效恢复辛烷值的鲜明特点。

“十二五”期间，采用 GARDES 技术，总加工能力达到 785×10^4t/a，除兼顾对格尔木炼油厂 CDHYDRO/CDHDS 装置改造建成的 17×10^4t/a 装置以外，其他装置均可兼顾国Ⅳ / 国Ⅴ标准清洁汽油调和组分的生产。该技术的主要操作参数见表 2-12。

表 2-12　GARDES 技术主要操作参数

反应器名称	总压，MPa	体积空速，h^{-1}	床层入口温度，℃		氢油体积比
			初期	末期	
预处理罐	2.3~2.5	> 10	90~140	190~210	3~7
预加氢反应器	2.2~2.4	2.0~3.0	90~140	190~210	3~7
选择性加氢脱硫反应器	1.7~2.1	2.0~3.0	200~240	260~300	250~500
辛烷值恢复反应器	1.5~2.0	1.5~2.0	270~340	340~410	250~500

GARDES 技术在上述企业的工业应用结果表明：处理硫含量 100μg/g 以下、烯烃含量 20%~45%（体积分数）的催化汽油原料，在加氢产品硫含量小于 10μg/g 的条件下，辛烷值损失在 0.5~1.4 之间；处理硫含量 300~1000μg/g、烯烃含量 50%（体积分数）以下的催

化汽油原料，在加氢产品硫含量满足国Ⅴ标准的条件下，辛烷值损失在1.5~4.0之间。因此，该技术可根据实际生产需求灵活调整负荷，催化剂具有优异的加氢脱硫及辛烷值恢复功能，满足了催化汽油加氢改质装置生产要求，解决了汽油质量升级问题。

2）应用前景

随着国家汽油质量的不断提升，后续的国Ⅵ标准在原有国Ⅴ标准低硫（小于10μg/g）要求的基础上，进一步要求降低汽油中的烯烃［国Ⅵ A阶段要求小于18%（体积分数），国Ⅵ B阶段要求小于15%（体积分数）］和芳烃［小于35%（体积分数）］含量。因此，对于具备深度脱硫和降烯烃功能的GARDES技术将会有更大的市场需求。

GARDES技术涵盖了催化新材料合成、催化剂制备工艺、催化剂产品和工艺技术等多个领域。该技术有效地将FCC汽油的深度脱硫和烯烃的定向转化耦合起来，可在大幅降低FCC汽油烯烃含量的同时保持汽油的辛烷值，该技术具有加氢脱硫率高、烯烃降幅大、辛烷值损失小、液收高的特点；对于以FCC汽油为主要汽油调和组分的中国炼油工业来说，该技术是实现中国汽油清洁化的有效手段。

催化汽油加氢自主成套技术的成功开发和大规模推广应用，打破了对引进技术高度依赖的局面，取得了中国石油在炼化领域核心技术的历史性突破，为中国石油汽油质量升级项目提供了有力的技术支撑，在为企业建设项目节约技术引进费、缩短工程建设周期的同时，提升了企业在核心技术领域和产品的竞争性。

二、柴油加氢技术

1. 柴油加氢改质技术（PHU）

柴油加氢改质技术主要用于大幅度提高催化柴油等劣质柴油的十六烷值，兼顾脱硫、脱氮，降低密度等功能。近年来柴油加氢改质技术发展较快，柴油加氢改质装置的快速发展对技术核心的柴油加氢改质催化剂性能提出了更高的要求。

中国石油通过对催化柴油性质的分析了解，分别开展催化剂的加氢功能与酸功能的优化设计，在此基础上进行双功能的优化匹配与平衡。为深入研究改质反应机理，采用四氢萘为模型化合物，在微反装置上开展加氢改质催化剂选择性开环性能研究，最终采用催化柴油为原料进一步了解催化剂的加氢改质性能，与参比剂进行对比评价，考察产品性质、产品分布、氢耗等性能的差异，最终选出性能优异的催化剂配方和制备工艺。在完成催化剂小试的基础上，开展分子筛、催化剂的中试、工业试生产试验，找出不同放大规模、设备对催化剂性质、性能的影响规律，为工业生产奠定基础。

1）主要技术进展

在对催化裂化柴油加氢改质反应机理深入认识的基础上，通过对酸性组分的改性研究，开发出性能优异的改性分子筛材料，通过催化剂中酸功能与加氢功能的优化匹配设计，强化二者之间的协同作用，使催化柴油中的芳烃按照加氢饱和、选择性开环、尽量避免支链断裂的最佳改质反应途径进行转化，开发出PHU-201柴油加氢改质催化剂，该技术具有原料适应性强、活性稳定性好、目的产品灵活性大等优势，形成中国石油具有自主知识产权的劣质柴油加氢改质技术。

劣质柴油加氢改质技术主要对柴油池中最劣质的催化裂化柴油进行高效转化，生产十六烷值得到大幅度提高的优质柴油调和组分及高芳潜的石脑油，可以使催化裂化柴油十六烷值提高 13~18 个单位，密度降低 400~600kg/m³，多环芳烃含量小于 2%（质量分数），硫含量小于 10μg/g，可做为国Ⅴ、国Ⅵ清洁柴油调和组分。

柴油加氢改质催化剂（PHU-201）物化性质见表 2-13。

表 2-13　柴油加氢改质催化剂指标参数

性　能	技术参数
形状	三叶草形条状
3~8 mm 粒度分布，%（质量分数）	≥ 85
直径，mm	1.3~1.7
堆积密度，kg/m³	750~850
机械强度，N/cm	≥ 180
比表面积，m²/g	≥ 180
孔体积，mL/g	≥ 30

2）与同类催化剂反应性能比较

柴油加氢改质催化剂（PHU-201）与国内外有代表性的加氢改质催化剂采用相同原料、相同工艺条件对比评价结果见表 2-14。

表 2-14　与参比催化剂对比评价结果

性　能	催柴原料	柴油产品馏分		
		PHU-201	国内参比剂	国外参比剂
液收，%（质量分数）		100.4	99.7	99.9
收率，%（质量分数）		98.3	97.8	97.9
密度，kg/m³	898.3	859.0	860.1	860.5
十六烷值	27.0	41.9	41.5	42.1
十六烷值增加值	—	14.9	14.5	15.1
硫含量，μg/g	1110	6.3	3.2	3.6
多环芳烃，%（质量分数）	39.5	1.4	1.7	1.3

注：反应压力 8.0MPa，反应温度 355℃，体积空速 $1.5h^{-1}$，氢油体积比 800∶1。

从评价结果可以看出，在相同工艺条件下，PHU-201 催化剂的液收为 100.4%（质量分数），十六烷值增加 14.9 个单位，液收高于国外参比催化剂 0.5 个百分点，整体性能与国内外加氢改质催化剂相当。

3）工业应用情况

2016 年 8 月，PHU-201 催化剂在中国石油乌鲁木齐石化公司 180×10^4t/a 柴油加氢改质装置进行了首次工业应用试验。标定结果见表 2-15。

表 2-15 乌石化柴油加氢改质装置标定结果

性　　能	方案一（满负荷）			方案二（多产石脑油）		
原料油组成	焦化汽油（6.9%）、催化柴油（34.2%）、直馏柴油（58.9%）			催化柴油（34.7%）、直馏柴油（65.3%）		
油品性质	原料油	柴油	石脑油	原料油	柴油	石脑油
收率，%（质量分数）	—	89.38	9.87	—	74.57	24.70
密度，kg/m^3	847.0	832.7	737.1	857.8	825.7	741.2
十六烷值	44.8	53	—	44.7	52.6	—
硫含量，μg/g	1012	0.8	0.9	1220	1.3	0.5
芳潜，%	—	—	50.7	—	—	63.5

由标定结果可以看出，PHU-201 催化剂具有较好的生产灵活性，通过调整反应温度，可以灵活调整石脑油、柴油的收率。多产石脑油方案中，石脑油收率 24.70%（质量分数），柴油收率 74.57%（质量分数）。石脑油是优质重整原料，炼厂在采用柴油加氢改质工艺时，不仅使柴油产品达到国Ⅵ车用柴油标准要求，还有利于炼油企业降低柴汽比。工业应用结果表明，PHU-201 催化剂技术成熟可靠，填补了中国石油该领域的技术空白。

4）应用前景

PHU-201 柴油加氢改质催化剂的成功开发及应用，是中国石油炼油全系列催化剂研发取得的一项重大成果，对加快中国石油自主研发柴油加氢改质技术的全面推广应用具有典型的示范意义。劣质柴油加氢改质技术适用于现有及新建的柴油加氢装置，加工劣质催化裂化柴油、焦化柴油、直馏柴油等原料油，可实现柴油改质及降低柴汽比的双重功效。PHU-201 柴油加氢改质催化剂技术可为中国柴油质量升级提供技术支撑，具有良好的工业应用前景。

2. 柴油加氢精制技术（PHF）

加氢精制是清洁柴油生产的主要手段之一，是在临氢条件下，利用催化剂对柴油中的硫化物、氮化物和芳烃进行脱除，具有原料适应性强、操作条件缓和、氢耗低、柴油收率高的特点。柴油加氢精制技术主要采用固定床加氢反应器，一次通过工艺流程。

柴油加氢精制过程主要包括加氢脱硫、加氢脱氮和芳烃饱和等反应过程，其中又以加氢脱硫反应最为重要。在柴油超深度加氢脱硫过程中，由于柴油组分主要分布在 C_{10}—C_{20} 之间，其中硫化物种类繁多、结构复杂，并且自身的侧环烷结构及芳环结构具有较强的空间位阻效应，加氢脱硫难度较大。

柴油中的硫化物除少量噻吩衍生物以外主要分为四类：（1）烷基苯并噻吩；（2）二苯并噻吩和烷基取代物不在 4 位或 6 位的烷基二苯并噻吩；（3）只有一个烷基在 4 位或 6 位的烷基二苯并噻吩；（4）在 4 位和 6 位均有烷基取代的烷基二苯并噻吩。上述 4 类硫化物占柴油中总硫含量的比例分别约为 39%、20%、26%、15%，各类硫化物的加氢相对反应速率常数比值分别为 36、8、3、1。即使在高温或低空速的反应条件下，第四类硫物种仍难以脱除，而噻吩衍生物的反应速率常数是其 100 倍。因此，在柴油加氢精制过程中，有效脱除 4 位和 6 位均有烷基取代的烷基二苯并噻吩，是生产超低硫柴油的关键。

4,6- 二甲基二苯并噻吩是第 4 类硫物种中的代表物质（图 2–7）。研究表明，其加氢脱硫过程主要通过逐步加氢饱和完成，这要求所研制的催化剂不仅具备较高的加氢脱硫性能，还要具备优良的芳烃饱和性能。因此，国内外研发重点是开发高活性加氢活性中心制备技术以达到提高催化剂超深度脱硫的目的。

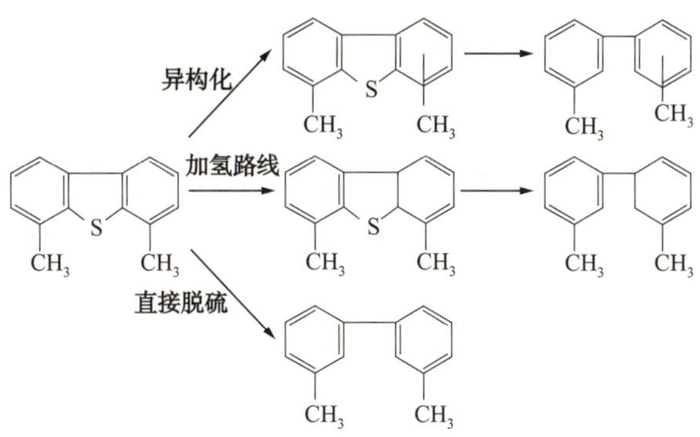

图 2–7　4,6- 二甲基二苯并噻吩加氢反应网络图

1）主要技术进展

针对超低硫柴油生产需要解决的关键技术问题，中国石油开发的 PHF 柴油加氢精制技术从载体改性入手，采用“规整结构载体制备技术”，利用具有规整结构的 TS 和 APO 催化材料将钛、硅、磷元素以“$AlPO_4$”“TiO_6”和“SiO_4”活性结构单元引入催化剂载体。通过“活性结构耦合强化技术”在实现对催化剂载体进行改性的同时，避免了常规钛、硅、磷元素改性过程因使用二氧化钛、硅溶胶、磷酸等物质对载体孔道、比表面积和酸性的不利影响。提高催化剂载体结构的规整度，疏通催化剂孔道，促进反应物分子在催化剂中的扩散。采用“极性电子助剂改性技术”，引入极性电子助剂，调节载体表面酸性，消除强酸中心，在载体表面形成丰富的弱酸中心，使催化剂具有更加优良的表面化学性质，形成更多利于空间位阻类硫化物和芳烃加氢的活性中心，同时弱化氮化物对酸中心的影响，在提高催化剂脱硫效率的同时，保证柴油液收，降低结焦积炭。由于 TS 催化材料具有良好的加氢脱硫性能，而 APO 材料具有较高的芳烃饱和性能，通过 TS 和 APO 两种催化材料进行有机结合，使其发挥协同催化作用，在进行超深度脱硫的同时，实现了对氮化物和芳烃的有效脱除（图 2–8）。

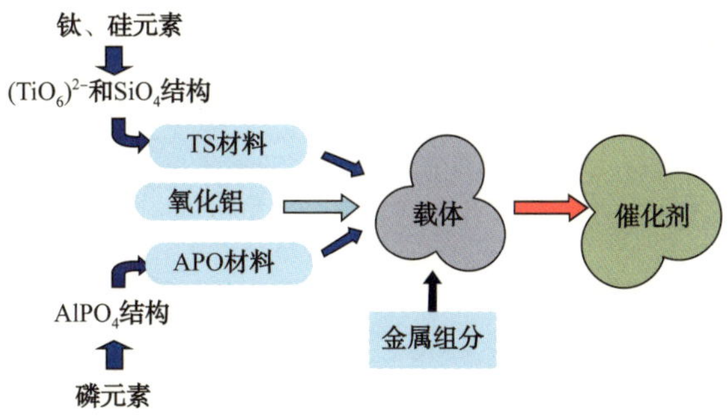

图 2–8　PHF 柴油加氢催化剂制备流程简图

PHF 柴油加氢技术中试模拟评价结果见表 2–16，催化剂理化性质和主要工艺条件见

表 2–17 和表 2–18。

表 2–16　PHF 柴油加氢技术中试模拟评价结果

性　能		直馏柴油Ⅰ	直馏柴油Ⅱ	催化柴油	焦化柴油
原料性质	密度（20℃），kg/m^3	836.3	841.9	913	823.3
	十六烷指数	53.3	51.6	27.6	50.4
	十六烷值	51	49.7	31.2	51.4
	硫含量，μg/g	2920	7200	1410	970
	氮含量，μg/g	57	90	526	1566
	多环芳烃，%（质量分数）	11.3	10.7	35.1	9.5
工艺条件	反应压力，MPa	6.4	6.4	6.4	6.4
	反应温度，℃	345	350	340	355
	氢油体积比	400	400	500	500
	体积空速，h^{-1}	2.0	1.5	1.5	1.8
产品性质	密度（20℃），kg/m^3	826.7	823.7	884.9	813.4
	十六烷指数	56.1	56.3	32.2	53.1
	十六烷值	53.1	53.3	34.8	53.8
	硫含量，μg/g	8.3	6.4	5.5	8
	氮含量，μg/g	0.3	1.0	9	173
	多环芳烃，%（质量分数）	3.3	3.8	7.6	3.4

注：直馏柴油Ⅰ来自俄罗斯原油，直馏柴油Ⅱ来自中东原油，催化柴油和焦化柴油全部来自大庆原油。

俄罗斯原油和中东原油的直馏柴油具有高硫、低氮、十六烷值高、多环芳烃含量低的特点，加氢精制过程主要是进行超深度脱硫。大庆原油的催化柴油和焦化柴油与进口原油的直馏柴油相比，硫含量低，氮含量高。在 4 种典型原料中，大庆催化柴油的多环芳烃含量最高，十六烷值最低。大庆原油催化柴油和焦化柴油加氢精制主要任务是在超深度脱硫的同时还需进行加氢脱氮、脱芳和适当改善十六烷值。

中试模拟评价结果表明，针对中国石油 4 种典型柴油原料，PHF 柴油加氢技术在反应温度 340~355℃、反应压力 6~7MPa、体积空速 1.5~2.0h^{-1}、氢油体积比 400~500 的工艺条件下，完全满足超低硫柴油生产需要，具有良好的原料适应性。

表 2–17　催化剂理化性质

性能	活性组分	比表面积 m^2/g	孔体积 mL/g	堆积密度 kg/m^3	机械强度 N/cm
数据	镍、钨	160~240	0.30~0.35	0.70~0.90	150~200

表 2–18　主要工艺条件

性能	反应温度 ℃	反应压力 MPa	体积空速 h^{-1}	氢油体积比
数据	280~360	4.0~8.0	1.0~2.0	（300~500）：1

PHF 柴油加氢技术采用常规固定床加氢工艺，炉前混氢方案，根据原料和产品构成以及能耗来选择氢气分离和产品分馏方案（图 2-9）。加工原料包括直馏柴油、直馏柴油与二次加工油（催化裂化柴油、焦化柴油及焦化汽油）的混合油以及全部二次加工油，生产硫含量小于 10μg/g 的超低硫柴油，加氢石脑油用作乙烯裂解原料或者重整预加氢原料。

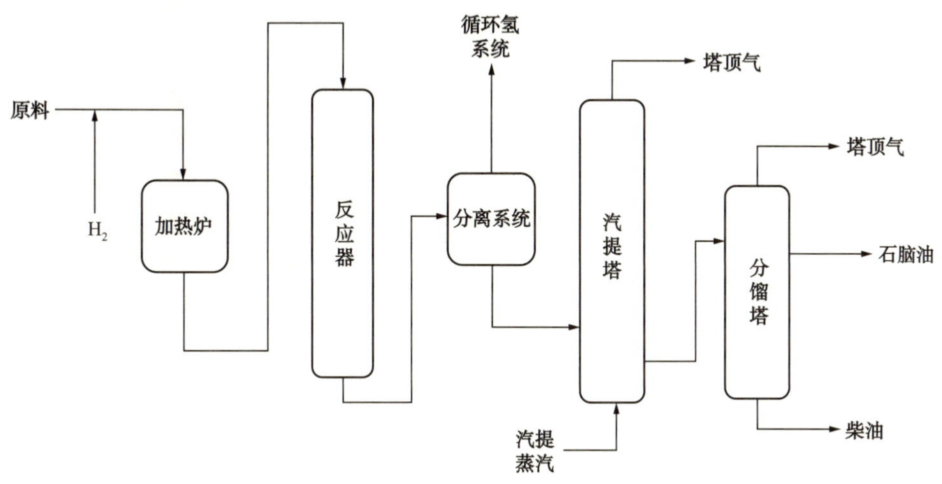

图 2-9 PHF 柴油加氢技术工艺流程简图

2010 年至 2013 年，PHF 柴油加氢精制技术先后在中国石油大庆石化公司（简称大庆石化）120×10⁴t/a、中国石油乌鲁木齐石化公司（简称乌鲁木齐石化）200×10⁴t/a 和中国石油辽阳石化公司（简称辽阳石化）120×10⁴t/a 3 套柴油加氢装置完成工业试验。大庆石化 120×10⁴t/a 柴油加氢装置加工原料是催化柴油、焦化柴油和焦化汽油的混合油，乌鲁木齐石化 200×10⁴t/a 柴油加氢装置加工原料以直馏柴油为主掺炼催化柴油、焦化柴油和焦化汽油，辽阳石化 120×10⁴t/a 柴油加氢装置加工原料全部是直馏柴油。其中辽阳石化 120×10⁴t/a 柴油加氢精制装置是中国石油首套按照国Ⅴ柴油生产方案长周期运行的柴油加氢装置。大庆石化 120×10⁴t/a、乌鲁木齐石化 200×10⁴t/a 2 套柴油加氢精制装置国Ⅴ工业试验标定结果见表 2-19、表 2-20。辽阳石化 120×10⁴t/a 柴油加氢装置国Ⅴ长周期运行数据见表 2-21。

表 2-19 大庆石化 120×10⁴t/a 柴油加氢装置国Ⅴ工业试验标定数据

项 目		混合原料	原料中柴油馏分	加氢柴油
原料构成，%（质量分数）	催化柴油	21.6	—	—
	焦化柴油	53.9	—	—
	焦化汽油	24.5	—	—
密度（20℃），kg/m³		818.5	846.4	833.1
馏程，℃	IBP	49	185	185
	50%	252	271	268
	EBP	347	356	350
总硫，μg/g		1002	1216	6.3
十六烷指数		—	47.8	52.0
多环芳烃，%（质量分数）		23.6	31.2	7.7

大庆石化 $120\times10^4t/a$ 柴油加氢装置国Ⅴ工业试验标定期间，原料油中催化柴油、焦化柴油和焦化汽油的比例分别为 21.6%（质量分数）、53.9%（质量分数）和 24.5%（质量分数），混合原料硫含量为 1002μg/g。其中柴油馏分硫含量为 1216μg/g，十六烷指数为 47.8，多环芳烃含量为 31.2%（质量分数）。在平均反应温度 344℃，反应器入口压力 6.8MPa，催化剂体积空速 $1.80h^{-1}$，氢油体积比 760 条件下，加氢柴油硫含量 6.3μg/g，十六烷指数 52.0 与原料相比提高 3.2 个单位，多环芳烃含量 7.7%（质量分数），装置液收 100.41%（质量分数），柴油收率 99.53%（质量分数），化学氢耗 0.99%（质量分数）。大庆石化 $120\times10^4t/a$ 柴油加氢装置没有循环氢脱硫设施，装置标定期间循环氢中硫化氢含量为 900~1100mL/m^3。

表 2-20　乌鲁木齐石化 $200\times10^4t/a$ 柴油加氢装置国Ⅴ工业试验标定数据

性　能		混合原料	原料中柴油馏分	加氢柴油
原料构成，%（质量分数）	直馏柴油	49.5	—	—
	催化柴油	18.0	—	—
	焦化柴油	23.4	—	—
	焦化汽油	9.1	—	—
密度（20℃），kg/m^3		827.3	842.3	827.5
馏程，℃	IBP	—	182	180
	50%	275	284	278
	EBP	358	367	360
总氮，μg/g		483	501	5.6
总硫，μg/g		1904	2013	4.8
十六烷指数		—	56.2	57.5
十六烷值		—	57.3	59.8
多环芳烃，%（质量分数）			12.4	3.7

乌鲁木齐石化 $200\times10^4t/a$ 柴油加氢装置国Ⅴ工业试验标定期间原料油中直馏柴油、催化柴油、焦化柴油和焦化汽油比例分别是 49.5%（质量分数）、18%（质量分数）、23.4%（质量分数）和 9.1%（质量分数）。原料中柴油馏分硫含量为 2013μg/g，十六烷值指数 56.2，十六烷值 57.3，多环芳烃含量为 12.4%（质量分数）。在平均反应温度 358℃，反应器入口压力 7.1MPa，催化剂体积空速 $1.84h^{-1}$，氢油体积比 476 的条件下，加氢柴油硫含量为 4.8μg/g，多环芳烃含量 3.7%（质量分数），十六烷值 59.8 与原料相比提高 2.5 个单位，装置液收 99.72%（质量分数），柴油收率 99.63%（质量分数），化学氢耗 0.75%（质量分数）。该装置没有循环氢脱硫设施，国Ⅴ标定期间循环氢中硫化氢含量为 1540mL/m^3。

表 2-21 辽阳石化 120×10^4t/a 柴油加氢装置国Ⅴ长周期工业运行数据

项　目	2013.10	2014.1	2014.6	2014.12	2015.7	2015.12	2016.2
工况	夏季	冬季	夏季	冬季	夏季	冬季	冬季
平均反应温度，℃	335	320	342	301	327	323	325
反应压力，MPa	7.0	6.9	7.0	6.0	6.9	6.7	6.5
体积空速，h^{-1}	1.0	1.4	1.4	1.5	1.1	1.4	1.1
氢油体积比	758	710	620	540	770	560	580
循环氢纯度，%（体积分数）	94.6	89.2	85.2	86.1	87.0	88.4	85.1
循环氢硫化氢含量，mL/m^3	4000~14000	5000~12000	6000~18000	6000~10000	7000~10000	5000~14000	5000~10000
原料硫含量，μg/g	2690	1530	2822	1475	2435	1629	1610
精制柴油硫含量，μg/g	1	1	2~3	1~3	1~5	1	1

辽阳石化 120×10^4t/a 柴油加氢精制装置加工俄罗斯原油的直馏柴油。夏季工况加工原料为常二线、常三线、减顶和减一线的混合油，生产硫含量小于 10μg/g 的 0 号国Ⅴ柴油，冬季工况只加工常二线生产含量小于 10μg/g 的 −35 号国Ⅴ柴油。因该装置没有循环氢脱硫设施，而且加工原料为高硫、低氮的直馏柴油，循环氢中硫化氢含量较高。在夏季工况原料油硫含量在 2400~2700μg/g 之间，冬季工况原料油硫含量在 1400~1700μg/g 之间，装置的反应温度主要受原料油硫含量和装置加工量的影响而波动。该装置没有循环氢脱硫，在装置运行期间循环氢中硫化氢含量在 4000~14000mL/m^3 之间波动。

大庆石化 120×10^4t/a、乌鲁木齐石化 200×10^4t/a 和辽阳石化 120×10^4t/a 3 套工业装置采用 PHF 柴油加氢精制技术进行的工业试验全部达到预期效果，PHF 柴油加氢精制技术完全满足企业清洁柴油生产需要，为 PHF 柴油加氢技术工业推广打下良好基础。

针对中国石油国Ⅴ柴油质量升级生产技术需求，以 PHF 柴油加氢精制技术为依托，为中国石油 20 家炼厂 31 套柴油加氢装置提供方案设计，截至 2016 年底，PHF 柴油加氢精制技术已在中国石油 12 家企业 15 套柴油加氢装置推广应用，装置总加工能力 2300×10^4t/a，为中国石油柴油质量升级提供重要支撑。工业应用结果表明，PHF 柴油加氢精制技术性能优良，完全满足企业超低硫柴油生产需要。

为深入了解 PHF 柴油加氢精制技术的技术水平，分别采用高硫直馏柴油和二次加工柴油为原料，利用中试加氢评价装置，将 PHF 柴油加氢精制技术所使用的 PHF 柴油加氢催化剂与国内广泛应用的 3 种柴油加氢精制催化剂进行加氢活性对比，3 种参比剂中有 2 种是国内自主开发的柴油加氢催化剂，1 种是国外引进催化剂（表 2-22）。

表 2-22 PHF 催化剂与国内外参比剂加氢性能对比

原料	反应温度，℃			
	PHF	国内参比剂 1	国内参比剂 2	国外引进参比剂
高硫直馏柴油	基准	基准 +10℃	基准 +15℃	基准 +10℃
二次加工柴油	基准	基准 +15℃	基准 +20℃	基准 +10℃

以高硫直馏柴油为原料，在相同反应压力、体积空速、氢油体积比的条件下，加氢柴油硫含量小于 10μg/g 时，与国内参比剂 1 相比，PHF 催化剂反应温度低 10℃；与国内参比

剂 2 相比，PHF 催化剂反应温度低 15℃；与国外引进催化剂相比，PHF 催化剂加氢反应温度低 10℃。

以二次加工柴油为原料，在相同反应压力、体积空速、氢油体积比的条件下，加氢柴油硫含量小于 10μg/g 时，与国内参比剂 1 相比，PHF 催化剂反应温度低 15℃；与国内参比剂 2 相比，PHF 催化剂反应温度低 20℃；与国外引进催化剂相比，PHF 催化剂反应温度低 10℃。

通过 PHF 催化剂与国内外 2008—2012 年应用较多的催化剂进行活性对比评价，并结合催化剂工业标定数据可以看出，PHF 催化剂在生产硫含量小于 10μg/g 超低硫柴油时，柴油收率大于 99%（质量分数），与国内外同类催化剂相比反应温度低 10~15℃，催化剂体积空速高 10%~20%。

2）应用前景

中国石油作为我国第二大车用柴油生产企业，拥有 40 余套柴油加氢精制装置，加工原料类型包括直馏柴油、二次加工混合油和直馏柴油与二次加工柴油的混合油。PHF 柴油加氢精制技术可以满足不同类型柴油加氢精制装置生产超低硫柴油的生产需求。以加工能力为 100×10^4t/a 柴油加氢精制装置为例，采用 PHF 柴油加氢精制技术，每年可为装置增加 5000 万元的经济效益。PHF 柴油加氢精制技术优秀的技术经济特点，为 PHF 柴油加氢精制技术的推广提供了广阔的空间。

3. 柴油加氢精制技术（FDS）

随着柴油质量标准的进一步提高和劣质高硫原油加工比例的增加，炼化企业急需低成本柴油质量升级技术。从目前技术发展的趋势来看，加氢技术是生产清洁柴油的最有效手段，其中高效加氢催化剂制备技术是提高加氢技术和企业效益最大化的关键。

针对我国劣质柴油质量升级面临的严峻形势，中国石油组织 CNPC 催化重点实验室、中国石油大学（华东）、抚顺石化公司催化剂厂和大港石化公司等单位，针对柴油含硫含氮化合物组成结构特点，在系统研究柴油深度脱硫反应过程催化作用机理基础上，综合运用了载体均匀分散复合技术来达到改性分子筛晶粒在氧化铝中的均匀分散，催化活性中心适度堆积均分散技术来达到 MoS_2 纳米粒子的适度堆垛，并采用催化剂表面酸性的调变技术调整催化剂的酸性位强度和密度，从而开发出了用于劣质柴油深度加氢处理的新一代催化剂 FDS-1。该催化剂具有很高的加氢脱硫、脱氮和芳烃饱和活性，而且稳定性好，堆密度较低，空速较高，可实现较低的生产运行成本。FDS-1 柴油加氢精制技术获得中国石油天然气集团公司科技进步一等奖 1 项，授权中国发明专利 4 项（图 2-10）。

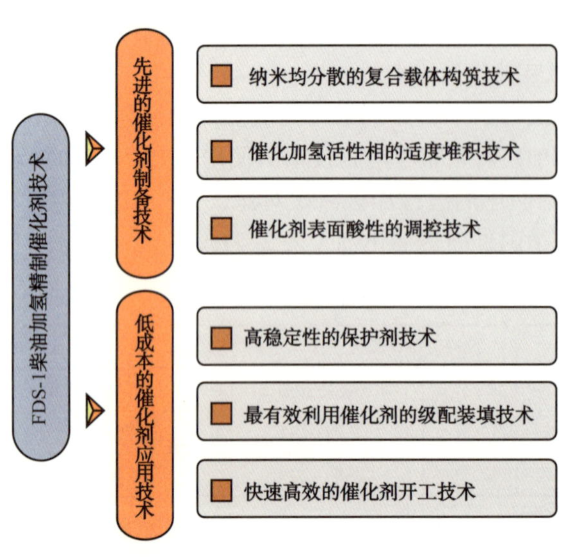

图 2-10　FDS-1 柴油加氢催化剂制备技术

在深入研究和理解活性组分与载体

的相互作用，Ni 和 Mo 硫化物纳米粒子形成机制的基础上，创新性地采用可溶性含硫杂多酸盐为前躯物逆向构建活性相新技术，借助特有的浸渍液配方技术，专有的真空浸渍、无氧干燥和焙烧工艺制备出完全硫化型 FDS-2 柴油加氢催化剂（图 2-11）。该制备技术完全不同于国内外已有的器外预硫化加氢催化剂制备技术，是一项中国石油具有自主知识产权的原创性技术。该催化剂成品为硫化态，开工不需预硫化，降低了安全环保风险，开工用时显著缩短，开工综合成本大为降低。

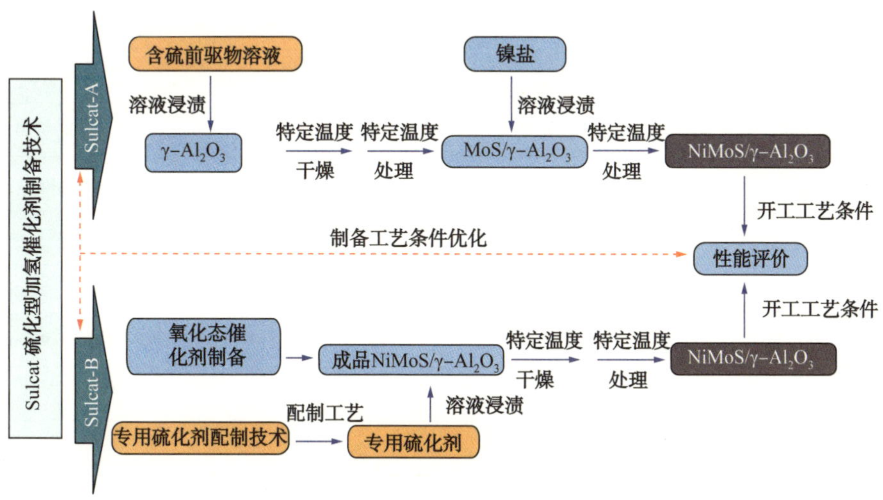

图 2-11　FDS-2 柴油加氢催化剂制备流程简图

在深入研究活性组分前驱物的固相表面反应和热分解机理、介孔结构形成机制和 Ni-Mo-W 复合氧化物的硫化、Ni-Mo-W 硫化物纳米粒子形成机制的基础上，综合运用了不溶性镍盐与 Mo、W 杂多酸的表面反应合成技术、介孔 Ni-Mo-W 复合氧化物的成型制备技术、Ni-Mo-S 纳米粒子可控形成技术等，开发出了新一代非负载型 FDS-3 柴油加氢精制催化剂，并已完成催化剂工业放大试验（图 2-12）。该催化剂体积活性为常规负载型加氢催化剂的 2~3 倍，具有超高的加氢性能，特别适用于高硫、高氮、高密度劣质柴油的深度加氢处理，达到国外同类催化剂的性能水平，并且催化剂制备成本显著降低，综合性价比优于国外同类催化剂。已授权中国发明专利 4 项。

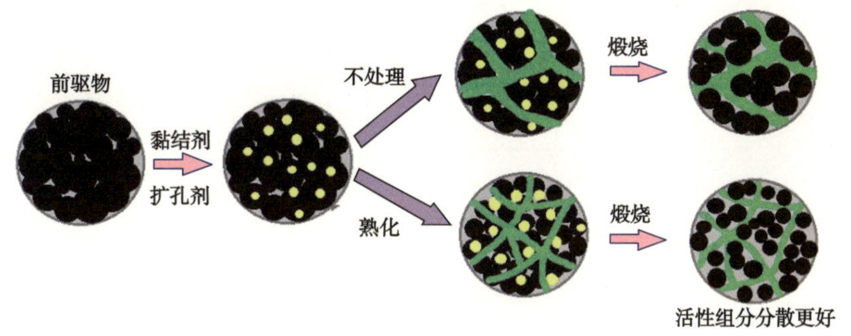

图 2-12　FDS-3 柴油加氢催化剂制备技术

FDS 系列催化剂理化性质和主要工艺条件见表 2-23。

表 2-23 FDS 系列催化剂物化性质及典型工业操作条件

	催化剂	FDS-1	FDS-2	FDS-3
典型理化性质指标	外观形状	三叶草	黑色三叶草	褐色三叶草
	界面尺寸，mm	ϕ 1.1~1.3	ϕ 1.1~1.3	ϕ 1.1~1.5
	侧压强度，N/cm	> 150	> 150	> 120
	孔体积，mL/g	> 0.25	> 0.20	> 0.25
	比表面积，m^2/g	> 160	> 160	> 160
	堆密度，kg/m^3	0.80~0.90	0.90~1.05	1.00~1.20
	活性组分	Ni-Mo	Ni-Mo	Ni-Mo-W
典型工业操作条件	催化剂	FDS-1	FDS-2	FDS-3
	原料性质	硫含量 <3000μg/g，氮含量 <1000μg/g，密度 <0.87cm^3/g	硫含量 <3000μg/g，氮含量 <1000μg/g，密度 <0.87cm^3/g	硫含量 <15000μg/g，氮含量 <5000μg/g，密度 <0.95cm^3/g
	操作压力，MPa	4~8		
	反应温度，℃	320~360		
	体积空速，h^{-1}	1.0~2.5		
	氢油体积比	300~800		
	产品柴油	国Ⅴ	国Ⅴ	国Ⅴ

FDS 系列催化剂适用于所有常规柴油固定床加氢装置，其工艺流程如图 2-13 所示。原料油与氢气混合后，经原料油 / 精制油换热器换热，再经加热炉加热进入固定床反应器进行加氢脱硫、脱氮、芳烃饱和等加氢反应，反应产物经气液分离塔以及后续的氢气循环、胺洗、汽提和分馏等装置，组成柴油加氢脱硫的工艺过程。

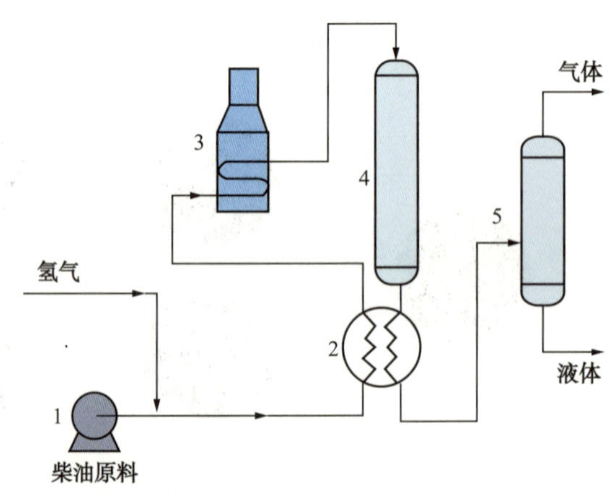

图 2-13 FDS 柴油加氢技术工艺流程简图

1—泵；2—原料油 / 精制油换热器；3—加热炉；4—固定床反应器；5—气液分离塔

1）主要技术进展

2009 年 4 月，FDS-1 柴油加氢精制催化剂在中国石油大港石化公司（简称大港石化）50×10^4t/a 柴油加氢装置上首次工业应用。装置加工原料为焦化柴油和催化柴油的混合油（硫含量 1265μg/g、氮含量 1474μg/g），在反应温度 346℃、氢分压 5.8MPa、氢油体积比 308 : 1、体积空速 $1h^{-1}$ 的相对较缓和条件下，精制柴油的硫含量 7μg/g，氮含量 133μg/g，脱硫率为 99.4%，脱氮率为 90.4%，柴油十六烷值由 51 提高到 56，精制柴油收率达到 99.7%，总液收达到 100.2%（表 2-24）。应用结果表明，FDS-1 催化剂加氢性能优良，第一周期稳定运行超过 5 年，表现出良好的活性稳定性，完全满足企业国Ⅴ柴油生产的技术需求。

表 2-24　FDS-1 在大港石化 50×10^4t/a 柴油加氢装置的标定结果

性　能		指标要求	标定结果
焦化柴油：催化柴油		85 ： 15	85 : 15
床层平均温度，℃		300~350	346
总压，MPa		6.0~7.5	6.5
体积空速，h^{-1}		1.0~1.5	1.0
氢油体积比		300~500	308
精制柴油性质	柴油收率，%	≥ 99.5	99.7
	脱硫率，%	≥ 97.0	99.4
	脱氮率，%	≥ 90.0	90.4
十六烷值提高值		≥ 4.0	5

2013 年 7 月，FDS-1 催化剂在中国石油长庆石化公司（简称长庆石化）60×10^4t/a 柴油全液相加氢装置上应用，加工催化柴油和直馏柴油的混合柴油，原料硫含量为 870μg/g，氮含量为 720μg/g，装置标定结果：在反应器入口压力为 6.4MPa、平均床层温度为 360℃、体积空速为 $1.55h^{-1}$ 的条件下产品柴油的硫含量为 35μg/g。加工直馏柴油，原料硫含量为 455μg/g，氮含量为 98μg/g，装置标定结果：在反应器入口压力为 6.4MPa、平均床层温度为 347℃、体积空速为 $1.55h^{-1}$ 的条件下产品柴油的硫含量为 7μg/g。这表明 FDS-1 系列催化剂对中低硫含量的柴油原料有较好的适应性（表 2-25）。

表 2-25　FDS-1 催化剂在长庆石化 60×10^4t/a 柴油液相加氢装置的标定结果

性　能		工况一	工况二
催化柴油：直馏柴油		0.43 : 0.57	0 : 1
床层入口温度，℃		358	345
床层出口温度，℃		371	350
总压，MPa		6.4	6.4
体积空速，h^{-1}		1.55	1.55
混合柴油性质	硫含量，μg/g	870	455
	氮含量，μg/g	720	98
精制柴油硫含量，μg/g		35	7

2013 年 2 月，FDS–2 硫化型柴油催化剂在长庆石化 20×10^4t/a 柴油加氢装置上首次工业应用，加工催化柴油和直馏柴油混合原料，原料硫含量为 1060μg/g，氮含量为 820μg/g，在反应器入口压力 6.2MPa、反应温度 355℃、体积空速 $1.3h^{-1}$、氢油体积比 450 的条件下，产品柴油的硫含量为 6μg/g。应用结果表明，FDS–2 催化剂开工不需预硫化，开工用时由 72h 缩短至 24h，加氢性能优良，运转稳定性良好，完全满足企业国Ⅴ柴油生产的技术需求（图 2–14 和表 2–26）。

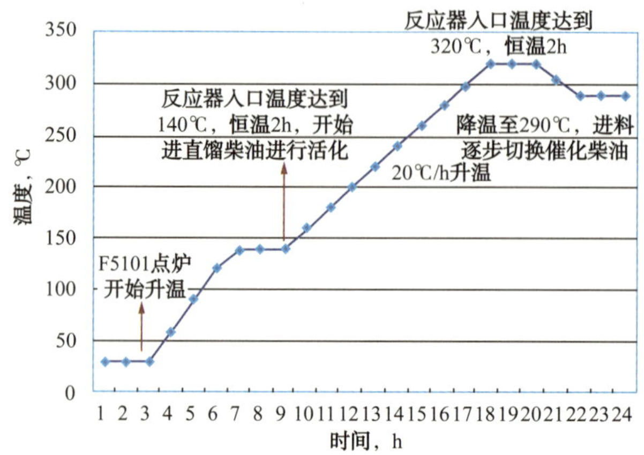

图 2–14　FDS–2 催化剂在长庆石化 20×10^4t/a 柴油加氢装置的开工曲线

表 2–26　FDS–2 催化剂在长庆石化 20×10^4t/a 柴油加氢装置的标定结果

性　能		指标要求	标定结果
原料指标	催化柴油：直馏柴油	1：1	1：1
	硫含量，μg/g	≥ 800	1061
	氮含量，μg/g	≥ 200	822
反应条件指标	反应温度，℃	≤ 360	355
	压力，MPa	≤ 8	6.2
	体积空速，h^{-1}	1.0~2.0	1.3
	氢油体积比	（400~700）：1	450
产品指标	硫含量，μg/g	≤ 10	7.0
	氮含量，μg/g	≤ 40	14.5
	柴油收率，%（质量分数）	≥ 99.0	99.7

FDS–3 非负载型催化剂对高硫、高氮、高密度劣质柴油的深度加氢脱硫有很好的适应性。对硫含量小于 10000μg/g、氮含量小于 1000μg/g 的混合柴油和催化柴油的加氢处理，在较为缓和的条件下（氢分压 6.0MPa、温度 350℃、体积空速 1.5~$2.0h^{-1}$、氢油体积比 500~600）可以达到国Ⅴ柴油生产的技术要求。对硫含量大于 10000μg/g、氮含量大于 1000μg/g、密度大于 $0.90g/cm^3$ 的劣质柴油的加氢处理，在氢分压 7.0~8.0MPa、温度 350~360℃、体积空速 1.0~$1.5h^{-1}$、氢油体积比 600~800 的条件下可以达到国Ⅴ柴油生产的技术要求（表 2–27）。

表 2-27 FDS-3 催化剂的中试模拟评价结果

性能		催柴：直馏 =1 ：1	催化柴油	焦化柴油
原料性质	密度（20℃），kg/m^3	880.8	966.7	885.7
	硫含量，μg/g	8286	7830	14225
	氮含量，μg/g	103	382	2172
工艺条件	反应压力，MPa	6.0	6.0	7.0
	反应温度，℃	350	350	360
	氢油体积比	500	800	800
	体积空速，h^{-1}	2.0	1.0	1.0
产品性质	密度（20℃），kg/m^3	852.0	897.9	849.5
	硫含量，μg/g	2.0	9.8	9.2
	氮含量，μg/g	1.4	0.5	12.3

2）应用前景

随着国Ⅴ乃至国Ⅵ柴油质量升级和劣质高硫原油加工比例的增加，炼化企业急需低成本柴油质量升级技术及催化剂。FDS 系列柴油加氢催化剂技术具有优异的催化性能，可大幅度降低柴油中的硫、氮含量，明显改善柴油性质，满足炼化企业生产国Ⅴ乃至国Ⅵ标准超低硫柴油需求，同时有效降低催化剂工业制备和工业应用成本。该技术的推广应用，可提高炼油企业供应高标准清洁柴油的能力，增强中国石油在国内外催化剂市场的竞争能力。

三、高辛烷值汽油组分生产技术

随着汽车尾气有害物质排放减少的环保要求，车用汽油质量向低烯烃、低芳烃、低蒸气压、高含氧量、高辛烷值的方向发展。辛烷值是代表汽油抗爆性能和燃烧热值的重要指标，汽油辛烷值越高，燃烧热值越高。与催化汽油和重整汽油相比，MTBE、烷基化油、异构化油、芳构化油、醚化汽油具有更高的辛烷值，已成为汽油池中广泛采用的高辛烷值调和组分。本节介绍了中国石油开发的催化轻汽油醚化技术、碳四烃芳构化技术、碳四烃烷基化技术、碳四烃烷基化原料选择性预加氢技术、液化气深度脱硫技术的开发与生产过程。

1. 催化轻汽油醚化技术

“十二五”期间，国内外催化汽油改质的主要方法是采用加氢脱硫、吸附脱硫和催化降烯烃技术，但同时存在着汽油辛烷值损失和汽油收率降低的问题[42-44]。随着汽油质量升级及汽油烯烃含量的限制，炼油企业迫切需要在降低催化汽油中烯烃含量的同时而不损失辛烷值的生产技术，而催化轻汽油醚化技术可满足炼油企业在汽油降烯烃生产的同时兼顾提高汽油辛烷值的技术需求。

1986 年，世界第一套采用 BP 公司技术的催化轻汽油醚化工业装置建成投产，实现了催化轻汽油醚化技术的产业化。之后，美国 CDTECH、UOP、法国 Axens 等公司相继开发出催化轻汽油醚化工业技术，成为世界上醚化技术主要供应商[45-47]。催化轻汽油醚化技术反应条件缓和，易于实现工业化应用，在经济技术上极具竞争力，已在世界范围内普遍应用。截至 2015 年底，世界上仅采用 CDTECH 公司的 CDEthers 轻汽油醚化技术已建有 100 多套工业装置投产运行。2003 年，国内中国石油四川石化南充炼油厂采用 CDEthes 技术，建成 8×10^4t/a 轻汽油醚化装置投产；2010 年之后，青海油田格尔木炼油厂、乌鲁木齐石化、大连石化等相继采用CDEthers技术建成催化轻汽油醚化装置并投产，促进了催化轻汽油醚化技术的迅速发展。

催化汽油醚化技术的特点为：催化轻汽油中叔碳烯烃可与甲醇进行加成反应定向转化为相应的醚类化合物，由于反应生成的醚化物辛烷值更高，在降低轻汽油中烯烃含量的同时提高了汽油辛烷值。催化汽油醚化过程是将轻汽油中叔碳烯烃与甲醇发生化学反应转化为汽油组分，是一个汽油增量的生产过程。催化轻汽油中的叔碳烯烃主要有叔戊烯、叔己烯和少量异丁烯，与甲醇进行醚化反应转化为更高辛烷值的甲基叔戊基醚（TAME）、甲基叔己基醚（THxME）。其中叔戊烯、叔己烯反应过程为[48]：

2-甲基丁烯-1和2-甲基丁烯-2醚化反应：

$$H_2C{=}C(CH_3)-CH_2-CH_3+CH_3OH \rightleftharpoons H_3C-O-C(CH_3)_2-CH_2-CH_3$$

$$H_3C-C(CH_3){=}CH-CH_3+CH_3OH \rightleftharpoons H_3C-O-C(CH_3)_2-CH_2-CH_3$$

2-甲基戊烯-1和2-甲基戊烯-2醚化反应：

$$H_2C{=}C(CH_3)-CH_2-CH_2-CH_3+CH_3OH \rightleftharpoons H_3C-O-C(CH_3)_2-CH_2-CH_2-CH_3$$

$$H_3C-C(CH_3){=}CH-CH_2-CH_3+CH_3OH \rightleftharpoons H_3C-O-C(CH_3)_2-CH_2-CH_2-CH_3$$

1）技术进展

2002年，中国石油石油化工研究院在实验室200mL的固定床催化轻汽油醚化装置上，装填离子交换树脂催化剂，以终馏点小于71℃的催化轻汽油为原料，研究了轻汽油醚化反应工艺条件和醚化反应动力学[49]，研究了轻汽油醚化的催化精馏反应工艺技术[45, 50, 51]，研究确定了醚化反应的膨胀床反应器结构，获得了实验室阶段的轻汽油醚化技术的研究结果。轻汽油醚化LNE工艺流程如图2-15所示。

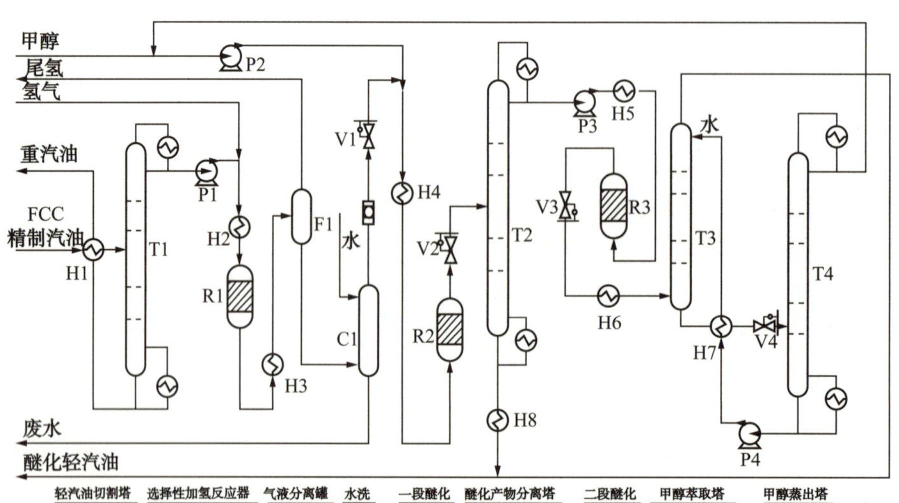

图2-15　催化轻汽油醚化LNE工艺流程示意图

2008 年 5 月，在建成 2L 级催化轻汽油醚化中试装置上，分别以兰州石化、玉门炼厂、呼和浩特石化和辽河石化的催化轻汽油为原料，在较佳试验条件下，轻汽油的叔戊烯醚化转化率达 88.41%，叔己烯醚化转化率达 65.94%，醚化后轻汽油中烯烃含量降低 20~25 个百分点，与重汽油调和的全馏分汽油中烯烃含量降低 9~10 个百分点，研究法辛烷值提高 1.0~1.2 个单位。开发形成中国石油的催化轻汽油醚化（Light Naphtha Etherification，简称 LNE）成套工艺技术。

2009 年 6 月，编制出《呼和浩特石化 15×10^4t/a 催化轻汽油醚化（LNE）技术工业装置工艺包》，具备了工业应用条件。并根据乙醇汽油封闭区炼厂的技术需求，相继开发出催化轻汽油醚化的 LNE-1、LNE-2、LNE-3 三种工艺技术。LNE-1 工艺技术由一段膨胀床醚化器、醚化产物分离塔及甲醇回收单元组成；LNE-2 工艺技术由一段膨胀床醚化器、醚化产物分离塔、二段膨胀床醚化器及甲醇回收单元组成；LNE-3 工艺技术由膨胀床醚化反应器、催化蒸馏塔及甲醇回收单元组成。

2012 年 11 月，兰州石化采用催化轻汽油醚化 LNE-1 技术，建成国内首套最大规模的 50×10^4t/a 催化轻汽油醚化工业装置实现一次投产运行，标志着催化轻汽油醚化 LNE-1 技术工业应用成功，实现了轻汽油醚化技术的国产化，不再依赖国外醚化技术。2013 年 11 月，采用催化轻汽油醚化 LNE-2 技术，建成呼和浩特石化 40×10^4t/a 催化轻汽油醚化工业装置投产运行，工业装置运行标定结果表明，叔戊烯转化率为 93.23%，叔己烯转化率为 55.85%。醚化轻汽油的烯烃含量降低 19~21 个百分点，汽油辛烷值（RON）提高 2.2 个单位。2015 年 8—10 月，华北石化、吉林石化相继采用催化轻汽油醚化 LNE-3 工艺技术，各自建成 30×10^4t/a 催化轻汽油醚化装置投产，工业装置运行标定的叔戊烯转化率为 91.86%，叔己烯转化率为 50.08%。大庆炼化采用 LNE-2 技术，建成 40×10^4t/a 催化轻汽油醚化装置投产运行，轻汽油醚化系列技术的工业应用实践表明：中国石油开发的催化轻汽油醚化 LNE 技术是先进的、成熟可靠的。

CDTECH 公司轻汽油醚化技术被国际上认为最具先进性，为验证 LNE 工艺技术水平，与 CDTECH 公司的 CDEthers 技术工业运行结果进行了对比，比较结果见表 2-28，从表 2-28 中所列数据可以看出，轻汽油醚化 LNE 技术的叔戊烯转化率与 CDEthers 技术相当，而叔己烯转化率高出 15~20 个百分点。工业装置运行的叔碳烯烃总转化率和汽油辛烷值增幅达到世界先进水平。LNE 技术的工业应用，可满足国内炼化生产企业的技术需求，生产效益显著。

表 2-28　轻汽油醚化 LNE 技术与 CDEthers 技术工业运行结果对比

运行数据	乌鲁木齐石化	大连石化	呼和浩特石化	华北石化	吉林石化
采用技术	CDEthers	CDEthers	LNE-2	LNE-3	LNE-3
装置规模，10^4t/a	40	100	40	30	30
轻汽油中叔碳烯烃含量，%（质量分数）	20.9	22.9	19.9	15.8	19.6
叔戊烯转化率，%	91.5	92.1	91.4	92.0	91.9
叔己烯转化率，%	37.1	46.5	55.9	62.4	50.1

中国石油开发的轻汽油醚化 LNE 工艺技术，已在业内企业大规模推广应用。现已申

请发明专利 4 件，获得授权专利 3 件，认定中国石油技术秘密 3 件。2015 年，开发的催化轻汽油醚化技术获中国石油科技进步奖一等奖，催化轻汽油醚化技术与催化重汽油加氢脱硫技术衔接，形成“满足国家第四阶段汽车排放标准的清洁汽油生产成套技术工业应用”，荣获 2015 年国家科学技术进步奖二等奖。

2）应用前景

中国石油应对车用汽油质量升级和市场的技术需求，开发出催化轻汽油醚化成套工艺技术，技术成熟度高，技术指标先进，已在业内炼化企业广泛应用。截至 2015 年底，采用 LNE 系列技术已相继建成兰州石化、呼和浩特石化、华北石化、吉林石化、玉门炼厂、大庆炼化等轻汽油醚化装置投产运行。云南石化、锦州石化、辽河石化等 10 余套装置实施了技术许可，将陆续建设轻汽油醚化装置。LNE 技术已成为炼化企业汽油质量升级过程中降烯烃并兼顾辛烷值的一项重要的生产技术，具有广阔的应用前景。

2. 碳四烃芳构化生产高辛烷值汽油组分技术

以炼厂和化工厂副产的碳四烃为原料，在催化剂作用下，碳四烃在固定床反应器中进行芳构化反应生产混合芳烃，是近年来迅速发展起来的一项大规模利用碳四资源的新技术。1984 年，美国石化和石油炼制协会年会上首次报道了英国 BP 公司与美国 UOP 公司联合开发的 Cyclar 芳构化技术，是世界上最早开发的碳四烃芳构化技术。该技术采用 BP 公司开发的镓改性 HZSM-5 分子筛（含铂）为催化剂，主要以碳四烃为原料生产 BTX，生成的芳烃收率 55%~66%。为克服催化剂失活问题，Cyclar 工艺采用了 UOP 公司的移动床反应的连续再生技术。1989 年，Cyclar 芳构化工艺技术在苏格兰 Grangemouth 的 BP 公司炼厂建成一套 3×10^4t/a 的工业示范装置投产。1993 年，日本 Sanyo 石油公司开发出 Alpha 芳构化固定床工艺技术[52]，以含 30%~80% 烯烃的轻烃为原料，催化剂为锌改性的 ZSM-5 分子筛，建成 17×10^4t/a 工业装置投产。Cyclar 芳构化技术的开发和工业应用，受到国际石化领域的广泛关注。

20 世纪 90 年代[53-58]，国内开始研究碳四烃芳构化技术，中国石化、中科院山西煤化所、大连化物所、大连理工大学等报道过轻烃芳构化的研究工作。中国石化洛阳石化工程公司开发出碳四烃芳构化生产 BTX 技术，建成 5×10^4t/a 工业装置投产[59]，在反应温度 490~530℃、进料空速 0.5h^{-1}，反应压力 0.1MPa 的工艺条件下，芳烃收率 45%~49%、液化气产率 25%~ 28%；工业装置采用两台反应器进行反应—再生切换连续生产，催化剂单程运转周期不大于 2 周，干气和焦炭产率不小于 20%（质量分数）。大连化物所开发出液化气芳构化生产高辛烷值汽油组分技术，在广西玉柴石油化工公司建成 20×10^4t/a 液化气芳构化工业装置投产，碳四烯烃转化率 95%，液体收率不小于 98%。液体产物中芳烃含量不小于 50%，苯含量不大于 1%，烯烃含量不大于 20%，生成油辛烷值（RON）98，可用作汽油调和组分[60]，反应后的混合碳四中烯烃含量不大于 4%，可作为车用液化气。2004 年，中国石油与大连理工大学合作开发出碳四烃芳构化生产高辛烷值汽油组分工艺成套技术。

1）技术进展

（1）碳四烃芳构化反应机理。

碳四烃芳构化反应是一个非常复杂的反应过程，碳四烃芳构化是一系列化学反应的总称，包括烯烃叠合、裂解、脱氢、氢转移、环化、芳构化、烷基化等诸多反应。碳四烃芳构化反应过程中的叠合、环化及芳构化为放热反应，烷烃脱氢、裂解为吸热反应。通过热力学计算芳构化反应属于净放热反应[61]，其反应放热量与原料的烯烃含量有关。以不同烯烃含量的碳四烃为原料，通过芳构化反应转化为混合芳烃，原料中烯烃含量越高，芳烃收率越高[62]。至 2015 年，芳构化反应机理比较一致的看法是烯烃在氢型 ZSM-5 沸石（HZSM-5）上进行芳构化反应时，首先发生聚合—裂解反应生成不同碳数的低碳烯烃，接着生成的烯烃通过氢转移反应变成二烯烃，然后二烯烃聚合生成环烯烃，环烯烃再通过氢转移反应生成芳烃。

碳四芳构化主要反应如下：

①叠合反应：

$$\left.\begin{array}{l} H_2C{=}C(CH_3)_2 \\ H_3C{-}CH{=}CH{-}CH_3 \end{array}\right\} \xrightarrow[\text{催化剂}]{\text{叠合}} \left\{\begin{array}{l} H_2C{=}CH{-}CH(CH_3){-}CH{-}CH{=}CH_2 \\ H_3C{-}CH{=}CH{-}CH_2{-}CH(CH_3){-}CH{=}CH_2 \end{array}\right\} \xrightarrow[\text{催化剂}]{\text{环化}} \left\{\begin{array}{l} H_3C{-}C_6H_8{-}CH_3 \\ H_3C{-}C_6H_{10}{-}CH_3 \end{array}\right.$$

②低温下发生氢转移反应：

$$\left.\begin{array}{l} H_3C{-}C_6H_8{-}CH_3 \\ H_3C{-}C_6H_{10}{-}CH_3 \end{array}\right\} \xrightarrow[\text{催化剂}]{+RCH{=}CH_2} CH_3{-}C_6H_4{-}CH_3 + RCH_2CH_3$$

③高温下发生脱氢反应：

$$\left.\begin{array}{l} H_3C{-}C_6H_8{-}CH_3 \\ H_3C{-}C_6H_{10}{-}CH_3 \end{array}\right\} \xrightarrow[\text{高温}]{\text{催化剂}} CH_3{-}C_6H_4{-}CH_3 + H_2$$

（2）碳四烃芳构化催化剂制备与放大技术。

中国石油与大连理工大学合作开发出抗积炭型纳米 ZSM-5 分子筛型 SHY-DL 催化剂及固定床碳四烃芳构化工艺技术。芳构化催化剂制备与放大按以下进行：①确保放大后的催化剂能够重复小试 SHY-DL 催化剂的性能指标。②通过催化剂放大制备和重复试验，形成可靠的催化剂生产技术。在 $8m^3$ 的工业合成釜生产了 10 批分子筛，验证了纳米 ZSM-5 分子筛原料合成的重现性，为催化剂的放大制备提供了保障。③进行了 100kg、500kg 和 1000kg 级别各 5 次催化剂放大制备，催化剂制备重复性好，生产过程稳定，具备工业化生产条件。对吨级放大制备的 SHY-DL 催化剂进行了碳四烃芳构化反应性能考察与催化剂积炭失活再生试验。再生催化剂的芳构化活性可达新剂水平，预计催化剂的总使用寿命 2 年以上，形成碳四烃芳构化纳米分子筛 SHY-DL 催化剂生产技术。

（3）碳四烃芳构化工艺技术开发。

实验在 200mL 固定床反应器中装填研制 SHY-DL 催化剂，以含烯烃 49.48%（质量分数）的炼厂碳四烃为原料，在反应温度 360~410℃、反应压力 1.6~2.0MPa、进料空速 $0.9{\sim}1.2h^{-1}$ 的临氢操作条件下，碳四烯烃转化率 99% 以上，生成物中干气加焦炭产率不大于 2%（质量分数）；液化气收率 49%，其中丙丁烷占 52%，烯烃含量不大于 1%。C_5~204℃汽油组分收率 45%，生成油中芳烃含量 45%，苯含量不大于 1%，烯烃含量不大于 1%，生

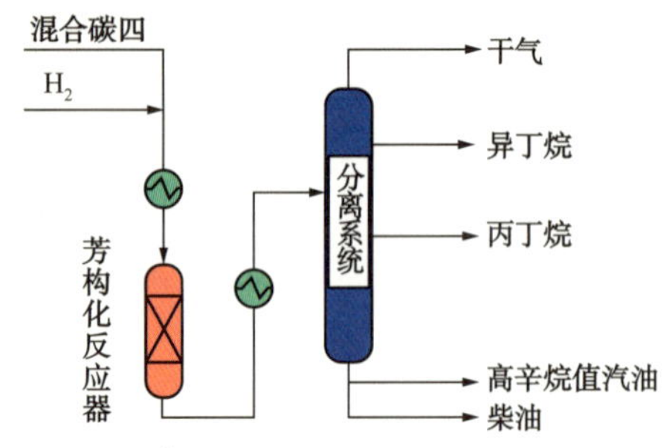

图 2-16　碳四烃芳构化工艺流程示意图

成油辛烷值（RON）96~98，205℃以上柴油组分产率 4%。催化剂单程运行周期在 3 个月以上。试验研究了催化剂再生工艺，再生催化剂的性能与新鲜剂差异不明显，催化剂具备了进行工业应用的条件。研究了副产 LPG 的裂解性能，得到乙烯、丙烯总收率 46.71%（质量分数），比石脑油裂解收率高 1.55 个百分点，属较好的裂解制乙烯原料。碳四烃芳构化工艺流程如图 2-16 所示。

2012 年 5 月，采用开发的碳四芳构化成套工艺技术，建成河南濮阳恒润石化 20×10^4t/a 碳四芳构化生产高辛烷值组分工业装置投产，在装置运行负荷 100% 操作条件下的标定结果表明：碳四原料中烯烃转化率 99.0%、干气产率不大于 2%（质量分数）、生成油收率 80% 以上，生成油辛烷值（RON）96.59。催化剂单程运行周期在 3 个月以上。碳四芳构化技术已申请发明专利 10 件，获得授权专利 6 件。中国石油与大连理工大学合作开发的碳四烃芳构化生产高辛烷值汽油组分成套技术达到国际先进水平，入选 2013 年石油化工研究院十大科技进展。

2）应用前景

开发的碳四烃芳构化生产高辛烷值汽油调和组分，基本不含烯烃和硫。副产的 LPG 又是优质的裂解制乙烯原料，是一条大规模利用碳四资源的炼化一体化新技术。碳四烃芳构化除用于生产高辛烷值汽油组分外，也可芳构化生产 BTX，用来拓展芳烃生产原料来源，增加芳烃产量，是一条利用碳四芳构化生产混合芳烃的新途径，具有良好的工业应用前景。

3. 碳四烃硫酸烷基化技术

碳四烃烷基化原料是异丁烷和丁烯，而丁烯包括异丁烯、1- 丁烯和 2- 丁烯。异丁烷与丁烯在酸性催化剂作用下进行化学加成反应生成 2，2，4- 三甲基戊烷（即异辛烷）等 C_8 异构烷烃，烷基化油是一种高辛烷值汽油调和组分。

碳四烃烷基化工艺通常采用硫酸或氢氟酸为催化剂[63, 64]。烷基化油具有辛烷值高、挥发性小、无芳烃、无烯烃、硫含量少的特性，是理想的清洁汽油调和组分。烷基化油调入汽油池中具有提高汽油辛烷值的作用，也具有稀释汽油中烯烃和芳烃的作用，同时也能掺入更多重整汽油而提高汽油产量。随着车用汽油质量标准的不断升级，以及炼油生产企业应对满足国Ⅴ / 国Ⅵ汽油质量标准生产的要求，使得烷基化技术得到迅速发展，已成为炼油企业重要的高辛烷值汽油组分生产手段之一。

自 20 世纪 30 年代，UOP 公司发现碳四异构烷烃与烯烃可以发生烷基化反应，引起世界炼化企业的高度关注。经过 80 多年的发展，烷基化生产技术基本分为三大类：液体酸烷基化、固体酸烷基化及替代技术间接烷基化工艺技术[65-85]。硫酸烷基化技术是炼油企业普遍采用的一种生产烷基化油的重要生产工艺技术。在世界上，拥有硫酸烷基化技术的国外公司主要有美国的 Strateco、Kellogg 和 ExxonMobil。2002 年，全世界烷基化油生产能力为 82.12×10^6t/a，美国烷基化油生产能力为 50.31×10^6t/a，居全球第一，占世界烷基化油生产总量的 61.3%。长期以来，烷基化技术一直沿用硫酸和氢氟酸作催化剂，但液体酸本身具有腐蚀、毒性、环保影响和安全性差的问题及弱点，世界各国正在持续研发烷基化生产新技术，不断推进烷基化工艺技术进步。同时，开发环境友好的固体酸烷基化工艺已成为炼油企业热门研究课题和技术发展新方向。

1）技术进展

1997 年，国内开始系统地进行碳四烃烷基化催化材料和催化反应工程方面的研究工作。中国石油兰州寰球工程公司在引进烷基化技术消化吸收再创新的基础上，与炼化企业、科研单位紧密合作，总结多年来烷基化生产过程的工艺优化、设备改进和技术创新方面的成功经验，2006 年，开发出烷基化卧式反应器，强化了硫酸与碳四原料两相物料在反应器内的充分混合，使催化剂与反应物处于良好的乳化状态，并适当提高酸烃比以利于提高烷基化产物收率和质量。开发出具有自主知识产权的碳四烃烷基化卧式反应器技术。2008 年，结合烷基化生产实际操作过程，为了抑制烯烃的叠合反应、氧化反应等副反应，采用 86%~99% 浓度的硫酸，开发出硫酸烷基化流出物制冷工艺技术。2012 年 9 月，采用开发的具有自主知识产权的碳四烷基化成套工艺技术，建成首套民营企业山东金城石化集团公司 20×10^4t/a 烷基化工业装置顺利投产运行，实现了工业应用。开发的具有自主知识产权的碳四烃烷基化技术特点为：

（1）建立了碳四烷基化工艺全流程模型，优化了烷基化装置的生产工艺，强化硫酸与碳四两相物料在反应器中的充分混合，使催化剂与反应物处于良好乳化状态，扩大异丁烷与液体酸两相间的接触面，抑制副反应，反应后的酸和烃快速分离，以保持酸、烃两相中异丁烷浓度，使烷基化装置生产能耗低于同类装置水平。

（2）开发的卧式反应器装有一个大功率的搅拌器和内循环夹套，用以增强酸、烃乳化液的混合和循环。反应器中设有冷却管束，通过反应流出物闪蒸取走反应热。反应器内部循环流率很高，有利于热量扩散，使反应器中各点反应温度保持均匀，开发的烷基化卧式反应器能够满足不同用户的技术需求。

（3）改进酸烃分离系统设备结构并采用原料预处理措施，净化碳四原料杂质，降低烷基化生产过程的酸耗；并对烷基化反应器设备及工艺技术不断改进、创新，开发出硫酸法碳四烷基化流出物制冷工艺技术。

开发的碳四烃硫酸法烷基化技术指标见表 2–29。

表 2–29 碳四烃硫酸法烷基化技术指标

性能	技术指标	性能	技术指标
工艺类型	流出物制冷工艺	反应温度，℃	4~10
反应器型式	卧式反应器	产品辛烷值（研究法）	≥ 97
内件型式	带搅拌	终馏点，℃	≤ 200
反应器规模（最大）	8（10）$\times10^4$t/ 台	产品硫含量，μg/g	≤ 5
换热方式	管束间壁撤热	装置能耗，kg（标油）/t	≤ 105

中国石油在碳四烃硫酸烷基化技术消化吸收再创新的基础上，开发出具有自主知识产权的碳四烷基化工艺技术，达到了国际先进水平。现已申请包括烷基化卧式反应器结构的

发明专利12项，获得专利授权1项。2015年，开发的碳四烃烷基化工艺技术通过集团公司组织的专家鉴定。截至2015年底，采用中国石油兰州寰球公司开发的碳四烷基化技术，在国内已有27套碳四烷基化装置实施了技术许可，其中19套烷基化装置建成投产，满足了企业汽油质量升级的技术需求，提高了企业生产效益。2016年，开发的碳四烃硫酸法烷基化工艺技术，获中国石油天然气集团公司科技进步奖二等奖。

2）应用前景

长期以来，利用碳四烃硫酸烷基化工艺生产高辛烷值烷基化油已成为炼化企业重要的生产过程之一。烷基化油具有辛烷值高、挥发性小、无芳烃、无烯烃、硫含量少的特性，是理想的清洁汽油调和组分，符合Ⅵ汽油质量升级的技术需求，是一条大规模利用碳四资源生产高辛烷值烷基化油的重要生产技术，具有广阔的市场应用前景。

4. 碳四烃烷基化原料选择性预加氢催化剂研制与工业应用技术

在碳四馏分二烯烃选择性加氢技术开发方面，国内外石化企业、科研院所都进行了大量的研究。20世纪50年代，法国IFP研究院最早开始进行碳四馏分选择性加氢催化剂研制，开发出了烷基化原料预处理专用LD-267R催化剂，该催化剂具有活性好、选择性和稳定性高等特点，可在防止烯烃深度加氢转化为烷烃的情况下，将1-丁烯异构化为2-丁烯，其中丁二烯加氢率达100%，1-丁烯异构化率达80%以上，单烯烃收率不小于98%。开发的烷基化原料预加氢LD-267R催化剂实现了工业化应用。

碳四烷基化原料选择性加氢技术是烷基化过程的关键技术单元，其作用是脱除烷基化原料中的丁二烯，降低烷基化过程酸耗及烷基化油的干点，并在碳四烷基化原料选择性加氢的同时将1-丁烯异构化为2-丁烯，异构化的内烯烃较之端烯烃，反应生成的烷基化油有更高辛烷值。碳四烷基化原料预加氢反应原理为：

主反应：

$$CH_2{=}CH{-}CH{=}CH_2{+}H_2 \longrightarrow CH_3{-}CH{-}CH{=}CH_2$$

$$CH_2{=}CH{-}CH{-}CH_3 \longrightarrow CH_3{-}CH{=}CH{-}CH_3$$

副反应：

$$CH_2{=}CH{-}CH{=}CH_2 + H_2 \longrightarrow CH_3{-}CH_2{-}CH_2{-}CH_3$$

$$CH_3{-}CH{-}CH{=}CH_2{+} H_2 \longrightarrow CH_3{-}CH_2{-}CH_2{-}CH_3$$

$$CH_3{-}CH{=}CH{-}CH_3{+} H_2 \longrightarrow CH_3{-}CH_2{-}CH_2{-}CH_3$$

1996年，中国石化某研究院进行了烷基化原料预加氢催化剂的研发，开发出选择性预加氢QSH-01催化剂，具有强度高、活性和选择性好、稳定性高的特点，其中丁二烯加氢率不小于98%，1-丁烯异构化率60%以上，单烯烃收率不小于98%。已在国内多家炼油企业工业应用。

1）技术进展

2002年，中国石油开始进行碳四烷基化原料选择性预加氢催化剂小试研究，2004年完成了催化剂中试研究，在加氢反应器入口温度40~65℃、氢气与丁二烯摩尔比（3.5~5）：1、进料空速2.0~4.0h^{-1}、压力1.4~1.5MPa的条件下，加氢产品中丁二烯含量小于30μg/g，1-丁烯异构化为2-丁烯的异构化率大于83%，丁烯加氢损失率小于2%。经多年研究，中国石油开发出碳四烷基化原料选择性预加氢LY-DB^{iso}-03催化剂生产技术。研制的选择性预加氢催化剂为负载型催化剂，以改性Al_2O_3为载体，金属钯为主活性组分，同时引入促进剂，活性组分钯主要分布在催化剂的外表面，在催化剂表面呈壳层分布，以最大限度地提高金属钯的活性利用率，各项性能均达到同类预加氢催化剂水平。

2005 年 5 月，碳四烷基化原料选择性预加氢 LY-DB^{iso}-03 催化剂在中国石油兰州石化公司 23×10^4t/a 烷基化预加氢装置上实现首次工业应用，产品丁二烯含量小于 50μg/g，单烯收率不小于 98.5%，异构化率大于 80%，催化剂具有加氢选择性高和异构化率高的特点。2014 年 7 月，中国石油开发的 LY-DB^{iso}-03 催化剂在世界上规模最大的宁波海越新建 84×10^4t/a 碳四烷基化原料预加氢装置实现了工业应用，经选择性预加氢原料中丁二烯含量不大于 50μg/g，单烯收率不小于 98.5%，达到工业装置设计要求，满足了生产企业技术需求，催化剂使用预期寿命可达 5 年以上。

根据市场需求，中国石油相继研发出第二代高选择性单段床烷基化原料预加氢 PDB-02 催化剂，中试放大试验表明，催化剂在压力为 1.0~1.5MPa、反应温度为 35~50℃、进料空速为 6~7h^{-1}、氢 / 二烯烃摩尔比为（1.0~2.0）∶1 的条件下，预加氢原料中丁二烯含量小于 50μg/g，单烯收率不小于 100%，显著提高了催化剂选择性。并将烷基化原料中的 1-丁烯异构化为 2- 丁烯，异构化率大于 83%，有效提高了碳四馏分的利用价值，提高了烷基化油的辛烷值。开发的碳四烷基化原料预加氢催化剂已获中国发明专利授权 1 件，2008 年获得甘肃省科技进步奖二等奖。

2）应用前景

随着汽油质量标准的升级和烷基化汽油生产能力的迅速增长，到“十三五”末，国内碳四烃烷基化生产能力将达到 1700×10^4t/a，烷基化原料预加氢催化剂的需求量将达 400m^3/ a，市场潜力大，应用前景广阔。开发的第二代烷基化原料预加氢 PDB-02 催化剂具有优异的加氢活性和选择性，可根据用户生产装置工况提供定制化加氢催化剂，谋求企业效益最大化，为炼化企业汽油质量升级提供技术支撑，具有良好的工业应用前景。

5. 环保型超重力液化气深度脱硫（LDS）技术

中国每年液化气产量达 2000×10^4t 以上，其中富含的碳三、碳四是生产 MTBE、烷基化油等产品的重要原料。MTBE 作为汽油高辛烷值调和组分，在我国汽油池中所占比例约为 5%，仅次于催化汽油和重整汽油，直接以常规碱洗后液化气为原料生产的 MTBE 硫含量一般为 100μg/g 左右，无法满足国Ⅴ / 国Ⅵ汽油调和的要求，成为制约汽油质量升级的瓶颈；而针对烷基化油生产原料进行深度脱硫对提高产品质量和降低酸耗同样十分重要。

传统液化气脱硫技术采用“胺法”脱除硫化氢和“碱法”脱除硫醇，其中“碱法”脱硫醇技术占绝大多数（约占液化气脱硫醇装置的 90%）。随着油品质量升级加快，“碱法”脱硫醇技术面临产物二硫化物无法从再生碱液中高效分离，被液化气反携带，导致脱后液化气总硫不降反升；碱液再生效率低导致脱硫醇能力下降而被迫频繁更换新碱液，产生大量废碱渣的问题。一套 30×10^4t/a 的液化气脱硫醇装置碱渣排放量可达 500~1000t /a，作为危险废物的碱渣外送处理正受到环保部门的严厉管控，而高成本的湿式氧化处理工艺和日益提高的污水排放标准使得众多炼化企业在应对碱渣处理时成本陡升。

中国石油以液化气脱硫醇循环碱液再生技术为着眼点，以提高碱液硫醇钠转化率、二硫化物分离率为目标，重点研究超重力技术强化再生新方法，开发深度脱硫和无碱渣排放成套工艺包，集成设计工业装置，低成本实现液化气利用的清洁化，形成了第三代液化气

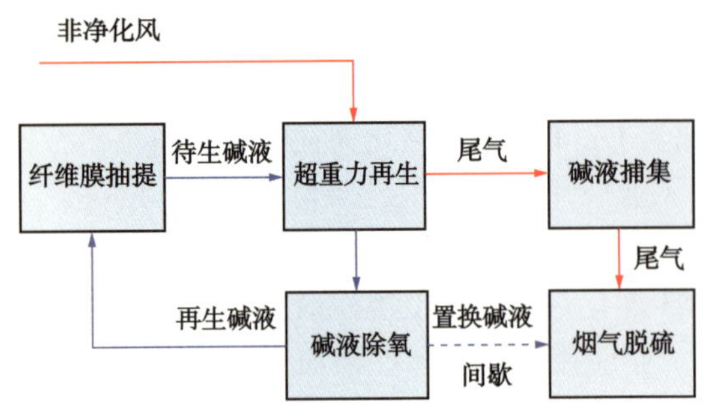

图 2-17　LDS 技术工艺流程示意图

深度脱硫技术。技术工艺流程如图 2-17 所示。

该技术特点为：

（1）超重力场下碱液再生新方法实现了碱液寿命极限级延长，硫醇钠生成硫化物的转化率由 40% 提高到 99%，再生碱液中硫醇钠含量不大于 0.02%（质量分数），碱液抽提脱硫功能得到最大化恢复；

（2）再生碱液与硫化物分离过程的创新方法成倍提高了液化气脱硫率，二硫化物从碱液中的分离方式由原来的液液沉降分离变为超重力法强化气液分离，分离率由 30%~50% 提高到 99%，碱液中硫化物含量不大于 10μg/g；

（3）氧化尾气无害化处理使工艺更加经济合理与环保，氧化尾气进余热锅炉，其中的硫化物经高温分解为 SO_2，再经烟气脱硫实现达标排放；

（4）集成优化抽提脱硫醇—超重力法碱液再生成套技术实现了过程强化，流程短，操控性强，清洁生产；装置低成本安全平稳运行，碱渣减排 90% 以上，避免废气无序排放。

1）主要技术进展

2011 年，中国石油“降低 MTBE 硫含量研究”课题，进行了 LDS 技术实验室小试研究，实现预期研究目标：循环碱液再生后二硫化物含量低于 20μg/g，硫醇钠转化率高于 99%。2013 年，在大港石化设计并搭建 50L/h 碱液再生耦合含硫尾气吸收装置，进行连续 28 天的侧线试验，现场试验结果表明，超重力法碱液超重力再生后硫醇钠氧化转化率高于 95%，再生后碱液中二硫化物含量低于 20μg/g，脱硫尾气中二硫化物含量均低于 100μg/g，优于国家直接排放标准。

2014 年，由中国石油研究单位、设计单位和有关企业联合攻关开展 LDS 技术工业试验研究，工业试验采用与北京化工大学联合研制的大型超重力机，进一步验证工业规模下深度脱硫技术的液化气脱硫能力、设备长周期运行能力及节能环保优势。同时，攻关小组应用中国石油自主开发的技术工艺包，首次实现了工业规模液化气深度脱硫装置设计和技术转化，满足生产国Ⅴ / 国Ⅵ汽油的 MTBE 产品要求。

2014 年 12 月，LDS 技术在庆阳石化首次实现工业应用，液化气硫醇脱除率由 80% 提高至 95%，精制液化气总硫平均值为 13.5mg/m^3，以精制液化气为原料生产的 MTBE 总硫平均值为 15μg/g，碱液消耗量减少 90%，碱渣排放量为零，大幅降低了企业环境成本。以庆阳石化“30×10^4t/a 催化裂化液化气脱硫醇”工业装置为例，每年可为企业创效 1000 余万元，主要技术指标及操作条件分别见表 2-30 和表 2-31。

表 2-30　LDS 主要技术指标

性能	精制液化气总硫，mg/m^3	再生碱液质量		碱液置换量 t/a	催化剂消耗量 kg/a	能耗 kg（标油）/t
		硫醇钠含量，%（质量分数）	二硫化物含量，μg/g			
数据	≤ 22	≤ 0.02	≤ 10	≤ 50	≤ 50	≤ 1.5

表 2–31 LDS 主要操作条件

操作单元	反应温度，℃	反应压力，MPa	气液比	超重力反应器转速，r/min
纤维膜抽提单元	30~40	1.5~2.0	—	—
碱液再生单元	40~60	0.02~0.06	50~300	100~500

LDS 技术适用于催化液化气、焦化液化气、轻烃回收液化气脱硫醇—循环碱液再生单元操作或循环碱液再生独立单元操作，实现液化气低成本深度脱硫，为烷基化油、MTBE 等以液化气为原料的下游产业链提供低硫原料。截至 2015 年底，已申请发明专利 9 件，授权 1 件，登记中国石油技术秘密 4 件，编制工艺包两套。

2）应用前景

过去 20 年，全球液化气消费量年增长率一直超过石油，预计到 2020 年我国液化气产量将达到 3000×10^4t，全球液化气年产量更是高达 2×10^8t 以上。在液化气资源化利用过程中，因脱硫而产生的碱渣数量极大，国内炼油碱渣正在加重危害水体和大气已成为不争事实。

LDS 技术的成功研发填补了“脱硫不排渣”的技术空白，无疑将对大幅降低下游综合加工成本、助力产品质量升级、减少过程设备腐蚀和产品应用的环境问题做出应有贡献，在资源综合利用、产品结构调整和绿色化工发展领域拥有较为广阔的市场推广前景。

6. 柴油加氢成套技术现状

随着国民经济的快速发展，作为重要能源之一的石油需求量在逐年增加，中国的炼油工业也获得了极大的发展。但由于原油消费量增幅较大，进口原油量也在逐年增大，而进口原油大多是质量较差的含硫原油，与此同时，国产原油质量也日趋劣质化，总的趋势是原油质量逐年变差。因此，数量巨大、质量低劣的含硫油加工技术已成为中国石油炼制的突出问题。另外，中国汽柴油产品质量标准又在不断升级，车用柴油中的硫含量、密度、十六烷值以及多环芳烃含量是近年来提高柴油质量的主要指标。其中，十六烷值是评价柴油着火性和抗爆性的重要指标。十六烷值的高低对化学滞燃期有很大影响，十六烷值越低，滞燃期越长，造成的积油量越多，燃烧过程越不平稳，积油一旦燃烧所产生的初始爆发压力升高率越大，对发动机等机件磨损也越大。柴油的十六烷值与芳烃含量直接相关，而较高的芳烃含量导致油品燃烧不完全，直接影响尾气排放。随着世界原油日趋重质化和劣质化，柴油馏分油中的硫、氮和芳烃含量越来越高，如何降低硫、氮和芳烃含量同时提高十六烷值成为全方位提高柴油质量的技术关键。而解决上述诸多矛盾的最佳选择是快速发展和推广应用加氢技术，综观国内外现代化的炼油厂和石化联合企业，几乎无一例外地选用加氢精制或改质工艺作为提升石油产品质量的主要技术措施，显然，它已是当今加速国民经济发展所迫切需要的技术支撑和必然选择。

柴油加氢精制技术适合加工直馏柴油或以直馏柴油为主混合部分二次加工柴油的原料，产品质量指标可满足国Ⅳ和国Ⅴ车用柴油标准。柴油加氢改质技术以改善劣质二次加工柴油质量为目标，一方面降低催化裂化柴油中的硫、氮等杂质含量，改善油品颜色，同时大幅度提高柴油十六烷值，降低柴油密度，生产满足国Ⅳ和国Ⅴ标准规范的柴油产品。

1）主要技术进展

为了适应国家对柴油质量日益严格的要求，满足中国石油柴油质量升级需要，石油化工研究院自 2003 年起开始进行 PHF 超低硫柴油加氢精制技术开发，2008 年完成催化剂中试放大，开发出满足国Ⅴ柴油标准生产需要的新一代 PHF 柴油加氢催化剂。先后在大庆石化、乌鲁木齐石化等企业成功实现工业应用。应用结果表明，PHF 催化剂总体水平优于国内外同类先进催化剂，完全满足中国石油柴油质量升级的要求，为实现中国石油柴油加氢催化剂自主化，完成柴油质量升级做出了重大贡献。PHF 超低硫柴油加氢精制技术获得省部级奖励 4 项，获得中国发明专利授权 6 项，2013 年通过中国石油天然气股份有限公司科技管理部组织的技术鉴定，总体技术水平达到国际先进。

为大力推进大型化柴油加氢装置的自主设计能力提升，中国石油科技管理部 2011 年组织了“千万吨级大型炼厂成套技术研究开发与工业应用”重大科技专项——课题七“汽柴加氢精制成套技术开发与工业应用”重大课题的技术攻关，开发形成了具有自主知识产权的柴油加氢精制和汽柴油加氢改质两个成套技术工艺包，拥有 3 项技术秘密。柴油加氢精制成套技术在中国石油大庆炼化、大连石化、玉门炼厂等多家炼化企业的柴油加氢精制装置上推广应用，柴油加氢改质成套技术应用在中国石油云南石化、乌鲁木齐石化等公司实现一次开车成功，产品质量指标满足国Ⅴ车用汽柴油标准，达到了设计预期指标，现场生产应用情况良好。其技术特点主要有：

（1）柴油加氢改质成套技术通过 PHU 系列加氢改质催化剂作用，在实现深度脱硫、脱氮、脱芳烃和选择性开环的同时，可以大幅度提高产品的十六烷值，降低柴油密度，生产满足国Ⅳ和国Ⅴ标准的柴油产品。

（2）工艺包中集成了具有中国石油自主知识产权的新型反应器内构件设计技术、大型化高压换热器密封结构设计技术和大型化反应进料加热炉防结焦设计技术，解决了装置大型化对核心设备设计的难题。

①大型化柴油加氢新型反应器内构件设计技术。

典型的加氢反应器内构件包括：入口扩散器、气液分配盘、积垢器、冷氢箱、出口收集器、催化剂支撑和液体再分配盘等。中国石油经多年技术攻关开发出了具有自己特色的内构件，包括内置积垢器、分配器、冷氢箱。

②成功开发出大型化高压换热器密封结构的设计技术。

高压换热器是加氢裂化和加氢精制装置中的关键设备，该装置的操作介质为高温、高压、易燃、易爆的油气、氢气和少量硫化氢，故对高压换热器的密封要求很严，高压密封结构的设计既要满足密封性能，又要便于制造、安装和检修。高压换热器密封设计主要是防止高温高压有腐蚀流体的内泄和外漏，拆卸装配容易，经济合理等。

国内加氢裂化和加氢精制装置中的高压换热器多采用卧式 U 形管换热器，固定端管板采用可拆卸连接，管束可抽出进行清洗维修。这种型式的换热器的密封性能好坏在于管、壳程筒体端与管板之间的密封结构选择是否合理。经过中国石油工程技术人员的不懈努力，成功开发出了大型化高压换热器的新型密封结构设计技术，有效地解决了换热器密封的问题（图 2-18）。

③成功开发出大型化加氢反应炉防结焦技术。

目前，中国汽柴油加氢装置正向着大型化发展，最大加工能力可达 400×10^4t/a 以上，加氢装置中的反应进料加热炉（一般简称为加氢反应炉）也需要向大型化转变。随着加热炉处理量的增加，炉管内的介质流量加大，会使炉管管径加大，管长增加，水力长度增加，压降变大。这样不仅增加了氢气压缩机和原料泵的能耗，有时甚至给氢气压缩机和原料泵的选择带来困难。同时加氢反应炉炉管内是气液两相流，保证管内流型符合要求的范围很窄。管径过大，炉管过长会出现气液分离等现象，使局部炉管过热，发生油品裂解、炉管结焦现象，影响操作周期，甚至缩短炉管的使用寿命等。

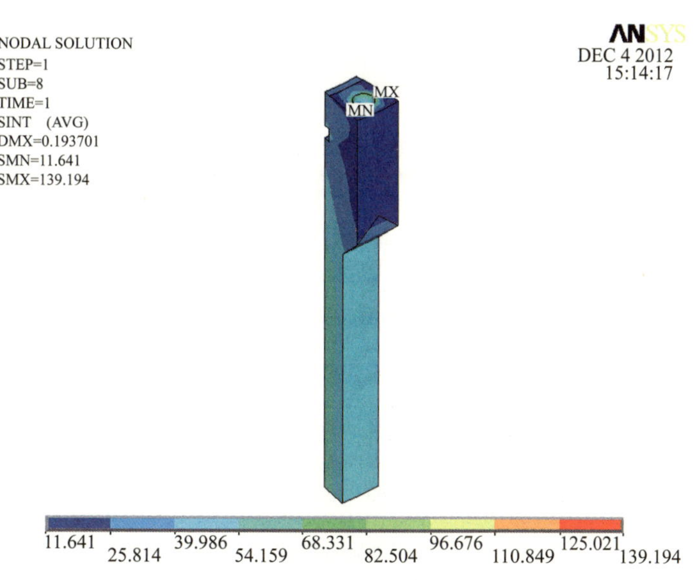

图 2-18 新型高压换热器密封结构管箱端部受力分析图（软件截图）

以上问题是加氢反应炉实现大型化转变迫切需要解决的问题，通过总结，选择理想的炉型：单排卧管双面辐射炉型，最大管径为 219.1mm，单根炉管长度控制在 20m 左右。在得到较高的辐射炉管表面平均热强度（最高为 45kW/m^2），缩短炉管总长和减少弯头数量，尽可能提高炉管内流速的情况下（流速为 20m/s 左右），使管内介质气液两相获得良好流型（环雾流和雾状流），控制炉管内压降在 0.5 MPa 以内。为了尽可能使炉管表面受热均匀，尽量将热流强度沿炉膛高度和沿炉管长度分布均匀，在降低炉膛高度的同时，采用多火嘴短火焰附墙燃烧器，应选择单个燃烧器小、数量多、一般为扁平火焰的附墙燃烧器。燃烧器的布置沿炉管长度方向上要均匀。同时加氢加热炉操作初期和操作末期及不同生产方案时，加热炉的操作负荷变动很大。因此，加热炉必须满足这种较大范围负荷变动的平稳操作，这就要求燃烧器有大的调节比。因此，燃烧器应能满足这种大范围的变化，使燃烧器在所要求的最低和最高负荷时都可以稳定燃烧。

为解决大型化装置加氢反应炉防结焦问题课题关键技术，通过对在运行的各套加热炉的技术积累、国内各工程公司的技术交流和资料调研、国内现有加氢装置及技术进行调研与分析，掌握国内现有装置生产情况。参照并依托 180×10^4t/a 汽柴油加氢改质装置工艺包及 280×10^4t/a 柴油加氢精制装置工艺包项目并采用 FRNA-5PC 加热炉工艺设计软件进行工艺流程模拟计算研究，形成了关于防止炉管结焦相关技术。

目前，通过科技攻关开发出的大型化加氢装置新型反应器内构件、高压换热器的密封结构、加热炉防结焦三项设计技术均已被认定为中国石油技术秘密，并在中国石油多套柴油加氢装置项目上获得应用，收到良好的反馈。

④采用循环氢脱硫工艺，控制循环氢中硫化氢含量为 200~500mL/m^3。在循环氢脱硫塔入口分液罐和循环氢脱硫塔内置了循环氢脱烃旋流器，有效地脱除循环氢中夹带的重烃、胺（碱）、水等组分，降低胺液的损耗，保证了循环氢的纯度，减少了循环氢压缩机的蒸汽消耗，保证装置长周期、安全生产。

⑤采用低温余热回收等节能技术，在分馏塔顶油气、精制柴油产品等产生低温热部位设置低温热回收措施，降低装置能耗。

（3）该技术主要推广应用情况见表 2–32 和图 2–19。

表 2–32　技术主要推广应用情况

序号	项目名称与建设内容	装置投产时间
1	大庆炼化 170 × 10^4t/a 混合柴油加氢精制装置	2014 年 11 月
2	玉门炼厂 70 × 10^4t/a 柴油加氢精制装置	2014 年 10 月
3	乌鲁木齐石化 180 × 10^4t/a 柴油加氢改质装置	2016 年 8 月
4	云南石化 280 × 10^4t/a 直馏柴油加氢精制装置	2017 年 5 月
5	云南石化 180 × 10^4t/a 汽柴油加氢改质装置	2017 年 6 月
6	大连石化 200 × 10^4t/a 柴油加氢精制装置	2015 年 6 月
7	云南石化 180 × 10^4t/a 汽柴油加氢改质装置	预计 2017 年

图 2–19　大连石化 200 × 10^4t/a 柴油加氢精制装置

（4）主要性能指标分析。

工艺包的性能指标与依托项目云南石化 280 × 10^4t/a 柴油加氢精制装置、大庆炼化 170 × 10^4t/a 柴油加氢精制装置、大连石化 200 × 10^4t/a 柴油加氢精制装置、广西石化 200 × 10^4t/a 柴油加氢改质装置（引进技术）和大连石化 400 × 10^4t/a 柴油加氢精制装置（引进技术）的性能指标对比情况见表 2–33。

表 2-33 各技术性能指标对比情况表

性　能	柴油加氢精制（工艺包）	云南柴油加氢精制（依托项目）	170×10^4t/a 柴油加氢精制（大庆炼化）		200×10^4t/a 柴油加氢精制（大连石化）		加氢精制（广西石化）引进技术	加氢精制（大连石化）引进技术
	考核值	设计	设计	运行	设计	运行	运行值	运行值
原料硫含量，μg/g	≤ 14340	14340	605	605	2504	1600	1600	5800
总液收，%	≥ 98.85	98.89	99.98	99.41	100.07	99.3	98.74	98.37
产品硫含量，μg/g	≤ 50	≤ 50	≤ 10	4~26	≤ 10	7	30	26~36
反应器床层径向温差，℃	≤ 3	≤ 3	≤ 3	0.2~2.7	≤ 3	1.9（最大）	2.3（最大）	4（最大）
能耗，kg（标油）/t（原料）	≤ 10	7.47	9.7	无标定数据	10.18	无标定数据	9.234	12.29
水平评价	国际先进		国际先进		国际先进		国际先进	国际先进

2）应用前景

中国原油重组分多、石油二次加工能力比重较大，据统计，在原油加工过程中，催化裂化和焦化的加工能力分别占原油总加工能力的 35.51% 和 8.51%，总计达 44.02%。二次加工柴油不仅数量大，而且油品质量差。催化柴油的特点是烯烃、芳烃含量高，安定性差，十六烷值低，掺渣催柴的性质更为劣质，焦化柴油来自以劣质渣油为原料的非临氢催化的热加工过程，质量很差，主要体现在硫、氮、烯烃、胶质含量高、安定性差。由于国家对柴油的质量要求越来越高，劣质柴油深度加氢精制制取清洁柴油组分的问题已成为市场急需解决的刻不容缓的任务，尤其是近年来，炼油集中度越来越高，千万吨级炼厂成为当今炼化企业主流，对配套的二次加工装置的规模提出了大型化的要求，中国石油“大型化柴油加氢精制和改质技术”的成功开发和应用标志着中国石油作为国际性综合能源公司已完全具备柴油加氢精制和改质催化的研发和生产，以及自主设计、建设大型柴油加氢精制和改质装置的能力，并完全替代引进，这将为中国石油柴油质量升级提供重要的技术支撑和保证，同时也将为国家改善车用燃油质量，改善空气质量，提高环保水平做出贡献。

四、航空生物燃料生产技术

油脂加氢是近年来发展较快的航空生物燃料生产技术，具有投资相对较低、工艺流程简单、产品质量好、收率高以及原料来源广泛、可减少二氧化碳排放及可再生等特点。其产品分子结构与石油基航空燃料接近，且不含芳烃和硫，燃烧热值高，调和性能好，是未来石油基航空燃料最具潜力的替代品之一。

油脂加氢制备航空生物燃料的原料主要来源于动植物油和藻类油，其主要成分是甘油三酯（其脂肪酸组成主要为 C_{16} 和 C_{18} 直链脂肪酸，且占 80% 以上），氧含量高达 10% 以上。因此，根据航空燃料油结构特点（C_8—C_{16} 支链烷烃）和加氢技术原理，开发航空生物燃料生产技术首先必须要解决两方面的问题：（1）优良的水热稳定性的加氢脱氧催化剂研制；（2）高端位选择性的加氢裂化 / 异构催化剂研制。

油脂加氢制备航空生物燃料主要采用两段加氢工艺（反应历程见图 2-20），第一段是以精炼后满足加氢脱氧工艺要求的精炼油为原料，在高水热稳定性的加氢脱氧催化剂作用下，甘油三酯和脂肪酸发生氢饱和反应，并进一步裂化生成包括二甘酸、单甘酸及羧酸在内的中间产物，再经加氢脱氧、脱羧基和脱羰基反应后生成正构烷烃，反应的最终产物主要是 C_{12}—C_{20} 正构烷烃，以 C_{15}—C_{18} 居多，副产物有丙烷、水和少量 CO、CO_2；第二段是以第一段的产物脱氧油为原料，在高端位选择性的加氢裂化 / 异构催化剂作用下，主要发生正构烷烃的端位选择性裂化 / 异构化反应，生成高支链的异构烷烃，以改善油品的流动性能，并降低其冰点。最后通过蒸馏分离得到 C_8—C_{16} 航空燃料油组分，即航空生物燃料（又称加氢石蜡煤油——SPK）。

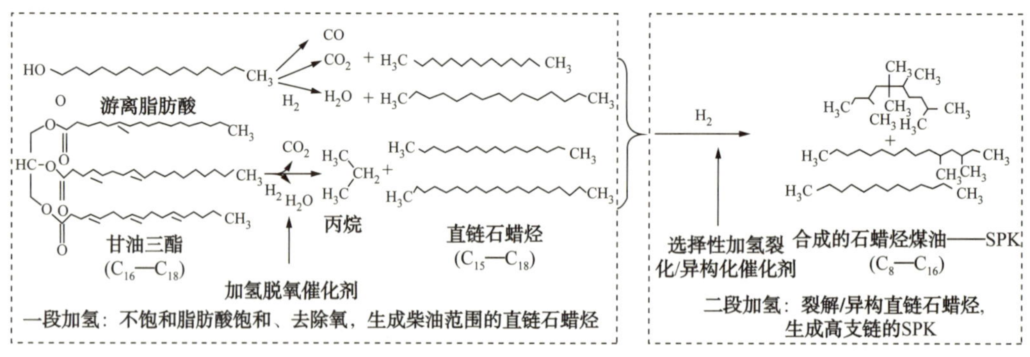

图 2-20　油脂两段加氢制备航空生物燃料的反应历程

1. 主要技术进展

油脂加氢制备航空生物燃料技术是依托国家能源局项目“航空生物燃料试飞用油的生产及试飞验证”和中国石油重大科技专项“航空生物燃料生产成套技术研究开发与工业应用”开展的研究工作。图 2-21 为该技术原则流程图。截至 2016 年 12 月，在毛油精炼、精炼油加氢脱氧和脱氧油选择性加氢裂化 / 异构三项核心技术都已取得了阶段性成果。

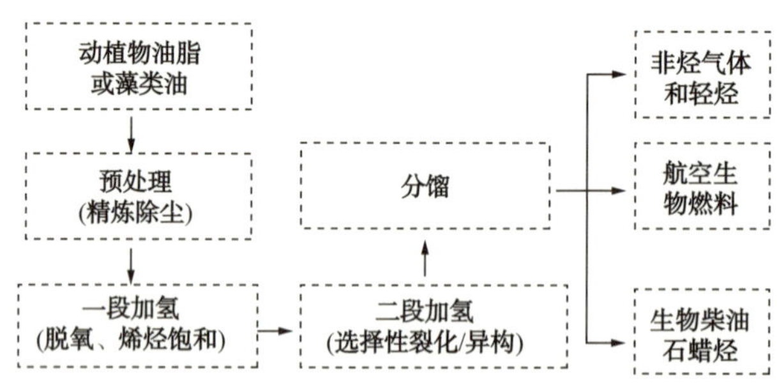

图 2-21　航空生物燃料生产技术原则流程

1）毛油精炼技术

天然动植物油脂（毛油）都含有磷、硫、氮及金属等微量杂质，须通过精炼处理以满足加氢脱氧工艺对原料的要求，否则将影响催化剂的使用寿命。中国石油开发出了“络合—转化—吸附”组合毛油精炼工艺技术，完成了反应釜规模为 100L 的放大研究，小桐子精炼油各项指标（表 2-34）均满足加氢脱氧工艺要求，其中磷含量由 111.6μg/g 降到 0.85μg/g，金属含量由 127.3μg/g 降到 3.9μg/g。

表 2-34　小桐子毛油和精炼油理化性质

分析项目	小桐子毛油	小桐子精炼油	加氢工艺要求
磷含量，μg/g	111.6	0.85	< 3.0
金属含量，μg/g	127.3	3.9	< 10
酸度，%	2.38	2.26	< 20
S 含量，μg/g	3.7	3.2	< 10
N 含量，μg/g	12.4	0.7	< 60
Cl 含量，μg/g	3.7	2.8	< 5.0
水含量，μg/g	646.5	288	< 1500
不皂化物，%	0.44	0.4	< 1.0

2）精炼油加氢脱氧技术

油脂的主要成分是甘油三酯，氧含量高达 10% 以上，其在加氢脱氧过程中会生成大量的水，并放出大量的反应热，这要求加氢脱氧催化剂必须具有良好的水热稳定性。该技术已完成了催化剂 1500h 活性稳定性评价和 20kg 级放大研究工作，其脱氧油收率可达 80%（质量分数）以上（产物结构组成及含量见表 2-35），且质谱未检测到含氧物。

表 2-35　小桐子精炼油加氢脱氧后的产物组成

<table>
<tr><th colspan="2">组　分</th><th colspan="2">含量，%（质量分数）</th></tr>
<tr><td colspan="2">$C_{10}H_{22}$—$C_{14}H_{30}$</td><td colspan="2">1.92</td></tr>
<tr><td rowspan="8">$C_{15}H_{32}$—$C_{18}H_{38}$</td><td>n-$C_{15}H_{32}$</td><td>8.30</td><td rowspan="8">94.15</td></tr>
<tr><td>i-$C_{15}H_{32}$</td><td>0.09</td></tr>
<tr><td>n-$C_{16}H_{34}$</td><td>9.92</td></tr>
<tr><td>i-$C_{16}H_{34}$</td><td>0.38</td></tr>
<tr><td>n-$C_{17}H_{36}$</td><td>40.58</td></tr>
<tr><td>i-$C_{17}H_{36}$</td><td>1.59</td></tr>
<tr><td>n-$C_{18}H_{38}$</td><td>31.18</td></tr>
<tr><td>i-$C_{18}H_{38}$</td><td>2.11</td></tr>
<tr><td colspan="2">$C_{19}H_{40}$—$C_{26}H_{54}$</td><td colspan="2">3.93</td></tr>
</table>

3）脱氧油选择性加氢裂化 / 异构化技术

脱氧油组成以 C_{15}—C_{18} 直链烷烃为主，而航空生物燃料的组成主要为 C_9—C_{16} 的支链烷烃，二段加氢要求催化剂具有良好的端位裂化性能，同时还能抑制过度裂化反应的发生。脱氧油二段选择性加氢裂化 / 异构化技术的小试工作已基本完成，并获得了 90% 以上的正构烷烃转化率，且裂化产物中 C_9—C_{15} 选择性高达 60%。

2012 年，航空生物燃料相关生产技术获得中国石油天然气集团公司科技进步二等奖。2011 年 10 月 28 日，中国石油与美国 UOP 公司及中国国际航空股份有限公司合作，成功进行了中国首次航空生物燃料的验证飞行。验证飞行结果表明，中国石油生产提供的航空生物燃料完全满足大型客机对飞行高度、加速性能和发动机重新启动等各项技术指标的要求，标志着中国石油基本攻克了航空生物燃料生产的关键技术，初步具备了生产提供航空生物燃料的技术条件，极大地推动了我国可持续航空生物燃料的产业化进程。

2. 应用前景

航空生物燃料是航空业实现二氧化碳减排的现实选择。利用动植物油脂制备航空生物燃料技术具有原料来源广泛、环境友好及可再生的特点；并且产品化学结构和物化性质与化石航煤接近，可以部分替代化石航煤，同时航空公司和机场也无须开发新的燃料运输系统。研究表明，在全生命周期内，航空生物燃料比化石航煤的温室气体排放量减少50%~90%。因此，开发航空生物燃料技术不仅可以减少对石油的依赖，而且对温室气体减排具有重要意义。

截至 2016 年 12 月，航空生物燃料已在全球进行了 28 次试飞或商业试营，被认为是当前最具优势的技术路线。航空生物燃料虽然产业刚刚起步，但发展势头迅猛，国际多个公司已经或正在计划建立航空生物燃料的生产装置。中国石油通过对航空生物燃料技术的持续研究开发，已初步形成了具有自主知识产权的航空生物燃料生产技术，这不但对中国推进并最终形成航空生物燃料的规模化产业，实现石油资源的部分替代，减少温室气体排放和改善生态环境具有重要意义，而且对加快推进中国石油新能源业务的发展，打造绿色、国际、可持续能源公司起到了积极的推动作用。

五、车用燃料相关标准研究制定

“十二五”期间，车用燃料质量标准尤其是车用汽油、柴油标准的推进速度加快。2011 年 5 月，国家第四阶段车用汽油标准（国Ⅳ汽油）颁布实施，仅仅过了两年，2013 年 2 月，国家第五阶段车用汽油标准（国Ⅴ汽油）颁布实施。而在 2013 年 1 年内，连续颁布了国家第四阶段（国Ⅳ）和第五阶段（国Ⅴ）两个阶段的柴油标准。2015 年 6 月，国家第六阶段汽柴油标准的制定正式启动。一些发达城市在“十二五”期间也积极推进了更加先进的地方车用燃料标准，例如，北京市在 2012 年就颁布实施了北京市第五阶段车用汽柴油标准，与同阶段国家标准相比实施时间提前了 1 年。2015 年 7 月 1 日，北京市环保局启动北京市第六阶段车用汽柴油质量标准的制定计划。这些车用燃料质量标准的最大变化体现在硫含量大幅度降低。第四阶段车用汽柴油标准中硫含量限值为 50μg/g，到第五阶段降至 10μg/g。随着更严格的车用燃料质量标准推进，更先进的油品检测方法标准也相应地陆续推进。

“十二五”期间，中国石油在车用燃料油标准化的工作中取得了长足的发展，制定了多项国家和地方标准。包括参与起草第五阶段国家与北京市第六阶段车用汽柴油标准，承担或参加燃油组成与排放关系研究课题，另外牵头起草《航空涡轮生物燃料》国家标准，大大提升了中国石油在油品质量标准制定方面的话语权。中国石油还牵头制定了多项油品检测方法标准，为推动石化行业检测方法的进步做出了重要贡献。

1. 主要技术进展

1）“十二五”期间中国石油参与的国家车用燃料油质量标准和相关研究工作

2012 年，中国石油和中国石化共同承担国家“十二五”科技支撑计划项目“劣质、重质原油高效转化（2012BAE05B00）”的课题三“符合国Ⅴ排放标准车用燃料生产技术”的子课题“符合国Ⅴ排放标准的车用汽柴油组成与排放关系研究”的研究内容。2013 年，该课题在中国石油天然气股份有限公司的配套项目批准立项并于2014年底完成。项目开展了国V汽油的辛烷值、蒸气压和车用乙醇汽油E10与发动机排放污染物关系的研究，还开展了国V柴油多环芳烃含量、十六烷值和生物调和燃料B5与燃烧排放污染物关系的研究，不仅提出了国V清洁汽柴油质量指标限值调整的建议，还揭示了乙醇汽油和生物柴油对排放的影响。

2012年4月，满足国家第五阶段排放要求的《车用汽油》和《车用柴油》标准制定/修订工作正式启动。国V标准的制定进程与排放研究试验同步进行，因此，依据调研数据和结果制定了国V标准。中国石油参与编写了《国V车用汽油标准研究报告汇编》中多项研究内容，并与其他单位共同起草了国V车用汽柴油标准。

2）“十二五”期间中国石油参与地方车用燃料油质量标准和相关研究工作

2013—2014年，中国石油、中国石化、中国汽车技术研究中心等多家单位共同承担了国家能源局“北京市实施机动车第六阶段排放标准预研究”和“北京市第六阶段机动车、油品标准研究”项目。在项目研究过程中，中国石油不仅进行了国内外燃油标准的调研和比较分析工作，还提供了排放试验用的车用柴油，并且全程参与北京市第六阶段车用汽柴油和排放标准的制定工作，在标准制定过程中起到重要作用。

3）“十二五”期间中国石油牵头制定的车用燃料油检测方法标准

与中国石化相比，中国石油在车用燃料油检测方法的标准化研究工作尚显薄弱。但在“十二五”期间，中国石油在车用燃料油检测方法标准方面加大研究力度，参加多项国家和行业标准的起草工作，取得了较大进展。其中，由中国石油牵头制定的国家和行业标准共9项，包括国家标准2项（已发布1项）、行业标准7项（已发布1项），详细情况见表2-36。

表2-36 “十二五”期间中国石油炼化企业主导制定/修订燃料油检测方法国家和行业标准明细表

序号	标准级别	标准编号（项目计划编号）	标准名称	制定/修订	第一起草单位
1	国家	GB/T 28768—2013	车用汽油烃类组成和含氧化合物的测定　多维气相色谱法	制定	乌鲁木齐石化
2	国家	（20130256-T-469）	石油产品中痕量金属的测定　湿法灰化电感耦合等离子体原子发射光谱法	制定	石油化工研究院
3	行业	NB/SH 0918—2015	含沥青质重质燃料油正庚烷诱导相可分离性值的测定　光学扫描法	制定	石油化工研究院
4	行业	（能源20130759）	航空燃料和石油馏分芳烃含量的测定　示差遮光检测器高效液相色谱法	制定	兰州石化
5	行业	（能源20130766）	石脑油中微量含氧化合物的测定　气相色谱法	制定	兰州石化
6	行业	（能源20140382）	汽油沸程分布的测定　大口径毛细管气相色谱法	制定	石油化工研究院
7	行业	（能源20140383）	轻质油品中砷含量的测定　原子荧光光谱法	制定	石油化工研究院
8	行业	（能源20140384）	柴油和喷气燃料中芳烃和多环芳烃含量的测定　超临界流体色谱法	制定	石油化工研究院
9	行业	（2014-1241T-SH）	甲基叔丁基醚（MTBE）中硫化物含量的测定　气相色谱法	制定	石油化工研究院

2. 应用前景

随着人们对环境污染问题关注程度的提高和环保法规的日趋严格，车用燃料质量标准制定与实施的步伐会更加迅速，一些与环境保护及汽车尾气排放密切相关的车用燃料油技术指标也会更加严格，车用燃料质量标准接近或达到世界发达国家水平。2016年12月，国家第六阶段车用汽油、柴油标准（GB 17930—2016[86]和GB 19147—2016[87]）发布实施。

与第五阶段相比，第六阶段车用汽油、柴油的一些关键性指标限值有了较大变化（表 2-37 和表 2-38），另外，标准还要求在全国范围内提前 1 年供应国Ⅴ汽油和柴油。2016 年 10 月，北京市第六阶段车用汽柴油标准（DB11 238—2016[88] 和 DB11 239—2016[89]）颁布实施，标准中规定 2017 年 1 月 1 日起北京市供应京Ⅵ汽油和柴油。

表 2-37　GB 17930《车用汽油》关键指标限值

指标名称	GB 17930 限值				
	国Ⅲ	国Ⅳ	国Ⅴ	国Ⅵ（A）	国Ⅵ（B）
研究法辛烷值下限	90/93/97	90/93/97	89/92/95	89/92/95	89/92/95
密度，kg/m^3	—	—	720~775	720~775	720~775
硫含量上限，μg/g	150	50	10	10	10
T_{50} 上限，℃	120	120	120	110	110
T_{90} 上限，℃	190	190	190	190	190
烯烃含量，%（体积分数）	30	28	24	18	15
芳烃含量上限，%（体积分数）	40	40	40	35	35
苯含量上限，%（体积分数）	1.0	1.0	1.0	0.8	0.8
国Ⅵ与国Ⅴ差异大的指标：烯烃、芳烃、馏程、苯含量					

表 2-38　GB 19147《车用柴油》关键指标限值

指标名称	GB 19147 限值			
	国Ⅲ	国Ⅳ	国Ⅴ	国Ⅵ
十六烷值下限	49/46/45	49/46/45	51/49/47	51/49/47
密度，kg/m^3	810~850/ 790~840	810~850/ 790~840	810~850/ 790~840	810~845/ 790~840
硫含量上限，μg/g	350	50	10	10
多环芳烃含量上限，%（体积分数）	11	11	11	7
国Ⅵ与国Ⅴ差异大的指标：多环芳烃、密度				

从“十一五”开始，中国石油深度参与制定国家第四、第五阶段与北京市第五、第六阶段车用燃料标准并且开展相关研究，不仅提高了在标准制定过程中的话语权，还掌握了未来标准发展的趋势，为中国石油炼油技术的发展方向提供了支持和参考。而积极推进车用燃料检测标准的制定，可以体现中国石油在质量标准关键指标测定技术的先进性，还可以在标准推广过程中扩大中国石油的影响力。

第三节　清洁燃料生产技术展望

石化行业作为我国国民经济的支柱产业，是我国能源、原材料和相关产品的重要来源，为我国经济以及人民日常生活的良好发展和稳定提供了可靠的保障。当前中国已进入推进能源革命的战略机遇期，低成本清洁燃料生产是今后相当长的一段时期内世界炼油工业的发展趋势，优化能源布局是主要的政策方向。

一、低成本清洁燃料生产的发展趋势

清洁燃料生产主要发展满足更高环保标准要求的汽柴油生产技术，纳米、离子液、固体酸、等级孔等新型炼油催化材料，基于分子管理的智能炼厂技术，基于价值链优化的多产低成本化工原料型炼厂成套技术，新一代交通能源技术，生物燃料技术等。

截至 2016 年底，中国石油主要面临着如下的压力：首先是产能压力。中国是全球第二大石油消费国，2015 年，成品油年需求量达 3.2×10^8t，“十二五”期间需求平均年增速为 5.5%，需求量增长最为迅猛。预计到 2020 年，中国石油作为我国主要成品油供应商，为市场提供的成品油占全国市场的 35 %。其次是油品清洁压力。2017 年 1 月 1 日起在全国实施了国Ⅴ汽柴油排放标准，而更为严格的国Ⅵ排放标准在 2019 年开始实施。最后是生产技术压力。清洁汽油生产中，如何在深度脱硫的同时减少汽油辛烷值损失，如何在降低烯烃含量的同时保持汽油的辛烷值，如何满足同时脱硫、降烯烃、保持辛烷值多元化需求，清洁柴油生产中，柴油加氢催化剂、喷气燃料加氢催化剂以及柴油液相循环加氢技术的开发；高辛烷值汽油调和组分生产技术以及生物质燃料技术等，都是中国石油未来需要解决的问题。

“十三五”期间，中国石油为了应对国Ⅴ和国Ⅵ清洁油品标准，将持续投入形成具有国际先进水平的国Ⅴ、国Ⅵ标准清洁汽柴油生产成套技术，有效支撑集团公司汽柴油质量升级。建成国际先进水平的清洁燃料技术开发、模拟放大与生产服务平台。科技自主创新能力大幅提升。深化研究油品中硫化合物和烯烃的分布及催化转化规律、超深度脱硫反应机理等，为新技术开发提供理论支持。

二、优化清洁燃料生产布局

“十二五”期间，中国石油完成了催化汽油加氢脱硫改质技术开发、催化轻汽油醚化技术开发、柴油加氢技术开发、低排放 FD 型汽车尾气净化催化剂及其产业化关键技术、新型高辛烷值汽油添加组分生产工艺过程的催化剂制备及反应精馏技术等重要的科技成果。截至 2014 年底，已生产国Ⅳ标准车用汽油 1820×10^4t，新增销售额 35.79 亿元，新增利润 14.97 亿元，新增税收 8.73 亿元，经济效益显著。有力支持了国家汽柴油质量升级工程和“大气污染防治行动计划”实施，从源头上减少了汽车尾气污染物的排放，推动了我国石油炼制技术的进步，带动了设备制造、催化剂生产等相关行业的发展；培养了一批生产、科研、设计和工程技术人才，提升了自主创新能力。

中国石油在“十二五”期间已取得成果的基础上，“十三五”将围绕“满足国Ⅴ及以上标准清洁汽油生产技术”“满足国Ⅴ及以上标准清洁柴油生产技术”“高辛烷值汽油生产技术”及“生物能源”四方面联合攻关，进一步围绕低成本清洁燃料生产技术进行研究。汽油方面，在稳步推广国Ⅴ汽油生产成套技术及工艺包的基础上，进一步开发并优化形成用于国Ⅵ汽油生产的相关技术，通过优化集成，降低辛烷值损失；在柴油加工催化剂方面，采用新型载体材料，进一步优化活性金属材料，降低催化剂成本 15% 以上，单位体积催化剂的反应活性及稳定性提高 30% 以上，形成催化剂第二周期再生复活技术及工艺包；在高辛烷值组分生产方面，开发系列烃类异构化技术等；生物能源方面，将开发出木质纤维素生产燃料乙醇成套技术，开发出具有完全自主知识产权的航空生物煤油、航空生物汽油生产成套技术，形成万吨级航空生物燃料生产成套技术工艺包。

在“十三五”规划等重要政策的支持下，清洁能源生产技术发展前景势头强劲，投资和新增装机容量均呈快速增长趋势。“十三五”期间，中国石油预计形成催化汽油加氢处理技术及相关配套关键技术共 9 项，新研制脱砷剂、预脱硫、预硫化、吸附剂共 4 种催化剂新产品，升级完善 7 种催化剂产品，并在中国石油 10 余套汽油加氢装置工业应用，降低生产成本 1.5 亿元，确保国Ⅴ在国内全面升级顺利完成。针对不同地区的炼厂，提供“一厂一策”国Ⅵ解决方案，具备工业试验条件；为将来车用清洁汽油生产标准的制定提供可靠依据；引导清洁油品下汽车尾气催化剂的研发方向。形成国Ⅴ、国Ⅵ低成本系列化柴油加氢催化剂制备技术、柴油液相加氢成套技术等关键技术共 7 项，新研制柴油加氢精制催化剂共 4 种催化剂新产品，升级完善柴油加氢技术 3 个系列 5 种催化剂产品，成本降低 10%~20%，单位反应活性和稳定性提高 30% 以上。并在中国石油 5 套装置进行应用，确保国Ⅴ推广以及国Ⅵ升级顺利完成。若上述装置建成投产后，将对集团公司保增长、保效益起到科技成果对主营业务发展的支撑引领作用，对推进中国石油油品质量升级提供了强大的技术支撑。“十三五”期间，形成轻汽油醚化、系列烃类异构化 、液化气脱硫、碳四烷基化、新型高辛烷值汽油添加组分的催化剂制备及反应精馏 6 类关键技术，所有技术在 2018 年以前完成工业试验。

低成本清洁燃料生产技术的研发是我国能源可持续发展战略重要的支撑点，以我国油品质量升级为导向，争取在较短的时间内提高我国炼油催化剂关键技术的研发水平，成熟一批，推广一批，形成具有自主知识产权的有重要影响的工业化成果。

同时针对清洁燃料生产领域中的关键性、综合性和共性的工程技术以及具有应用前景的前沿性技术进行联合研究与开发，从而形成从材料到产品、从工艺到装备、从市场到服务的完整科研体系，推动和引领行业科技进步。

通过加强清洁燃料生产技术应用基础及工程技术研究，开发优势汽柴油加氢技术、馏分油加氢裂化技术、高辛烷值生产技术、生物能源生产技术，同时对燃料相关标准进行研究制定，为我国汽柴油质量升级换代提供技术支撑。以此为基础，形成催化新材料原创性理论体系，拥有自主知识产权的加氢核心技术，清洁燃料生产成套技术，参与国家清洁燃料标准的制定，搭建我国清洁燃料生产的技术平台。在自主开发基础上，加强与国内外先进的研发机构合作，引领清洁燃料生产技术发展。

参考文献

[1] Delphine Largeteau，et al. The Challenges & Opportunities of 10 ppm Sulfur Gasoline［C］. AM-11-57，2011.

[2] 侯永兴，赵永兴 . Prime-G$^+$ 催化汽油加氢脱硫技术的应用［J］. 炼油技术与工程，2009，39（7）：13-15.

[3] 刘成军，赵龙，邓建勇，等 . 75kt/a 催化汽油加氢脱硫装置的改造与运行［J］. 炼油技术与工程，2016，46（1）：1-6.

[4] 吴章柱，于兆臣，胡林，等 . 汽油加氢脱硫催化剂硫化工艺探讨［J］. 炼油与化工，2015，26（5）：29-31.

[5] 孙守华，孟祥东，宋寿康，等 . 催化蒸馏技术在催化裂化重汽油加氢脱硫装置中的应用［J］. 石油炼

制与化工，2015，46（5）：48-52.

[6] 吴潮汉，庄宇，于洪滨，等．OCT-ME 超深度加氢脱硫汽油技术工业应用［J］．炼油技术与工程，2014，44（1）：39-41.

[7] 陈勇，习远兵，周立新，等．第二代催化裂化汽油选择性加氢脱硫（RSDS-II）技术的中试研究及工业应用［J］．石油炼制与化工，2015，42（10）：5-8.

[8] 高晓冬，张登前，李明丰，等．满足国Ⅴ汽油标准的 RSDS-III 技术的开发及应用［J］．石油学报（石油加工），2015，31（2）：39-41.

[9] 兰玲，赵秦峰．中国石油国 IV 汽油质量升级技术的研发及应用［M］// 洪定一．炼油与石化工业技术进展（2014）．北京：中国石化出版社，2014.

[10] 刘晓步，夏少青，刘瑞萍，等．采用 PHG 技术催化汽油加氢装置的首次工业应用［J］．炼油技术与工程，2014，44（7）：28-31.

[11] Chitnis G K，Dabkowski M J，Richter J A，et al. Commercial Octgain Unit Provides "Zero" Sulfur Gasoline With Higher Octane From a Heavy Cracked Naphtha Feed［C］. AM-03-125，2003.

[12] Martinez N P，Salazar J A，Tejada J，et al. Meet Gasoline Pool Sulfur and Octane Targets with the ISAL Process［C］. AM-00-52，2000.

[13] 习远兵，胡云剑，李明丰，等．满足欧 III 排放标准的汽油生产技术 RIDOS 的开发和工业应用［C］// 中国石油学会第五届石油炼制学术年会论文集．北京：中国石化出版社，2005.

[14] 张宏力，杨雪婷．全馏分催化汽油加氢改质工艺的标定［J］．价值工程，2016，35（24）：180-181.

[15] 王永前．催化汽油加氢改质工艺（M-PHG）集总动力学模型的研究［D］．上海：华东理工大学，2016.

[16] 石冈，范煜，鲍晓军，等．催化裂化汽油加氢改质 GARDES 技术的开发及工业试验［J］．石油炼制与化工，2013，44（9）：66-71.

[17] 徐仁飞．GARDES 工艺技术在生产满足国Ⅴ排放标准汽油组分中的应用［J］．石油炼制与化工，2016，47（7）：9-13.

[18] 李鹏，田健辉．汽油吸附脱硫 S-Zorb 技术进展综述［J］．炼油技术与工程，2014，44（1）：1-6.

[19] 刘传勤．S-Zorb 超低硫清洁汽油生产新技术［J］．炼油技术与工程，2013，43（4）：5-9.

[20] 郑宁来．我国研发 YD-CADS 汽油超深度脱硫技术［J］．石油炼制与化工，2016，47（7）：91.

[21] 王军峰，陈兵，罗万明，等．YD-CADS 汽油超深度催化吸附脱硫技术中试研究［J］．工业催化，2014，22（10）：801-803.

[22] Hydrotreating，and Alkylation plus Latest Refining Technology Developments & Licensing［M］. HYDROCARBON PUBLISHING COMPANY. Third Quarter，2014.

[23] Jackeline Medina，Zhao Chuanhua，Emanuel van Broekhoven. Successful Start up of the First Solid Catalyst Alkylation Unit［C］. AFPM AM-16-22，2016.

[24] 钱伯章．复合离子液体 C_4 烷基化技术投产成功［J］．石油炼制与化工，2015（2）：63.

[25] 任建生．轻质烷烃异构化工艺技术［J］．炼油技术与工程，2013，43（7）：28-31.

[26] 张永铭．引进轻石脑油异构化装置的工艺设计［J］．石油炼制与化工，2012，43（8）：17-21.

[27] 张阳，王健．催化裂化轻汽油醚化技术进展［J］．当代化工，2016，45（9）：2224-2228.

[28] 刘成军，温世昌．催化轻汽油醚化工艺技术综述［J］．石油化工技术与经济，2014，30（5）：56-61.

[29] 聂红，李会峰，龙湘云，等．络合制备技术在加氢催化剂中的应用［J］．石油学报（石油加工），

2015，31（2）：250-258.

[30] 方向晨，郭蓉，刘继华，等．生产超低硫柴油的加氢脱硫催化剂级配技术［J］．化学反应工程与技术，2014，30（2）：250-258.

[31] 王萌，金月昶，王铁钢，等．柴油加氢技术现状与发展前景［J］．当代化工，2013，21（10）：436-438.

[32] 王红奎，王金亮，何观伟，等．柴油加氢改质技术［J］．化工进展，2017，21（10）：436-438.

[33] 鲁旭，赵秦峰，兰玲．催化裂化轻循环油（LCO）加氢处理多产高辛烷值汽油技术研究进展［J］．当代化工，2016，36（1）：114-120.

[34] 黄志鸿．RSDS-溶剂抽提组合工艺在汽油升级首次应用［M］// 本书编委会．炼油与石化工业技术进展（2016）．北京：中国石化出版社，2016.

[35] 鞠雅娜，钟海军，兰玲，等．中国石油催化汽油加氢技术研究进展［C］//2013年中国石油炼制技术大会论文集．2013：140-143.

[36] 兰玲，钟海军，鞠雅娜，等．催化裂化汽油选择性加氢脱硫催化剂及工艺技术开发［J］．石油科技论坛，2013，32(1)：53-56.

[37] 兰玲，钟海军，鞠雅娜，等．FCC汽油选择性加氢脱硫（PHG）系列催化剂［J］．石油科技论坛，2015（增刊）：206-208.

[38] 侯永兴，赵永兴．Prime-G$^+$催化裂化汽油加氢脱硫技术的应用［J］．炼油技术与工程，2009，39（7）：13-15.

[39] 刘成军，赵龙，邓建勇，等．750kt/a催化汽油加氢脱硫装置的改造与运行［J］．炼油技术与工程，2016，46（1）：1-6.

[40] 袁景利，刘燕来，程驰．循环氢脱H_2S对催化汽油加氢脱硫效果的影响［J］．当代化工，2011，40（4）：363-366.

[41] 赵德强，董海明．催化汽油加氢脱硫装置国Ⅴ改造开工总结［J］．石油与天然气化工，2017（46）：24-30.

[42] 刘燕敦，孙同根．S- Zorb装置的生产优化［J］．石油炼制与化工，2014，45（10）：72-76.

[43] 王军强，阚宝训，蒋红斌．S-Zorb装置生产国Ⅴ汽油的实践［J］．炼油技术与工程，2015，45（4）：1-4.

[44] 齐万松，姬晓军，侯玉宝，等．S-Zorb装置降低汽油辛烷值损失的探索与实践［J］．炼油技术与工程，2014，44（11）：5-10.

[45] Icnatius J，Jarvelin H，Lindqvist P. Use TAME and Heavier Ethers to Improve Gasoline Properties［J］. Hydrocarbon Processing，1995，74（1）：51-53.

[46] Pescarollo P，Trotta P，Sarathy P R. Ethers Light Gasoline［J］. Hydrocarbon Processing，1993，72（2）：53-60.

[47] 李亚军，李吉春．催化裂化轻汽油醚化技术［J］．石化技术与应用，2002，20（3）：184-189.

[48] 李吉春，胡劲松，黄星亮，等．FCC轻汽油临氢醚化催化剂反应特性研究［J］．石油炼制与化工，2003，34(5)：23-27.

[49] 黄静，李永红，李吉春，等．异戊烯与甲醇合成甲基叔戊基醚的反应动力学研究［J］．石油化工，2012，41(5)：529-532.

[50] 李长明，李吉春，林泰明，等．FCC轻汽油临氢醚化催化蒸馏工艺研究［J］．石油炼制与化工，2004，35（1）：5-9.

[51] Wenjun Lyu，Changming Li，Jichun Li. Simulation and Optimization on Etherification of Light Gasoline in a Process of Two Fixed-bed Reactors and Distillation Column［J］. Computers and Chemical Engineering，2014（68）：47 –55.

[52] AKAISHIT. Development and Commercialization of Aromatization Process for Conversion of Oldinic Light Hydrocarbons to Aromatics［J］.Petrotech，1996，19（8）：651–162.

[53] 吴指南，伍肇炯，等 . C_4 烃类在 ZSM–5 分子筛催化剂上的芳构化 . 石油化工，1983，21（3）：131–136.

[54] 刘兴云，余励勤，等 . 阳离子改性的 ZSM–5 沸石的芳构化性能及其红外光谱研究［J］. 石油学报（石油加工），1986，21（2）：41–49.

[55] 余励勤，刘兴云，等 . 抗锌流失的烃类芳构化含锌沸石催化剂：中国，105746A［P］. 1992.

[56] 孙兆林，张金生 . 轻烃芳构化的系统研究（Ⅰ）——混合碳四和正己烷在 ZnNi/HZSM–5 催化剂上的微波芳构化［J］. 石油化工高等学校学报，1999，12（3）：6–10.

[57] 桂建舟，程志林，等 . 轻烃芳构化的系统研究（Ⅶ）——ZnNi/HZSM–5 催化剂上混合碳四烃的芳构化［J］. 石油化工高等学校学报，2000，13（4）：1–5.

[58] 王正宝 . 在 Zn（Ga）ZSM–5 双功能催化剂上乙烯芳构化——双功能的匹配与芳构化活性和选择性的关联［D］. 大连：中国科学院大连化学物理研究所，1993.

[59] 郝代军，朱建华，等 . 液化石油气制芳烃工艺技术的研究开发［J］. 化工进展，2005，24（11）：1287–1291.

[60] 谢朝钢，刘舜华，等 . 催化裂解汽油催化芳构化工艺的研究［J］. 石油炼制与化工，1999，30（11）：6.

[61] 袁本旺，丁晓伟，李吉春，等 . C_4 芳构化烷基化反应工艺过程热力学分析［J］. 石油炼制与化工，2008，39（1）：34–38.

[62] 王玫，马安，李吉春，等 . 碳四烃芳构化烷基化生产高辛烷值汽油组分联产乙烯裂解料技术［J］. 石油炼制与化工，2013，44（5）：47–51.

[63] Sheckler J C，Hammershaimber H U，Roos L J. New Process Additive Reduces HF Cloudforming Potential［J］. O G J，1994，92（22）：60.

[64] 刘志刚，刘耀芳，刘植昌，异丁烷与丁烯烷基化的工艺装置综述［J］. 天然气与石油，2002，20（2）：21–25.

[65] 朱庆云，李智勇，张航，世界烷基化技术进展［J］. 石化技术，2004，11(3)：58–61.

[66] 胡莹梅 . 烷基化汽油生产技术的发展［J］. 现代化工，2008，28（10）：30–34.

[67] 厉建伦 . STRATCO 硫酸烷基化工艺技术特点及影响因素分析［J］. 齐鲁石油化工，1995（2）：13–17.

[68] 陈其凤，王鼎聪，赵杉林，等 . 固体超强酸催化剂及其在异丁烷 / 丁烯烷基化中的应用研究进展［J］. 工业催化，2006，14（10）：15–20.

[69] Werner S，Haumann M，Wasserscheid P. Ionic liquids in Chemical Engineering［J］. The Annual Review of Chemical and Bimolecular Engineering，2010（1）：203–230.

[70] 张锁江，吕兴梅 . 离子液体——从基础研究到工业应用［M］. 北京：科学出版社，2006.

[71] Chauvin Y，Hirschauer A，Olivier H. Catalytic Composition and Process for the Alkylation of Aliphatic Hydrocarbons：US 5750455［P］.

[72] Huang C P, Liu Z C, Xu C M, et al. Effects of Additives on the Properties of Chloroaluminate Ionic Liquids Catalyst for Alkylation of Isobutane and Butene [J]. Applied Catalysis A : General, 2004, 277 (1): 41-43.

[73] Zhang J, Huang C P, Chen B H, et al. Isobutane/2-Butene Alkylation Catalyzed by Chloroaluminate Ionic Liquids in the Presence of Aromatic Additives [J]. Journal of Catalysis, 2007, 249 (2): 261-268.

[74] Tang S W, Scurto A M, Subramaniam B. Improved 1-Butene/Isobutane Alkylation with Acidic Ionic Liquids and Tunable Acid/Ionic Liquid Mixtures [J]. Journal of Catalysis, 2009 (268): 243-250.

[75] Cui P, Zhao G Y, Ren H L, et al. Ionic Liquid Enhanced Alkylation of Iso-Butane and 1-Butene [J]. Catalysis Today, 2013 (200): 30-35.

[76] Xing X Q, Zhao G Y, Cui J Z. Chlorogallate (III) Ionic Liquids : Synthesis, Acidity Determination and Their Catalytic Performances for Isobutane Alkylation [J]. Science China Chemistry, 2012 (55): 1542-1547.

[77] Yoo V V, Namboodiri R S, Varma P G. Smirniotis, Ionic Liquid-Catalyzed Alkylation of Isobutane with 2-Butene [J]. Journal of Catalysis, 2004 (222): 511-519.

[78] Lu D, Zhao G Y, RenB Z, et al. Isobutane Alkylation Catalyzed by Ether Functionalized Ionic Liquids [J]. CIESC Journal, 2015 (66): 2481-2487.

[79] Liu Y, Hu R S, Xu C M, et al. Alkylation of Isobutene with 2-Butene Using Composite Ionic Liquid Catalysts [J]. Applied Catalysis A: General, 2008 (346): 189-193.

[80] Bui T L T, Korth W, Aschauer S, et al. Alkylation of Isobutane with 2-Butene Using Ionic Liquids as Catalyst [J]. Green Chemistry, 2009 (11): 1961.

[81] Liu Y, Li R, Sun H J, et al. Effects of Catalyst Composition on the Ionic Liquid Catalyzed Isobutane/2-Butene Alkylation [J]. Journal of Molecular Catalysis A: Chemical, 2015 (398): 133-139.

[82] Liu S W, Chen C G, Yu F L, et al. Alkylation of Isobutane/Isobutene Using Brønsted-Lewis Acidic Ionic Liquids as Catalysts [J]. Fuel, 2015 (159): 803-809.

[83] Olah G A, Mathew T, Goeppert A. Ionic Liquid and Solid HF Equivalent Amine-Poly (Hydrogen Fluoride) Complexes Effecting Efficient Environmentally FriendlyIsobutane-IsobutyleneAlkylation [J]. Journal of the American Chemical Society, 2005, 127 (16): 5964-5969.

[84] Huang Q, Zhao G Y, Zhang S J, et al. Improved Catalytic Lifetime of H_2SO_4 for Isobutane Alkylation with Trace Amount of Ionic Liquids Buffer [J]. Industrial & Engineering Chemistry Research, 2015, 54 (5): 1464-1469.

[85] Wang A Y, ZhaoG Y, Liu F F, et al. Anionic Clusters Enhanced Catalytic Performance of Protic Acid Ionic Liquids for Isobutane Alkylation [J]. Industrial &Engineering Chemistry Research, 2016 (55): 8271-8280.

[86] 中华人民共和国国家质量监督检验检疫总局，中国国家标准化管理委员会. GB 17930—2016 车用汽油 [S]. 北京：中国标准出版社，2016.

[87] 中华人民共和国国家质量监督检验检疫总局，中国国家标准化管理委员会. GB 19147—2016 车用柴油 [S]. 北京：中国标准出版社，2016.

[88] 北京市质量技术监督局. DB 11/238—2016 车用汽油 [S]. 北京：北京市质量技术监督局，2016.

[89] 北京市质量技术监督局. DB 11/239—2016 车用柴油 [S]. 北京：北京市质量技术监督局，2016.

第三章　重油加工技术

重油深度加工提高轻油收率是全球炼化企业永恒的主题，重油深度加工主要有脱碳和加氢两种路线，典型的脱碳技术有催化裂化、延迟焦化、热裂化和溶剂脱沥青等，典型的加氢技术有加氢裂化、固定床渣油加氢、沸腾床加氢和悬浮床加氢等。两种加工技术路线各有特点，应根据具体原料性质和目的产品需求，合理选择技术路线。本章主要介绍劣质重油延迟焦化、热裂化、溶剂脱沥青及配套处理技术和原油数据库。

延迟焦化是重油加工过程中应用最多的技术之一，2015 年全球有 170 多套延迟焦化装置在运行，总加工能力达 4×10^8t。主要是 Foster Wheeler、Conoco-Phillips、ExxonMobil、ABB Lummus 及国内中国石油和中国石化拥有成套技术，而在委内瑞拉原油（简称委油）等超重油加工方面，全球只有 Foster Wheeler、Conoco-Phillips 和中国石油拥有成套延迟焦化技术。

委内瑞拉等超重油为实现改质输送，必须降低黏度和密度，减黏热裂化是有效的手段，但稳定性稍差。供氢热裂化不但降黏，同时产品的稳定性好，国外公司开发到中试，中国石油成功开发了供氢热裂化（HDTC）技术，有效解决了委油的改质输送问题。

在重油加工过程中，由于硫、氮等杂质含量高，过程腐蚀严重，加工污水达标处理困难，文中一并介绍了劣质重油加工过程配套脱盐、脱水、腐蚀防护和污水处理技术。同时本章也介绍了中国石油劣质重油数据库的建设。

第一节　国内外重油加工技术现状与发展趋势

在劣质重油加工技术中，延迟焦化是应用最多的渣油加工技术之一。国外主要有 Foster Wheeler、Conoco-Phillips、ExxonMobil、ABB Lummus 公司，国内中国石油和中国石化拥有成套延迟焦化技术，其中 Foster Wheeler 公司市场占有率超过 50%。委油等超重油延迟焦化技术，国外仅 Foster Wheeler 和 Conoco-Phillips 掌握，中国石油也掌握了超重油延迟焦化成套技术。延迟焦化未来向大型化、提高液体收率、降低能耗和降低石油焦硫含量方向发展。减黏裂化技术在燃料油生产和重油改质降黏中发挥重要作用。传统减黏裂化工艺主要由国外 UOP、Foster Wheeler、Shell 和 Lummus 掌握，但产品稳定性差。日本千代田公司开发了临氢减黏裂化工艺（VisABC），美国、日本等国家开发并完成了中型示范。中国石油成功开发了自有馏分供氢热裂化技术（HDTC），并完成 100×10^4t/a 工业试验。未来将进一步提高 API 度，同时降低成本。溶剂脱沥青主要有丙烷和丁烷脱沥青工艺，以丁烷为主，代表性工艺有 ROSE 和 DEMEX 工艺。重油加工过程中污水达标处理，国内外均无成熟的成套技术，中国石油开发了分级处理技术，未来方向生化技术将不断创新。原油数据库方面，国外主要有 Chevron、BP 和 Philips 原油数据库，中国石油也建立了自己的重油数据库，未来原油数据库将由族组成向分子层面的“石油组学”发展。

一、国内外重油加工技术现状

1. 劣质重油延迟焦化技术

延迟焦化工艺技术成熟、渣油转化率较高、原料适应性强、生产成本较低，广泛应用于炼厂重油深加工和劣质重油改质领域。采用延迟焦化工艺加工的重质渣油占全世界渣油产量约1/3，是炼油厂应用最多的渣油转化技术。Foster Wheeler、Conoco-Phillips、ABB Lummus、中国石油、中国石化等公司的延迟焦化技术是世界先进技术的代表[1-3]。

Foster Wheeler延迟焦化工艺（SYDEC）主要特点：（1）可以超低循环比和零循环比两种模式进行操作。当循环比从低循环比0.10降到0.05时即为超低循环比，相比于低循环比，超低循环比液收增加1.58个百分点（体积分数），焦炭降低1.35个百分点（质量分数），同时可降低操作费用。零循环操作比超低循环操作液体收率增加0.82个百分点（体积分数），焦炭产量降低1.3个百分点（质量分数）。但是HCGO（重焦化蜡油）质量有所下降，即残炭从0.53%提高到2.43%，C_7不溶物从432μg/g提高到2000μg/g，为此，需根据HCGO后处理工艺决定采用哪种循环比方式。（2）拥有专利权的双火焰炉、加热器，平均热通量高，管内介质速度快，在线清焦，运行周期长。（3）焦炭塔设计，拥有专利权的板材化学、焊接和抛光技术，大型化锻造焦炭塔设计，全自动控制，模块结构，联合工艺。（4）专业设备，如专利加热炉、焦炭塔、除焦系统；独特的分馏塔设计。

BECHTEL公司延迟焦化工艺（Thruplus）。BECHTEL公司2011年收购了康菲公司的Thruplus延迟焦化工艺，其特点为：（1）馏分油循环的低压焦化技术，即用馏分油循环代替常规的自然循环，可用作循环的馏分油包括汽油、轻焦化蜡油和重焦化蜡油，实际要根据保证炼厂操作区的最大经济效益和下游装置的能力而定。馏分油循环技术的优点是：焦炭收率降低，一般降低2%；液体收率增加；产品方案灵活，可选择生产附加值最高的液体产品；可提高焦炭塔的操作温度；既可用于新建装置，又可用于旧装置改造。（2）最小循环比、零循环比或单程焦化技术。零循环比操作的优点是焦炭收率降低，一般降低1%。（3）更长的加热炉运行周期。（4）超低循环比操作使处理能力最大化，并达到最大限度地利用装置能力的目的。

Lummus公司延迟焦化工艺特点：（1）最大灵活性设计。压力灵活调整，在最低压力下生成最多馏分油和降低焦炭产量；回流比灵活调整，以达到最大的馏分油收率，同时满足焦化蜡油质量要求。（2）适应进料的变化，可处理60多种原料。加工低硫轻质原料时可以生产电极焦，对操作条件（温度、压力、循环比）进行优化。加工含硫重质原料时，优化工艺操作条件，达到最大馏分油收率和最小焦炭收率。（3）适应加工能力的变化，对焦炭塔灵活性设计，通过采用较短的焦炭塔操作周期来提高处理量。（4）工艺设备设计的灵活性，加热炉采用标准型室式加热炉设计，根据加热炉功率大小来选用单面辐射室或双面辐射室加热炉。

KBR公司延迟焦化工艺特点：采用低循环比和低压操作，操作压力为0.1~0.14MPa，可降低焦炭产率，提高液体收率。循环比可达0.05，提高了蜡油收率，焦化蜡油经过加氢脱硫改质后，作为催化裂化或加氢裂化的原料油。

中国石化的高液收延迟焦化技术（MDDC）与常规焦化相比，液体收率增加5%~8%，焦炭收率下降2%~3%，气体收率下降3%~4%。采用该技术后可扩大装置处理能力，加工低硫原料时，可生产符合冶金焦要求的焦炭。高中间馏分油收率延迟焦化技术（HMDDC）和常规焦化相比，采用焦化轻蜡油循环，柴油收率可提高7%以上，是一个多产柴油的焦化技术，在保持MDDC工艺特点的基础上，气体和焦炭收率比较低。生产乙烯原料延迟焦化技术（PEFDC）采用内循环方式，增加轻馏分油产量，在增产汽油的同时，也提高了柴油收率，加氢后焦化汽油的BMCI值（芳烃关联指数）为11.82，是一种很好的乙烯裂解原料。多产轻质油品延迟焦化技术（HLCGO）主要针对延迟焦化工艺处理高沥青质含量、高硫含量和高金属含量的劣质渣油原料，通过高循环比，增加实际进料中芳烃含量，可以抑制弹丸焦的产生和减轻焦化加热炉炉管结焦问题，同时可将大部分焦化蜡油转化为轻质油品。

中国石油开发的委内瑞拉超重油延迟焦化技术包括委内瑞拉超重油焦化蜡油馏分循环提高液体产品收率技术、委内瑞拉超重油焦化加工弹丸焦抑制技术、渣油延迟焦化提高液体产品收率技术等。该技术系统解决了劣质重油延迟焦化加工过程中液体产品收率低、加热炉管结焦快、焦粉携带严重、弹丸焦生成后安全处置等关键技术难题。技术特点包括：（1）首次揭示了委内瑞拉超重油热加工过程中吸放热与成焦的关联规律，发现劣质渣油延迟焦化过程的弹丸焦形成机制，指导开发了委内瑞拉焦化蜡油馏分循环和弹丸焦抑制技术，完成100%委内瑞拉超重油渣油延迟焦化工业试验。（2）集成应用加热炉附墙燃烧改善温度场分布技术、分馏塔蜡油循环洗涤技术、循环比可控调节等技术和中国石油自产焦炭塔自动塔底阀。（3）研究发现石蜡基、中间基和环烷基渣油热裂化特性差异，指导优选适宜的馏分作为循环油，成功实现应用，大幅度提高了液体产品收率，有效抑制了弹丸焦生成。

2. 劣质重油减黏技术

劣质超重油黏度极高，流动性差，不仅难于运输且会给后续深加工处理带来诸多问题，因而劣质超重油降黏改质成为石油行业关注的重点。降黏手段主要可分为物理降黏（掺稀、溶剂脱沥青等）和化学降黏（减黏裂化、临氢减黏、供氢减黏、延迟焦化等）两大类。掺稀降黏在20世纪80年代应用于加拿大重油的输送，但受限于轻油供给；国内胜利油田、新疆油田和辽河油田等伴有稀油资源的产区也采用掺稀的方式降低重油黏度。溶剂脱沥青基于脱除重油的重组分实现降黏，虽然存在脱油沥青的销路问题，但应用颇为广泛并已发展了多种代表性工艺。减黏裂化利用重油大分子的裂化反应实现降黏改质，具有技术成熟、装置投资成本低、投产和输出迅速等优势，我国多数炼化企业建有减黏裂化装置，国外UOP、Foster Wheeler、Shell和Lummus公司均发展了减黏裂化工艺。然而，重油大分子裂解自由基的缩聚反应容易使减黏生成油的安定性较差，导致装置易结焦结垢、操作周期短，此类问题在我国更为明显。氢气能够提供活泼氢，抑制自由基缩合及链的增长，延缓结焦，提高降黏改质效率，同时改善减黏生成油的安定性。基于此，日本千代田化工公司开发出重油加工VisABC工艺，将减黏裂化推到了临氢减黏裂化阶段。然而，氢气来源和昂贵的制备成本制约了该工艺的应用。研究发现，供氢剂也能够向重油提供活泼氢，发挥与氢气类似的效果，随后逐渐发展起供氢裂化工艺。美国、法国、加拿大和日本等国家的石油公司积极从事供氢减黏裂化的研究并建立了中型示范装置。中国石油大学重质油国家重点实验室对供氢改质过程开展了系统理论基础研究，结合系列实验室小试和中试研究，成功开发出供氢减黏裂化（HDTC）技术，并已经于2009年和2010年在中国石油广东佛山中油高富石油有限公司 40×10^4t/a 及辽河石化 100×10^4t/a 成功进行了工业试验。工业试验改质油储存两个月后，与减黏裂化相比，供氢热裂化改质油黏度低，API 度高，安定性相当。此外，Ivanhoe 能源公司提出一种重油缓和热改质工艺（HTL 技术），该技术降黏效果明显，装置规模较小、设备简单，投资耗费少，对环境影响小，自 1998 年在加拿大和美国已建立起重油 HTL 改质中试示范装置。相比缓和热转化工艺，延迟焦化是一种重油深度热转化改质工艺，原料适应性强，操作灵活性高，经济可行性强，是处理高沥青质、高金属、高残炭的劣质超重油的首选改质工艺。委内瑞拉超重油资源储量巨大，规模可观，具有高密度、高黏度、高金属、高沥青质、高残炭等特点，属于典型的劣质超重油。截至 2015 年，委内瑞拉 4 座改质厂对委内瑞拉超重油改质均采用以延迟焦化为主、加氢精制或加氢裂化为辅的改质手段，根据目标产品合成原油 API 度要求，配套建设焦化规模大小，由此可看出延迟焦化在劣质超重油改质领域的重要地位。现有改质技术理论上都可用于重油改质，但其在成熟度、工艺过程、操作成本、投资规模及改质产物的品质相差较大，重油改质工艺的选择要综合重油规模、油田具体情况及改质目标进行确定。

3. 劣质重油溶剂脱沥青技术

溶剂脱沥青是生产催化裂化或加氢裂化原料以及润滑油加工过程的一项重要技术，它生产的副产品脱油沥青是生产道路沥青和建筑沥青的重要原料。近年来，随着重质劣质原油加工量的上升，溶剂脱沥青工艺也成为一些石油公司进行重油（渣油）改质的选择之一。溶剂脱沥青最初以丙烷为溶剂，流程复杂，能耗高，且脱沥青产品收率低。后来一些公司开发了以丁烷、戊烷为溶剂的新工艺，脱沥青油收率有较大幅度提高。此外，由于溶剂采用超临界回收技术，能耗和设备投资均相应降低。国外代表性的工艺有 KBR 公司开发的渣油超临界抽提（ROSE）工艺、UOP/Foster Wheeler 公司的 Demex 工艺以及 Axens 公司的 Solvahl 工艺。

KBR 公司超临界抽提工艺（ROSE）主要以戊烷作溶剂用来生产催化裂化和加氢裂化原料，少数装置使用丙烷作溶剂来生产残渣润滑油料。ROSE 装置包括一台脱沥青油汽提塔、一台沥青质汽提塔，用于从两股出料中最终回收和循环溶剂。在沥青分离塔中进行减压渣油原料和戊烷溶剂的接触，完成分离，然后于超临界条件下在 DAO（脱沥青油）分离塔中回收溶剂。Kerr- McGee 公司声称，该工艺需高达 13.3MPa（常规工艺为 3~4MPa）的压力，剂油体积比为 5~13.1，在分离过程中所用溶剂的 85%~93% 可不经气化而直接回收利用。装置的进料可以是超重质原油、油砂沥青渣油、热裂解焦油、页岩油和煤液化渣油。工业实践证明，与传统的采用蒸发、压缩和冷凝的溶剂萃取工艺相比，共计节约投资近 50%。由于不需要蒸发大部分萃取溶剂，ROSE 装置的规模减小、设计简化，从而降低投资成本和节约能耗。

Foster Wheeler/UOP 公司溶剂脱沥青工艺。Foster Wheeler 和 UOP 两家公司 1996 年之前相继开发了各自的溶剂脱沥青工艺，分别是 Foster Wheeler 公司的低能耗脱沥青工艺（LEDA）、UOP 公司的 Demex 工艺。LEDA 工艺用各种配比的 C_2—C_7 溶剂进行抽提，制取优质的光亮油料或催化裂化和加氢裂化原料及沥青。抽提部分采用转盘抽提塔，塔内维持最佳温度梯度，对进料进行预稀释；采用低溶剂比和多效蒸发技术来降低能耗。Demex 工艺主要用于从减压渣油中生产残炭值低、金属含量少的催化裂化原料，采用较重的烷烃溶剂（如丁烷或丁烷—戊烷混合物），以沉降法两段脱沥青工艺为基础，应用静态混合器—

沉降塔，实现减压渣油的 2 组分或 3 组分分离。溶剂回收采用超临界回收技术。在能耗方面，与 ROSE 工艺接近，均较低。后来开发了平行折流板（PIP），降低了溶剂比，节约了投资和操作费用。Demex 工艺的特点是在抽提塔下半部通入副溶剂，以尽可能把原料中的轻组分抽提出来；沉降塔底胶质一部分回抽提塔，另一部分作为产品；增压泵位于沉降塔之后，只有超临界溶剂回收塔处于较高压力，抽提—沉降部分压力较低。

Axens 公司的 Solvahl 工艺是以丁烷或戊烷为溶剂，采用单段抽提，超临界溶剂回收，最大限度地提高脱沥青油收率。脱沥青油收率与溶剂、溶剂 / 原料比、抽提塔大小和操作温度及填充结构有关。Solvahl 工艺生产的脱沥青油金属含量可满足下游装置进料要求。

国内溶剂脱沥青技术主要有沉降法二段脱沥青工艺、临界回收脱沥青工艺、超临界抽提溶剂脱沥青工艺。中国石化开发的沉降法二段脱沥青工艺将抽提与一段沉降在一个塔内进行，此塔沉降段不设集油箱，抽出段再进入二段沉降塔，二段沉降析出物为重脱沥青油，二段沉降的抽出液在临界分离塔中将丙烷分离后得到轻脱沥青油。该方法操作灵活，原料适应性强，可提高脱沥青油收率。特点是溶剂与油分离不产生相变，85% 以上的溶剂在较高温度和压力下回收，脱沥青油中仅剩少量溶剂，可直接用汽提方法回收，与常规蒸发回收溶剂方法相比能耗可降低 40% 以上。

中国石油大学（北京）和中国石油联合开发的超临界抽提溶剂脱沥青工艺，即“重质油梯级分离”工艺，以戊烷或戊烷馏分为溶剂，主要过程包括静态混合、抽提分离、喷雾造粒、二级沉降分离、超临界回收溶剂及汽提回收残余溶剂。特点是脱沥青油收率高达 80%~90%，脱沥青油性质较好，沥青质及金属脱除率高，且沥青可直接造粒；沥青中的溶剂可在低温（100℃左右）下分离回收，不需高温加热炉；可处理高软化点（大于 150℃）沥青；硬沥青粉末可制成“水煤浆”作为炼油厂或发电厂的锅炉燃料，或用来制合成气，也可作为高性能沥青的添加组分；脱沥青油中 85% 的溶剂可在超临界态下回收，降低了能耗，简化了流程。中国海油建成投产国内首套戊烷溶剂脱沥青装置，加工能力为 50×10^3t/a。萃取—超临界系统流程采取“低—高”逆态工艺控制方案，溶剂与渣油采用一级高效静态混合器、一段抽提、两段沉降工艺技术，溶剂回收采取超临界和汽提两种回收方式。装置经优化改造后超临界回收塔溶剂回收率达到 88.05%，溶剂含油 0.48%，溶剂损失 0.04%。

4. 劣质重油电脱盐及腐蚀防护技术

电脱盐是当今炼化企业普遍采用的脱盐脱水方法。我国炼化企业应用的原油电脱盐技术主要有交流电脱盐技术、交直流电脱盐技术、鼠笼式平流电脱盐技术、美国 Petrolite 公司开发的高速电脱盐技术。另外，还有超声波电化学联合技术、脉冲电场超声波电化学联合技术、双进油双电场电脱盐等新技术。其中，交流电脱盐技术对原油的适应性较强，尤其适应轻质原油，缺点是耗电量较大；交直流电脱盐技术的电耗比常规交流电脱盐技术有所降低，适应各种原油的脱盐脱水，应用较广泛；鼠笼式平流电脱盐技术适合高含水原油的脱水；美国 Petrolite 公司开发的高速原油电脱盐技术的设备占地少，脱盐效率高，能耗低，在我国炼化企业得到推广应用，但该技术对密度高、黏度大的劣质原油适应性差，我国高速电脱盐技术能进行电脱盐工业生产的原油密度最高达 920kg/m^3 左右。

设备腐蚀是制约炼化装置长周期安全平稳运行的关键因素。劣质重油一般具有高酸、高盐、高硫等特点，同时劣质重油在开采过程中有时加入含有氯的助剂，这些因素增加了劣质重油加工过程设备腐蚀防护难度，劣质重油加工过程的设备腐蚀包括高温和低温部位的腐蚀，对于高温部位国内外炼化企业普遍采用材质升级的防腐措施，对于低温部位主要采用注缓蚀剂等工艺防腐措施。对于国外的炼化企业，由于加工的原油性质相对稳定，劣质重油加工装置的腐蚀相对控制较好；而国内的劣质重油加工企业由于原油性质复杂多变，虽然防腐技术已经有了很大的发展，但设备的腐蚀控制仍然存在不少问题。

5. 劣质重油加工污水处理技术

对于劣质重油加工污水的达标处理，国内外均没有成熟的成套技术，这方面的研究也鲜有报道。但是劣质重油采出污水的水质特点与其有相似性，因此，对其达标处理可以起到一定借鉴作用。国内油田重油采出污水处理技术包括回注和达标两类：污水回注采用“重油污水—调节池—斜板隔油池—气浮池—出水”等物化工艺，达标排放采用“物化—生物酸化—好氧生化—达标排放”工艺等；而国内外炼化企业加工污水达标处理，一般均采用三级处理工艺。一级（物化）处理去除污水中浮油及悬浮物等；二级处理，即生化处理工艺，利用微生物的生长代谢降低污水中溶解性有机污染物；三级处理，即深度处理单元，采用物化或生化法将二级处理未达标的污水进行深度处理，以达到排放标准或污水回用标准。但在污水处理工艺中，生化技术的不断创新仍是污水处理工艺的发展方向。

劣质重油的加工具有复杂性，加工方案的制定需要准确的原油及其馏分的性质组成数据，国外发达国家的石化企业一直重视对原油评价数据库软件的开发工作，国际上比较著名的原油评价数据库包括 Chevron 原油数据库、BP 原油数据库、Philips 原油数据库，比较著名的原油数据管理及应用工具有 Haverly 公司的 H/CAMS 和 KBC 公司的 CAMS 软件。国内炼油企业曾经引进过国外的一些原油数据库软件，然而由于我国炼油工艺以及可供选择的原油资源和这些国家存在一定的差异，因此这些软件并不能完全满足国内炼油企业的需求。从 20 世纪 90 年代后期起，我国开始开发原油数据库软件。其中最著名的是石油化工科学研究院开发的原油评价知识库，原油评价知识库通过把原油评价数据与工程应用、模拟核算、原油选择等一系列应用软件紧密地结合起来，从而将数据库的应用推向了一个较高的层次和较广的范围。中国石油组建了原油评价重点实验室，在引进 Chevron 原油数据库的同时建立了自己的原油数据库，2011 年，中国石油原油数据中心上线，为中国石油原油炼制加工和进口原油提供了重要支撑。

二、重油加工技术发展趋势

1. 劣质重油延迟焦化技术

延迟焦化技术的发展趋势：（1）降低装置能耗，采用带空气预热器的大型双面辐射焦化加热炉，将热效率提高到 92% 左右。（2）开发冷焦水 / 切焦水的污染治理技术、恶臭气体污染治理技术、粉尘污染治理技术、清洁生产工艺，使焦化装置安全环保运行。（3）对石油焦综合利用，即利用催化裂化油浆的芳烃组分，改进延迟焦化工艺，开发生产高功率、超高功率电极用优质针状焦；对于加工低硫原油的企业，充分利用低硫减压渣油等焦化原料多产阳极焦；对于加工高硫原油的企业，生产的高硫含量的燃料型石油焦，要利用 CFB 锅炉增加石油焦掺烧量或整体式气化联合循环技术（IGCC），实现高值化利用。（4）提高延迟焦化装置的灵活性，包括适合加工多种原料油、加工处理能力有一定弹性、最大量生产馏分油或最大量生产优质焦等。（5）开发延迟焦化添加剂以及添加技术，添加剂可以是液体，也可以是固体，通过添加助剂和科学的加入技术，改变焦化反应历程，进一步提高焦化液体产品收率[4-6]。

2. 劣质重油减黏技术

劣质超重油热降黏改质由于具有技术成熟、投资成本低、降黏效果明显等优势而受到石油行业研究者的关注。基于深度热转化的降黏改质过程且适用于高黏度、高金属、高沥青质、高残炭的劣质超重油的首选工艺仍为延迟焦化工艺。截至2015年，委内瑞拉改质厂均采用延迟焦化辅以加氢过程的手段对委内瑞拉超重油进行改质。基于缓和热转化的降黏改质经历了由减黏裂化向临氢减黏和供氢热裂化工艺的发展历程。其中供氢热裂化工艺能够有效解决减黏裂化生成油稳定性差、易于结焦的问题，同时避免了临氢减黏过程中氢气来源的问题，能够用于委内瑞拉劣质超重油的改质，并且已经在中国石油广东佛山中油高富石油有限公司 40×10^4t/a 及辽河石化 100×10^4t/a 成功实现了工业试验。如何在现有热改质工艺基础上进一步提高改质油的 API 度是热减黏改质过程发展的导向，对提高劣质超重油降黏改质经济效益意义重大。

3. 劣质重油溶剂脱沥青技术

常规溶剂脱沥青技术已较为成熟，未来溶剂脱沥青工艺将向提高原料灵活性、提高产品收率、优化溶剂和操作条件、节能降耗、装置升级改造方向发展。一般而言，渣油超临界溶剂脱沥青装置的投资低于延迟焦化、渣油催化裂化和渣油加氢，超临界溶剂脱沥青工艺降低了溶剂脱沥青的操作费用，增强了该工艺在重油改质中的竞争力。特别是在残渣燃料油市场越来越小、环保法规越来越严格的情况下，溶剂脱沥青技术受到炼厂特别是那些加工重质原油的炼厂的重视，其应用范围有所扩大。

在劣质重油加工领域，采用溶剂脱沥青工艺对劣质重油渣油进行深度溶剂萃取脱残渣预处理，显著降低残炭、沥青质和重金属等杂质，可使常规固定床渣油加氢装置处理非常规重油，显著降低过程苛刻度并延长催化剂寿命；与浆态床加氢裂化技术组合，对尾油进行深度溶剂萃取，可将杂质直接制备成粉体，有效解决尾油脱杂质的问题。

脱油沥青的应用研究是一个重要方面，除作为道路沥青调和组分、液态进料的气化原料外，硬沥青的颗粒化是解决运输和利用的关键。

4. 劣质重油电脱盐、腐蚀防护及污水处理技术

全球原油重质化、劣质化的发展趋势日渐显现，炼制过程中原油的电脱盐处理变得越来越重要，针对劣质重油的原油脱盐新技术，将向脱后原油盐含量、电耗、脱盐污水 COD 等进一步降低方向发展。采用的技术手段是改进电脱盐设备及调整药剂和工艺参数等方法，如设计三级脱盐、增大脱盐罐容积、提高脱盐温度、增大混合强度等。

劣质重油加工过程的设备腐蚀主要包括高温和低温部位的腐蚀，对于高温部位国内外炼化企业普遍采用材质升级的防腐措施，效果比较理想，但对高酸、高硫同时存在的腐蚀环境中的设备尚未形成成熟的防腐技术体系；对于低温部位实际中主要采用工艺防腐措施，但在缓蚀剂的筛选和运行管理等环节尚未形成有效的技术标准，制约了工艺防腐的效果。

随着全球原油重质化、劣质化的发展，劣质重油加工污水所占的比例及其水质的劣质化程度加大，同时伴随社会的进步，对环境保护、防治污染、节水减排要求的提高，劣质重油加工污水，经处理后达到外排标准或回用水标准的难度也在不断加大，对污水处理技术在高效、低耗、稳定运行等方面提出了新要求，由于以生物处理法为主体的污水处理装置运

行费用较低，因此以生物处理法为主体的污水处理技术将会得到越来越广泛地应用。

未来重质石油馏分的组成表征由族组成推进到分子层面的“石油组学”将会有较大的突破，这是实现“分子炼油”和“分子管理”的基础。因此，对重油中沸点高于500℃的渣油馏分的深入评价是未来关注的重点；在原油数据库建设方面和应用方面，近红外和核磁等原油快速评价方法与数据库的结合是未来发展的重点方向；通过在线或离线快速谱学分析，为原油动态调配制定方案，可解决原油评价滞后于生产要求的问题；从系统集成方面来说，原油数据库系统作为生产相关业务的数据基础，加强与其他信息系统的集成，如原油配送项目、生产指挥调度系统等，从而使原油数据库系统发挥更大的作用是大趋势。

第二节　重油加工技术进展

针对重油加工利用，中国石油设立重大科技专项，解决了系列技术难题。在延迟焦化方面，开发了劣质重油高液收延迟焦化成套技术。该技术具有液收高、能耗低、安全可靠、运行周期长、自动化水平高的特点，总体达到国际先进水平。在重油减黏技术方面，开发了利用自有馏分供氢的供氢热裂化（HDTC）技术，并完成 100×10^4t/a 工业试验，改质油性质满足船运要求，该技术成熟可靠，国际竞争优势突出。在溶剂脱沥青方面，开发了重质油梯级分离耦合萃余残渣造粒新工艺，脱除杂质的同时，最大限度实现重油高效转化，提高了液体产品的收率和质量，2009年在辽河石化完成了 1.5×10^4t/a 工业示范。在重油加工配套技术方面，针对加工过程设备腐蚀问题，开发了劣质重油加工装置防腐技术和腐蚀监控技术。有效控制设备腐蚀问题，同时实现加工污水达标排放。在重油分子结构认识方面，开发了“全球劣质重油性质数据库管理系统”，获得了国内外52种重油及其组分的性质组成和结构数据、重油热反应和催化裂化反应性能数据，可实现对未知样品的性质预测、收率预测和加工工艺方案的筛选。

一、劣质重油延迟焦化技术

我国是石油对外依存度非常高的国家，并且呈现逐年上升的趋势，为了降低石油能源的风险，2008年，中国石油与委内瑞拉国家石油公司（PDVSA）签署了关于扩大奥里诺科（Orinoco）重油带合作开发协议，合作开发 Orinoco 重油，合作区块内的委内瑞拉劣质重油产量远景目标是 3000×10^4t/a，并全部运回国内加工。委内瑞拉超重油具有高黏度（常温不流动）、高残炭（15.1%）、高沥青质（9.5%）、高硫（4.8%）、高重金属（484μg/g），以及低 API 度（7.8）、低氢碳原子比（1.51）“五高两低”的特点，其加工利用是世界级难题。为此，中国石油于2008年设立“劣质重油轻质化关键技术研究”重大科技专项，科研单位牵头，联合设计单位、企业和中国石油大学等单位，历经5年攻关，成功开发了劣质超重油延迟焦化成套技术，完成了100%委内瑞拉超重油渣油延迟焦化百万吨级工业试验，攻克了劣质超重油加工技术瓶颈，完成了 430×10^4t/a（双系列）劣质重油延迟焦化工艺包开发，技术达到国际先进水平。

主要技术包括适宜的委内瑞拉超重油焦化蜡油馏分循环提高液体产品收率技术、委内瑞拉超重油焦化加工弹丸焦抑制技术、渣油延迟焦化提高液体产品收率技术等，系统解决了劣质重油延迟焦化加工过程中液体产品收率低、加热炉管结焦快、焦粉携带严重、弹丸焦生成后安全处置等关键技术难题。

1. 主要技术进展

劣质重油延迟焦化技术研究开发经历了实验室基础研究、小试研究、中试研究、工业试验和推广应用五个阶段。

1）劣质重油生焦过程调控机理

一般认为，石油是一种以沥青质为胶核，吸附在沥青质表面或以溶剂化的胶质为稳定剂，油分和部分胶质为分散剂的胶体体系。这种胶体体系在热力学上是不稳定的，其稳定存在是因为存在动力学上的稳定性。这种稳定性与沥青质胶核的性质、表面胶质的性质及分散介质的芳香度有关且在一定范围内分散介质的芳香度越高，胶体体系越稳定。当在原渣油体系中掺入柴油馏分时，体系的芳香度、稳定性有所下降，在进行热反应时，胶体体系容易遭到破坏，分散的沥青质结合为更大的基团粒子，最终形成不溶于甲苯的焦炭，生焦率会增加。同样，掺入蜡油时提高体系的芳香性和稳定性，在发生热反应时，胶体体系不容易被破坏，沥青质也不容易结合生成焦炭，生焦率有所下降。

通过在渣油中添加质量分数为 5% 的柴油，测定 400℃、410℃、420℃条件下混合油试样的生焦情况。结果表明，掺入柴油后重油的生焦量明显增加，特别是在生焦反应的前期，掺入柴油对生焦反应的促进作用更加明显，掺入柴油的质量分数越大生焦量也越大。

通过在渣油中添加不同含量的蜡油，测定了混合试样的生焦情况，在 410℃下掺入蜡油后重油的生焦量与反应相同时间的原重油试样相比明显减少，掺入蜡油的质量分数越大生焦量也越小。

2）加热炉管结焦及抑制技术研究

通过测定委油渣油组成结构和生焦诱导期，得出委油渣油生焦诱导期短、结焦倾向严重这一特性，同时揭示了劣质渣油受热反应初始生焦具有生焦促进作用，初始生焦和循环物料携带焦粉会导致焦化原料的生焦趋势加剧，结果见表 3–1。

表 3–1　焦粉对生焦趋势的影响

反应条件	反应进料	生焦率，%	生焦率增量值，%
406℃，2h	减压渣油	0.73	—
406℃，2h	减压渣油 +0.5% 初生焦粉	1.20	0.47
406℃，2h	减压渣油 +1.0% 初生焦粉	1.95	1.22

通过研究劣质重油渣油延迟焦化吸放热效应，建立了加热炉出口温度的调控判据，得出不同渣油焦化过程需热量，定量指导加热炉出口温度及热负荷（图 3–1）。

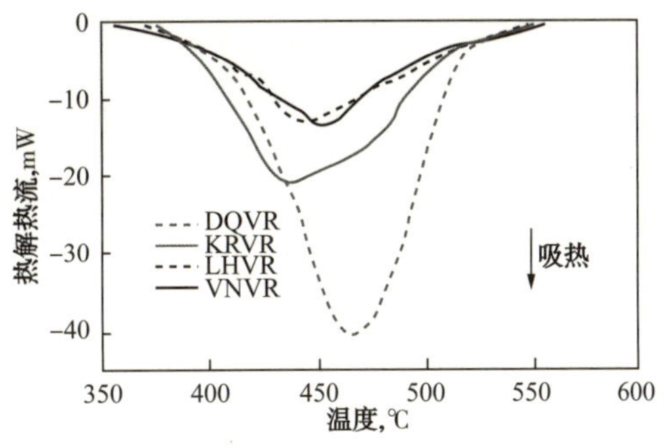

图 3–1　热解过程热流随温度变化曲线
（升温速率 15℃ /min）

通过研究加热炉内温度场分布均匀性与生焦规律，得出炉管温度分布不均，产生的局部“热点”是炉管严重结焦的外部原因。因此，在加热炉设计过程中，要通过改善炉膛内流场和温度场分布，保证均匀性，是抑制炉管结焦的重要措施之一。

通过研究炉管内高黏劣质重油油膜厚度、边壁滞留时间与物料吸热量的关系，得出强化劣质渣油流动和传热、保持炉管内温度场和流场分布均一性，调控进料黏度、降低油膜厚度，可显著延缓劣质超重油渣油生焦趋势。

3）弹丸焦生成机理研究

通过对劣质渣油生焦过程的研究，提出了渣油在延迟焦化过程中形成弹丸焦的机制：

原料→不稳定中间相小球→镶嵌型中间相→弹丸焦

↘广域型中间相→海绵焦（常见石油焦）

通过抑制不稳定中间相小球的生成，或者促进不稳定中间相小球融并成长为广域中间相，均可抑制弹丸焦的生成（图 3-2）。同时研究发现，氢化芳烃在焦化条件下供出氢原子封闭沥青质大分子自由基而使其浓度降低，可以减小不稳定中间相小球的生成，促进沥青质向液体产物的转化；同时，降低焦化体系黏度有利于不稳定中间相小球的融并，焦相光学纹理改善，弹丸焦的形成得以抑制。

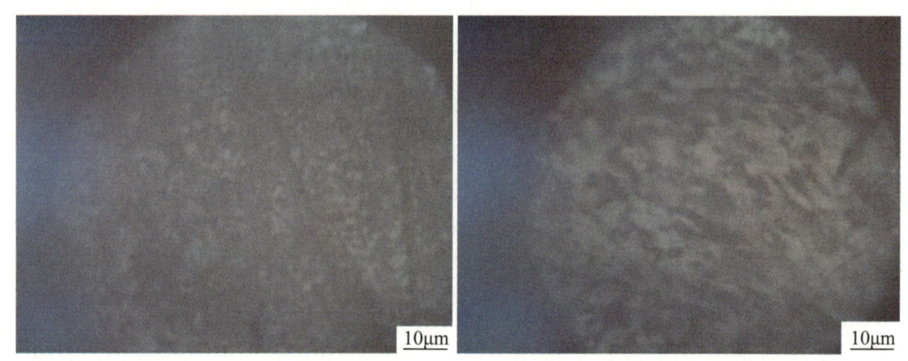

图 3-2　添加富含氢化芳烃的焦化馏分油对生焦过程的影响

4）劣质重油延迟焦化工艺技术开发

通过加热炉生焦机理、弹丸焦形成机制的研究，开发出委内瑞拉超重油渣油供氢体循环延迟焦化成套技术，抑制了弹丸焦的生成，实现焦化装置的平稳操作和液体收率的提高。试验是在 5 kg/h 的延迟焦化中试装置上完成的。根据实验室研究发现的渣油热转化规律和初步确定的焦化工艺条件，在中试装置上进行了放大和验证，优化了工艺条件（表 3-2）。通过优选焦化馏分油作为供氢体进行循环，有效抑制了沥青质向不稳定中间相小球的转化，防止弹丸焦的生成，同时抑制了缩合生焦反应，生焦率降低 2.02%，液收提高 1.77%。实现了抑制弹丸焦生成、液体收率不低于 60%、装置平稳运行的目标。

表 3-2　不同规模焦化装置对焦化产物分布的影响

实验条件		数值	
循环比		0	0.4
焦炭塔顶压力，MPa		0.2	0.2
注水，%（质量分数）		2	2
物料平衡，%（质量分数）	气体	8.73	8.98
	液体产物	62.02	63.79
	汽油（IBP~180℃）	11.18	12.18

续表

实验条件		数　值	
物料平衡，%（质量分数）	柴油（180~350℃）	27.16	29.82
	轻蜡油（350~430℃）	15.23	18.15
	重蜡油（>430℃）	8.45	3.64
	石油焦	29.25	27.23

5）工业试验阶段

工业试验是在中国石油 100×10^4t/a 延迟焦化装置上完成的（图 3–3）。对原有焦化装置进行了适应性改造，改造过程中采用了多项中国石油自主研发的劣质重油延迟焦化技术，包括供氢馏分循环提高液收及抑制弹丸焦技术、供氢馏分循环防结焦技术、加热炉定向反射技术和加热炉管在线机械清焦技术等（图 3–4）。以委内瑞拉渣油为原料，连续加工 3×10^4t，实现安全平稳运行，液体收率在 60% 以上，加热炉效率达到 92%，圆满完成了 100% 委内瑞拉超重油渣油延迟焦化工业试验。

图 3–3　中国石油 100×10^4t/a 延迟焦化装置

（a）改造前
（火焰飘散,局部舔管）

（b）改造后
（附墙燃烧,刚劲有力）

图 3–4　加热炉改造前后效果对比

在 100×10^4t/a 工业试验成功的基础上，完成了 430×10^4t/a（双系列）劣质重油延迟焦化工艺包开发，大幅度提升了中国石油在劣质重油加工领域的国际影响力和话语权。

6）推广应用阶段

开发的劣质重油延迟焦化技术，在完成工业试验后，100×10^4t/a 工业延迟焦化装置平稳运行 3 年以上，验证了技术的可靠性、先进性以及对各种原料、工况的良好适应性，在此基础上，又在中国石油、苏丹喀土穆炼厂等国内外 7 家炼厂的延迟焦化装置上应用，液收提高 2 个百分点，7 家企业共增液收约 150×10^4t/a，为企业创造了显著的经济效益（表 3–3）。

表 3–3　中国石油延迟焦化技术应用情况

技术名称	应用企业	装置能力，10^4t/a
劣质重油延迟焦化新技术	辽河石化	100
	苏丹喀土穆炼厂	200
	乌鲁木齐石化	120
	独山子石化	120

续表

技术名称	应用企业	装置能力，10^4t/a
劣质重油延迟焦化新技术	大港石化	120
	兰州石化	120
	吉林石化	100

“劣质重油改质、加工成套技术”2017 年被评为中国石油天然气集团公司科技进步特等奖。

2. 应用前景

开发的劣质重油延迟焦化成套技术包括 6 类 25 项单项技术，通过应用抑制弹丸焦技术、自产供氢体提高液收技术、加热炉附墙燃烧改善温度场分布技术和分馏塔蜡油循环洗涤技术、循环比可控调节技术、自动塔底阀设备，有效地控制了结焦速度，通过循环物流及循环比的调整、操作条件的优化可大大提高延迟焦化装置的液体收率、改善产品分布，既适应于劣质渣油延迟焦化装置，也可以用于一般常规原料的延迟焦化装置，具有优异的原料适应性。

我国共有延迟焦化装置 90 多套，总加工能力 1.1×10^8t/a，其中中国石化有 23 家炼厂建有延迟焦化装置，加工能力近 5000×10^4t/a，中国石油有 13 家炼厂建有延迟焦化装置，加工能力为 2175×10^4t/a。随着原油劣质化趋势的不可逆转和炼油污泥、催化油浆、乙烯焦油等劣质残渣需要由焦化装置来处理，导致焦化原料组成更加复杂、性质更加恶劣，给延迟焦化装置的平稳操作、提高液体收率、灵活调整焦化产品分布带来巨大挑战。该技术的开发针对劣质焦化原料，可根据原料的变化和目标产品需求灵活调整工艺，可按照“一厂一策”的方式优化装置操作。另外，中国石油拥有中东重质原油资源，由于性质非常差，中国石油尚不具备加工能力，采用劣质重油延迟焦化技术可能是唯一可行的加工路线。开发的 430×10^4t/a（双系列）劣质重油延迟焦化工艺包，技术水平达到国际先进，委内瑞拉超重油、加拿大油砂沥青是中国石油重要的战略资源，可为新建大型延迟焦化装置加工这两种劣质原油提供先进的技术方案。因此，该技术市场前景广阔。

二、劣质重油减黏技术

超稠超重原油是指在油层条件下，黏度大于 50mPa · s 或脱气黏度大于 100mPa · s 的稠油[7]。稠油的分类标准通常倾向于联合国研究开发署以黏度和密度为依据的分类标准（表 3–4），标准中黏度为第一指标，如果黏度超过分类界限而密度未达到，仍按黏度分类。

表 3–4　稠油的分类标准

分　类	黏度（50℃），mPa · s	密度（20℃），g/cm^3
普通稠油	100~10000	>0.92
特稠油	10000~50000	>0.95
超稠油	>50000	>0.98

超重（稠）油 API 度低、黏度高，致使其流动性很差，降低黏度的方法主要可以划

分为三类：物理过程，主要有稠油掺稀、溶剂脱沥青等；脱碳过程，主要有减黏裂化、延迟焦化、供氢热裂化等热过程；加氢过程，主要有加氢精制、加氢裂化等。其中，供氢热裂化改质降黏条件缓和，改质油黏度低、质量好，如果供氢剂来源便利，那么该项降黏技术将具有极大的竞争优势。中国石油大学（华东）和中国石油合作开发的供氢热裂化技术就是利用降黏原料油中的特定馏分段作为工业供氢剂，使得委内瑞拉超重油供氢热裂化（HDTC）减黏技术能够经济地实施工业化应用。

1. 主要技术进展

1）超重油供氢热裂化降黏改质的原理

供氢剂是指在一定热反应条件下，能够把自身较松弛连接的氢原子转移到反应物上的一类物质，可从模型化合物延伸到复杂混合物。具备芳并环烷结构的分子是典型的供氢剂，以四氢萘为例，受热条件下四氢萘向重油分子的供氢历程如图 3-5 所示。释放出的活泼氢与重油热解大分子自由基结合生成稳定的分子，抑制其相互缩合，从而延缓生焦，提高反应的苛刻度和改质效果。

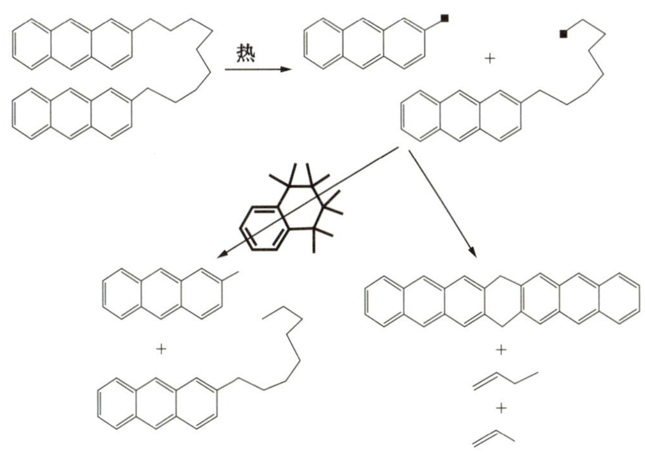

图 3-5　供氢剂供氢反应历程

供氢热裂化改质的关键是供氢剂和工艺条件的选择。优良的供氢剂要求价格低廉，供氢效果好，无须回收，反应后可作为生成油的一部分，且具有较强的芳香性，与渣油有良好配伍性。优化的工艺条件可使供氢剂有较高的供氢效能，保证适宜的反应深度，使生成油具有较好的安定性和稳定性。

中国石油大学（华东）自 20 世纪 80 年代开始就对渣油热转化、临氢减黏裂化、供氢剂减黏裂化反应行为进行了大量基础研究[8, 9]。王宗贤等[10]创建了评价供氢剂氢转移能力的化学探针法。研究者利用该方法筛选出合适的供氢剂并评测其对重油改质的应用效果。郭爱军等[11]和王治卿[12]等对比了催化裂化油浆及其窄馏分的相对供氢能力，发现掺炼相对供氢能力较大的馏分有利于提高渣油和脱油沥青热转化所得燃料油的安定性；刘东等[13]对比了 2 种廉价工业供氢剂对辽河减压渣油热转化的供氢性能。

此外，研究发现[14-17]，重油内部含有丰富的天然供氢剂，受热过程中对裂解自由基表现出一定的免疫能力。不同重油自身的氢转移能力有较大差别，与其受热生焦趋势密切相关[18-20]。重油内部各组分也具有不同的氢转移能力，基于此，研究者提出利用自身馏分作为供氢组分进行重油供氢改质。王宗贤课题组[21]系统比较了不同馏分段的氢转移能力并优选出氢转移能力强的馏分，考察了馏分对委内瑞拉渣油热改质的作用，分别从渣油受热相分离[22]、沥青质分子结构演变[23]、产物分布[24]等方面系统分析了供氢剂对渣油热改质的内在作用机理。

2）超重油热改质潜力评价

表 3-5 列出了委内瑞拉超重油减黏裂化改质油黏度和斑点试验等随反应条件的变化数据。在所列典型的热改质温度和时间下，尽管减黏裂化改质油的运动黏度（50℃）都达到小于 $380mm^2/s$ 的船运标准，但随反应温度升高或时间延长改质油的安定性逐渐变差，斑点试验等级基本在 3 级以上，而且减黏裂化后期改质油黏度都呈增加趋势，说明反应体系已有一定量的甲苯不溶物生成。

表 3-5　反应条件对委内瑞拉超重油减黏裂化改质油性质影响

反应温度，℃	反应时间，min	运动黏度（50℃），mm^2/s	斑点试验等级（ASTM-D4740）
410	30	160.9	2
	40	150.3	4
	50	253.5	5
420	15	182.8	3
	20	134.8	4
	30	332.8	5
425	5	276.4	3
	8	309.1	4
	10	332.7	5

为了利用供氢剂改善改质油的安定性、提升重油热改质潜力，首先需要筛选供氢馏分。王宗贤等[11]创建的化学探针法能够有效评价供氢馏分的受热氢转移能力。蒽和二氢蒽反应活性较高，产物易检测，常被用作夺氢和供氢探针。氢转移指数（Hydrogen Transferring Index，HTI）是指油样的供氢与夺氢能力的比值，可用来表征相对供氢能，HTI 值越大，供氢效果越好。

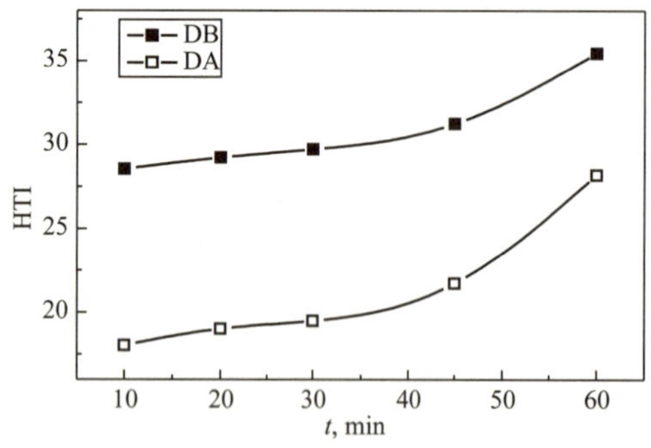

图 3-6　400℃时 DA 和 DB 的氢转移指数随时间的变化

图 3-6 为不同馏程供氢馏分 DA 和 DB 在 400℃时受热氢转移指数的变化曲线。随反应时间延长，氢转移指数增大，且 DB 的供氢能力和氢转移指数均大于 DA。从氢转移能力角度来看，DB 更适宜作为供氢馏分。

3）超重油混合稳定性评价

供氢剂的筛选除了要考虑氢转移能力外，还需考虑供氢馏分和超重油混合体系的胶体稳定性问题。研究表明，沥青质的沉积与其带电性质密切相关，当向石油—甲苯体系中逐渐添加正庚烷时，混合体系电导率呈先升高后降低的趋势，张龙力等[25]将质量分数电导率最大值处对应的 $m_{heptane}$: m_{oil} 定义为胶体稳定性参数（Collodial Stability Index，CSI），以此定量评测胶体体系的稳定性。

采用质量分数电导率法评测供氢馏分与委内瑞拉超重油的混合稳定性，发现委内瑞拉超重油与供氢馏分 DA 和 DB 混合体系的胶体稳定性参数分别为 3.9 和 4.5。这表明重油与 DB 的混合稳定性优于与 DA 的混合稳定性。400℃时，委内瑞拉超重油与 DA 和 DB 混合体系的胶体稳定性参数随热反应时间的变化情况如图 3-7 所示。随着时间延长，两种混合体系所得生成油的胶体稳定性不断下降，但委内瑞拉超重油 +DB 所得生成油的胶体稳定性参数更高，这表明受热过程中，前者混合体系的胶体稳定性要强于后者。从胶体稳定性角度来看，DB 也更适宜用作供氢馏分。

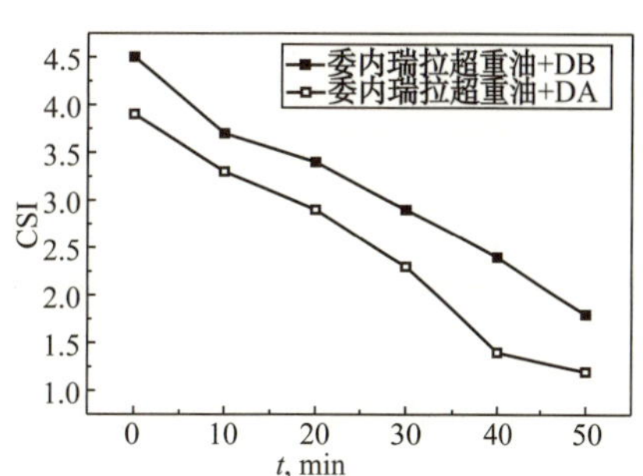

图 3-7　400℃ 时委内瑞拉超重油掺炼 DA、DB 热转化体系胶体稳定性参数随时间变化

4）超重油供氢热裂化中试技术开发

表 3-6 为委内瑞拉超重油添加 DB 馏分的供氢热裂化小试改质油性质。数据表明，相同反应条件下，与减黏裂化相比，委内瑞拉超重油供氢热裂化改质油黏度更低、API 度更高、安定性更好。

表 3-6　委内瑞拉超重油供氢热裂化小试改质油性质

反应条件		420℃	425℃
		15min	10min
减黏裂化	密度（20℃），g/cm³	0.9810	0.9801
	API 度，°API	12.2	12.4
	运动黏度（50℃），mm²/s	128.3	98.9
	斑点试验，级	2	3
供氢热裂化	密度（20℃），g/cm³	0.9800	0.9793
	API 度，°API	12.4	12.5
	运动黏度（50℃），mm²/s	96.9	88.6
	斑点试验，级	1	2

为了验证委内瑞拉超重油供氢热裂化改质实验室小试效果，并为工业试验提供可靠的工艺条件，在实验室小试条件优化的基础上，进行了中试技术开发，中试试验在中国石油大学重质油国家重点实验室供氢热裂化中型连续装置上进行。中试试验方案包括：减黏裂化和供氢热裂化，其中 DB 馏分用量为 10%（供氢馏分：渣油进料 =10 ： 100）。

委内瑞拉超重油供氢热裂化中试装置评定改质油性质见表 3-7。由表 3-7 中数据可知，与减黏裂化相比，供氢热裂化改质油运动黏度（50℃）为 157.9mm²/s，降黏程度更高，API 度提升至 12.3° API，斑点试验等级为 2 级，安定性更好。这表明供氢热裂化改质过程中供氢馏分油参与了反应，体系胶体稳定性更好，生焦诱导期延长，使超重油在更高的反应苛刻度下所得改质油的安定性仍能满足输送要求。

表 3-7 委内瑞拉超重油供氢热裂化中试装置评定改质油性质

加工方法	密度（20℃），g/cm³	运动黏度（50℃），mm²/s	斑点试验	API 度，°API
VB	0.9855	227.5	3	11.6
HDTC	0.9805	157.9	2	12.3

注：VB—减黏裂化；HDTC—供氢热裂化。

5）超重油供氢热裂化技术 40×10^4t/a 工业试验

2009 年 11 月在中国石油广东佛山中油高富石油有限公司进行了 40×10^4t/a 工业试验，由于很难获得大量委内瑞拉超重油井口油用作工业实验原料，超重油供氢热裂化技术 40×10^4t/a 工业试验采用 Merry16 为原料。工业试验装置的基本工艺流程如图 3-8 所示，通过工业试验得到如下结论：

（1）委内瑞拉超重油供氢热裂化工业试验适宜的反应温度为 420~430℃、操作压力为 0.5~1.5MPa、注水量为 0.3%~2%（质量分数）；采用斑点试验法和 S 值法（ASTM-D7061）可以实现对改质油安定性和稳定性的快速检测。

（2）减黏裂化、供氢热裂化都可以降低委内瑞拉超重油黏度，提高改质油的 API 度。

（3）与减黏裂化相比，供氢热裂化可以进一步降低委内瑞拉超重油改质油的黏度、提高改质油 API 度、提高改质油的安定性和稳定性。

（4）委内瑞拉超重油供氢热裂化改质油运动黏度（50℃）可控制在 200mm²/s 左右（小于 380mm²/s 的船运要求），初期安定性（斑点试验法）和稳定性（ASTM-D7061）达到预期指标，甲苯不溶物小于 0.1%（质量分数）。

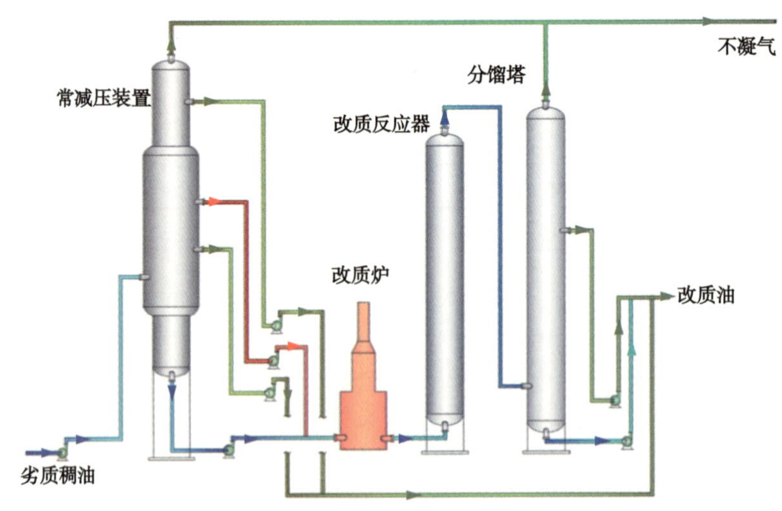

图 3-8 供氢热裂化工业试验流程图

6）改质油储存稳定性评价新方法创立与应用

供氢热裂化技术在中国石油广东佛山中油高富石油有限公司进行的 40×10^4t/a 工业试验取得预期效果，但改质油斑点试验与 S 值满足要求只能表示改质油初期是稳定的，委内瑞拉超重油改质目的是运回国内加工，改质油船运与罐储期间稳定性如何？初期的安定性

（斑点试验法）和稳定性（ASTM-D7061）数据不能回答。总结实验室基础研究，结合大型油轮运输实际情况，中国石油大学（华东）与中国石油合作创立了改质油储存稳定性评价新方法。

该方法将改质油在不同存储条件下存放在5根高18m的长管柱内，现场装置如图3-9所示。管柱不同部位带侧线取样阀，用于定期取样分析进行储存稳定性评价。评价内容包括黏度、斑点试验、S值等常规分析以及馏程、密度、甲苯不溶物、残炭、胶质、沥青质等非常规分析。综合性质分析结果表明，委内瑞拉超重油供氢热裂化工业改质油储存3个月后稳定。

图3-9 改质油储存稳定性评价现场装置图

7）超重油供氢热裂化技术100×10^4t/a工业应用

委内瑞拉超重油供氢热裂化技术经历了小试、中试，并在40×10^4t/a工业装置试验取得成功后，该技术在中国石油辽河石化公司100×10^4t/a装置上进行了工业应用。工业应用结果表明，改质油经过管柱储存90天，均能达到API度大于12° API、运动黏度（50℃）小于380mm²/s、甲苯不溶物含量小于0.1%（质量分数）、斑点试验不超过2级、稳定性S值小于5，满足委内瑞拉超重油改质油的管输要求和长期储存45天以上的要求。与减黏裂化相比，供氢热裂化在改质油黏度降低和API度提高上更具优势。

8）技术经济指标与技术水平

超重油供氢热裂化技术首次揭示并利用委内瑞拉超重油馏分的供氢特性，创建了馏分油供氢能力评价方法，筛选出适宜的供氢馏分；综合优化反应温度和反应时间，提出了委内瑞拉超重油减黏改质优化工艺及精确调控方法以及既可串联操作又可并联操作的两段上流式减黏裂化反应器，使减黏裂化后的热稳定性及长期稳定性满足管输及船运要求，建立了国际首套18m管柱改质油储存稳定性试验装置，为供氢热裂化技术开发和改质油稳定性评价提供及时有效的支持。国内首次建立了《重油稳定性的测定 S分离值测定方法》，颁布实施了标准Q/SY 1388—2011，成为改质油稳定性快速评价的重要判据。完成了国际首次40×10^4t/a（中国石油广东佛山中油高富石油有限公司）工业试验和100×10^4t/a（中国石油辽河石化公司）工业应用，转化率在99%以上，改质油运动黏度（50℃）降低至150~200mm²/s，存储稳定性大于180天，满足存储、运输的要求。通过专家鉴定，认为该技术达到国际领先水平，而且供氢热裂化技术方案具有投资低、改质油产量高、公用工程配套少、经济效益好的优势。

该技术2013年获中国石油天然气集团公司科技进步一等奖。

2. 应用前景

委内瑞拉超重油供氢热裂化技术工业应用数据表明，劣质重油供氢热裂化技术可以大幅度降低超重油的黏度，提高API度及稳定性，是国际首个完成百万吨级工业应用和仅用自有馏分供氢的劣质重油热裂化改质降黏技术，该技术为中国石油与委内瑞拉合作开发Orinoco超重油谈判提供了及时有效的技术支持，成为委内瑞拉超重油改质的可选方案之一。该技术未来应用于劣质重油的改质降黏，既可以有效规避在海外高投资风险，有力支持我国开发利用海外重油资源，又可以为国内稠油（包括常减压渣油）降黏改质提供有竞争力的新工艺方法。

三、劣质重油梯级分离耦合技术

针对重油特别是劣质重油中沥青质和金属对加工催化剂及过程的严重不利影响，开发了重油梯级分离耦合萃余残渣造粒新工艺，可脱除对重油催化转化有害的绝大部分杂质，沥青质、残炭和金属脱除率分别达90%、50%和70%以上，并显著降低脱残渣油黏度，使重油的最大化催化转化成为可能，为重油的高效加工利用提供了新途径，可显著提高重油轻质化液收，并改善产品质量。研究解决了该工艺的化学工艺基础和化学工程装备放大过程中的一系列难题，突破了高软化点沥青溶剂回收的技术障碍，在获得尽可能高的脱沥青质油收率的同时，萃余沥青制备成细粉体，可制成沥青粉体及水浆，水浆固含量达50%，该技术在1.5×10^4t/a工业试验获得成功，获得系列专利技术和技术秘密，形成了该技术的百万吨级工艺包。辽河混合渣油和委内瑞拉超重油梯级分离工业试验获得成功，表明该技术可以用于劣质重油，如加拿大油砂沥青等的上游开发过程，获得的清洁管输油比焦化过程可增加约10个百分点；用于重油轻质化过程，可使液体收率提高5~8个百分点，脱沥青油在较温和的条件下，可获得较高的加氢脱金属和脱硫率，加氢油进一步的催化裂化反应性能良好，并显著改进产品质量，为中国石油进军海外重油及油砂沥青开发提供了重要的技术储备。

1. 主要技术进展

发展了重油超临界溶剂深度精细分离方法，实现了重油化学性质组成及结构的多层次二维表征，获得了重油多层次化学组成结构的深入认识。对大量重油的性质组成结构深入研究发现，重油超临界精细分离窄馏分的重要物理化学性质随溶解度（收率）呈现规律性变化，并在特定的收率出现明显突变点，对加工过程中催化剂性能及产品质量影响严重的微量金属（Ni、V等）和S、N、O等杂原子的70%以上以及几乎全部沥青质都浓缩在少量（约20%）的萃取残渣中，而萃取馏分性质较重油明显改善，由此提出了“重油梯级分离”的新思想。

提出采用特征参数K_H［式（3-1）］表征渣油的化学特性，综合了重油的物理化学特征性质，为渣油及其组分的可加工利用性能提出判据：

$$K_H=10 \times \frac{\text{H/C（原子比）}}{M^{0.1236}d} \tag{3-1}$$

式中 M——平均分子量，表征重油分子大小；

d——20℃密度，g/cm^3，反映重油组成特征；

H/C（原子比）——反映重油的裂化及缩合反应性能的重要指标。

重油组分K_H由大到小，其轻质化性能由优到差，见表3-8。

表 3-8　K_H 大小与轻质化性能的关系

K_H>8.5	优	加氢裂化或催化裂化
7.0<K_H<8.5	良	催化裂化
5.0<K_H<7.0	中	加氢处理—催化裂化，焦化
K_H<5.0	差	焦化，气化制氢

建立了重油—轻烃高压相平衡模型。针对各种 C_3/C_5 溶剂—重油体系的高压相行为和相平衡进行了研究，明确了萃取的预稀释混合和萃取条件，并建立了描述深度溶剂脱沥青过程的 SRK 状态方程模型，渣油特征化方法采用超临界流体萃取窄馏分，采用上述的热力学模型和建立的特征化方法、参数估值方法和混合规则，可计算萃取平衡级轻相密度、重相密度、轻相体积分数、脱沥青油平衡溶解度、脱油沥青的平衡溶解度、脱沥青油的饱和分、芳香分和胶质、脱沥青油的分子量、脱油沥青的分子量以及脱沥青油的残炭和分子量。

开发了重油深度梯级分离新工艺。在热力学模型指导下，自行研制了连续式梯级分离装置，对多种重油深度梯级分离的主要工艺参数（如溶剂比、温度、压力等）对脱沥青油收率及性质、脱油沥青收率及性质等影响进行了系统深入的研究，获得了优化萃取工艺条件与重油原料匹配的关系，确定了各种溶剂超临界回收的优化条件。

发明了重油梯级分离耦合硬沥青喷雾造粒新方法，突破了硬沥青难以处理的关键工程技术，创造性地提出了利用超临界条件下喷雾造粒的思路，成功实现了硬沥青喷雾造粒并与萃取过程耦合这一关键工程技术的突破，建设了一套百吨级深度溶剂脱残渣中试装置，运行成功。

研发了一批新型专用装备，包括新型喷雾造粒塔、可控粒径喷嘴和旋风分离过滤器。研究开发了新型喷雾造粒塔，可以同时利用沉降分离和离心分离原理，具有较高的气固分离效率；研究开发了可控粒径喷嘴和两级降压喷嘴，可以通过喷嘴内构件控制喷雾液滴粒径，从而控制沥青残渣颗粒的粒径，以适应下游工业需求。研究了沥青颗粒的流化、输送性能，提出相应的工艺措施对其进行流化、输送。研发了硬沥青颗粒这一特殊物料与溶剂分离的配套装备旋风过滤系统。

建成了工业示范装置，工业试验获得成功。在中国石油的支持下，2009 年在辽河石化建设了 1.5×10^4t/a 重油超临界萃取工业试验装置。辽河混合渣油和委内瑞拉超重油重油梯级分离工业试验获得成功，表 3-9 是委内瑞拉超重油梯级分离工业试验轻脱油杂质脱除率数据，试验结果和实验室研究结果一致，取得了良好的杂质脱除率，表明该技术可以用于劣质重油如加拿大油砂沥青等的上游开发过程。

表 3-9　委内瑞拉超重油梯级分离工业试验轻脱油杂质脱除率

项　目	收率 %（质量分数）	沥青质 %（质量分数）	残炭 %（质量分数）	金属含量，μg/g				
				Fe	Ni	Na	Ca	V
原料油	100	12.16	20.05	17.5	117.8	26.5	39.7	486
轻脱油	62.98	0.83	9.92	9.4	38.3	6.06	11.1	147.7
重脱油	11.37	7.37	19.75	62.4	144.8	26.7	60.9	510
轻脱油杂质脱除率，%	—	95.70	68.83	66.17	79.52	85.60	82.40	80.86

打通了重油梯级分离耦合萃余残渣流化转化技术工艺流程，可显著提升重油轻质化液收。认识了劣质重油萃余相具有可流动性和可分散性的特征，提出重油梯级分离耦合流化热转化，流化焦粉作为供热体，直接将沥青残渣通过流化热转化为轻质油品，转化轻馏分返回作为萃取溶剂。以委内瑞拉超重油为原料，与同种渣油典型延迟焦化条件产物收率相比，液收提高 9~13 个百分点，干气产率降低 4.1~7.1 个百分点，焦炭产率降低 6.7~10.8 个百分点。

2. 应用前景

重油梯级分离耦合工艺可用于上游劣质重油开发，为解决中国石油劣质重油和油砂沥青开发中原油输运的瓶颈问题提供了新的解决方案。加拿大油砂沥青蒸馏—渣油梯级分离耦合萃余残渣造粒方案，可获得改质油收率达 85%，改质油 API 度为 13.9° API，提升 4 个单位，改质油输运掺稀油的量大幅度降低，油砂沥青直接管输掺凝析油量由 30%（体积分数）降低到 15%（体积分数）；加拿大油砂沥青蒸馏—渣油梯级分离耦合萃余残渣流化转化方案，改质油收率 91.5 %，API 度达 14.9° API，产率较流化焦化和延迟焦化路线分别提高 15 个百分点和 18 个百分点，以上改质油可直接船运或火车运输。

重油梯级分离耦合造粒工艺用于重油轻质化组合工艺，可使液体收率较延迟焦化提高 5~8 个百分点；重油梯级分离耦合流化转化组合工艺，可使轻质化液收提高 8 个百分点以上。获得的脱沥青油在较温和的条件下，可获得较高的加氢脱金属和脱硫率，加氢油进一步的催化裂化反应性能良好，并显著改进了产品质量。

四、劣质重油加工配套技术

1. 劣质重油脱盐脱钙技术

原油常减压蒸馏是炼油厂的龙头装置，而电脱盐又是常减压蒸馏的第一道工序，如果原油电脱盐后盐含量高，将直接影响一次加工装置和二次加工装置的安全运行，对其后续加工装置造成设备腐蚀、塔顶空冷器穿孔、加热炉管结垢，甚至导致操作紊乱、冲塔、催化裂化催化剂中毒、加氢催化剂撇头等事故。因此，在加工过程中，首先要进行严格的脱盐脱水处理。其工艺流程是，首先对原油进行换热升温，然后在原油中注入一定量的脱盐水或净化水，使原油中的无机盐大部分溶于水中，同时加入破乳剂，这样有助于对乳化剂中乳化膜的破除和无机盐的脱除；充分混合后，在电场作用下，使微小水滴聚结成大水滴，在重力作用下，使油水分离。电脱盐装置的主要工艺参数有：破乳剂及其注入量、操作温度、操作压力、电场强度、注水量、油水界面、原油在电场中的停留时间等。通过调整工艺参数来适应不同原油的电脱盐操作。

辽河超稠油、辽河低凝稠油、辽河大混合稠油、委内瑞拉 MEREY16 原油、克拉玛依风城超稠油等劣质重油具有密度大、黏度大、钙等金属含量高、盐含量高、水含量高、易乳化、难破乳等特点，采用常规的电脱盐技术无法满足脱后原油盐含量的要求，开发的劣质重油电脱盐脱钙技术，通过降低劣质重油的密度和黏度，调整电脱盐的温度以及配套破乳剂等，解决了由于劣质重油的黏度和密度大、盐含量高、原油换热后温度低造成电脱盐温度低，电脱盐装置无法运行或造成电流高、易乳化、脱盐脱水效率低以及石油焦灰分高等问题。

辽河超稠油和克拉玛依风城超稠油等部分劣质重油中的金属以钙最为突出，由于原油中钙等金属的存在，会对生产的石油焦灰分、常减压蒸馏塔以及加热炉的操作稳定性等造成不良影响。对脱钙技术的研究，现已引起人们的广泛关注，出现了一些新的研究成果，中国石油开发的利用电脱盐工艺通过添加脱钙剂进行的脱钙技术，利用脱钙剂与原油中的钙镁金属反应，生成易溶于水的钙镁离子，随水脱出，可以脱除原油中的大部分钙镁等金属，工艺简单，容易工业化。

1）主要技术进展

电脱盐工艺是通过原油水洗来实现的，脱后原油的水含量大小对盐含量的脱除率有直接影响。原油和水之间的密度差是原油中的水沉降分离的推动力，而原油的黏度则是原油中水沉降的阻力。如委内瑞拉超重油井口油和辽河超稠油 20℃时的密度都在 1000 kg/m^3 以上，在实验室内，直接将辽河超稠油或委内瑞拉超重油井口油加水混合进行脱盐，油水分离速度缓慢，在电场沉降脱水时，电场电流过大，电压加不上，在运行的电脱盐工艺还无法满足委内瑞拉超重油井口油的脱盐脱水。为此，中国石油开发了劣质重油电脱盐工艺，可以进行多种劣质重油的脱盐脱水。

电脱盐操作温度是原油脱盐脱水的关键控制因素。劣质重油由于其密度大、黏度大，电脱盐一般需要较高的温度。但由于大多数劣质重油的常压或减压渣油一般作为生产道路沥青或作为延迟焦化的原料。生产道路沥青时，要满足沥青针入度要求，深拔会使沥青针入度变小；而作为焦化料时深拔其减压渣油的残炭和黏度变高而无法输送或无法加工，从而导致常、减压蒸馏的拔出率不能很高，在这种情况下劣质重油与少量的常 / 减压馏分油换热后，其换后温度达不到电脱盐要求的温度。针对这一问题，中国石油开发了劣质重油电脱盐换热流程，能满足各种劣质重油电脱盐要求的温度。

中国石油根据委内瑞拉超重油工业试验油和委内瑞拉 MEREY16 原油的性质特点，选用配套破乳剂和优化的温度、注水量、破乳剂量、混合强度等电脱盐工艺参数，在辽河石化百万吨级蒸馏装置上进行了委内瑞拉超重油工业试验油电脱盐脱水工业试验，使委内瑞拉超重油工业试验油的盐含量从脱前的 69.8mg（NaCl）/L 降到 5.0mg（NaCl）/L 以下，使委内瑞拉 MEREY16 原油的盐含量从脱前的 68.5mg（NaCl）/L 降到 5.0mg（NaCl）/L 以下。

辽河超稠油运动黏度（100℃）为 902.9mm^2/s，密度（20℃）为 1001.2kg/m^3，灰分为 0.20%，轻组分少，无法进行蒸馏加工。为了更好地利用辽河超稠油资源，辽河石化采用了直接以超稠油为原料的延迟焦化工艺进行加工，但由于辽河超稠油灰分高，焦化生产的石油焦等级低，对产品的销售和经济效益带来了不利的影响。研究发现，辽河超稠油的钙含量达到 348μg/g，是原油灰分的主要来源，通过脱钙处理，灰分大幅下降。辽河超稠油经过降低黏度、密度后，加入适量的脱金属剂、破乳剂和水，采用电脱盐工艺，使原料油的灰分降低了 76%，脱灰分后的超稠油经焦化生产的石油焦由未脱灰分前的 3B 级上升到 1A 级；脱钙工艺对克拉玛依风城超稠油降低焦炭的灰分也有明显效果，相应的灰分脱除率达到 75.5%，风城超稠油经脱钙处理后，焦炭质量水平由原来不足 3B 级提高到 1B 级。

2）应用前景

开发的劣质重油电脱盐脱钙技术在中国石油辽河石化、克拉玛依石化百万吨级工业装置上得到应用。随着石油资源的减少及强化采油技术的不断发展，原油重质化和劣质化的趋势在明显加快，劣质重油加工的比例也不断增加。劣质重油乳化性强，破乳难度大，使得电脱盐的难度增大，如果电脱盐装置处理不好，会给后续加工带来不良影响，难以实现后续加工装置的长周期安全平稳运行。劣质重油电脱盐脱钙技术能够解决以辽河稠油、委内瑞拉重油为代表的劣质重油加工过程中的电脱盐问题，为中国石油实施海外发展战略、发展劣质重油加工提供技术支持。因此，该技术具有广阔的应用和推广前景。

2. 劣质重油加工设备腐蚀防护技术

以委内瑞拉超重油为代表的劣质重油具有高密度、高含硫、高含氮、高残炭、高黏度、高酸值、高重金属含量等特点。由于硫和环烷酸含量高，脱盐难度大，如不能有效应对，在加工过程中必将产生较为严重的设备腐蚀问题，对安全生产造成重大的影响。针对劣质重油的性质特点和可能存在的腐蚀问题，中国石油辽河石化公司在多年来加工辽河稠油的防腐技术基础上开展了深入研究，初步摸清了劣质重油加工过程中的主要腐蚀类型和重点腐蚀部位，同时对相应的防腐技术进行了实验室和现场评定，形成了劣质重油加工的防腐技术方案和腐蚀监测技术方案，为劣质重油加工装置的设计和加工装置的长周期平稳运行提供了技术依据。

针对劣质重油高硫、高酸、高盐含量、高密度等性质特点，根据辽河石化以往加工高酸辽河稠油的防腐经验，初步确定了在劣质重油加工过程中高、低温部位的主要腐蚀类型和重点腐蚀部位。针对低温部位的腐蚀，主要采用系统的实验室缓蚀剂筛选评价技术，筛选出了适用于蒸馏、减黏和延迟焦化等加工装置塔顶低温部位的中和缓蚀剂，并在工业试验期间进行了现场应用试验，确定了缓蚀剂类型和适宜的操作参数；针对高温部位的腐蚀，采用腐蚀在线监测技术和腐蚀监测旁路技术，对辽河石化针对高酸原油加工确定的选材方案进行了现场研究，对重点腐蚀部位的耐蚀材质进行了筛选评价，确定了劣质重油加工过程中高温部位选材方案。在劣质重油加工工业试验期间，还对腐蚀在线监测技术和腐蚀监测旁路技术的选点的合理性和监测结果的有效性进行了现场验证，在此基础上形成了适用于高酸、高硫劣质重油加工过程的腐蚀监测技术方案。

1）主要技术进展

委内瑞拉超重油的酸值为 1.91mg（KOH）/g，硫含量为 26700μg/g，属于含酸高硫原油。通过对原油腐蚀性的系统分析，认为委内瑞拉超重油加工过程中的设备腐蚀主要集中在蒸馏、减黏、延迟焦化等加工装置。在上述装置的高温部位，原料油预热系统和高温侧线需重点考虑高温环烷酸腐蚀问题，防腐措施以材质升级为主，具体可参照高酸原油加工的选材方案；在塔顶低温冷凝冷却系统，由于硫化氢和氯化氢含量较高，腐蚀也将较为严重，防腐措施以工艺防腐为主，但需对防腐助剂进行科学筛选以保证其有效性。

由于劣质重油性质恶劣，对加工设备的腐蚀性较强，因此，必须加强劣质重油加工过程中的腐蚀监测、检测工作，以实现对设备腐蚀破坏的有效监控和预防。针对劣质重油加工过程中的设备腐蚀特点，根据研究和监测需要，建立了腐蚀监测体系，分别选用电感探针腐蚀在线监测技术、腐蚀监测旁路技术和塔顶冷凝水分析技术，对劣质重油加工过程中的设备腐蚀进行系统监测，同时对现有防腐技术方案的有效性进行验证试验。其中，腐蚀在线监测探针的安装部位根据腐蚀分析设置于各个系统的重点腐蚀区域，实现了对劣质重油加工过程中设备腐蚀的全面监测。

针对劣质重油加工过程中的低温系统腐蚀，采用挂片腐蚀试验技术开展了系统的实验室缓蚀剂实验研究。通过对 20 余种缓蚀剂的筛选评价试验，筛选出了适用于蒸馏和减黏装置的工艺防腐助剂，同时确定了相应的工艺防腐技术方案。另外，根据实验室研究结果，提出了延迟焦化装置在加工劣质重油过程中塔顶低温系统无须采用工艺防腐注剂的研究结论。

在委内瑞拉超重油加工工业试验期间，对前期研究确定的防腐技术方案和腐蚀监测方案进行了现场验证。工业试验结果表明，研究筛选出的低温缓蚀剂及配套工艺防腐注剂方案能够有效控制蒸馏和减黏装置塔顶低温系统的设备腐蚀，辽河石化现有的高酸原油加工防腐选材方案能够满足劣质重油加工过程中的设备防腐要求，完全能够满足劣质重油加工装置长周期、安全、平稳运行的需要。同时，提出的腐蚀监测技术方案选点准确、全面，监测结果准确、可靠，与设备的实际腐蚀情况一致，可以作为劣质重油加工装置监测设备腐蚀状况，研究腐蚀规律，评价防腐技术效果的有效手段。

2）应用前景

由于劣质重油性质恶劣，腐蚀性较强，设备腐蚀问题是加工劣质重油的瓶颈问题。研究开发出的劣质重油加工防腐技术方案，不仅包括系统的选材方案和工艺防腐技术方案，还包括全面腐蚀监测技术方案，系统解决了劣质重油加工过程中严重的设备腐蚀问题，同时实现了对设备腐蚀的有效监控。设备是炼化生产的物质基础，该技术可以科学有效地指导设备的设计、制造、安装、使用和维护等环节中的防腐工作，从而全面系统地控制加工劣质重油装置的设备腐蚀问题，保证各生产装置的长周期、安全、平稳运行，为中国石油实施海外发展战略、发展劣质重油深度加工提供技术支持，因此，具有广阔的应用前景。

3. 劣质重油加工污水处理技术

随着世界经济加速发展，常规石油储量日益减少，劣质重油等非常规石油资源将成为 21 世纪能源的重要组成部分。中国石油一直是重油开发的主力军，年增探明石油地质储量中的 13% 来自重油，形成了辽河与新疆油区两大重油生产基地，辽河石化与克拉玛依石化两大加工基地。在全世界范围内，劣质重油加工比例正在逐年加大，上述发展已产生或将要产生一系列环保问题，主要表现为现有污水设施的应变能力不足，难以实现稳定达标排放，形成重大环境安全隐患等。劣质重油加工污水相对于常规炼油污水而言，存在着明显的水质劣势：油水密度差小，油水界面形成时间长，分离难度大；富含表面活性较高物质，水中油高度乳化，破乳难度大；强极性的溶解类非烃类有毒害污染物，极易溶于水，降低微生物活性；碳源结构复杂的溶解类烃类污染物，其 B/C 值偏低，导致生物降解性较差。因此，是一种较难达标处理的石油加工废水，采用常规炼油污水处理工艺难以实现达标。

中国石油针对劣质重油加工污水采用“分质预处理”—“综合处理”的达标排放综合技术方案。对高含油、高含氮污水分别进行预处理，使石油类污油、氨氮和硫化物得到回收，同时降低污水污染物负荷，改善生物降解性能；经过预处理后的高浓度点源污水与清净下水、低含油废水形成综合污水，进入综合污水处理装置，该装置采用“两级物化”“两级生化”，以连续的“废水的可生化性改善 + 污染物微生物厌氧 / 好氧降解”为技术核心，实现劣质重油加工污水处理长周期稳定达标运行的环保目标。

1）主要技术进展

针对劣质重油加工污水水质特点及难降解有机废水处理技术国内外研究的进展进行调研、归纳总结，提出劣质重油加工污水达标处理的最佳方法及其技术组合的研究思路。

劣质重油加工污水水质的综合评价研究。通过长期监测与综合分析，利用族组成分析、GC–MS、FT–ICR–MS 等先进的评价手段，分析对比劣质重油加工污水的水质特征，找出污水水质与所加工原油性质的对应关系；对劣质重油加工污水中的生物毒性污染物、难降解污染物的分布特征展开研究，探讨影响污水处理达标的深层次因素及污水组成特性对处理工艺与设备的特殊要求。提出“污污分流、分质分级”处理的点源污水预处理的控制处理方法，完成对污水的定性与分类，界定出有机污染物含量高、生物毒性强、生化降解性能差的劣质污水，依据水质特性初步确定主要的预处理措施；对于优质水质污水，则主要采用综合处理辅以强化治理手段。

劣质重油加工污水“分质分级”的处理系统。劣质重油加工污水依据污染物种类及处理难度划分为：由原油储罐脱水、电脱盐装置排水、焦炭塔排水等组成的高含油污水；由一次、二次加工装置分馏塔排水组成的高含硫污水；除高含油、高含硫之外的一般点源污水。高含油污水采用“沉降分离收油 + 浮选分离除油”技术，对污水进行收油、降负荷、提高生化性预处理，然后进入综合污水场达标处理；高含硫污水采用“介质过滤除焦粉 + 汽提分离除硫脱氮”技术，对点源高含硫污水预处理，对污水进行除焦粉、回收氮、硫资源、降负荷预处理后，作为电脱盐的用水。高含油污水经预处理后的低含油污水、一般点源污水混合后作为劣质重油加工污水综合处理厂的污水原料。

劣质重油加工污水综合处理采用“调质罐→斜板池→两级气浮（DAF）→一级水解酸化罐→循环活性污泥池（CAST）→脱氮 / 水解酸化池→曝气生物滤池（BAF）→沉淀池”工艺，出水达标排放或进入深度处理装置产水回用。以劣质重油加工污水为处理对象，污水厂对污水总体污染物负荷去除效率在 98% 以上，外排水质主要指标 COD_{Cr} 含量小于 50mg/L、氨含量小于 5.0mg/L、总氮含量小于 15mg/L、含油量小于 1.0mg/L；完全满足国家 GB18918—2002《城镇污水处理厂污染物排放标准》一级 A 标准与辽宁省 DB21/1627—2008《污水综合排放标准》，综合达标率为 100%。综合污水处理直接运行成本为 2.90 元 /t（污水），综合运行成本为 4.90 元 /t（污水）。

劣质重油加工污水处理成套技术开发过程，取得了多项知识产权与成果，分获辽河石化公司技术创新一等奖 1 项、辽宁省自然科学学术成果一等奖 1 项。

2）应用前景

随着国家环保法规和标准健全，环保执法力度加大，公民环保意识的提高，给劣质重油加工企业的环境保护带来巨大压力。如果处理不当，环保问题很可能会成为制约劣质重油加工炼厂可持续发展的“瓶颈”之一。对此，务必要有清醒认识，并在技术上做好准备。

在全世界范围内，劣质重油加工比例正在逐年加大，上述发展已产生或将要产生一系列环保问题，主要表现为现有污水设施的应变能力不足，难以实现稳定达标排放，形成重大环境安全隐患等。中国石油辽河石化公司是全国最大的劣质重油加工企业，对劣质重油加工污水一直进行针对性研究与处理，为“劣质重油加工污水处理技术”的研发成功奠定了基础。本成套技术的研究将系统解决以辽河稠油、委内瑞拉重油为代表的劣质重油加工过程中的污水处理难以标排放的问题，为中国石油实施海外发展战略、发展劣质重油深度加工，为劣质重油加工炼厂的配套污水处理设施建设提供技术支持，因此，具有广阔的应用前景。

五、劣质重油数据库

在重油轻质化重大科技专项支持下，开展中国石油重油数据库建设工作。采用超临界萃取分馏分离评价方法，获得了辽河稠油减渣、辽河混合减渣、塔河减渣、风城减渣、委内瑞拉井口渣油及其减黏裂化渣油、委内瑞拉 MEREY16 减渣、加拿大油砂沥青及其热转化渣油以及伊朗重质原油渣油等 13 种重油的详细性质组成和结构数据，并开展了重油热反应和催化反应性能的研究，建成了重油数据平台“全球劣质重油性质数据库管理系统”[简称“重油数据库”，已获国家软件著作权登记（2012SR035962）]。软件中收录了国内外 52 种常规渣油和劣质重油及其组分的性质组成和结构数据，能对数据进行检索、对比和维护，数据检索包括原料性质、宽馏分性质、窄馏分性质、催化裂化性能、热转化性能等。在图表输出功能中，用户可对选择的原料性质指标对累积收率或特征化参数作图，以表格、曲线和图片形式显示检索结果。通过对已详细分析和评价过的重油油品数据进行聚类分析和数据挖掘，实现了对未知样品的性质预测、收率预测和加工方案筛选、推荐。系统可针对某种样品采用工业化数据拟合回归及智能预测等算法，给出在特定工艺和操作条件下的产品分布。软件系统提供了延迟焦化、催化裂化和减黏裂化 3 种工艺以及梯级分离—加氢处理组合工艺的模拟计算功能。数据库系统采用 SQL SERVER，可运行于局域网或互联网，通过远程连接实现数据的调用和维护，进行样品基本性质及窄馏分性质数据的增加、修改和删减。

1. 主要技术进展

（1）整理录入了国内外 52 种有代表性的重油数据，按来源和性质差异，首次提出了对重油的分类方法，对数据库中的重油进行了分类，见表 3–10，这种分类有助于重油的数据分类管理及性质组成关联预测。

表 3–10 重油分类

类别代码	类别名称	类别代码	类别名称
1	常规原油渣油	2–b	含硫高硫重（稠）油渣油
1–a	低硫常规渣油	3	油砂沥青或超稠油
1–b	含硫高硫常规渣油	4	衍生渣油
2	重（稠）油渣油	4–a	热反应渣油
2–a	低硫重（稠）油渣油	4–b	加氢渣油

（2）数据平台建设。

重油数据平台的建设方案如图 3–10 所示，实现数据在线管理和关联预测，在线输出图表或表格，结合中试及工业装置数据，开发了重油加工方案产品分布预测和重油组合工艺模拟软件。

（3）反应性能预测研究进展。

延迟焦化产率预测可通过设置原料的康氏残炭、硫含量、氮含量和相对密度，调节加热炉辐射出口温度、焦炭塔塔顶温度和压力、循环比、注水比、生焦周期和除焦压力等操作参数，选择延迟焦化、流化焦化和灵活焦化等不同的工艺类型，获得产率和产品分布。

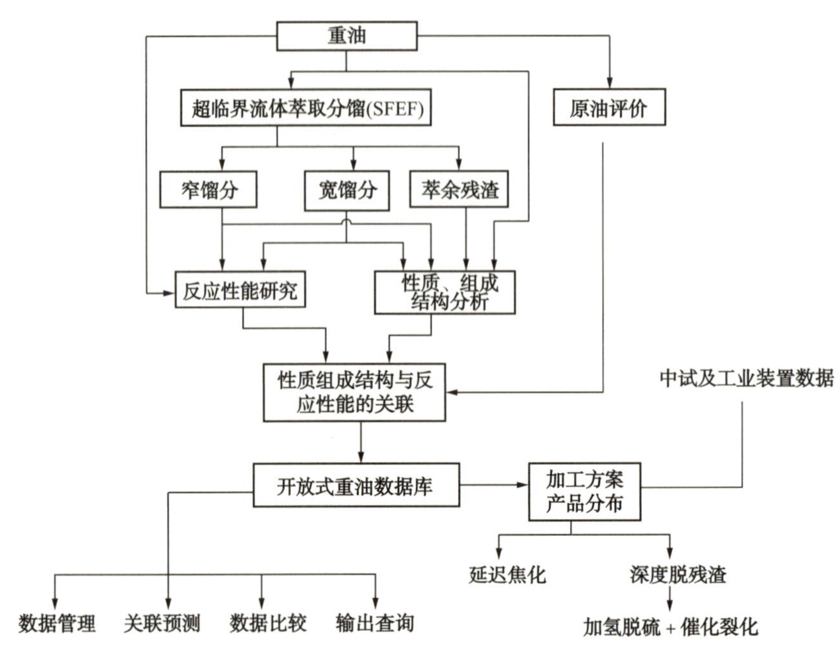

图 3-10　劣质重油的化学评价表征及数据平台建设

催化裂化产率预测通过设置康氏残炭、硫含量、氮含量和相对密度，调节输入或修改50% 馏出温度、催化剂平衡剂的微反活性、提升管出口温度、水油比、剂油比和回炼比等参数，选择流化催化裂化、重油催化裂化等不同的工艺类型，获得产率和产品分布。

减黏裂化产率预测通过设置康氏残炭、硫含量、氮含量和相对密度，调节新鲜原料进装置温度、加热炉入口温度、加热炉出口温度、烟气氧含量和烟气出口温度等操作参数，选择 SSVB 减黏、临氢减黏裂化和供氢减黏裂化等不同的工艺类型，获得产率和产品分布。

重油溶剂脱沥青—脱沥青油加氢处理—沥青流化焦化组合工艺模拟可根据选定的原料，设置典型性质参数，包括镍含量、钒含量、硫含量、残炭、C_7 沥青质含量、API 度、胶质含量和脱沥青油收率等。选择 C_5（正戊烷）、C_4（正丁烷）、C_5—C_4 混合（1∶1）等不同溶剂，可获得:（1）改质油产品分布，产品包括 H_2S、干气、液化气、汽油、柴油、蜡油、DAO（脱沥青油），同时计算给出气体总量、总液体收率和各种液体产品占总液体收率的比例，以及溶剂 + 油的总收率（质量分数和体积分数）;（2）改质油性质，包括 API 度、硫含量、残炭、C_7 沥青质、镍含量和钒含量;（3）加氢改质油产品分布;（4）加氢改质油性质。

软件先后在中国石油大学重质油国家重点实验室、中国石油石油化工研究院、中国石油海外勘探开发公司（CNODC）、中国石油燃料油公司等科研和生产单位投入使用，取得了良好的效果。软件历经 3 次开发升级，形成了稳定的结构和数据积累，具有一定的实用推广价值。

2. 应用前景

该数据平台可用于重油销售、加工企业，给经营管理、生产技术应用及商业决策提供重要支持，也可用于上游重油开发改质和输运数据参考。在用于重油加工利用时，可以根据重油的基本性质，预测其性质组成结构的分布规律，计算以设定加工工艺和操作条件下的延迟焦化、催化裂化和减黏裂化产率，并预测其延迟焦化、催化裂化和减黏裂化产品中的产物分布，以及重油梯级分离—加氢处理—催化裂化组合工艺的产品分布；用于委内瑞拉超重油和加拿大油砂沥青等改质输运生产改质油方面，可以获得梯级分离以及梯级分离耦合流化转化生产改质油的产率及改质油性质，设计重油开发、改质和加工生产的组合工艺。通过对生产过程中的历史数据收集和整理，可增加预测的可用样本数，提高预测的精度，形成辅助生产和研究的重油数据管理平台。

第三节　重油加工技术展望

原油重质化和劣质化趋势日益加重，高硫、高酸、高金属、高残炭和高沥青质含量的劣质原油产量将不断增加，未来相当长时期内重油深度加工提高轻油收率是炼化企业的重要任务：（1）延迟焦化在重油加工领域仍将占主要地位，重点是提高液收和开拓石油焦的高端用途，不产石油焦的灵活焦化等会得到较快发展；（2）溶剂脱沥青技术将获得应用，主要是与催化裂化或渣油加氢技术组合，改善原料性质；（3）重油减黏技术，在保证重油黏度降低的同时，改质油的稳定性好，且投资低，在重油开采中将获得很好的应用；（4）溶剂脱沥青技术，在劣质重油加工方面将获得应用，解决劣质重油输送和提高改质油收率；（5）利用劣质重油的特点，高效脱盐、脱水、污水分级达标处理，是劣质重油加工的首选；（6）对重质原油分离及评价方法标准化、性质与组成结构的研究推进到“石油组学”层面、将重油数据库平台整合到原油数据库中，用于指导重油加工并得到推广应用。

一、劣质重油延迟焦化技术

针对延迟焦化技术状况和发展趋势，提出未来技术的研究方向和重点：

（1）提高装置的灵活性和原料适应性，中国石油成功开发了100%委内瑞拉超重油渣油延迟焦化技术，但是与国外技术相比还有差距，国外焦化装置加工的原料油的康氏残炭可以高达45%，甚至可以加工减压深拔后的减压渣油和更劣质的渣油。我国的辽河超稠油、风城超稠油、塔河油等是世界上最难加工的劣质原油之一，应将开发成功的技术进一步完善，用于国内几种劣质油的高效加工。

（2）加快针状焦技术突破，随着电弧炉炼钢技术和锂离子电池技术的发展，国内对高品质针状焦的需求日益增加，而国内现有的针状焦无论从产能上还是品质上还远远不能满足需求，特别是油系针状焦产能低、技术难度大，应加大投入，加快创新，开发出能稳定生产高品质针状焦的新一代先进成套技术。

（3）减少环境污染，焦化装置的污染主要来自加热炉排放的烟气、冷切焦时排放的废气、吹汽放空产生的废气和废水、冷切焦系统排放的污水、装置产生的含硫污水、石油焦产生的粉尘等。国内通过采用密闭吹汽放空和密闭冷焦水处理使装置污染大大减少，但是石油焦还露天堆放。因此，应开发密闭除焦、密闭输送、密闭仓储技术。炉管烧焦对环境造成一定的影响，国内的机械清焦技术成熟，可普及利用[26]。

（4）进一步优化工艺，提高液体收率和质量[26]。我国的科研工作者对提高液体收率和质量的工艺过程及操作方法的技术做了大量的探索，但是无论从加热温度、反应压力还是循环比来看与国外还有差距。在世界原油价格不断攀升、对清洁燃料油需求量越来越多的情况下，应该筛选优化合适的操作工艺方法，进一步提高液收，增大资源利用率，提高经济效益。

二、劣质重油减黏技术

（1）中国石油将供氢热裂化工艺成功应用于委内瑞拉超重油的降黏，可在实现超重油黏度降低的同时保证改质生成油良好的安定性。该技术未来应用于劣质超重油的改质降黏，可有效规避海外高投资风险，有力支持中国石油开发利用海外重油资源[27]。

（2）在现有技术基础上探索高效热降黏改质手段，以进一步提高改质生成油的 API 度，对提升劣质超重油的改质经济效益及其在能源领域的竞争优势具有重要意义。

（3）利用供氢剂和氢气的协同氢转移效应可增强重油热改质效果，但未工业化；水热裂解降黏广泛用于重油开采领域，对重油降黏改质具有潜在应用前景。开展此类过程的理论和应用基础研究有望推动高效降黏工艺的开发。

（4）在积极探索高效重油降黏新工艺的同时，重油集输需要根据重油规模、油田具体情况及改质目标合理调配降黏改质手段。

三、劣质重油溶剂脱沥青技术

（1）重油深度溶剂脱沥青技术，即“重油梯级分离耦合造粒”工艺已经证明有诸多优越性，可用于劣质重油加工过程，也可用于上游开发，解决劣质重油输运难题，显著增加重油轻质化液体收率和改质油收率[28-33]。

（2）重油梯级分离耦合造粒工艺经过 1.5×10^4t/a 工业示范装置的实验验证，但还没有真正实现百万吨级工业化应用，还需要工艺工程诸多方面的努力，如萃取装备大型化的传质强化和放大规律，单塔多段逆流萃取降低总溶剂比和提高萃取效率的工程实施，耦合造粒过程的装备放大规律和工程实现，硬沥青粉的大规模工业应用也是非常重要的问题。

（3）劣质重油梯级分离耦合流化热转化技术已进入中试阶段，沥青粉可直接进入流化热转化，热转化生成的焦粉部分燃烧为反应供热，同时解决溶剂回收和硬沥青粉的应用问题，还可进一步增加液收 10 个百分点，值得进一步开展系统的工艺工程研究。

四、劣质重油电脱盐、腐蚀防护及污水处理技术

随着近年来炼油二次加工及三次加工技术的发展，对原油脱盐后盐含量的要求越来越苛刻，电脱盐这个原油预处理过程变得越来越重要，新的电脱盐技术不断涌现，高效、低耗、环保的原油电脱盐脱水新技术将会得到更加广泛的应用。

虽然中国石油在劣质重油加工过程中的设备腐蚀防护技术方面取得了一定的成果，但近年来随着原油劣质化、大量高硫进口原油的掺炼等也使设备腐蚀问题出现了新的变化，更为科学、经济、有效的劣质重油加工腐蚀防护技术和管理模式的应用，将是确保劣质重油加工装置长周期安全平稳运行的有效方法。

劣质重油加工污水达标处理技术属于中国石油自主开发的成套劣质重油加工污水达标处理工艺。其“分质分级”处理、“生化性调控”处理、“循环活性污泥”法、“后置生物

脱氮”处理等技术将成为国内外重油加工污水达标处理的主流技术并会广泛应用到工程实践中。

参考文献

[1] 安晓熙，田原宇，冯娜. 重油热加工技术的研究进展 [J]. 化工文摘，2008 (3)：55-57.

[2] 李出和. 国内外延迟焦化技术对比 [J]. 石油炼制与化工，2010，41 (1)：1-5.

[3] 侯芙生. 发挥延迟焦化在深度加工中的重要作用 [J]. 当代石油石化，2006 (2)：3-7，12.

[4] 王春花，张喜斌. 浅谈延迟焦化技术进展 [J]. 惠州学院学报（自然科学版），2010，12 (30)：13-17.

[5] 姚国欣. 努力提高轻油收率用好用足每一桶原油 [J]. 当代石油石化，2007，15 (8)：7-13.

[6] Ali M F，Abbas S. A Review of Methods for the Demetallization of Residual Fuel Oils [J]. Fuel Processing Technology，2006，87 (7)：573-584.

[7] 于连东. 世界稠油资源的分布及其开采技术的现状与展望 [J]. 特种油气藏，2001，8 (2)：98-103.

[8] 孙柏军，阙国和，梁文杰. 孤岛减压渣油供氢剂临氢减粘裂化的研究 [J]. 石油炼制与化工，1991 (2)：62-66.

[9] 孙柏军，阙国和，梁文杰. 减压渣油供氢剂临氢减粘裂化的研究（二）[J]. 石油炼制与化工，1991 (4)：62-66.

[10] 王宗贤. 渣油悬浮床加氢裂化生焦及抑焦机制 [D]. 北京：石油大学，1999.

[11] 郭爱军，王宗贤，张会军，等. 减压渣油掺炼工业供氢剂缓和热转化的基础研究 [J]. 燃料化学学报，2007，35 (6)：667-672.

[12] 王治卿，任满年，郭爱军，等. 丁烷脱油沥青掺兑催化裂化油浆的减粘裂化研究 [J]. 炼油技术与工程，2007，37 (1)：6-9.

[13] 刘东，邓文安，周家顺，等. 辽河减压渣油供氢减粘裂化反应性能研究 [J]. 中国石油大学学报：自然科学版，2002，26 (2)：86-87.

[14] And K A G，I A W. Natural Hydrogen Donors in Petroleum Resids [J]. Energy & Fuels，2014，21 (3)：1199-1204.

[15] Guo A，Wang Z，Zhang H，et al. Hydrogen Transfer and Coking Propensity of Petroleum Residues under Thermal Processing [J]. Energy & Fuels，2010，24 (5)：3093-3100.

[16] Wang Z，Ji S，Liu H，et al. Hydrogen Transfer of Petroleum Residue Subfractions during Thermal Processing under Hydrogen [J]. Energy Technology，2015，3 (3)：259-264.

[17] 刘贺，陈坤，王宗贤，等. ^{1}H-NMR 评价不同重油缓和热转化过程中的相对供氢能力 [J]. 燃料化学学报，2013，41 (10)：1191-1198.

[18] 王宗贤，何岩. 辽河和孤岛渣油供氢与生焦趋势 [J]. 燃料化学学报，1999，27 (3)：251-255.

[19] 郭爱军，王宗贤，阙国和. 饱和烃热裂化夺氢氢转移能力研究 [J]. 燃料化学学报，2001，29 (5)：404-407.

[20] 郭爱军，王宗贤，阙国和. 饱和烃促进渣油热反应初期生焦的考察 [J]. 燃料化学学报，2001，29 (5)：408-412.

[21] 王齐，王宗贤，沐宝泉，等. 委内瑞拉常压渣油供氢热转化研究 [J]. 燃料化学学报，2012，40 (10)：1200-1205.

[22] 王齐，郭磊，王宗贤，等. 委内瑞拉减压渣油供氢热转化基础研究 [J]. 燃料化学学报，2012，40

（11）：1317–1322.

［23］王齐，郭磊，王宗贤，等．委内瑞拉减渣供氢热转化中沥青质结构变化研究［J］．燃料化学学报，2013，41（9）：1064–1069.

［24］王齐，王宗贤，庄士成，等．劣质渣油热改质与供氢热改质［J］．石油学报（石油加工），2014，30（3）：439–445.

［25］张龙力，杨国华，阙国和，等．常减压渣油胶体稳定性与组分性质关系的研究［J］．石油化工高等学校学报，2010，23（3）：6–10.

［26］瞿国华．延迟焦化工艺在重质 / 劣质原油加工过程中的地位和发展［J］．炼油技术与工程，2010，40（6）：1–7.

［27］张锡泉，梁文彬，周雨泽，等．延迟焦化装置工艺技术特点及其应用［J］．炼油技术与工程，2010，40（5）：21–24.

［28］李晓文．溶剂脱沥青的技术进展与工艺优化［J］．中外能源，2007，12（2）：68–75.

［29］张翠侦，王凯，张海洪，等．溶剂脱沥青技术浅析［J］．广东化工，2013（16）：93–94.

［30］张田英，王辉，卞玉涛．戊烷溶剂脱沥青装置技术改造［J］．石油炼制与化工，2012（3）：15–18.

［31］孙会东，邢定峰，张福琴．重油脱碳工艺技术研究进展［J］．石油科技论坛，2008（6）：36–41.

［32］徐春明，赵锁奇，卢春喜，等．重质油梯级分离新工艺的工程基础研究［J］．化工学报，2011，61（9）：2393–2400.

［33］赵凯，杨博，范良学，等．ROSE 技术在溶剂脱沥青工艺中的应用［J］．炼油技术与工程，2015（2）：1–5.

第四章　润滑油、沥青和石蜡生产技术

中国是润滑油和沥青的消费大国及石蜡的生产大国，润滑油、沥青和石蜡是中国石油三大炼油特色产品，是重要的石油化工产品。

润滑油是技术要求最复杂的石油产品之一，近年来全球需求量约 3500×10^4t/a，我国年消费量约 700×10^4t。润滑油与汽车、机械、交通运输等支柱产业的发展密切相关，涉及国民经济发展和国家安全保障的各个方面。因此，全球著名石油公司都十分重视润滑油的技术研发和市场营销，把润滑油作为展示企业整体技术实力和品牌形象的窗口。

沥青是道路等基础设施建设的重要材料，也是石油加工利用的最后一环，全球产销量约 5×10^8t/a，其中 85% 以上用于道路建设。我国仍处在经济高速发展时期，基础设施建设对沥青需求巨大，每年消费约 3000×10^4t，而国内供给约 2500×10^4t，高档特色产品需求较大，中国石油着力通过技术进步来满足现阶段国家基础设施建设需要，并提高炼油加工的整体效益。

石蜡全球消费量约 310×10^4t/a，主要应用在包装和装饰美化，消费市场主要在欧美发达国家，中国石油的大庆原油等石蜡含量丰富，石蜡产量约 120×10^4t/a，近年来中国石油在石蜡生产技术发展方面主要是石蜡的深度精制和差别化特色产品开发，调整产品结构，满足市场多样化需求并提高附加值。

本章主要介绍了润滑油、沥青和石蜡的技术发展现状和中国石油在这三类特色产品的技术开发方面所取得的技术成果，并针对高档润滑油、沥青、石蜡产品的技术发展趋势做了分析和展望。

第一节　高档润滑油生产技术

润滑油是重要的炼油化工产品，在人类社会发展过程中，尤其是近现代工业背景下，均发挥了重要的作用，据行业咨询机构统计，全球 2006—2015 年的润滑油需求量稳定在 3500×10^4t/a 左右，亚太地区逐渐成为全球润滑油的主力消费市场，尤其是中国 2005—2010 年的润滑油年均增幅达 6% 左右，比肩美国成为全球两大润滑油消费市场，年需求量维持在 700×10^4t 以上（图 4-1）。

作为中国经济发展晴雨表的润滑油产业，进入 2010 年后，在汽车工业发展“刹车”以及制造业增速放缓的影响下，增长势头放缓，至 2015 年，中国经济发展进入新常态，传统产业技术改造和升级以及战略性新兴产业的投入加大，与润滑油产业相关度高的核心产业整合并淘汰落后产能，高档润滑油产品普及及其带来的换油期延长，均对中国润滑油市场的规模产生深远的影响。

中国石油作为国内主要的油气供应商之一，润滑油业务起步于 20 世纪 50 年代，持续半个多世纪的不断投入，在国防和民用方面都开发了性能优异的产品，积累了丰富的经验。2000 年，整合旗下润滑油业务，成立了集研发、生产、销售和服务于一体的润滑油、润滑脂和添加剂专业化公司——中国石油润滑油公司，现今中国石油润滑油生产和销售网络遍布全国。

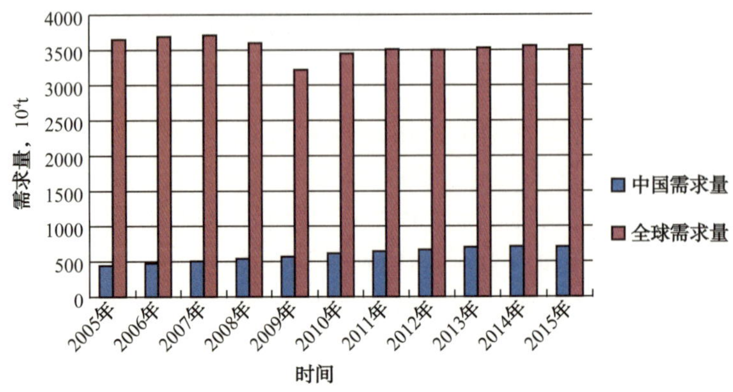

图 4-1 全球和中国润滑油市场 2005—2015 年需求量变化趋势图

为了支持润滑油技术开发，中国石油于 2008 年 11 月批准成立润滑油重点实验室，由中国石油润滑油公司独立负责其建设任务，该项目是中国石油天然气集团公司 40 个重点实验室 / 试验基地建设项目之一。润滑油重点实验室由齿轮油研究室、汽轮机油液压油船用油研究室、变压器油研究室构成。2010 年 12 月，实验室通过专家评审，正式挂牌运行。运行以来，润滑油重点实验室在高档润滑油产品开发、实验方法的建立、基础研究的开展等方面发挥了重大作用。在已有的大连、兰州和克拉玛依"两院一所"的基础上进行建设，包括 10 个研究室，并建立和完善了包括工业齿轮油、船用油等性能评价流程。润滑油重点实验室将建成为润滑油及其添加剂领域达到国际一流水准的研发基地。近年来，随着产业升级和竞争的加剧，润滑油企业间的竞争更多地显现出技术竞争的势头。

一、国内外润滑油技术现状及发展趋势

欧美等发达国家的润滑油技术起步较早，润滑油的种类细分和质量标准已臻成熟，尤其是润滑油产品研发和评价技术方面，依托于强大的机械设备开发能力，对全世界的润滑油品发展具有深刻的影响，美国石油学会（API）标准和欧洲汽车制造商协会（ACEA）标准在车用润滑油脂方面以及国际标准化组织（ISO）和德国标准化组织（DIN）标准在工业润滑油方面对全世界都有巨大影响。

我国润滑油技术的起步较晚，经过 60 年几代人的艰苦努力，大部分产品领域差距逐渐缩小，部分领域已取得一些优势。在特高压直流变压器用油等方面已处于领先地位，齿轮油、液压油等优势产品技术达到国际先进水平，汽车发动机油等接近世界水平，面临建立自主产品标准和评价体系的任务与机遇。

润滑油属于润滑剂类的一种，根据 GB/T 498—1987（2004）的分类法则，整个润滑剂及相关产品，被分为"L"类；GB/T 7631—2008 对"L"类产品进行总分，形成了内燃机油、液压油、齿轮油、压缩机油等 17 大类。一般按照产品类型，习惯上分为润滑油、润滑脂、金属加工液，按照应用工况又可分为车用油、工业油、船用油、特种油等。

润滑油在润滑剂中使用量占比最大，就润滑剂的技术发展现状和趋势来说，润滑油具

有重要的代表意义，而润滑油中工业油和车用油的技术水平基本可以代表润滑油的整体水平。

润滑油主要由基础油和添加剂两部分组成，润滑油的技术水平主要体现在添加剂单剂开发技术、复合剂复配技术和基础油生产工艺技术，本节主要根据应用对象以标准、规格等具有代表性和可比性的方面，对车用发动机油、齿轮油、船用油、变压器油等代表性产品的技术发展现状和产业趋势予以分类阐述。

1. 汽油机油技术

我国 2015 年汽车产量超过 2400×10^4 辆，蝉联全球第一，并且发展势头迅猛。车用发动机油占整个润滑油消费的半壁江山，也被认为是技术含量最高、发展最快的润滑油品类，由于发动机技术发展和环保要求提高，形成了相对集中的技术规格。20 世纪 80 年代以来，技术、节能和减排等因素的推动，使得以欧美为代表的发动机油规格发展不断加快。

车用发动机油由黏度等级和质量等级两方面构成，其中黏度等级参照美国汽车工程师协会 SAEJ 300 标准进行分类；质量等级方面则分成了汽油机油、柴油机油等不同类型，认可度较高的有美国石油学会 API、欧洲汽车制造商协会 ACEA、国际润滑剂标准化及认证委员会 ILSAC 三种规格体系。这些规格对全球的润滑油规格发展起着引导作用，这些润滑油规格之间因发动机的设计、使用工况、排放控制技术以及燃料方面因素，既有共同之处，又有所差异。总而言之，推动发动机油品规格进步的主要动力依然是发动机技术、节能和排放要求三个方面。

API 规格由 API 负责审批和发布，API、美国材料试验协会（ASTM）和 SAE 共同对汽车发动机润滑油的使用性能、质量等级制定分类标准。截至 2015 年底，API 规格中汽油机油的 SC、SD、SE、SF、SG、SH 产品级别标准已废除，只剩 SJ、SL、SM、SN 4 个级别，性能要求和使用范围见表 4–1。

表 4–1 API 汽油机油质量级别分类

API 分类	使用性能说明
SJ	1996 年认可，其发动机性能与 SH 相同，但增加了过滤性、高温抗泡、高温沉积物、凝胶指数等模拟台架试验，为保护催化转化器使用寿命，磷含量由 0.12% 降至 0.10%，适应于排放要求更严的汽车，也用于推荐使用 SG、SH 级油的汽车
SL	适用于 2001 年以后生产的新型高档轿车和赛车，如奔驰、宝马、法拉利等，满足欧Ⅲ排放标准
SM	适用于 2004 年以后生产的新型高档轿车及赛车，如奔驰、宝马、法拉利等，满足欧Ⅳ排放标准。卓越的积炭、油泥抑制能力和抗氧化能力，降低机油消耗
SN	适用于 2011 年以后生产的汽油发动机的润滑。包含装备汽油发动机的乘用车、运动型多用途车、货车和轻负荷卡车。旨在提供改善高温润滑保护，改善发动机、活塞清洁度

ACEA 发动机油规格 1996 年首次颁布，大约两年变化一次，最新的三个版本是 2008 年、2010 年、2012 年版本，其中 ACEA 2012 的内容在上一版的基础上进行了较大改动，模拟性能测试中增加了生物柴油氧化试验和低温泵送性试验要求，台架试验增加了直喷柴油发动机中温分散试验和生物柴油对润滑油性能影响试验。ACEA–08 及之后的汽油机油规格发展历程见表 4–2[1]。

表 4-2　ACEA 汽油机油规格发展特点

时间	规格版本	要点及其变化
2008 年	A1/B1-08，A3/B3-08，A3/B4-08，A5/B5-08	性能整体有所提升。A1/B1 TU5JP 指标变严，A3/B3、A3/B4、A5/B5 M111 黑色油泥指标变严，DV4TD 取代 XUD11BTE，OM646LA 取代 OM602A，VWTDI 取代 VW1.6TCD 试验，指标变严
2010 年	A1/B1-10，A3/B3-10，A3/B4-10，A5/B5-10	A3/B3、A3/B4 灰分提出下限值，A1/B1 M111 黑色油泥指标变严，A3/B4 VWTDI EOTTBN 指标变严
2012 年	A1/B1-12，A3/B3-12，A3/B4-12，A5/B5-12	A1/B1 蒸发损失变严，A5/B5 增加生物柴油模拟氧化试验，A1/B1、A3/B4、A5/B5 增加老化油低温泵送试验，A1/B1、A3/B3、A3/B4、A5/B5 引入 DV6C 台架，A3/B4、A5/B5 引入生物柴油台架，A1/B1、A3/B4、A5/B5 OM646LA 指标变严，A1/B1 VWTDI 指标变严

国际润滑油标准及认可委员会（ILSAC）是由日本汽车制造商协会、戴姆勒克莱斯勒公司、福特汽车公司（Ford）和通用汽车公司（GM）等组成的国际性组织，其成员是日本和北美技术具有代表性和影响力的汽车生产商。

ILSAC 规格由 ILSAC 负责公布，由 API 代行认证，ILSAC 规格升级是汽油机油节能性要求提高的集中体现，各大 OEM 对发动机技术不断进行升级改进，以提高燃油经济性的同时减少排放。ILSAC 相继推出了 GF-1（1992 年发布）、GF-2（1996 年发布）、GF-3（2000 年发布）、GF-4（2004 年发布）和 GF-5（2009 年发布）汽油机油规格，主要是在 API 对应标准上增加了燃油经济性要求（表 4-3）。

表 4-3　当前国际主要轿车发动机油规格对比

类别	API	ILSAC	ACEA	
质量级别	SF、SG、SH、SJ、SL、SM、SN	GF-1、GF-2、GF-3、GF-4、GF-5	A3/B3、A3/B4、A5/B5	C1、C2、C3、C4、C5
适用范围	汽油发动机油	有节能要求的汽油机油	轻负荷柴油机油 / 汽油机油	
			A5/B5 有节能要求	加装尾气处理装置的轿车，有节能要求
元素限定	对硫、磷含量限定逐渐严格	对硫、磷含量限定逐渐严格	元素没限定，对碱值、灰分有要求	硫含量、磷含量、灰分有要求
采标情况	美国及美系 OEM	美国及美系 OEM	欧洲及欧系 OEM 使用，通用也采用部分 ACEA 标准台架试验	

在上述三种规格基础上，各 OEM 根据各自发动机的要求增加了内部发动机测试试验，形成 OEM 规格，性能要求更加苛刻，如德国大众 VW50X 系列轻负荷发动机油规格、通用的 Dexos®规格、奔驰的 MB-Approval 规格等，OEM 规格正逐渐成为重要的发动机油规格。但随着汽车及相关零部件全球发展一致性和国际业务趋同性要求，国内外不同产地的同一家 OEM 对润滑油的标准也在逐步统一。

据中国汽车工业协会统计分析，2015 年我国轻负荷轿车整车的销售份额中国内品牌占 41%，德系车约占 19%，日系车占 16%，美系车占 12%，韩系车占 8%，法系车占 3%，美系、日系、韩系及中国品牌的轻负荷轿车发动机油主要满足北美 API/ILSAC 规格，欧洲车系，如德系和法系则主要满足 ACEA 规格。润滑油产品为满足不同车系的要求，API 规格产品和 ACEA 规格产品将兼而有之。

中国汽油机油国标 GB 11121—2006《汽油机油》基本参照 API 规格制定，并一定程度上考虑中国的实际情况，最高质量级别是 SL/GF-3，与 API 最高质量级别 SN/GF-5 相差两个级别。

为进一步通过技术提升来降低乘用车燃油消耗，中国工业和信息化部 2011 年启动了汽车燃料消耗量标准及政策研究，在借鉴国际经验的基础上，根据中国汽车产业发展实际情况，制定并实施了 GB 19578《乘用车燃料消耗量限值》和 GB 27999《乘用车燃料消耗量评价方法及指标》等有关汽车燃料消耗量试验方法、限值和标识的重要标准。2012 年 6 月 28 日，国务院发布《节能与新能源汽车产业发展规划（2012—2020 年）》，据研究，欧盟、美国、日本分别对应国标的 5.2L/100km、6.7L/100km、5.9L/100km 燃油消耗量，我国为 6.9L/100km，明确了我国汽车节能标准的整体目标，要求 2020 年当年乘用车新车平均燃料消耗量达到 5.0L/100km。

2. 柴油机油技术

API 柴油机油标准大约每 4 年更新一代。1991 年，为了提高燃料的经济性，控制颗粒物排放，推出了 CF-4 规格；1994 年，为了满足低硫燃料发动机的润滑要求，推出了 CG-4 规格；1998 年，为了降低氮氧化物排放、适应高烟炱含量以及延长换油期，推出了 CH-4 规格；2002 年，为了适应 EGR 技术和涡轮中冷增压技术，推出了 CI-4 规格；2006 年，为了适应新的发动机尾气排放控制技术和后处理技术，推出了 CJ-4 规格，预计今后一段时期 CI-4/CI-4+、CJ-4 将成为主流产品。

API 要求柴油机油必须通过相应级别所要求的台架测试，CF-4 至 CJ-4 级别所需要通过的发动机台架试验见表 4-4。

表 4-4　API 规格所要求通过的发动机台架试验

项　目	CF-4	CH-4	CI-4	CJ-4
氧化腐蚀	L-38	—	—	—
机油耗、活塞沉积物	Cat.1K（2）	Cat.1K，Cat.1P	Cat.1N，Cat.1R	Cat.1N
活塞环和缸套磨损	Mack T-9（代替 T-6）	Mack T-9	Mack T-10	Mack T-12
烟炱引起的黏度增长	Mack T-8E（代替 T-7）	Mack T-8E	Mack T-8E+	Mack T-11
烟炱引起的滑动挺柱磨损，过滤性和油泥控制	—	Cummins M-11（HST）	Cummins M-11EGR	—
高温抗氧性	—	Ⅲ E	Ⅲ F	Ⅲ G/ Ⅲ F
滚动随动轮磨损	—	RFWT	RFWT	RFWT
空气释放性	—	EOAT	EOAT	EOAT
机油耗、活塞沉积物	—	—	—	Cat.C-13
烟炱引起的阀系磨损、过滤性、油泥	—	—	—	CumminsISM
烟炱引起的阀系磨损	—	—	—	CumminsISB

ACEA 柴油机油的发动机台架试验相对较少，除借鉴部分美国柴油机油台架试验外，还根据实际需要，发展了自己的发动机台架试验，从而能更好地满足欧洲发动机的工况及润滑要求。从发动机的设计特点和试验方法看，ACEA 更注重发动机的高温清净性和气缸

套的抛光及磨损，这也是欧系发动机与美系发动机的主要区别，ACEA-08 及之后的标准升级的变化见表 4-5。

表 4-5 欧洲重负荷柴油机油演变

规 格	油品规格	变 化
ACEA-2008	E4-08，E6-08，E7-08，E9-08	取消了 E2-96，增加了 E9-08。将 E6-04、E7-04 提升到 E6-08、E7-08，对氧化和腐蚀性能限制进行了修订。增加涡轮增压器的评价；OM646LA 试验代替 OM364LA 发动机试验；Mack T-11 代替 Mack T-8 试验；OM501LA 试验代替 OM602LA 发动机试验；对 Mack T-12 试验结果限制进行了修订
ACEA-2010		基本内容变化不大
ACEA-2012	E4-12，E6-12，E7-12，E9-12	总体变化不大。将 E4-08、E6-08、E7-08、E8-08 提升到 E4-12、E6-12、E7-12、E9-12。对橡胶相容进行了修订，使用新的奔驰橡胶 DBL-AEM 替换 AEM-VAMAC，也不再使用奔驰方法，而与其他橡胶材料一样使用 CEC L-093 方法测定，指标苛刻度与其他橡胶基本相同

日本 JASO 规格中 JASO M 355：2000 标准含有 DH-1、DH-2 两种针对重型车辆的规格，2008 年 8 月，日本在 2005 版规格基础上又出台了新的柴油机油规格及应用指南，与以往版本的主要区别在于：在 DH-2，DL-1 发动机油基础上改变了氯含量限制；增加了 Mack T-8E 和 T-11 台架试验，以代替烟炱分散发动机试验，但其市场影响力相对有限。

我国柴油机油规格是跟随 API 规格演变而来的，当前中国柴油机商用车领域发展速度加快，整车国产化率水平不断提高，发动机技术也以适应中国国情为主，但是我国重负荷发动机油仍然沿用美国 API 规格，柴油机油的国家标准 GB 11122—2006 最高质量级别为 CI-4，无法较好满足技术发展和排放法规带来的多样化需求，亟须建立适应中国国情的发动机油标准。

3. 齿轮及传动系油技术

齿轮油在汽车和工业领域都有广泛的应用，根据适用对象主要分为车用齿轮油和工业齿轮油。车用齿轮油又称为传动系油，根据其使用对象和工况主要包括变速箱油和驱动桥油；变速箱油根据变速箱作用机理主要分为手动变速箱油和自动变速箱油。工业齿轮油根据设备类型主要分为开式齿轮油、闭式齿轮油等。

商用车手动变速箱油方面，1997 年 SAE、ASTM 和 API 推出了 MT-1 规格，适用于非同步的重型卡车及公共汽车的手动变速箱，在北美地区相当普遍，但在其他地区却难以普及；欧洲绝大多数中、重型商用车配备了同步器变速器，欧洲汽车制造商也已经开始制定手动变速器油的规格，由 CEC 与 SAE 共同商讨对 API GL-4 规格进行升级，在原规格基础上增加同步器耐久性、抗点蚀、动力密封性能和氧化 / 热稳定性等性能。中国国内的商用车中，同步器的使用率达到 80% 以上，但国内市场变速箱用油没有统一规范，以使用 GL-4、GL-5 级别油品为主。

国外商用车手动变速箱油 OEM 规格主要是伊顿（Eaton）、曼（MAN）、沃尔沃（Volvo）、采埃孚（ZF）等，如 Eaton S-series、MAN 341TL、Volvo 97305/97307、ZF-TE-ML-02B/D、Scania STO 10、DC 235.1 等，上述规格均对油品的承载能力和抗点蚀能力提出了较高的要求。国内 OEM 没有自己的商用车手动变速器油规格，通常为了节约成本，大部分商用车手动变速器使用 GL-5 油品，国内商用车市场占有率较高的中国重汽、东风商用车、中国一汽、北汽福田等的商用车手动变速箱配件有一部分为自己下属变速箱厂生产，但是技术借鉴或引进自国外，所以对油品的 OEM 认证要求越来越高。

乘用车手动变速箱油方面，20 世纪 80 年代后期，SAE、ASTM 和 API 开始研究车辆齿轮油的换代问题，提出了 PM-1 规格，主要适用于带有同步器的乘用车手动变速箱，要求良好的同步性能、-40℃下的低温流动性、热氧化安定性、密封适应性、抗泡性、防腐蚀和抗点蚀等。国际上各大汽车 OEM 根据各自手动变速器的构造特点和润滑要求，设立相应台架试验，提出了满足不同机械式变速箱润滑要求的手动变速箱油规格。但迄今尚没有统一的被广大 OEM 认可的乘用车手动变速箱油国际标准。

驱动桥油方面，国际上主流规格有 API 规格、美国军方（MIL-L 系列）规格和 SAE 规格。在用的主要是 API GL-5 规格，满足北美大部分汽车驱动桥齿轮油的需求，在北美 GL-5 使用率占 80% 左右；美军 1998 年颁布了 MIL-L-2105E 规格，是在 MIL-L-2105D 的基础上增加的 MT-1 规格，满足该标准的油品具有优异的极压抗磨性、抗磨耐久性和热氧化安定性，MIL-L-2105E 曾经是世界最先进的车辆齿轮油标准，但其受美军认证限制较大。因此，ASTM 制定了全球质量标准 SAE J2360，并于 2005 年替代 MIL-PRF-2105E 标准。SAE J2360 标准有两个明显要求:（1）通过重型载重卡车 32×10^4km 及轻型车 16×10^4km 行车试验;（2）性能评审协会（PRI）根据 SAE J2360 标准的定义独立评审批准并监督产品。

欧洲没有统一的车辆齿轮油规格，一般也采用 API 车辆齿轮油规格，增加一些汽车公司内部试验，如密封材料兼容性试验。但各汽车厂基本都有自己的 OEM 规格，如 Dana SHAES 429Rev.A 等规格，这些 OEM 规格对油品的热氧化安定性、抗点蚀、材料兼容性等做出了更多的要求。

1992 年，中国参照美军 MIL-L-2105D 规格，制定重负荷车辆齿轮油标准（GB 13895—1992），并在 2004 年进行了修订，多年来国内驱动桥油仍以满足 API GL-5 规格为主。

4. 工业齿轮油技术

现代工业齿轮要求油品具有更高的热稳定性、抗乳化性和高温极压抗磨性能，工业齿轮油的规格以美国齿轮制造者协会（AGMA）和美国钢铁技术协会（AIST）最具权威性和代表性，这两个规格对油品的极压性能、抗乳化性能、防锈性能和热氧化性能都要求较为严格。

欧洲常用 David Brown 规格以及 DIN 51517（Ⅲ）规格，DIN 51517（Ⅲ）规格中增加了 FVA 54 抗点蚀试验、FAG FE-8 轴承磨损试验、SKF EMCOR 轴承腐蚀试验等。近年来由于工业齿轮设备润滑工况的变化，Flender（工业齿轮齿轮箱制造商）规格成为 OEM 最具代表性的规格。

中国工业齿轮油研发从 20 世纪 70 年代初期开始起步，伴随钢铁、煤炭、水泥等工业的发展，尤其是这些行业引进了一些比较先进的设备，对工业齿轮油提出了较高的技术要求，经过“七五”“八五”攻关研制了性能水平相当于 AGMA 250.03 和 AIST 224 的重负荷工业齿轮油，之后根据 AGMA 及 AIST 标准分别制定了工业闭式齿轮油国家标准 GB 5903—2011，其中 L-CKD 工业闭式齿轮油质量完全达到 AIST 224 标准，从而使我国工业闭式油的质量水平与国外同类产品相当，满足国内机械、钢铁、建材、煤炭等行业的需求。

5. 船用发动机油技术

船用油按照润滑部位分类，主要包括气缸油、中速机油和系统油，发动机技术升级、海洋排放法规趋严、燃料质量提升是船用润滑油技术发展的主要推动力。

船用润滑油目前尚没有统一的国际标准，世界主要的船用发动机OEM、石油公司及添加剂公司的船用油标准自成体系，产品质量标准从理化性能指标和行船试验验证两方面进行考察。美孚（Mobil）、壳牌（Shell）、BP、雪佛龙（Chevron）和道达尔（Total）等世界知名石油公司得益于与国际船公司的紧密联系和海运条件，在技术方面处于全球领先地位，并且具有主要船用发动机OEM的评定台架，主要船用润滑油产品均获得OEM认证，五大石油公司在国际船用油市场上占有90%以上份额。国内船用油尤其是大型船舶配套用油主要还是以满足OEM要求为准，市场遭到来自全球产品的竞争压力，国际品牌船用油占有国内船用润滑油70%左右的市场份额。

6. 环烷基油生产和应用技术

中国石油环烷基油特色产品主要有变压器油和橡胶油。

1）变压器油

矿物油型变压器油执行的产品标准大体可分为两类：一类是国际（家）标准，如国际电工委员会的IEC 60296标准、美国材料试验协会的ASTM D3487标准以及英国国家标准BS 148、德国国家标准DIN VDE 0370-1、日本国家标准JIS C2320、中国国家标准GB 2536等；另一类是变压器制造商或运营商的企业标准，典型的有美国杜比（DOBLE）的TOPs标准、西门子（SIEMENS）的TUN 901293标准、ABB的1ZBA 117 001标准及中国电力行业DL/T 1094—2008《电力变压器绝缘油选用指南》等。

合成型绝缘油市场上，主要有硅油和酯类油，用于对电气设备有防火要求的场所。国际市场上，硅油主要执行IEC 60836和ASTM D4652硅油绝缘油标准，酯类绝缘油执行IEC 61099标准。

中国变压器油标准2012年6月1日以前按电压等级分为普通变压器油（GB 2536—1990）和超高压变压器油（SH 0040—1991），分别参照IEC 60296-82和ASTM D3487-82标准制定。普通变压器油按低温性能分为10号、25号和45号3个牌号；超高压变压器油按低温性能分为25号和45号两个牌号。2012年6月1日，修订后的GB 2536—2011标准在正式颁布实施后，名称、牌号和技术指标都发生很大变化，对变压器油生产企业的影响巨大，差异分析见表4-6。

表4-6 新旧版国家变压器油标准差异分析

项目	新标准	旧标准
标准名称	GB 2536—2011《电工流体 变压器和开关用的未使用过的矿物绝缘油》	GB 2536—1990《变压器油》、SH 0040—1991《超高压变压器油》、SH 0351—1992（2007）《断路器油》
产品品种	变压器油、低温开关油	变压器油、超高压变压器油、断路器油
抗氧剂含量	不含（U）、微量（T）、加抗氧剂（I）	均含抗氧剂
按质量	按氧化安定性：通用技术要求、特殊技术要求（较高温度下运行的变压器，或为延长使用寿命而设计的变压器的用油）	按析气性：变压器油（330kV及以下）、超高压变压器油（500kV）
按低温性能	按最低冷态投运温度（LCSET）要求，分0℃、-10℃、-20℃、-30℃、-40℃、-50℃	按倾点，分-10℃、-22℃、-45℃（凝点）

国内现有变压器油产品满足国家标准GB 2536—2011（该标准是修改采用IEC 60296—2003重新起草）的技术要求，不能满足IEC 60296—2012版氧化安定性指标要求，GB 2536—

2011 标准与第四版 IEC 60296—2012 标准主要差异见表 4–7。

表 4–7 现行国家变压器油标准与国际规范 IEC 60296—2012 的差异

<table>
<tr><td>指 标</td><td colspan="4">GB 2536—2011/
IEC 60296—2003</td><td colspan="4">IEC 60296—2012</td></tr>
<tr><td>运动黏度（40℃），mm^2/s</td><td colspan="4">≤ 12</td><td colspan="4">≤ 12</td></tr>
<tr><td>运动黏度（–30℃），mm^2/s</td><td colspan="4">≤ 1800</td><td colspan="4">≤ 1800</td></tr>
<tr><td>倾点，℃</td><td colspan="4">≤ –40</td><td colspan="4">≤ –40</td></tr>
<tr><td>硫含量，%</td><td colspan="4">≤ 0.15</td><td colspan="4">≤ 0.05</td></tr>
<tr><td>糠醛含量，μg/g</td><td colspan="4">≤ 0.1</td><td colspan="4">≤ 0.05</td></tr>
<tr><td>金属钝化剂</td><td colspan="4">无要求</td><td colspan="4">检不出（<5μg/g）</td></tr>
<tr><td>添加剂（抗氧剂），%</td><td>检不出</td><td>最大 0.08</td><td colspan="2">0.08~0.40</td><td>检不出</td><td>最大 0.08</td><td colspan="2">0.08~0.40</td></tr>
<tr><td>品种</td><td>标准</td><td>标准</td><td>标准</td><td>特殊</td><td>标准</td><td>标准</td><td>标准</td><td>特殊</td></tr>
<tr><td>氧化时间，h</td><td>164</td><td>332</td><td>500</td><td>500</td><td>164</td><td>332</td><td>500</td><td>500</td></tr>
<tr><td>总酸值，mg（KOH）/g</td><td>1.2</td><td>1.2</td><td>1.2</td><td>0.3</td><td>1.2</td><td>1.2</td><td>1.2</td><td>0.3</td></tr>
<tr><td>沉淀，%</td><td>0.8</td><td>0.8</td><td>0.8</td><td>0.05</td><td>0.8</td><td>0.8</td><td>0.8</td><td>0.05</td></tr>
<tr><td>介损</td><td>0.500</td><td>0.500</td><td>0.500</td><td>0.05</td><td>0.500</td><td>0.500</td><td>0.500</td><td>0.05</td></tr>
<tr><td>对油品的实质要求</td><td colspan="4">提高了氧化安定性，增加高性能品种，以延长使用寿命，严格控制抗氧剂的含量，GB 2536—2011 按冷启动温度细分了牌号</td><td colspan="4">限制了金属钝化剂使用，加严了硫和糠醛要求，倾向于低硫深精制的高压加氢油（环烷基和石蜡基的调和油最理想）。高压加氢的环烷基油保留一定的溶解性能，高压加氢的石蜡基油具有优良的低温流动性能</td></tr>
</table>

我国现行标准与国际最新的 IEC 60296—2012 标准之间存在一定的差异。从国际知名品牌变压器油产品看，Nynas、Shell 和 ERGON 的产品均为采用加氢技术生产的环烷基变压器油，产品质量满足 IEC 60296—2012 标准，国内中国石油和中国石化生产的变压器油大宗产品能满足 GB 2536—2011 标准和 IEC 60296—2003 标准，但随着变压器厂出口产业的增加，对变压器油的质量要求已开始要求执行 IEC 60296—2012 标准，为了与国际变压器油产品接轨，需要研制和开发符合 IEC 60296—2012 标准的变压器油产品。

对于合成油型绝缘油，在国内市场上，硅油绝缘油执行 GB/T 21218 标准，GB/T 21218 修改采用 IEC 60836；国内尚没有酯类绝缘油标准。

2）橡胶油

在合成橡胶和橡胶制品行业，橡胶油是重要的原材料之一，是橡胶加工中的重要助剂。在早期的橡胶工业中，曾经长期以普通矿物油作橡胶油，它们大多是炼油副产品高芳烃抽出油，或者是未精炼和精炼程度很低的矿物油（如机械油）。橡胶油在环保、稳定性等方面的要求越来越苛刻，橡胶及其制品在使用过程中，由于受到日光的照射，会逐渐变黄或变暗称为黄变，黄变会严重影响其外观和使用性能。橡胶制品黄变与其原材料的性质和质量有关，包括橡胶、橡胶油及其他辅助材料。

国外知名橡胶油品牌主要有壳牌（Shell）、太阳石油（Sunoco）和尼纳斯（Nynas）等。太阳石油生产的橡胶加工油无论在质量或销量上均居世界前列，在国际上享有极高知名度。瑞典 Nynas 是世界上主要的环烷基特种油生产商之一，约占全球环烷基油生产能力的20%，其橡胶油产品的主要特点为高溶解性和良好的低温性能，与添加剂及其他组分的相容性较好。荷兰皇家壳牌集团生产的橡胶油主要产品系列有SHELL FLEX371、3371、6371、680、810等，其中SHELL FLEX371曾一度独占中国高档白色橡胶油市场，直至中国石油推出高压加氢橡胶油KN4010后，才打破了这一垄断局面。

我国合成橡胶及天然橡胶业都比较发达，尤其是最近十几年，建设了多套合成橡胶生产装置，但国内橡胶油生产技术水平存在差异，存在几种不同的橡胶油生产工艺，以高压加氢为主流工艺。中国石油于2000年建成投产了具有国际领先水平的国内第一套环烷基润滑油高压加氢装置，可加工全黏度范围内的各种环烷基润滑油馏分，生产KN系列高档环烷基橡胶油，实现了橡胶油的质量飞跃，产品的颜色、耐热、耐日光特性均得到了大幅度的提升，代表了国际国内橡胶油产品的最高质量水平，成为我国高档橡胶油主要供应商。

7. 技术发展趋势

润滑油主要受设备技术要求升级而发展，同时国内外环保法规趋严和节能要求提高也是技术进步的主要推动力，随着"中国制造2025"计划和国家高铁、核电、大飞机等重大项目的整体推进，核心零部件的国产化大势所趋，润滑油行业发展面临重大机遇和挑战。

汽油发动机技术因排放法规、清洁能源、节省燃油等因素而不断进步，因此，润滑油技术也将根据这些因素的影响而不断发展前进，可以预见，未来一段时间内，油品要求仍将以满足API、ILSAC、ACEA为主。国际润滑油规格发展及OEM全球一体化要求润滑油性能主要向延长发动机油换油期（抗氧化抗磨损性能提升）、降低对尾气处理装置及对排放影响（低SAPS）、提高燃料经济性（低黏度及更好的节能性）、通用型（满足API和ACEA规格）、低黏度等方向发展。

API在制定新一代汽油机油规格时，汽车工业界进一步强调了汽油机油对催化转化器的保护，如降低磷含量，GF-5规格中磷含量限制为0.06%~0.08%，并增加了磷元素的蒸发损失测试。未来将要颁布的GF-6规格，将进一步提高对油品硫、磷元素的含量限制，并且引入涡轮增压直喷发动机作为台架本体，开发更为苛刻的发动机台架试验代替GF-5台架，同时GF-6规格也将向低黏度油品的方向发展，在最新版的SAE J300—2015中，已经出现了XW-16黏度级别。新一代GF-6润滑油规格中全面提升了台架试验的水平和范围，在SN/GF-5的基础上，对现有的IIIG、IVA、VG、VID台架试验进行全面升级，开发出Ⅲ H、Ⅳ B、Ⅴ H、Ⅵ E等台架试验，并新增低速早燃试验和正时链磨损试验，上述台架综合评价发动机油的磨损、氧化、油泥沉积倾向性、燃油经济性和引发低速早燃可能性等各项性能，对发动机油的综合性能提出了更苛刻的要求。

ACEA从规格发展来看，低SAPS的环保型产品也将是今后的主要趋势，其需求将随着排放法规及轿车保有量的增长迅速增加。考虑国内传统轿车市场的发展形势，未来我国汽油机油规格发展预计还将朝着API、ILSAC、ACEA规格方向发展，质量级别将逐渐与国外同步，随着工业和信息化部要求2020年当年乘用车新车平均燃料消耗量达到5.0 L/100km，高档节能型的车用润滑油需求将不断增加，但是电动汽车的推广将会对汽油机油的市场需求形成较大冲击。

柴油发动机在节能动力等方面具有独特优势，中、重型货车和客车普遍采用柴油发动机作动力，国外汽车柴油化的趋势十分明显，轻型车和轿车上柴油发动机的配套量也显著增加。由于环保法规的推动，柴油发动机设计制造技术不断创新，为了降低氮氧化物和颗粒物的排放，发动机机内净化技术新措施主要有改进发动机设计、改进燃烧工况、改进进气系统、改善喷油系统、采用逻辑电控技术等方面；机外净化装置主要采用颗粒捕集器（DPF）、催化颗粒捕集器（CDPF）和选择性催化转化器（SCR）等。这些措施力求通过发动机的高效燃烧和排出到大气之前的处理来降低排放，从而推动了柴油机油规格的不断更新，柴油机油质量的迅速提高。同时，面临节能的需求，柴油机油将逐渐向低黏度方向发展，换油周期的延长意味着大幅降低车辆维护成本，提高车辆的出勤率，可见，长换油周期柴油机油技术也是未来的一个发展趋势。

针对中国商用车市场发动机国产化率占据主导地位的现状，开发适应中国市场需求的自主柴油发动机润滑油标准迫在眉睫，这将会是中国柴油机油未来一个重要的发展趋势。

变速箱油领域：手动变速箱油长期内仍将以 Eaton、MAN、Volvo、ZF 等著名公司的规格为代表；商用车手动变速箱油的发展方向则是产品应具有良好的抗氧化能力、承载能力、针对不同摩擦副材料的同步耐久性、更加良好的抗腐蚀性等，抗点蚀性能要求也会逐步提高。

驱动桥油领域：汽车工业的发展对驱动桥油品的要求是具有更加优异的极压抗磨性、热氧化安定性、节能、超长寿命，同时随着环保意识的增强，要求油品兼具低气味、低毒性等特性，以适应汽车载荷不断增加导致的一系列技术要求以及客户对长换油期和密封材料的兼容性的要求。

工业齿轮油领域：许多大型成套项目中工业齿轮装置正沿着小型化、高速化、标准化方向发展，工业齿轮箱载荷、体积和工作环境的变化对抗点蚀和抗磨损等性能提出了更加苛刻的要求，KG 重负荷工业齿轮油、KG/S 合成工业齿轮油等高端产品及具有更宽的使用温度、更长的使用寿命、更优异的极压抗磨性、更好减摩节能特性的新一代齿轮油将成为市场主流产品。

船用发动机技术，进入 21 世纪以来，燃烧室峰值温度和爆发压力更高，缸径更大，活塞冲程更长；新型抗抛光环及高压共轨等技术应用于船用发动机，并且延迟喷射、SCR 等多种机内和机外净化技术的应用使得润滑油使用工况更为苛刻，因此，具有更高综合性能的油品才可满足发动机长周期的安全运转。

国际海事组织制定严格的海洋排放法规对船舶排放进行控制[2]，在公海地区执行较为宽松的燃料质量限制，要求 2020 年硫含量从 3.5% 降到 1.0% 以下，但是在近海地区，专门划定硫排放控制区域，执行严厉限制。从 2015 年 1 月 1 日起，执行燃料硫含量由 1.0% 降低到不高于 0.1% 的限制。但是，低硫化并不意味高质化，随着现代炼油工艺的不断发展，船用燃料中的催化剂残留物和胶质、沥青质含量更高，这对船用气缸油的清净分散性能和抗磨性能要求更高，同时国际排放法规日益严格要求尽可能使用低碱值船用油，如何保证船用油的清净分散性能、抗磨性能和抗氧化性能成为技术发展的极大挑战，而 EGR 和尾气后处理系统也更多地应用于船舶，LNG 等作为新型的环保燃料的船舶将因为环保要求而从内河到远洋逐步推广，数量大幅上升。

另外，在润滑油的资源方面，用于调制船用油的传统Ⅰ类矿物基础油资源萎缩，Ⅱ类/Ⅲ类基础油产量上升，需要开发适应于Ⅱ类/Ⅲ类基础油的船用油配方来满足未来资源的需要。

从国外变压器油标准发展来看，满足IEC 60296—2012标准是国内矿物油未来的主要发展方向，除具有优良的电气性能、环保性外，更重视变压器油运行安全性，即保证产品不含硫化物、不存在潜在腐蚀性硫，同时要具有优良的抗氧化性。

随着国外相关企业陆续进入中国以及中国企业橡胶产品出口日渐兴旺，橡胶行业对橡胶油提出了越来越高的质量要求。多数橡胶制品要求耐黄变性强，产品在使用期间保持透明或白色、彩色，耐黄变性是橡胶制品档次定位的一个关键指标。

二、中国石油“十二五”润滑油主要技术进展

中国石油近年来持续大力投入润滑油的自主技术开发，特别是在发动机油、工业齿轮油等具有领先优势的领域内投入大量的资源，通过几代人的努力，近10年取得了丰硕的成果。以齿轮油产品技术为代表，已经处于国际先进水平，内燃机油自主技术研发水平国内领先，船用油、环烷基油应用技术等齐头并进，共同为昆仑润滑油产品的技术提升奠定了坚实基础。

1. 高档齿轮油复合剂技术

中国石油齿轮油技术水平处于国际先进水平，“齿轮油极压抗磨添加剂、复合剂制备技术与工业化应用”成果获得2009年国家技术发明二等奖，是我国润滑油研发领域第一个国家奖，也是截至2015年唯一一个技术发明奖。

中国石油拥有全球领先的齿轮油评定平台，自主研发的重负荷多效齿轮油满足美国军标顶级产品标准，新中国成立60周年、纪念反法西斯胜利70周年阅兵指定产品，高铁齿轮油经受了60×10^4km行车的严苛考验，标志着中国石油在齿轮油方面整体达到国际先进水平。

“十二五”期间，开发工业油新产品4个，国防产品2个，获得专利3项，其中美国专利2项。

车辆齿轮油方面，以7.3%剂量RHY4209A复合剂调制的80W-90重负荷多效齿轮油满足MIL-L-2105E规格，达到了世界先进水平。

工业齿轮油方面，以2.0%剂量RHY4026复合剂调制的KG/S合成工业齿轮油产品具有优异的抗氧化性、抗磨性、防锈防腐性、抗泡性、抗乳化性等，性能完全达到国外顶级产品美孚SHC600系列水平。

“十二五”期间，中国石油齿轮油研究水平始终保持国内领先，达到国际先进水平，主要齿轮油复合剂产品有RHY4208A、RHY4026、RHY4209A三款，开发的特色产品有FD3000N风电设备专用齿轮油、KRG 75W-80高铁动车组齿轮箱润滑油、KG/S合成工业齿轮油（表4-8至表4-10）等。

表4-8 昆仑FD3000N风电设备专用齿轮油典型数据

项　目	FD3000N	试验方法
运动黏度（40℃），mm^2/s	324.0	GB/T 265
黏度指数	154	GB/T 2541
倾点，℃	−42	GB/T 3535
闪点，℃	268	GB/T536

续表

项　　目		FD3000N	试验方法
水分，%		痕迹	GB/T 260
铜片腐蚀试验（100℃，3h），级		1b	GB/T 5096
液相锈蚀试验（24h）		无锈	GB/T 11143（B 法）
SKF Emcor 锈蚀试验（人工海水），级		2	Q/SY RH 4034
抗乳化试验（82℃）(40–37–3)，min		10	GB/T 7305
四球机试验磨斑直径（196N，60min，54℃，1800r/min），mm		0.30	SH/T 0189
抗微点蚀性能测试	失效等级，级	≥ 10	FVA 54
	耐久试验	高级	
FE8 轴承磨损试验（D–7.5/80–80）	滚柱磨损，mg	2	DIN 51819–3
	保持架磨损，mg	30	
FZG 齿轮试验（/16.6/90），级		> 12	NB/SH/T 0306

表 4–9　昆仑 KRG75W–80 高铁动车组齿轮箱润滑油典型数据

项　　目		KRG75W–80	试验方法
运动黏度（100℃），mm^2/s		9.547	GB/T 265
黏度指数		147	GB/T 1995
闪点（开口），℃		223	GB/T 3536
倾点，℃		–54	GB/T 3535
表观黏度（–40℃），mPa・s		35392	GB/T 11145
铜片腐蚀（121℃，3h），级		2a	GB/T 5096
机械杂质，%（质量分数）		0.003	GB/T 511
水分，%（质量分数）		痕迹	GB/T 260
抗泡沫性，mL/mL	24℃	0/0	GB/T 12579
	93.5℃	10/0	
	后 24℃	0/0	
液相锈蚀试验（A 法）		无锈	GB/T 11143
KRL 剪切安定性（20h） 剪切后运动黏度（100℃），mm^2/s		≥ 9.31	NB/SH/T 0845
储存稳定性	液体沉淀物，%	≤ 0.04	SH/T 0037
	固体沉淀物，%	≤ 0.007	
FZG 齿轮机试验（A10），失效级		≥ 10	ISO 14635–2
高速列车齿轮传动系统系列台架试验		通过	OEM 试验方法

表4-10 昆仑KG/S合成工业齿轮油典型数据

项　目		KG/S150	KG/S220	KG/S320	KG/S460	GB/T 3141
运动黏度（40℃），mm^2/s		141.7	223.6	325.1	485.3	GB/T 265
黏度指数		150	150	155	167	GB/T 1995
倾点，℃		−42	−42	−42	−39	GB/T 3535
闪点（开口），℃		262	272	298	252	GB/T 3536
机械杂质，%（质量分数）		0.002	0.001	0.002	0.005	GB/T 511
水分，%（质量分数）		痕迹	痕迹	痕迹	痕迹	GB/T 260
抗泡沫性，mL/mL	24℃	10/0	0/0	0/0	20/0	GB/T12579
	93.5℃	10/0	10/0	0/0	10/0	
	后24℃	0/0	0/0	0/0	20/0	
铜片腐蚀（100℃，3h），级		1b	1b	1b	1b	GB/T 5096
液相锈蚀试验（人工海水）		无锈	无锈	无锈	无锈	GB/T 11143
抗乳化性［82℃，（40-37-3）］，min		12	16	14	20	GB/T 7305
磨斑直径（d^{392}），mm		0.34	0.33	0.34	0.34	SH/T 0189
FZG齿轮机试验，失效级		＞12	＞12	＞12	＞12	SH/T 0306

RHY4208A齿轮油复合剂是国际上为数不多实现通用的齿轮油复合剂之一，用量最大的复合剂主打产品。用其可调制车辆齿轮油和工业闭式齿轮油，调制重负荷车辆齿轮油时加剂量仅为3.8%，代表当今世界最高水平；调制100-460牌号重负荷工业闭式齿轮油，加剂量为0.75%~1.7%，产品供往东风汽车公司、中国重型汽车集团有限公司（简称中国重汽）、北汽福田、安徽江淮汽车集团股份有限公司（简称江淮汽车）、北京首钢股份有限公司（简称首钢），安徽海螺水泥股份有限公司、玖龙纸业（控股）有限公司、大庆油田、吉林石化等涵盖汽车、冶金、水泥、煤炭、化工、电力、造纸等行业。

RHY4209A复合剂以7.3%剂量调制的80W-90重负荷多效齿轮油满足MIL-L-2105E规格，性能优异。

RHY4026通用工业油复合剂，国内无此类产品，国外汽巴公司的IR605通用工业用油复合剂，可以用不同的添加量调制多种工业用油，售价较RHY4026复合剂高50%以上。在合成工业齿轮油、KG重负荷工业齿轮油、造纸机油、油膜轴承油、HM液压油、脂肪酸酯抗燃液压油、开式齿轮油、大瓦油、DAB空气压缩机油、气柜密封油等十余种工业油中实现通用，对简化生产工艺、节约仓储费用等非常有利。使用该复合剂生产的KG/S合成工业齿轮油系列产品、KG重负荷工业齿轮油系列产品完全达到且超过国际先进标准要求，产品性能和实际应用效果达到或超过国外同类产品，得到宝钢、首钢、柳钢、攀钢、包钢、天津钢管、玖龙纸业、郑州希望铝业的认可。

2. 高档系列内燃机油复合剂技术

在内燃机油自主技术研发方面，中国石油处于国内领先水平，“高档系列内燃机油复合剂研制及工业化应用”成果获得2012年国家科学技术进步奖二等奖，是中国内燃机油研究领域自主研发获得的最高奖项。

中国石油汽油机油自主配方产品一直紧跟国际润滑油发展趋势，并赋予了中国特色。截至2015年底，最高质量级别汽油机油产品有SN 5W-30，与API最高质量级别同步。经多年技术研发，中国石油自主配方产品已实现从SF、SG、SH、SJ/GF-2、SL/GF-3、SM/GF-4到SN的中低档到高档的全面覆盖，能满足市场对不同质量级别油品的需求，并形成了RHY3053、RHY3061、RHY3062、RHY3063、RHY3064、RHY3071、RHY3072、RHY3072A、RHY3073、RHY3246等一系列复合剂产品，广泛应用在汽油机油、摩托车润滑油及清洁燃料发动机油的调和生产中。中国石油汽油机油复合剂自有技术见表4-11。

表4-11 中国石油汽油机油复合剂系列技术

牌　号	质量级别	黏度级别	基础油	清净剂体系	加剂量，%
RHY3053	SF	10W-30	Ⅰ/Ⅱ类	水杨酸/磺酸	5.5
RHY3062	SJ/GF-2	5W-30 10W-30	Ⅱ类	磺酸盐	9.8
RHY3063	SJ	10W-30	Ⅱ/Ⅰ类	磺酸盐	8.5
RHY3064	SJ/GF-2	10W-30	Ⅱ类	磺酸盐	6.5
RHY3071	SL/GF-3	5W-40	Ⅲ/Ⅳ类	水杨酸盐	12.4
RHY3072	SL/GF-3	5W-30	Ⅲ类	水杨酸盐	8.8
RHY3072A	SL	5W-30	Ⅲ类	磺酸盐	7.45
RHY3073	SN、SM/GF-4	5W-30	Ⅲ类	水杨酸盐	9.1
RHY3246	A3/B3	5W-40	Ⅲ类	水杨酸/磺酸	12.5
RHY3074	SN	5W-30	Ⅲ类	磺酸盐	10.45
RHY3247	SN、A3/B4	5W-40	Ⅲ类	磺酸盐	12.4

“十二五”期间，中国石油昆仑汽油机油领域重点突破了SL/GF-3、SJ/GF-2经济型产品开发，SM/GF-4、SN、A3/B3高端产品的研发和认证，形成的复合剂RHY3064、RHY3072、RHY3072A、RHY3073、RHY3246具有优异的活塞清净性、抗氧化、抗磨损和油泥分散性，产品原材料立足国内，其中RHY3064在昆仑天润汽油机油及天蝎摩托车润滑油产品线中得到广泛应用，RHY3072和RHY3073在江淮汽车G01、G02装车及服务油中得到应用推广。

中国石油自主柴油机油复合剂配方技术以自主水杨酸盐金属清净剂为主清净剂组分，并复配具有优良抗磨减摩性能的摩擦改进剂、良好抗氧化性能的抗氧抗腐剂以及良好烟炱分散性能的无灰分散剂等功能添加剂，顶级产品CJ-4技术优势突出，主要性能见表4-12。

表4-12 中国石油自主技术CJ-4产品主要性能数据

项　目		技术指标	典型值	测试方法
Mack T-12试验 优点评分		≥1000	1398	ASTM D7422
滚轮随动件磨损试验（RFWT） 液压滚轮挺杆销平均磨损，μm		≤7.6	6.6	ASTM D5966
康明斯ISM试验	优点评分	≥1000	1750	康明斯ISM
	顶环失重，mg	≤100	31	
康明斯ISB试验	滑动挺杆平均失重，mg	≤100	91	康明斯ISB
	凸轮平均磨损，μm	≤55	49	
	十字头平均磨损，mg	报告	2.4	

续表

项目		技术指标	典型值	测试方法
程序 IIIG 发动机试验 黏度增长（40℃，80h），%		≤ 150	71	ASTM D6984
高温腐蚀试验	试后油铜浓度增加，μg/g	≤ 20	19	SH/T 0754 GB/T 5096
	试后油铅浓度增加，μg/g	≤ 120	36	
	试后油锡浓度增加，μg/g	报告	1	
	试后油铜片腐蚀，级	≤ 3	1a	
Mack T-11 试验	运动黏度（100℃）增长 4mm^2/s 时的 TGA 烟炱量，%	≥ 3.5	4.2	ASTM D7156
	运动黏度（100℃）增长 12mm^2/s 时的 TGA 烟炱量，%	≥ 6.0	6.0	
	运动黏度（100℃）增长 15mm^2/s 时的 TGA 烟炱量，%	≥ 6.7	6.7	
低温泵送黏度 （Mack T-11 试验，180h 后试验油，-20℃），mPa · s		≤ 25000	12113 mPa · s （无屈服引力）	ASTM D4684 （MRV TP-1） MODIFIED ASTM D4684
如检测到屈服应力 低温泵送黏度，mPa · s		≤ 25000		
屈服应力，Pa		< 35		
柴油喷嘴剪切试验 90 个循环剪切试验后运动黏度（100℃），mm^2/s		在本黏度等级范围内	13.6	ASTM D6278 GB/T 265
发动机油充气试验 空气卷入，%（体积分数）		≤ 8.0	5.3	ASTM D6894
Caterpillar C13	优点评分	≥ 1000	1529	开特皮勒 C13
	活塞环黏环	无	无	

中国石油充分考虑了中国的车况、路况，突出油品的重载、高清净性、环保、节能、抗氧、抗磨及适合复杂工况的特点，研制了 RHY3152、RHY3151A、RHY3150、RHY3153 和 RHY3601 等系列复合剂，以不同加剂量加到适宜的基础油中可以调制 CF-4、CH-4、CI-4/CI-4+ 等重负荷柴油机油和燃气发动机油系列产品，并通过了上海柴油机股份有限公司（简称上柴）、一汽解放汽车公司无锡柴油机厂（简称锡柴）、东风汽车公司（简称东风）等国内主流 OEM 发动机台架试验和行车试验验证，成为东风、北汽福田汽车股份有限公司（简称福田）等主流柴油机油制造商的首选（表 4-13）。

表 4-13　中国石油自主柴油机油系列产品技术验证情况

产品级别	企业名称	OEM 内部台架试验 / 行车试验	试验方法 / 方式
CJ-4	江淮汽车有限公司、 北汽福田汽车股份有限公司	行车试验	道路行车
CI-4	一汽解放汽车公司无锡柴油机厂	CA 6DL1-29E4 柴油发动机试验	锡柴自建方法
	东风汽车公司	ISLe 发动机试验	东风自建方法
	北京祥龙公交客车有限公司	行车试验	道路行车
CH-4	东风汽车公司	Cummins 6CTA 发动机台架试验	东风自建方法
	一汽解放汽车公司无锡柴油机厂	CA6DL2-35、CA6DL2-35E3、CA6DL2-37E3、 CA6DL1-30 柴油机试验	锡柴自建方法
	甘肃三运运输贸易有限公司	行车试验	道路行车

续表

产品级别	企业名称	OEM 内部台架试验 / 行车试验	试验方法 / 方式
CF-4	上海柴油机股份有限公司	6C250 柴油机 500h 耐久性试验	上柴自建方法
	一汽解放汽车公司无锡柴油机厂	CA6DL 2-35、CA6DL 1-30 柴油机试验	锡柴自建方法
	东风汽车公司	Cummins 6BTA 发动机台架试验	东风自建方法
	甘肃三运运输贸易有限公司	行车试验	道路行车
燃气发动机油	西南油气田公司	ZTY470 固定式燃气发动机 4800h 应用试验	现场使用试验
	上海柴油机股份有限公司	4CT180 型重型天然气发动机上的 500h 耐久性考核试验	上柴自建方法
	东风汽车公司	EQD230N-30、EQRN380-30 重型天然气发动机上的 1000 小时耐久性试验	东风自建方法
	一汽解放汽车公司无锡柴油机厂	CA6SL2-31E4N2、CA6SN1-42E4N2 燃气发动机试验	锡柴自建方法

在重负荷柴油机油方面解决了高含量烟炱在油品中的分散、磨损以及高温清净性提高的技术难题，开发了道依茨发动机专用油、中国重汽 8×10^4km 换油期重负荷柴油机油等产品；开发了重负荷燃气发动机油和长寿命重负荷燃气发动机油，取得了东风、锡柴等 OEM 的认可，写入了东风燃气发动机换油手册；固定式燃气发动机油完成了在中国石油济柴动力有限公司（简称济柴）190 燃气发动机上的实验，产品作为唯一指定用油写入济柴设备说明书；KCN 7905 燃气发动机油获得了 Caterpillar 认证和 Waukesha 认证，自主开发的 CI-4 产品取得 API 认证。值得一提的是，中国石油开发的 15W-40 D12 长寿命柴油机油换油里程达到 12×10^4km，该产品经过累计 400×10^4km 的行车实验，单车最长行驶里程 15.5×10^4km，发动机拆机后摩擦部件状态良好，超越同类产品的 10×10^4km 换油周期。

在轻负荷发动机油领域，完成高档节能汽油机油配方、已有产品的优化及替代燃料发动机润滑油的开发等 14 个项目，使 SJ、第二代 SL/GF-3、SM/GF-4 产品复合剂加剂量明显下降；使 SF、SJ、SL“天蝎”四冲程摩托车油复合剂系列化、平台化、经济化，其中 SJ 摩托车油通过大长江集团有限公司、五羊－本田摩托（广州）有限公司等多个国内知名的四冲程摩托车 OEM 技术认证，被指定为装车油和服务油；在国内率先开展满足 ACEA 规格要求的轻负荷发动机油的产品开发，形成了满足 ACEA A3/B4、A3/B3、C3、C2 轿车专用油产品，自主开发的 SN 产品取得 API 认证。

“十二五”期间，在发动机油领域，开发出柴油机油配方 12 个，燃气发动机油产品 3 个，获得专利 6 项。

3. 环烷基油应用技术

中国石油具有得天独厚的环烷基基础油资源，利用独特的环烷基低凝稠油资源和完备的稠油润滑油生产技术，每年生产 60×10^4t 的变压器油、冷冻机油、橡胶油等环烷基润滑油特色产品，在国内市场占有相当的地位。为了使中国石油能保持世界级环烷基油品生产能力，在新疆油田低凝稠油产量下跌的情况下，确保环烷基特色油品的质量和产量稳定是技术开发的重点之一，必须寻找稠油接替资源，以保证资源稳定，而风城超稠油将是最重要的稠油接替资源。克拉玛依风城超稠油与克拉玛依低凝稠油相比具有密度大、黏度大、倾点高、盐含量、硫含量、氮含量高等特点，现阶段产量为 30×10^4t/a，规划产量可达到 100×10^4t/a，是未来较长时期内克拉玛依石化公司环烷基低凝稠油的主力接替资源，同时中国石油克拉玛依石化公司采用以高压加氢工艺为核心的环烷基重油深加工技术生产橡胶油，大幅度提高产品光、热安定性。

中国石油“环烷基稠油生产高端产品技术研究开发与工业化应用”成果获得 2011 年国家科学技术进步奖一等奖，是润滑油技术领域又一个重要的国家级奖项，是环烷基基础油资源应用技术的高度体现。“十二五”期间，在环烷基基础油应用最广泛的变压器油、冷冻机油和橡胶油领域开发新产品 7 个、获得专利 12 项，进一步巩固了中国石油在该领域的市场地位。

1）变压器油系列产品

克拉玛依风城超稠油生产变压器油技术是中国石油“十二五”重大科技攻关项目“劣质重油轻质化关键技术研究”下属子课题，主要针对克拉玛依风城超稠油资源，开展劣质重油生产特种润滑油和生产沥青技术开发，为中国石油开发重质稠油加工成套技术提供技术支持，同时也为克拉玛依继续发展环烷基特色润滑油产品提供技术保障。通过对风城超稠油原油性质评价、风城超稠油浅度减黏工艺研究，确定了变压器油基础油的研究方向和技术路线，开展了变压器油不同生产工艺方案的研究和优化工作，开发的变压器油生产工艺灵活，能充分利用企业内润滑油资源，并与公司生产装置具有很好的结合度。开发的变压器油产品质量满足 IEC 60296 质量标准，同时也满足 ASTM D3487、BS148 等国际标准，产品质量达到了国内领先水平。中国石油变压器油应用于大亚湾核电站、国家重点工程 1000kV 和 ±800kV 特高压输变电线路，在变压器油市场份额占比达 80%。拥有完善的变压器油研发手段和检测手段，国内唯一直流绝缘油研发平台，变压器油系列产品符合 GB 2536—2011、ASTM D3487 标准要求，成为行业装机变压器油首选品牌。

高端产品 KI50X/KI50GX 具有优异的电气绝缘性能、热安定性和氧化安定性，低黏度和 -30℃最低冷态投运温度，适宜的环烷烃和芳香烃含量，良好溶解性能和不含多氯联苯的特点，应用于中国第一条国产化 ±220kV/±330kV 直流输电项目——灵宝直流背靠背换流站，宁东—山东 ±660kV 直流输电工程，以及云南普洱—广东江门、向家坝—上海、锦屏—苏南、哈密—郑州、溪洛渡左岸—浙江金华 5 条世界最高电压等级的 ±800kV 特高压直流输电工程。

主流产品 KI25X/45X 可应用于所有电压等级交流变压器，具有优异的电气绝缘性能、热安定性和氧化安定性，-20℃最低冷态投运温度，适宜的环烷烃和芳香烃含量，良好的溶解性能和不含多氯联苯的特点，应用于 1000kV 晋东南—南阳—荆门特高压交流试验示范工程，西北电网青海官亭至甘肃兰州东 750kV 交流输变电示范工程。

环烷基变压器油产品已全面应用于国家重点建设的特高压交流、直流等工程，为了进一步提高高铁装备制造业原材料的国产化率，真正实现全部自有产权的核心装备这一国家级战略目标，中国南车和北车集团明确要求合成绝缘油实现国产化。变压器油的产品升级为中国石油在国家电网建设尤其是超高压输电等方面提供了极大的支持，同时随着“一带一路”倡议推进，出口到西亚、美洲等国家，随着克拉玛依“特殊高压加氢方案”生产工艺的技术升级，中国石油昆仑变压器油将是国际上唯一具有“极低硫含量环烷基变压器油”的产品，成为中国石油昆仑产品开拓海外市场的拳头产品。

2）冷冻机油系列产品

中国石油拥有 50 多年的环烷基冷冻机油产品研发及生产经验，并负责起草了 GB/T

16630—1996《冷冻机油》国家标准。产品在日本三洋电机、新日本石油、冰山集团、冰轮集团大型知名企业中得到应用，并结合制冷行业不同新冷媒特点进行研发改进，昆仑冷冻机油产品品种全，L-DRG10H、L-DRE W 系列、KHT 系列冷冻机油等产品取得多项国内外 OEM 认证。

适用于碳氢化合物（R290、R600a）冷媒的 KHP1000 系列产品以 PAO 为基础油，具有杰出的抗热及氧化降解能力，高剪切稳定黏度指数和低温流动性，传统矿物油无能为力的严苛操作条件。在制冷剂中的溶解度和混溶性低，在压力下存在制冷剂的情况下能提供更厚的油膜，减少轴封泄漏。稳定性好，挥发性低，消除了传统矿物油可能出现的“轻馏分解吸”现象。KHP1046 产品应用于吉林石化染料厂苯酚车间的东芝设备，KHP1068 产品应用于吉林石化化肥厂的合成氨车间，2 台氨冰机林德 YE0822 螺杆压缩机。

适用于氟里昂（R22、R134a、R152a）冷媒的 KHP2000、KHP3000、KHP4000 系列产品分别以烷基苯（AB）、聚亚烷基二醇（PAG）、多元醇酯（POE）为基础油，具有良好的抗磨保护、润滑性和相溶性，并和压缩机内部材质有很好的兼容性，良好的热稳定性及氧化安定性，剪切稳定性、低倾点和优异的低温流动性能。该系列产品在吉林石化乙烯厂约克 RWB Ⅱ螺杆压缩机和四川石化约克 RWF 222 螺杆压缩机替代原装油约克 NG-3。

3）橡胶油生产技术及系列产品

克拉玛依风城超稠油生产橡胶油技术是中国石油“十二五”重大科技攻关项目“劣质重油轻质化关键技术研究”下属子课题，主要针对新疆低凝稠油接替资源的风城超稠油开展生产特种润滑油技术研究，为克拉玛依环烷基资源平稳过渡、保证产品质量和产量稳定提供技术保障。通过风城超稠油生产橡胶油工艺方案的研究与优化工作，实现了以风城超稠油直馏组分为原料，采用高压加氢工艺和不同催化剂体系，生产出满足中国石油企业标准 Q/SY 58—2015 的 KN 和 KNH 系列环烷基橡胶油。

克拉玛依石化公司将先进的高压加氢工艺技术引进到环烷基橡胶油的生产工艺中，大大提升了橡胶油的产品品质，生产的 KN 和 KNH 系列橡胶油产品质量达到国内领先水平，在国内高端橡胶油市场占有重要地位。

KN 和 KNH 系列橡胶油具有以下特点：（1）优异的耐黄变性能：无色、无味，光安定性好，芳烃饱和度高，260 nm 紫外吸光度小；（2）低温性能优良：不含任何降凝剂，倾点低；（3）与橡胶的相容性好：环烷烃含量高，碳型结构 C_N 大于 40 %，可大比例地充入橡胶中；（4）应用面广：用于大部分的合成橡胶生产及橡胶制品加工；（5）安全、环保：无芳烃，不损害健康和环境；（6）产品性能可靠：原料资源稳定，在严格的质量控制下生产和储运。克拉玛依石化公司橡胶油产品主要应用于国内茂名石化、巴陵石化、燕山石化三大合成橡胶厂 SBS 的充油生产，在热熔胶、TPR 及高档橡胶制品的加工生产中也有广泛应用，特别适用于对光、热安定性能有较高要求的橡胶制品，以及与人类接触的生活日用橡胶制品。

在环烷基橡胶油资源方面，风城超稠油的发现为中国石油的资源接替稳定生产环烷基橡胶油提供了技术支持，并为超稠油加工技术改造提供了大量基础数据。同时，中国石油在 KN 橡胶油质量基础上，开展了进一步提高橡胶油光、热安定性的生产工艺研究，开发生产的 KNH 橡胶油具有优异的耐黄变性能，以适应橡塑行业技术进步和日益严格的环保法规，不断提升产品技术水平和质量水平，为国内橡胶油质量升级换代做出贡献。

4. 船用油技术及 BOB 复合剂

“十二五”期间，中国石油自主开发船用油新产品 5 个，其中气缸油 2 个、BOB 复合剂 1 个、系统油 1 个、近海渔船专用油 1 个。船用气缸油 DCA5070H 和系统油 DCC3008 通过了 Wartsila 及 MAN B&W 全球两大 OEM 技术认证，在全球最大的 13000 标箱马士基船上使用；超高碱值清净剂在气缸油应用中的突破使 RHY3533 复合剂量降低到 22%，达到国际同类产品加剂水平；完成 BOB 工艺气缸油复合剂 RHY3532 的研制，并且获得 70BN、60BN 的 MAN B&W 认证及波动碱值 40~120BN 的 Wartsila 认证，该研究成果处于国际先进水平；完成了气缸油 DCA 5040H 和系统油 5~8BN 系列产品的开发及认证，针对 400hp❶ 及以下渔船的工况，研制了经济型产品近海渔船专用油（表 4-14）。BOB 复合剂技术是继美孚公司之后全球第二家取得认证的技术，取得 MAN 及瓦锡兰认证，中速机油处于国内领先水平。

表 4-14　中国石油船用油“十二五”期间主要成果

序号	品种代号	技术（基础油类型、添加剂和剂量）和应用特点、业绩
1	DCA5070H	获得 MAN 和瓦锡兰认证。Ⅰ类油 22% RHY 3533，适用于硫含量不高于 3.5% 重质渣油，可满足马士基、中远等大型远洋船只及内海、内河船舶使用需求
2	DCA5040H	Ⅰ类油 12.8% RHY 3534，适用于硫含量不高于 2.5% 重质渣油，通过 OEM 使用试验
3	RHY3532 BOB 复合剂	获得瓦锡兰 40~120BN 波动碱值认证，与在用系统油一起调和气缸油，剂量随目标碱值变化，具有广泛的实用性，可以满足船东在“高碱值—低碱值”切换使用气缸油的需要
4	DCC 3008/4008	获得瓦锡兰认证。Ⅰ类油 3.5%RHY 3511，可满足马士基、中远等大型远洋船只及内海、内河船舶使用需求
5	DCB 4030/4040	在国内多家船运公司使用Ⅰ类基础油，30BN 剂量 15.18%；40BN 剂量 18.98，使用 RHY 3521A、RHY3521B 调制，适用于 HFO 重质燃料
6	DCB4015/4012	在中油海通过使用试验，Ⅰ类基础油，15BN 加剂，性能良好。加剂量 9.58%，使用 RHY 3521A、RHY3521B 调制，适用于轻质馏分油

5. 润滑油基础油异构脱蜡成套技术

润滑油基础油加氢异构脱蜡技术是 20 世纪 90 年代发展起来的炼油新技术，通过将原料中的蜡分子异构转化为同碳数低倾点基础油组分，既提高了基础油的收率，又减少了黏度指数损失，基础油品质大大提升，自从其开发应用以来，一直是大型石油公司竞相发展的主流技术。中国石油与中国科学院大连化学物理研究所合作，经过持续 10 余年的技术攻关，针对现有技术存在的不足和开发难点，开展了“核心催化剂研发设计”“新型分子筛和催化剂的工业放大”等技术攻关。提出并采用了酸性—金属性—择形性三功能催化剂的设计思想，合理利用 AEL、TON 等新型一维孔道分子筛异构化主反应功能优异和对裂化副反应对称与非对称性的控制功能，为新型高效加氢异构脱蜡催化剂研发奠定了科学理论基础，根据原料油的特性，成功开发了异构化 / 可控裂化催化剂。在原料油的适应性和重质基础油收率等方面都明显优于国外催化剂。

中国石油以开发的新型分子筛为基础，成功研发了高档润滑油基础油加氢异构脱蜡催化剂，所采用的催化材料是全新的系列分子筛，合成方法完全不同于成熟的 Y 型、ZSM-5 等传统分子筛，通过创新分子筛合成技术，从 100mL 规模开始通过逐级放大，解决了分子筛大规模合成过程中的传质、传热关键工程技术难题，设计制造出 $5m^3$ 规模分子筛合成专有核心设备。国内首次实现了异构化系列分子筛工业化生产，使我国成为继美国之后第

❶1hp=745.7W。

二个成功大规模合成上述分子筛的国家。以该催化剂为核心，配套预精制催化剂和补充精制催化剂形成加氢预精制—加氢异构脱蜡—补充精制成套技术。

2008 年 10 月，第一代异构脱蜡催化剂 PIC-802 在大庆炼化 20×10⁴t/a 润滑油异构脱蜡装置实现了首次工业应用，开车一次成功，各项指标优于原引进技术。2012 年 10 月，在第一代催化剂 PIC-802 基础上，根据生产需求，开发的第二代异构脱蜡催化剂 PIC-812 在该装置成功实现二次应用，配套开发的补充精制催化剂 PHF-301 在该装置成功实现首次应用，与第一代异构脱蜡催化剂相比，催化剂活性得到提升，产品分布更加合理，气体、石脑油产率降低，基础油收率进一步提高。

大庆炼化的润滑油异构脱蜡装置采用减二线糠醛精制—浅度酮苯脱蜡油（200SN）、减四线糠醛精制油（650SN）、蜡下油以及减三线糠醛精制—浅度酮苯脱蜡油（350SN）的切换生产，主要产品包括 HVIH2（Ⅱ类）、HVIP6（Ⅱ类）、VHVI6（Ⅲ类）、VHVI8（Ⅲ类）和 VHVI10（Ⅲ类）等高档基础油，以及石脑油、优质低凝柴油等副产品。装置工艺流程如图 4-2 所示，原料性质见表 4-15。

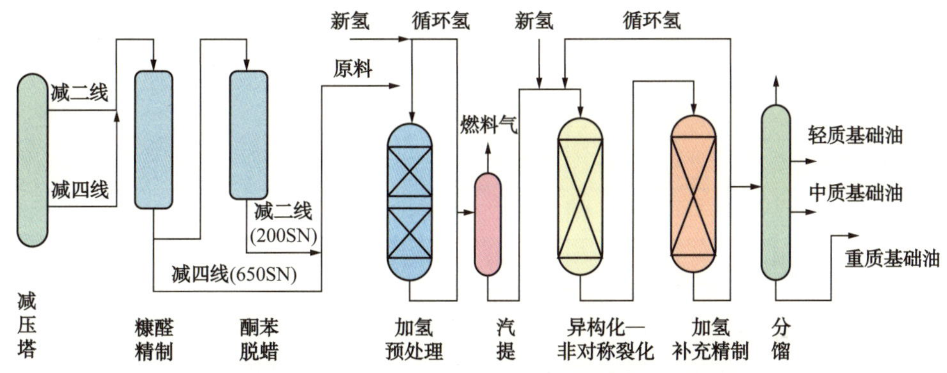

图 4-2　大庆炼化润滑油加氢异构脱蜡技术工艺流程

表 4-15　大庆炼化 20×10^4t/a 润滑油异构脱蜡装置加工原料性质

项　目		200SN 脱蜡油	350SN 脱蜡油	650SN 糠醛精制油	蜡下油	测试方法
密度（20℃），g/cm³		0.8740	0.8751	0.8531	0.8558	GB/T 1884
运动黏度，mm²/s	100℃	6.628	7.644	8.588	5.29	GB/T 265
	40℃	43.74	46.256	—	27.42	
黏度指数		103	132	—	128	GB/T 1995
倾点，℃		−3	2	63	24	GB/T 3535
总硫，μg/g		609.7	758.2	561.3	413.4	GB/T 387
总氮，μg/g		238.7	339.1	375.3	130.7	GB/T 9170
残炭，%		<0.01	0.01	0.08	< 0.01	GB/T 17144
馏程，℃	HK	386	396	385	349	GB/T 6536
	10%	421	426	496	411	
	50%	444	491	530	434	
	90%	483	520	563	469	
	KK	500	526	603	491	

基础油产品按照黏度等级和黏度指数高低分为 HVIH2（Ⅱ类）、HVIP6（Ⅱ类）、VHVI6（Ⅲ类）、VHVI8（Ⅲ类）和 VHVI10（Ⅲ类）5 种高档润滑油基础油，其性质见表 4-16。由于各种原料油的长链烷烃大小和含量不同，所得到的产品类别各不相同。各种原料油都可生产 HVIH2，加工 200SN 浅度脱蜡油可生产 HVIP6，加工蜡下油可生产 VHVI6，加工 350SN 脱蜡油可生产 VHVI8，加工 650SN 糠醛精制油可生产 VHVI6 和 VHVI10。各种基础油产品性质优良，芳烃被完全脱除，黏度指数很高，均达到Ⅱ、Ⅲ类基础油的标准，其中 VHVI10 基础油的黏度指数高达 135。此外，副产品柴油的十六烷值指数达到 51 以上，凝固点和冷滤点分别小于 −45℃和 −35℃。

表 4-16　大庆炼化主要润滑油基础油产品性质

项　目		HVIH2	HVIP6	VHVI6	VHVI8	VHVI10	测试方法
密度（20℃），g/cm³		0.8537	0.8604	0.8486	0.8494	0.8471	GB/T 1884
运动黏度，mm²/s	40℃	9.862	40.68	30.45	47.59	60.70	GB/T 265
	100℃	2.568	6.436	5.543	7.503	9.384	
黏度指数		84	108	121	122	135	GB/T 1995
倾点，℃		−27	−18	−15	−15	−15	GB/T 3535
闪点（开口），℃		156	233	234	252	274	GB/T 261
芳烃含量，%		0	0	0	0	0	SH/T 0885
赛波特颜色，号		+30	+30	+30	+30	+30	GB/T 3555

从图 4-3 产品分布可以看出，加工相同 650SN 原料，在空速相同的情况下，两代技术与参比技术相比，异构催化剂活性方面，PIC-802 低 6℃，PIC-812 低 11℃，重质基础油收率方面，PIC-802 高 15%，PIC-812 高 20%，总基础油收率分别高约 4% 和 8%。

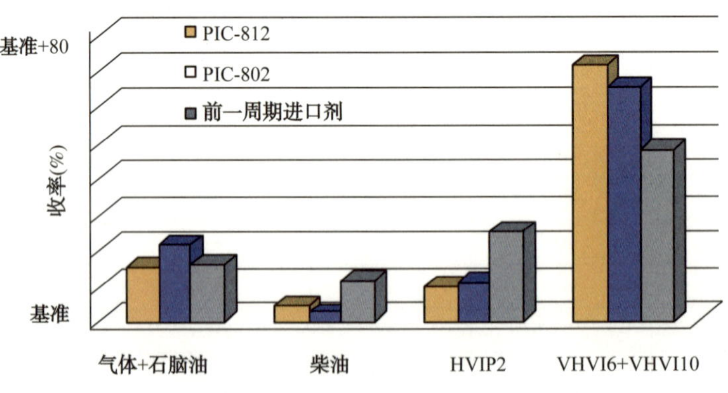

图 4-3　两代异构脱蜡技术与参比技术产品分布对比

该技术获分子筛及催化剂专利授权 13 件，工艺专利公开 1 件，专有技术 9 项，形成企业标准 3 项，发表论文 82 篇，其中 SCI 收录 31 篇。入选 2009 年中国石油十大科技进展，2011 年获中国石油石油化工研究院科技进步特等奖以及 2011 年中国石油天然气集团公司技术进步奖一等奖。

润滑油加氢异构脱蜡技术是生产高品质润滑油基础油的核心技术，未来将在 3~5 套工业装置上进行推广应用，将打破我国高品质基础油依赖进口的局面，支撑中国石油润滑油产业升级，全面提升中国石油润滑油生产技术水平。

6. 聚 α- 烯烃基础油生产技术

PAO 是通过催化齐聚线性 α- 烯烃再加氢饱和得到的高性能润滑油基础油，与矿物油相比，具有使用温度范围宽、低温性能好、黏度指数高、低挥发性等优点，主要应用于航空、国防、汽车等行业，PAO 不仅是国防产品的重要润滑材料，而且在民用方面也有很大的潜力，是内燃机油长寿命和低黏化技术发展趋势以及工业齿轮油高负载工况要求的最优解决方案之一。因此，中国石油“十二五”期间在 PAO 技术开发方面的主要方向是对现有生产技术进行升级，同时根据市场需求开发不同黏度的 PAO 合成新技术及烯烃原材料合成技术。

中国石油 PAO 基础油生产装置依托兰州石蜡裂解 α- 烯烃资源，设计产能 5000t/a，建有聚合反应、中和精制、加氢精制、分馏、白土后精制等生产单元（图 4-4），可生产 2~40mm^2/s 不同黏度等级的Ⅳ类基础油，产品主要应用于润滑脂、工业润滑油、航空润滑油、国防用润滑油等领域。

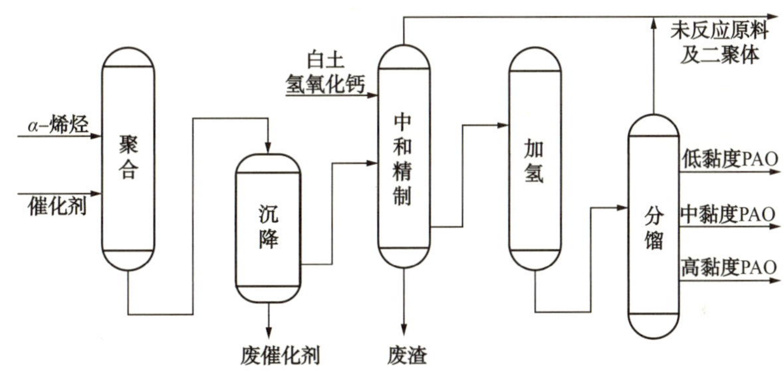

图 4-4　兰州 PAO 生产装置加工流程

聚合反应单元是以 α- 烯烃为原料，在路易斯酸型催化剂作用下，在一定温度范围内发生聚合反应，生成适宜分子量分布的聚合物。中和精制单元将聚合物中残留的酸性催化剂，在一定温度下与碱土中和，通过活性白土精制，在高温下脱除残余的氯离子，聚合油经中和精制处理后，聚合物色泽浅，氯含量低，胶质含量低。加氢精制单元使聚合物中残留的烯烃、芳烃饱和，同时脱除硫、氮、氧等非理想组分，提高聚合物氧化安定性、热稳定性以及清洁性。分馏单元通过常减压蒸馏的方式将聚合物分为不同黏度等级的 PAO 产品。

中国石油 PAO 生产装置建设之初以石蜡裂解获得的 C_5—C_{12} 烯烃为原料生产聚 α- 烯烃合成油，蜡裂解法生产的 α- 烯烃碳数分布宽，组成复杂（含有较多烷烃、异构烯烃和芳烃杂质），原料和产品典型数据分别见表 4-17 和表 4-18。

表 4-17　石蜡裂解烯烃典型数据

组　成	轻烯烃，%（质量分数）	一线烯烃，%（质量分数）
总烯烃	68.7	76.2
总烷烃	10.8	11.7
异构烯烃及芳烃	20.5	12.1

表 4-18 石蜡裂解烯烃生产 PAO 典型数据

项目	PAO2	PAO8	PAO16	测试方法
运动黏度（100℃），mm^2/s	2.87	8.12	16.05	GB/T 265
黏度指数	91	105	109	GB/T 1995
凝点，℃	−56	−50	−46	GB/T 510
闪点（开口），℃	158	200	257	GB/T 261

为制备性能优异的PAO，在原料配方中引入乙烯齐聚工艺获得高纯度的C_8—C_{12}的α-烯烃（1-癸烯典型数据见表4-19），PAO不同性能需求可通过调整原料配方得以实现，同时改进聚合工艺，将本体聚合改进为溶液聚合，降低高纯烯烃聚合过程集中放热的控制难度，可制备8~40mm^2/s等中高黏度产品，典型数据见表4-20。

表 4-19 乙烯齐聚法生产 1-癸烯典型数据

组成	测量值，%（质量分数）	组成	测量值，%（质量分数）
C_8含量	0.5	支链α-烯烃含量	2.2
C_{10}含量	98.5	丙烯含量	0.1
C_{12}含量	1.0	烷烃含量	0.2
线型α-烯烃含量	97.5		

表 4-20 AO8、PAO40 典型数据及与同类产品比较

项目	PAO8		PAO40		测试方法
	美孚	兰州	美孚	兰州	
运动黏度（100℃），mm^2/s	7.8	8.581	39.25	40.9	GB/T 265
黏度指数	139	129	148	146	GB/T 1995
倾点，℃	−48	−50	−36	−39	GB/T 3535
动力黏度，mPa·s	4900①	6761①	97379②	79587②	GB/T 6538
Noack蒸发损失，%	3.2	6.2	1.3	1.4	SH/T 0059
旋转氧弹，min	379	371	459	457	SH/T 0193

①测试温度为−30℃；
②测试温度为−26℃。

采用混合烯烃合成PAO，经加氢精制、高效分离，得到低黏度窄馏分组分，应用于8B航空润滑油，见表4-21，具有低凝点和低温流动性，这一性质在低温环境下十分重要，而这正是矿物油无法达到的。

表 4-21 8B 航空润滑油基础油典型数据

项目		测试值	测试方法
凝点，℃		−67	GB/T 510
运动黏度，mm^2/s	50℃	8.862	GB/T 265
	20℃	26.30	GB/T 265
	−40℃	2059	GB/T 265

传统的 PAO 生产技术为中国石油合成型润滑产品的开发起到了重要的支撑作用，尤其是在保障国防产品方面，中国石油的合成航空润滑油质量优良，性能稳定，在生产技术不断的升级过程中，大幅度提高了高附加值组分收率，满足国防产品保障需求，本次产品质量升级有利于加强中国石油在高档合成润滑油应用领域的研究，借此开发更多具有市场竞争力的产品。

中国石油是国内最早开展乙烯齐聚技术开发的企业，自主开发出具有国际先进水平的乙烯三聚合成 1 – 己烯成套技术，并实现工业生产，该技术 1– 己烯选择性达到 92%。针对国内没有癸烯资源，中国石油 PAO 生产原料癸烯依赖进口的现状，依托烯烃低聚研究基础，中国石油开展了高选择性癸烯合成专用催化剂技术攻关，完成中试放大试验，创新性地开发出高选择癸烯合成技术，癸烯选择性达到 73%，为下游产品 PAO 技术的开发提供了原料和软实力保障，整体水平达到国内领先、国际先进。

低黏度 PAO 合成方面，开发出新型叔卤代醇共引发剂，与路易斯酸构成阳离子型催化剂，通过卤原子诱导效应调节催化剂酸性，利用叔碳骨架结构改善阳离子活性中心稳定性，实现 α– 烯烃窄分子量低聚，制备出黏温性能优异的低黏度 PAO 产品，形成低黏度 PAO 合成技术，完成中试放大试验，产品数据见表 4–22，整体技术达到国际先进水平。

表 4–22　PAO4 中试产品实测数据

性　能	测试值	测试方法
运动黏度（100℃），mm^2/s	4.2	GB/T 265
黏度指数	133	GB/T 1995
倾点，℃	–54	GB/T 3535
赛波特颜色，号	30	GB/T 3555
芳烃含量，μg/g	< 150	SH/T 0885

中、高黏度 PAO 合成方面，以酸性补偿理论为指导，开发出弱酸盐改性双金属催化剂，攻克 α– 癸烯定向聚合生产 PAO 技术难题，控制烯烃聚合度及分子量分布，合成优质的 PAO8、PAO20、PAO40、PAO70 等产品，可以根据要求通过调整工艺及催化剂合成出不同黏度等级的 PAO 产品，黏度指数均在 150 以上。首次开发出低成本含苯氧基侧链的、限制几何构型单茂钛催化剂，用于 α– 烯烃低聚，实现单中心聚合，完成小试研究，合成出黏度指数 230 以上的超高黏度指数 PAO 产品。

低黏度 PAO 工业化合成技术研究成功后，将在中国石油进行万吨级低黏度 PAO 装置工业化试验，技术成熟后进一步扩产，填补我国没有高档低黏度 PAO 生产技术的空白，推动中国石油合成润滑油技术的发展，提高科研技术竞争力，引领国内合成润滑油行业发展，打破国外的技术垄断，加速我国润滑油基础油的升级换代。

中国石油开发的集烯烃原料合成、催化剂开发、工艺研究于一体的聚烯烃润滑油生产成套技术，可生产多黏度级别的 PAO 系列产品，不仅可以带来显著的经济效益，还能丰富品种、填补市场空白，满足多个领域的需求，具有广泛的产业应用前景。

三、润滑油生产技术展望

“十三五”期间，中国和世界都进入一个新时代，中国经济进入一个新常态，从高速增长到中高速发展，“中国制造2025”和“工业4.0”步伐的加快，高铁、机器人、盾构机等重大装备自主化速度加快；高速轴承制造业技术迅速提升，汽车电动化、网络共享，给润滑油（脂）消费最大的行业带来前所未有的变化；美丽中国建设，驱动对汽车排放指标和监控加严，对生产过程清洁化、消费环节危险废弃物合规回收处置等提出了更高要求。

所有这些重大的宏观和环境因素，都对润滑油（脂）行业提出了新的要求，从产业角度至少有5个重大趋势可以预见：（1）从数量增长到稳中趋降，将长期在760×10^4t/a上下波动；（2）产品结构关系上，润滑脂的地位和市场需求将不断提升；（3）品牌集中度将增加，一些生产不规范、质量无保证的生产商将逐步退出市场或转化为区域性服务商；（4）产品质量水平提高和换油周期延长的趋势将不断加快；（5）对于一些重大装备润滑监测与状态监测的有效结合，从事故处置到预知性维护维修的需求将逐步凸显，大型设备制造商和润滑油（脂）品牌之间有深度远程服务协作的空间。

为了应对行业发展的趋势，从技术角度看，有四大趋势必须把握：（1）做好从跟随到引领的转变和准备，中国石油必须担当润滑标准自主化的责任；（2）合成油技术必须突破，这主要来源于客户对长换油周期的强烈需求，以及国家对环境保护的要求；（3）高档润滑油（脂）开发，解决高端装备润滑短板；（4）废润滑油再生及应用技术。

根据对国内外宏观环境和行业技术趋势的分析，中国石油在润滑油（脂）的研发方面重点关注以下方向：

（1）开发适合中国国情的发动机润滑油标准。中国石油率先发起并将坚定支持发动机润滑油中国标准创新联盟，推动中国第一个发动机润滑油自主标准及评价方法的开发，将通过中国自主主流发动机综合台架评价方式，修订国标GB 11122—2006《柴油机油》，建立D1-2019规格满足国Ⅵ排放发动机润滑要求；该项目的完成不仅是中国发动机润滑油标准自主化的历史性开端，建立全新的技术发展平台，而且将极大方便润滑油配方开发，将单个配方技术开发的台架评价费用从约2000万元降低到200万元以内，彰显中国石油昆仑润滑“军工品质、大国重器”的品牌形象，体现对国家润滑技术发展的使命和担当。

（2）PAO合成技术工业化，中国石油突破低黏度PAO合成技术。在小试和中试试验基础上，建设1×10^4t/a规模工业示范装置，完成最大的合成油品种的技术工业化，有望支撑高档润滑油（脂）的开发和应用，将合成油应用从1000t/a规模提升到5000t /a以上。

（3）开发节能抗早燃乘用车发动机油。设计开发满足API规格要求的SN/GF-5、SN PLUS/GF-5、GF-6系列乘用车汽油机油产品，以此为平台结合汽车OEM需求设计开发满足不同OEM发动机性能要求的定制汽油机油系列产品，为汽油机油评定台架体系及产品标准自主化奠定基础。

（4）丰富长寿命商用车润滑油产品系列。突破长寿命商用车润滑油（脂）的研究，引领长换油期商用车润滑油，形成8×10^4km、12×10^4km、15×10^4km高灰型和低灰型系列柴油机油产品6个；形成10×10^4km、20×10^4km和50×10^4km换油里程、不同黏度等级的变速箱及后桥润滑产品8个；形成（30~50）$\times10^4$km换脂周期的长寿命卡车轮毂轴承脂产品2个，全面满足国内主流OEM对长换油产品的需求，年销售量达到5000t以上，直接经济效益5000万元以上。

（5）开发机器人专用润滑油、润滑脂。突破机器人润滑油、润滑脂及高速电机轴承脂技术壁垒，开发成功应用于机器人摆线针轮 RV 减速器 RV00、RV0 润滑脂，以及谐波减速器 DG2 润滑脂、齿轮箱润滑油 KGR150 等 4 款产品，性能达到或超越竞争产品质量水平，在国内机器人制造厂商、谐波减速器制造厂商及汽车制造行业机器人上进行推广应用，预计到 2020 年国内工业机器人市场容量达到 80×10^4 台，对油脂的需求量达到 1×10^4t 以上。

（6）开发电动汽车传统润滑油。率先利用和高校共同建立的电动汽车传动系统用油基础研究平台，联合国内外 OEM 进行油品开发并建立相应的标准，形成合成型和矿物型两种电动汽车专用油产品，满足到 2020 年中国电动汽车约 500×10^4 辆的保有量和传动系统用油约 1.5×10^4t 左右的市场需求。

（7）开发远程诊断智慧润滑服务技术。科技进步和现代工业技术的发展，使得设备日趋大型化和复杂化，维护的复杂度与难度相应增加，远程诊断、智能润滑的服务模式应需而生，从设备失效后修理和预防性维修向视情维修和以可靠性为中心的维修体制转化，“在线监测、智能诊断、故障预警”的智能润滑技术正在逐步替代“离线检测、定期换油、事后维修”的传统润滑运行管理模式，借助物联网技术实现润滑服务技术的自动化、智能化、网络化和远程化，实现润滑系统的智能管理，大大提高对客户的服务水平，提高润滑系统的可靠性和智能化程度。

（8）建立设备润滑智能管理系统。中国石油将在船舶行业、油田工程、石油石化等行业进行推广和应用，以在线监测系统结合离线监测数据共同集成的油液和设备状态数据库为基础建立的“设备润滑智能管理系统”，综合采用物联网技术、信息技术、行业技术、智能控制技术进行智能诊断，为科学合理判断换油周期和设备润滑诊断决策提供数据支持平台，是未来设备故障诊断和润滑技术服务的发展趋势。

（9）开发长寿命液压油产品。液压油突破长寿命技术壁垒，全面提升工程机械液压油的使用寿命，抢占高端液压油市场，满足更高压力和温度、小型化等液压系统的发展趋势，形成挖掘机专用液压油、起重机超低温液压油、装载机专用液压油等 5 大类工程机械专用液压油产品，使用寿命达 4000~6000h，覆盖 90% 以上的工程机械产品需求，全面满足国内外主流 OEM 对长寿命液压油的要求。

（10）开发复合基质清净分散剂。清净分散剂取得突破升级，集成磺酸盐和水杨酸盐的优点，开发复合基质清净剂技术平台；完善升级无灰分散剂，形成烟炱分散、含硼和磷硼化系列产品，为自主内燃机油配方体系性能提供支撑和卖点支持，推进昆仑润滑油自主技术的开发和应用，预期形成 5~8 种复合基质清净剂和分散剂产品，生产规模 2000t/a 以上。

（11）开发合成型冷冻机油。将冷冻机油技术与新冷媒在制冷行业的应用相结合，满足制冷行业“高抗磨、长周期、低温流动性优良”的特殊要求，与“节能、环保”的产业方向相一致，产品开发以深度加工的矿物油型产品，高质量的半合成、合成型及为主，PAO、烷基苯、合成酯及聚醚型等冷冻机油产品的应用达到 1000t /a 以上。

（12）合成酯技术的开发和应用。突破酯类油合成技术，在小试和中试技术基础上，寻求合作生产或建设 5000t /a 规模工业示范装置，完成酯类油的技术工业化，助力航空发动机油、冷冻机油、变压器油等的开发和应用，将酯类油应用规模提高到 2000t /a 以上。

（13）丰富金属加工液产品线。实现金属加工用油液系列产品自主技术突破，在切削、成型等金属加工领域形成黑色金属、有色金属的切削液、成型液等两系列4~6个型号的产品，从技术、市场占有率等方面实现中国石油金属加工液的从无到有、从有到优、从优到引领国内加工润滑的发展目标。

（14）研发高铁齿轮箱油。开发具有自主知识产权的高铁动车组齿轮箱润滑油配方技术，满足国内动车组齿轮箱润滑需求，形成75W-80、75W-90两个黏度级别产品，打破该技术领域被国外产品垄断的局面，推进我国高铁技术引进的消化吸收及国产化。

（15）开发高端风电润滑油、润滑脂。开发兆瓦级风电设备润滑油、润滑脂产品，形成具有自主知识产权的风电齿轮油、润滑脂技术，满足年需求量 1.2×10^4t 左右的兆瓦级风机齿轮箱润滑需求。

（16）升级船用油技术。突破传统船用油配方体系，针对国际海事组织日益严格的环保法规，设计开发满足船舶尾气后处理技术要求，尤其是能够有效抑制SCR尿素水溶液催化剂中毒的船用发动机油，从而符合国际海事组织第三阶段（Tire Ⅲ）对排气中氮氧化物的限制要求，进一步确保昆仑润滑技术的领先地位。

第二节 沥青生产技术及系列新产品

石油沥青是通过常减压蒸馏工艺从原油中得到的残渣物，具有良好的黏性、防水、绝缘、防腐等多种特性，广泛用于公路交通建设、建筑、工业、农业、水利水电、涂料等多个领域，全球石油沥青产量约 5×10^8t/a，85%以上用于道路交通建设。

从世界范围原油资源储量和产量来看，用于生产道路沥青的环烷基原油属于稀缺资源，占世界原油资源的3%左右，只有中国、美国和委内瑞拉等国家拥有较丰富的环烷基油资源，加工方案主要以联产润滑油和沥青产品为主。占世界沥青产量近1/2的美国和加拿大炼厂优选的原油主要有美国阿拉斯加北坡原油、美国加利福尼亚州San Joaquin Valley原油、墨西哥玛雅原油、加拿大艾伯塔冷湖原油、艾伯塔鲍河重质原油、劳埃德明斯特原油等，日本生产沥青的原料则限于沙特阿拉伯重质原油、伊朗重质原油、科威特原油及卡夫奇原油，韩国以沙特阿拉伯重质原油为主。国内用于生产沥青的原油资源主要有4种国产资源和两类进口资源：分别是辽河欢喜岭稠油、新疆九区稠油、渤海绥中36-1稠油、新疆塔河稠油，中东原油以及南美重油。

公路建设是我国沥青最主要的下游消费领域，随着中国经济的高速增长，公路交通建设突飞猛进，2014年，全国新增高速公路通车里程7450km，通车总里程达到了 11×10^4km。道路沥青包括普通道路沥青和高等级道路沥青产品，2015年表观消费量约 3000×10^4t。

2011—2015年公路交通建设发展呈现出路面结构多样化发展，对道路沥青产品质量及品种提出更多技术要求，道路沥青产品由传统的石油道路沥青产品（SH/T 0522—2010）、高等级道路产品（GB/T 15180—2010），发展为聚合物改性沥青（SH/T 0734—2003）、高黏高弹道路沥青（GB/T 30516—2014）等产品。另外，在特殊路面，如大型桥面（跨海江、城市高架等）、机场跑道、隧道等建设时，对沥青产品品质提出更高要求，也带动了特种沥青产品的研发及应用技术的发展。

国内道路沥青生产商主要有中国石油、中国石化、中国海油及地方炼厂，其中“三桶油”的沥青总产能接近 2000×10^4t/a，2011—2015 年地方炼厂的产能得到迅速发展，实际产量达 400×10^4t/a。中国石油沥青企业有燃料油公司 4 个沥青厂、克拉玛依石化、辽河石化、西太平洋石化、乌鲁木齐石化等，产能达 1000×10^4t/a。经过“十一五”“十二五”科研投入研发，形成了聚合物改性沥青（SBS、SBR 等）、硬质沥青、机场跑道沥青、桥面专用沥青、彩色沥青、高黏高弹沥青等 7 个系列 20 多个品种的特种道路沥青产品生产及应用技术，几个沥青生产企业相继建成聚合物改性沥青生产装置，生产能力达 200×10^4t/a。重交沥青和改性沥青实现了由小到大、由少到多的质的飞跃，为我国道路建设做出了巨大贡献，是亚洲最大的沥青消费国、进口国。2014 年，国内沥青总产量约 2078×10^4t，进口约 411×10^4t，中国石油产量 603.5×10^4t，占国内产量的 29%。

聚合物改性沥青使用量也逐年提高，占比 30%（占总道路沥青用量的比例）以上，高等级路面的使用量占比接近 50%，但中国石油实际每年生产量只有约 50×10^4t，与道路沥青总产量比例不相符。在特种沥青产品研发及实际产量上与国内外知名沥青品牌相比有较大差距，尤其在国内重点工程中应用较少，如跨海跨江大桥等，国内基本使用中国石化及进口品牌较多。本节主要介绍中国石油在“十二五”期间石油沥青新产品新技术方面的发展及应用情况。

一、国内外沥青生产技术现状及发展趋势

石油沥青的产品质量和生产工艺与生产沥青的原油有着密切的关系，原油性质在很大程度上决定了石油沥青产品质量，石油沥青生产工艺主要有：常减压蒸馏、溶剂脱沥青、氧化（半氧化）、调和（软沥青和硬沥青两种组分调和；脱油沥青与减压渣油调和等）以及上述各项工艺的组合。

国外沥青生产工艺主要以减压蒸馏或减压蒸馏—溶剂脱沥青为主，我国利用稠油资源和进口油源生产道路沥青的生产工艺技术主要有：（1）加工欢喜岭稠油，采用常减压蒸馏和氧化工艺；（2）加工克拉玛依稠油，采用常减压蒸馏—丙烷脱沥青—调和工艺；（3）加工委内瑞拉重油，采用常减压蒸馏工艺；（4）加工中东原油、沙中原油、伊朗重油、伊拉克重油等原油，以及渤海绥中 36-1 原油，采用半氧化工艺。

通常选择用含蜡量较低的环烷基原油和中间基原油生产道路沥青，为拓宽石油沥青生产原料的选择性，对石蜡基或含蜡中间基原油，采用组合工艺也能生产出合格的道路沥青：（1）采用蒸馏—溶剂脱沥青—溶剂抽提—调和的组合工艺，降低沥青含蜡量，改善沥青的流变性能；（2）采用强化蒸馏技术，利用富含芳烃的催化裂化油浆作为强化剂加入沥青或渣油中，经强化蒸馏处理，改善沥青化学组成及沥青化学组分间的配伍性，并降低蜡含量。

改性沥青是我国沥青市场发展的方向，改性沥青主要是在石油沥青中掺入一定比例的改性剂，通过改变基质沥青延度、软化点、针入度、抗老化能力等技术指标，能够极大地改善高速公路路面的温度稳定性、弹性恢复能力、抗车辙能力等性能。由于改性沥青具有以上的优点，广泛用于高等级道路的中上面层铺设。由于公路建设规模不断扩大，国内沥青的需求大幅增长，石油沥青增长迅速，同时，由于改性沥青能够延长高速公路的使用寿命，提高公路建设的性价比，因此，改性沥青的需求增长更是高于石油沥青。

随着道路建设日趋发展，对路面要求越来越高，沥青的品种也越来越多，对沥青性能

也提出了更高的要求。道路沥青除了重交通道路沥青外，用量较大的品种还包括聚合物改性沥青及养护沥青等多个品种。本部分主要对国内外重交道路沥青、聚合物改性沥青及特种沥青等各类产品技术发展现状进行介绍。

1. 重交通道路沥青

中国石油、中国石化、中国海油之间的市场竞争，进口品牌沥青竞争，加上2014—2015年地方炼厂的竞争，重交沥青产品向着低成本、高质量、多功能方向发展。重交通道路沥青不仅要满足交通部的A级标准（交通部JTG F40规范），还要满足改性沥青生产，就是改性沥青原料—基质沥青性能要好。在此方面韩国SK沥青最具代表性，近几年在国产沥青从产能到产量都趋于过剩情况下，每年进口SK沥青近200×10^4t，中国石油在重交沥青质量及基质沥青改性性能上均处国内领先地位。

2. 聚合物改性沥青产品

产品性能及产品技术指标要求提高很快，公路系统及用户对满足交通部规范JTG F40改性沥青技术指标要求已是最低要求，都是以制定协议指标为准，协议指标比行业或国际标准高出很多，有的会对个别指标值，如高温性能或低温性能指标进行限定。为此，要求基质沥青性能好、生产工艺技术成本低。

3. 特种道路沥青及养护沥青产品

国内对特种路面及场所使用的沥青产品要求向着高性能、多样化及个性化方面发展，使用量也是逐年递增。例如桥面沥青、隧道、城市高架路、城市功能路面等；养护产品方面有高性能乳化沥青、温拌沥青、冷铺冷补料等。

4. 开发新产品，向新领域应用

石油沥青主要产品就是道路沥青，我国约95%沥青产品在公路建设中使用。中国石油及国内炼油能力过剩，同样沥青生产能力也过剩，开拓石油沥青应用新领域，扩大沥青用量是每个企业共同面临的问题。

二、中国石油“十二五”沥青主要技术进展

随着我国交通道路行业的飞速发展，“十二五”期间对道路石油沥青的需求量达到历年来的高峰，对沥青品质提出更高的要求。尤其是高等级道路建设的不断增加，对改性沥青、特种沥青的需求量大量增加。由于对路面的抗车辙、融冰、排水等性能的需求，对沥青的性能也提出更高的要求。中国石油近几年主要在重交道路沥青性能提升、聚合物改性沥青产品生产及特种沥青产品研发方面，做了大量的研究，研发出系列高品质产品。

重交通道路沥青，中国石油的主体沥青生产企业具有加工原油单一、沥青产品性能依赖原油性质的特点，如克拉玛依石化、辽河石化加工国产单一的稠油，燃料油公司加工委内瑞拉劣质重油。因此，存在两方面问题：一是单一原油资源开发的减少或枯竭造成沥青产品无法正常生产；二是沥青产品某些性质的缺陷无法弥补。因此，多资源多品种原油加工方案是今后研究和发展的趋势。

“十二五”期间开展的重大科研专项——劣质重油加工技术，开展进口委内瑞拉劣质重油、新疆乌尔禾超稠油、辽河超稠油等资源的加工技术的研究，开拓了沥青加工的原油资源品种，委内瑞拉2种重油（玛瑞16、波斯坎）加工技术开发，一是使燃料油公司每年生产$(300\sim400)\times10^4$t优质道路沥青产品，二是使辽河石化公司增加了生产沥青产品

的原油品种，与辽河欢喜岭稠油性质互补，提高了沥青产品质量。

随着国内众多企业加工中东原油生产沥青技术不断完善，中国石油也应注重中东原油加工沥青技术的研发，利用中东原油性质，实现多资源加工，实现“蒸馏—不同渣油—不同组分”调和工艺生产道路沥青产品。

聚合物改性沥青方面，截至2015年底，中国石油已形成聚合物SBS、SBR、废胶粉等聚合物改性沥青产品的生产工艺技术，中国石油所有沥青企业都有改性沥青生产装置。“十二五”期间，重点开展基质沥青制备、改性沥青生产工艺技术优化、改性沥青生产方式等方面的研究。

在基质沥青研究方面一是攻克了克拉玛依石化重交沥青无法改性的技术难题，二是采用其他沥青资源与克拉玛依石化生产的沥青调和生产基质沥青，两方面技术攻关实现了在新疆地区批量生产SBS改性沥青产品，同时增加了中国石油改性沥青产品在西北地区的竞争力。

在生产工艺技术方面，一是在生产工艺方案配方上，完成燃料油公司沥青、辽河石化沥青的工艺配方优化；二是由于改性沥青的使用及时性及储存稳定性受供应半径影响，工厂化固定式生产无法满足远距离场所使用，因此开展了“移动式”或“委托加工”方式生产工艺技术开发及技术运营研究，技术包括基质沥青指标控制、生产工艺配方、设备选型及现场质量管控等。建设多套移动式生产装置，合作建设数十套委托加工生产点，使中国石油改性沥青生产能力及实际生产量得到大幅度提高。

特种道路沥青方面，随着公路建设的发展，高等级路面中的桥涵比例增加、城市建设路面功能要求的提高等，对特种沥青的需求量及品种变化增加很快，同时这些特种沥青技术含量高，生产成本高，某种程度上反映了一个公司的技术水平。中国石油在“十二五”期间，共确立特种道路沥青研究课题近10项，相继开发生产出硬质沥青、高黏高弹改性沥青、桥面专用沥青等产品，确立了在防水沥青上开展研究，开展了高寒地区水工沥青研究，并成功应用到实体工程。防水沥青将是道路沥青产品之后第二大类产品，“十三五”期间将重点开展攻关研究。

本部分针对聚合物改性沥青产品、硬质道路沥青新产品、特种道路沥青及防水沥青等新产品新技术，详细介绍各项新产品新技术的主要产品特点、技术应用情况。

1. 聚合物改性沥青产品

聚合物改性沥青是指将橡胶、树脂、高分子聚合物、磨细的橡胶粉等改性剂通过剪切、搅拌等方式均匀分散在沥青中，使沥青或沥青混合料的性能得以改善而制成的沥青结合料。常见的产品有SBS改性沥青、SBR改性沥青、胶粉沥青和高黏高弹沥青等。

聚合物改性沥青是以优质基质沥青为原料，在一定温度下通过剪切研磨、搅拌等工艺过程，将聚合物均匀分散于沥青中，同时加入一定比例专属稳定剂而形成的沥青—聚合物复合材料。

SBS改性沥青。中国石油一直致力于SBS改性沥青产品升级，分别利用委内瑞拉重油沥青、新疆稠油沥青以及辽河欢喜岭沥青，从基质沥青改质和SBS改性剂筛选等方面进行了大量的研究工作，逐步掌握了生产高等级SBS改性沥青的生产工艺技术。其中，在西北地区利用多资源的组分调和工艺技术，突破了西北地区克拉玛依基质沥青原料难以改性的“技术瓶颈”问题；在华东和华南地区，针对客户提出的特殊指标改性沥青产品的需求，通过优化玛瑞 16 与波斯坎原油配比，生产定制基质沥青的方式，解决了委内瑞拉重油改性沥青低温延度和抗老化性能差的难题。

SBS 改性沥青是指技术指标满足我国现行 SH/T 0734—2003 和 JTG F40—2004 标准要求的改性沥青。产品以基质沥青为原料，加入一定比例 SBS 改性剂，通过剪切、搅拌等机械作用使 SBS 均匀分散于沥青中，同时加入一定比例的专属稳定剂，形成 SBS 共混材料，利用 SBS 良好的物理性能对沥青进行改性处理，产品主要分为 I–A、I–B、I–C 和 I–D 级 4 个牌号。具有以下几大特点：（1）在温差较大的地区有很好的耐高温、抗低温能力；（2）具有较好的抗车辙能力，其弹性和韧性可显著提高路面的抗疲劳能力，特别是在大流量、重载严重的公路上具有良好的应变能力，可减少路面的永久变形；（3）黏结能力特别强，能明显改善路面遇水后的抗拉能力，并极大地改善沥青的水稳定性。20 世纪 80 年代，SBS 改性沥青生产技术引入中国，由于其优异的路用性能，近年来在国内公路建设中得到了广泛应用。

中国石油生产的 SBS 改性沥青可满足国内外各类产品标准的技术指标要求，并可根据客户需要实现定制生产。

中国石油 SBS 改性沥青均能够达到交通运输部规范 JTG F40—2004《公路沥青路面施工技术规范》中 SBS 改性沥青产品标准的要求，并在此基础上研制了系列特殊化定制的 SBS 改性沥青产品，技术处于国内领先水平。产品部分指标要求见表 4–23。

表 4–23　中国石油 SBS 改性沥青技术指标

性　能	SBS 类（I 类）技术要求				典型实测值		测试方法
	I–A	I–B	I–C	I–D	I–C	I–D	
针入度（25℃，100g，5s），0.1mm	＞ 100	80~100	60~80	40~60	65	55	JTG E20 T0604—2011
针入度指数 PI	≥ –1.2	≥ –0.8	≥ –0.4	≥ 0	≥ –0.23	≥ 0.03	JTG E20 T0604—2011
延度（5℃），cm	≥ 50	≥ 40	≥ 30	≥ 20	≥ 34	≥ 27	JTG E20 T0605—2011
软化点，℃	≥ 45	≥ 50	≥ 55	≥ 60	≥ 79	≥ 82	JTG E20 T0606—2011
动力黏度（135℃），Pa · s	≤ 3				≤ 1.6	≤ 2.1	JTG E20 T0621—2011
闪点，℃	230				＞ 280	270	JTG E20 T0611—2011
溶解度，%	≥ 99				≥ 99.88	≥ 99.80	JTG E20 T0607—2011
弹性恢复（25℃），min	≥ 5				≥ 94	≥ 93	JTG E20 T0662—2011
离析，48h 软化点差，℃	≤ 2.5				≤ 2.5	≤ 2.5	JTG E20 T0661—2011
TFOT（RTFOT）后残留物							JTG E20 T0610—2011 或 T0609—2011
质量变化，%	≤ ±1.0				≤ ±0.8	≤ ±0.8	JTG E20 T0610—2011 或 T0609—2011
针入度比（25℃），%	≥ 50	≥ 55	≥ 60	≥ 65	≥ 72	≥ 80	JTG E20 T0604—2011
延度（5℃），cm	≥ 30	≥ 25	≥ 20	≥ 15	≥ 25	≥ 19	JTG E20 T0605—2011

SBR 改性沥青一直是中国石油的特色产品之一，具有优良的低温性能和耐候性，在严寒地区的道路建设中得到了大规模应用，包括青海、西藏、四川等省份。中国石油沥青产品均可生产符合交通运输部规范 JTG F40—2004《公路沥青路面施工技术规范》要求的Ⅱ–A、Ⅱ–B 及Ⅱ–C 级 SBR 改性沥青产品；SBR 改性沥青均能够达到交通运输部规范 JTG F40—2004《公路沥青路面施工技术规范》中 SBR 改性沥青产品标准的要求，技术处于国

内先进水平。

橡胶沥青。由于传统橡胶沥青存在反应温度高、烟气大等问题，为了提高胶粉与沥青的相容性，降低反应温度，改善废胶粉改性沥青的生产技术条件，在原有橡胶沥青技术基础上，开发出了低温环保废胶粉改性沥青，相比于传统废胶粉改性沥青生产工艺和产品性能，生产过程中反应温度可降低至 160~180℃，产品性质更加稳定。

高黏高弹沥青。高黏高弹沥青产品具有优异的高温性能，并兼具良好的弹性和低温性能，因而，近年来在高等级公路建设和桥面施工中得到了越来越广泛的应用。“十二五”期间，中国石油采用委内瑞拉重油沥青、辽河稠油沥青均能够生产客户要求的各类高黏高弹沥青产品，高黏高弹沥青能够满足各类特殊化定制产品指标的要求，产品技术指标及生产技术水平均处于国内先进水平，其中，产品 60℃动力黏度可以达到近 10000Pa・s。

“十二五”期间，中国石油以南美重油及新疆稠油沥青为原料，开发出聚合物改性沥青自有生产工艺技术及配方，新建及改建生产装置 6 套，形成在西北、华北、东北共 9 套改性沥青生产点，生产能力由 30×10^4t/a 提高到 100×10^4t/a。合作形成委托加工生产点 8 个，主要分布在西南、华南等地，生产规模、覆盖面积及工艺技术都达到了国内领先水平。产品实现了在全国各地区的批量生产供应，在西北地区实现 SBS 改性沥青连续大批量生产供应万吨级实体工程项目，SBR 改性沥青在青藏地区实现批量生产供应。尤其是在西北地区利用多资源的组分调和工艺技术，突破了西北地区克拉玛依基质沥青原料难以改性的“技术瓶颈”问题。

开发的低温环保橡胶沥青具有优良的高、低温性能以及热储存稳定性能，2013 年 10 月，产品在北京三环辅路大修中进行了应用。

成功开发生产出的高黏高弹桥面沥青，形成中国石油沥青产品独有技术。在江苏润阳大桥、江苏泰州大桥、上海崇启高架桥、黑龙江黑瞎子岛及沈阳三环后丁香大桥得到成功应用。此类高端产品的开发及应用大大提升了中国石油“昆仑”沥青品牌效应。

“十二五”期间，年均生产改性沥青产品约 40×10^4t。“十三五”期间，中国石油将持续开发改性沥青新产品、特种沥青产品，提高产品附加值以及昆仑品牌的社会效益及经济效益。新增特种新产品品种 10 个以上，新增产能达 10×10^4t/a，每年增效 5000 万元以上。

继续完善聚合物改性沥青生产技术，加强聚合物改性沥青产品生产技术及应用技术研究，开展特种高端沥青产品的研发生产，产品质量满足国内外各类标准要求，技术水平及生产成本达到国内领先，国内市场占有率争取达到 20% 以上。

2. 硬质道路沥青新产品

硬质沥青是一种低针入度的道路沥青产品，通常针入度为 2~5mm，通过蒸馏、氧化及溶剂脱沥青等工艺获得。硬质沥青针入度低、软化点较高；沥青混合料兼顾有良好的低温性能、抗疲劳性能以及与石料的黏附性，主要应用于高等级道路的中下层、各类桥面路面的铺装等工程。

中国石油利用南美重油、辽河欢喜岭稠油及克拉玛依九区稠油三种低凝环烷基原油，采用适宜的蒸馏、蒸馏—溶剂脱沥青两种工艺生产硬质沥青。中国石油的辽河石化公司、克拉玛依石化公司、燃料油公司拥有近 10 套沥青生产装置，硬质沥青生产能力达 500×10^4t/a 以上，分别采用蒸馏工艺、溶剂脱沥青工艺，即可生产满足要求的 30 号、50 号硬质沥青。

“十二五”期间，硬质沥青产品的研发和应用得到了飞速发展，中国石油也在此期间开发并应用了多项新产品、新技术。依托“硬质沥青新产品及标准研究”“硬质道路沥青产品工业化生产及应用技术研究”等项目研究，研发出高模量沥青、改性硬质沥青及高黏高弹沥青等多个硬质沥青新产品，并在多项实体工程中得到应用，产品已实现规模化生产，在全国多条高等级公路中广泛应用。

中国石油开发出的硬质道路石油沥青产品具有优良的高温性能和抗车辙性能，占有一定的市场份额，产品质量及应用性能得到了公路部门的认可，在广东、江西等南方地区，50 号沥青获得了大面积的推广应用。该硬质沥青产品按照我国现行硬质沥青标准执行 GB/T 15180—2000 和 JTG F40—2004 中相关技术要求。产品具有软化点高、针入度低、黏度高、复合模量高、与集料的黏结性强等特点，铺筑的路面抗车辙能力大大提高，不仅解决了高温车辙的早期破坏问题，同时降低了温度敏感性，增强了沥青材料的抗老化能力，同时因为与集料的黏结性增强，路面的抗水损害能力也得到加强，这些性能的改善大大延长了路面的使用寿命，降低了路面的维修费用，具有良好的经济效益和社会效益。

硬质沥青产品质量指标按公路沥青路面施工技术规范（JTG F40—2004）A 级沥青控制，分为 30 号和 50 号两个品种，产品主要技术指标见表 4-24。

表 4-24　中国石油硬质沥青产品技术指标

性　能	“昆仑”30 号沥青		“昆仑”50 号沥青		测试方法
	A 级指标要求	典型值	A 级指标要求	典型值	
针入度（25℃），0.1mm	20~40	30	40~60	54	JTG E20 T0604—2011
针入度指数 PI	-1.5~+1.0	0.49	-1.5~+1.0	-0.34	JTG E20 T0604—2011
延度（10℃、5cm/min），cm	≥ 10	10.0	≥ 15	21.9	JTG E20 T0605—2011
延度（15℃、5cm/min），cm	≥ 50	26.7	≥ 80	＞ 100	JTG E20 T0605—2011
软化点（R&B），℃	≥ 55	56.2	≥ 49	53.0	JTG E20 T0606—2011
动力黏度（60℃），Pa · s	≥ 260	918	≥ 200	470	JTG E20 T0620—2011
动力黏度（135℃），Pa · s	—	0.781	—	0.606	JTG E20 T0625—2011
闪点，℃	≥ 260	282	≥ 260	280	JTG E20 T0611—2011
溶解度，%	≥ 99.5	99	≥ 99.5	99	JTG E20 T0607—2011
含蜡量，%	≥ 2.2	1.3	≥ 2.2	1.8	JTG E20 T0615—2011
薄膜烘箱试验后					JTG E20 T0609—2011
质量变化，%	± 0.8	0.03	± 0.8	-0.08	JTG E20 T0609—2011
针入度比（25℃），%	≥ 65	73.5	≥ 63	69.7	JTG E20 T0604—2011
延度（10℃、5cm/min），cm	—	0.5	4	8.5	JTG E20 T0605—2011
延度（15℃、5cm/min），cm	—	7	10	21.3	JTG E20 T0605—2011
弗拉斯脆点，℃	—	-5	—	-7	JTG E20 T0613—2011
PG 分级	—	PG76-16	—	PG70-22	SHRP 沥青路用性能规范

中国石油“十二五”期间开发的硬质沥青，形成了中国石油沥青产品独有技术，产品技术达到了国内领先、国际同类产品相当的水平。“昆仑”牌标准硬质沥青产品以优异的性能和客户好评度，成绩斐然，在南方地区进行了大面积推广应用，年生产销售硬质沥青

30 号和 50 号沥青 10×10^4t 以上。此类高端产品的开发及应用大大提升了中国石油沥青品牌效应。主要代表性应用工程包括吉林长春绕城高速公路、四川 108 国道干线的成—德大道、广东江肇高速、湖南衡桂高速、湖南怀通高速、交通部足尺环道、二连—广州高速公路河南洛阳段、吉林长春绕城高速公路、“二—广”国道洛阳段的南洛高速公路、克拉玛依石化大道和昌盛路等。

“十三五”期间，中国石油将发挥 4 种（辽河稠油、新疆九区稠油、南美重油、中东原油）优质环烷基重油的资源优势，加强基础理论、生产应用技术、标准制定研究，注重传统大宗道路沥青产品生产技术及质量的稳定和升级，提升道路沥青产品应用技术（混合料技术）和技术服务水平，保持和逐步提高国内道路沥青市场占有率。在高等级道路用沥青生产、应用技术以及市场占有率方面保持国内领先水平，提升“昆仑”沥青品牌效应，提高市场占有率。道路沥青产品生产量由 2015 年的 25% 提高到 30% 以上，新增市场占有量 5%~8%。

3. 桥面浇注式沥青混凝土专用沥青产品

浇注式沥青混凝土（Guss asphalt）是指在高温（220~260℃）下拌和，依靠混合料自身的流动性摊铺成型而无须碾压的一种高沥青含量与高矿粉含量、空隙率小于 1% 的沥青混合物。浇注式沥青混凝土属于悬浮密级配沥青混凝土，沥青用量很高（7%~10%）。矿质集料中矿粉含量高达 20%~30%，沥青混合料拌和温度很高。因此，浇注式沥青混凝土具有矿粉含量高、沥青含量高和拌和温度高“三高”特点。

浇注式沥青混凝土密实不透水，耐久性好，同时又有极好的黏韧性，适应变形能力强，与钢桥面板变形有很好的随从性，因此，适用于国内大中型桥梁，尤其是大跨度的钢桥桥面的铺装。

早期的浇注式沥青混合料一般采用天然沥青，现在浇注式沥青混合料所用胶结料一般为普通沥青、改性沥青或低标号沥青与 TLA 湖沥青按照一定比例复配得到。沥青含量高达 7% 以上，对混合料的性能有决定性影响。在选择沥青时，既要保证胶结料具有较高的黏度，以提高浇注式沥青混合料的强度，又要避免使用太硬的沥青，目的是不影响其流动性和低温抗裂性。

根据市场对钢桥面浇注式沥青混凝土专用沥青的需求，中国石油自 2012 年开始立项进行产品的研发，分别采用玛波沥青、克拉玛依沥青以及辽河沥青三种不同原料、不同工艺成功开发得到满足日本同类产品要求的浇注式沥青混合料专用沥青。2015 年，产品已实现批量工业化生产，生产成本与其他沥青相当，该产品可以达到国际同类产品的水平，属国内领先。

结合国外同类产品的技术指标，以及国内桥面浇注式沥青混凝土路面结构设计及施工性能的需求，中国石油制定了浇注式沥青的技术标准。产品各项技术指标均与世界先进水平相当。

钢桥面浇注式沥青混凝土专用沥青产品于 2012 年 8 月在泰州长江大桥完成实体工程铺筑，浇注式沥青混合性能良好，施工和易性较好，满足桥面使用性能的要求。通车两年后，路面总体行驶质量状况良好，与相同年份采用日本进口的浇注式沥青混合料铺筑的桥面相比，就检测结果来看，桥面行驶质量状况及病害情况基本相当，取得了良好的经济效益和社会效益。产品还在江苏润阳大桥、江苏泰州大桥、上海崇启高架桥、黑龙江黑瞎子岛及沈阳三环后丁香大桥得到成功应用。

中国石油研发的钢桥面浇注式沥青混凝土专用沥青产品以重质稠油为原料，采用不同工艺分别制备的委内瑞拉直馏沥青、克拉玛依石化调和沥青以及辽河渣油氧化沥青针入度均在 20~30 范围之内，通过与日本进口浇注式沥青产品的对比得出，高温关键技术指标软化点和 60℃动力黏度明显高于日本沥青；从沥青高温抗老化性能分析，沥青残留针入度比均大于日本沥青，残留软化点的比值均小于日本沥青，说明沥青高温抗老化性能好。同时具有优异的高低温性能以及良好的随从性，能够较好地适应钢桥面的变形。

该产品是为了满足作为钢桥面板铺装材料的特殊功能和施工要求，需具有优异的抗高温老化性、高温稳定性、抗疲劳开裂性以及与桥面变形随从性的一种特殊沥青材料。

浇注式沥青混合料不同于普通碾压式沥青混合料，它是由高含量且高黏度的沥青、高剂量的矿粉，有时还加入纤维材料，再配以适量的集料，在高温（220~260℃）下，经过长时间的搅拌熬制形成的一种黏稠且有很好流动性、空隙率小于 1%的特殊沥青混合料。该混合料浇注后用镘刀抹平，不需要碾压，冷却后即能密实成型，是一种悬浮—密实型结构，粗集料悬浮于沥青胶砂中，强度主要取决于沥青与填料相互作用产生的黏聚力。浇注式专用沥青的混合料性能初步评价主要采用贯入度及刘埃尔流动性作为控制指标，并用低温弯曲试验检验其抗裂能力，对最终确定的浇注式沥青混凝土专用沥青混合料增加动态贯入度试验检测。

产品采用调和法生产，技术指标参照日本、欧洲等国家规范，包含沥青和混合料两部分（表 4–25）。

表 4–25 “昆仑”直馏调和型专用桥面沥青混合料性能指标

技术指标	典型值	技术要求	测试方法
空隙率，%	0.52	≤ 1	JTG E20 T0705-2011
流动度（240℃），s	38	< 60	DB32
贯入度（40℃），mm	1.18	1~4	DB32
贯入度增量（40℃），mm	0.27	≤ 0.6	
动稳定度（60℃），次 /mm	506	实测记录	JTG E20 T0719—2011
弯曲应变（-10℃，50mm/min）	9.135×10^{-3}	$\geqslant 6.0 \times 10^{-3}$	JTG E20 T0715—2011

中国石油桥面专用沥青密实不透水，耐久性好，同时又有极好的黏韧性，适应变形能力强，与钢桥面板变形有很好的随从性，适用于国内大型钢架桥、跨海大桥、山区高速路的大跨度山间大桥等桥面的铺装工程，以及大型停车场、城市人行街道、地铁站台铺面、平顶屋面防水层、水坝坝体防渗层、水库沥青混凝土心墙、斜墙和坝体表层防渗层等。

4. 防水卷材专用沥青新产品

沥青基防水卷材是一种传统的防水材料，它是以原纸、纤维毡、纤维布、金属箔、塑料膜或纺织物等材料中的一种或数种复合为胎基，浸涂石油沥青、聚合物改性沥青制成的长条片状成卷供应并起防水作用的一类产品。

防水卷材专用沥青是用于生产防水卷材的主要原料，经过性能的改进，通过改性或者调和后，裹覆在胎基布上，经进一步冷却、成型，生产防水卷材。为了满足防水卷材的生产，要求卷材沥青必须具有特定的高低温性能及很好的相容稳定性。

中国石油自主研发的 200 号沥青是应防水卷材生产企业对沥青的需求，针对防水卷材聚合物改性沥青，专门开发的一种新型基质沥青原料，该产品可以直接用于聚合物改性沥青的生产，无须额外添加抽出油，简化了防水卷材生产的工艺过程，提高了沥青与改性剂的相容稳定性，同时可以降低防水卷材生产成本。

当前国内防水卷材生产厂在使用沥青方面比较混乱，也没有统一的国标，每个企业使用的沥青品牌性能也不一样，由于国内卷材生产企业上千家，生产的卷材沥青以及所需要的沥青质量要求也相差很大，因此，中国石油重点以高端卷材生产商需求为主，开发防水沥青产品。

当前国内高端生产企业普遍使用 90 号道路沥青、10 号或 30 号建筑沥青以及部分软组分（润滑油组分），根据自身生产需要来调和成针入度（0℃）在 200~400 单位的产品。由于采购产品品牌及质量混乱，造成质量波动大等问题，为此，中国石油针对此类产品研发出 200 号防水沥青产品，并在国内东方雨虹、科顺、禹王、宏源等大型防水卷材生产企业得到广泛应用。

防水卷材的标准有 GB/T 18242—2008《弹性体改性沥青防水卷材》、GB/T 18243—2008《塑性体改性沥青防水卷材》、GB/T 18967—2008《改性沥青聚乙烯胎防水卷材》等国家标准。对卷材用聚合物改性沥青也有建材行业标准 JC/T 904—2002《塑性体改性沥青》和 JC/T 904—2002《塑性体改性沥青》。但是，沥青生产企业及研究单位对防水卷材沥青原料的研究一直不够重视，虽然有建材行业的推荐技术要求 JC/T 2218—2014《防水卷材沥青技术要求》，但是由于适用性不强，因此，各单位还是根据自身原料需求采购满足要求的沥青原料。

“昆仑”牌高档防水卷材专用石油沥青是以南美重油为原料，采用常减压蒸馏及调和工艺生产，用于生产高档防水卷材的专用沥青原料。该产品打破了防水卷材生产行业以重交沥青调和软组分后改性的传统生产方式，为高档卷材生产专门定制，经多家卷材生产企业应用验证，采用该产品为原料生产防水卷材，生产工艺更加经济环保，产品高低温性能及耐老化性能更加优异。截至 2015 年底，产品并无国家标准，石化行业标准正在制定中（表 4–26）。

防水卷材专用石油沥青具有产品性质稳定、高低温性能优良及与改性剂相容稳定性好等特点。产品无须与“机油”和氧化沥青调和，可以直接用于改性，使得防水卷材生产工艺过程更加经济、环保，产品性能更加稳定。采用该产品生产的防水卷材具有更加优异的耐高温、抗紫外老化性能，极佳的抗低温开裂性能。

表 4–26　中国石油防水卷材专用石油沥青产品技术指标

指　标		单位	产品技术指标		测试方法
			典型值 1	典型值 2	
沥青性能	针入度（25℃，100g，5s）	0.1mm	220	211	JTG E20 T0604—2011
	软化点 T（R&B）	℃	36	36	JTG E20 T0606—2011
	低温柔度	℃	–5.4	–3.8	GB/T 328.14
	抗剥离强度	N/mm	0.27	0.269	GB/T 328.20
	闪点	℃	220	221	JTG E20 T0611—2011
	挥发质量损失（200℃，4h）	%	2.820	2.908	GB/T 11964
	挥发质量损失（220℃，4h）	%	4.860	4.790	GB/T 11964
	挥发质量损失（230℃，4h）	%	5.140	5.110	GB/T 11964

续表

指标		单位	产品技术指标		测试方法
			典型值1	典型值2	
改性后性能	针入度	%	66	45	JTG E20 T0604—2011
	软化点	%	103	113	JTG E20 T0606—2011
	低温柔度	℃	−19.5	−20.8	GB/T 328.14
	抗剥离强度	N/mm	2.24	2.82	GB/T 328.20

防水卷材专用石油沥青可以用于生产国标Ⅰ型、国标Ⅱ型SBS改性沥青防水卷材，自黏型防水卷材等高档防水卷材产品。

中国石油对卷材沥青的研究生产及销售起步较晚，开发出的200号沥青产品已经形成中国石油的优势产品，并在国内处于技术领先水平。由于防水卷材行业正处在发展期，今后防水沥青将会大幅度增加，后续继续开展防水卷材专用沥青的系列产品研发，研究制定行业及企业标准，提升“昆仑”沥青的品牌影响力，拓展产品市场。

5. 彩色道路沥青新产品

石油基彩色沥青与普通道路沥青相比，具有色彩鲜艳、颜色可调、与石料黏附性好、抗变形能力强等性能特点。可广泛地应用于公路、城市街道、广场、操场、风景区和公园等场所，铺筑的彩色路面具有良好的视觉效果和路用性能。红色或橙黄色彩色沥青路面醒目作用强，还可以有效地提醒驾驶员谨慎行车，减少交通事故。彩色沥青制备工艺一般情况下分为两类：一类是利用普通石油沥青制备彩色沥青，另一类为合成浅色胶结料。

中国石油研制生产的石油基彩色沥青与普通道路沥青相比，具有色彩鲜艳、颜色可调、与石料黏附性好、高低温路用性能优异、抗形变能力强等性能特点。可广泛地应用于公路、城市街道、广场、操场、风景区和公园等场所。

中国石油自2003年开始立项进行彩色沥青产品的研发，以克拉玛依优质环烷基稠油的适宜馏分为基础原料，通过复配高分子聚合物填充剂、改性剂、颜色遮盖剂、化学偶联剂、稳定剂和着色剂等功能添加剂，优化工艺配方，最终得到了性能优异的彩色沥青产品。进一步实现了产品的批量化生产，并在此基础上编写产品使用手册，指导用户的使用。

近年来中国石油也开始利用玛波馏分油为原料，进行彩色沥青产品生产工艺的研究，成功地研发出路用彩色沥青产品。截至2015年底，中国石油可以生产满足《彩色沥青路面技术指南》中的彩色沥青产品技术要求的产品。但是彩色沥青还没有国家标准或者行业标准，克拉玛依石化公司根据自身产品特点制定了企业标准。

中国石油根据气候情况、交通特点等因素提供景观路面彩色沥青、等级路面彩色沥青、高黏透水路面彩色沥青这三个等级的彩色沥青产品。

路面彩色沥青是按照普通重交沥青等级控制，利用复合改性后的浅色胶结料，配以耐候性高的鲜亮色粉，在一定工艺下制备而成的彩色沥青产品。再经过专业的混合料配合比设计，经过热拌和摊铺碾压工艺即可铺筑而成具有一定结构厚度（通常为2~4cm）的彩色沥青路面（图4-5和图4-6）。

图 4-5 彩色沥青拌和效果图

图 4-6 彩色沥青景观道路

中国石油路面彩色沥青有红、黄、蓝、绿等多个系列，所用色粉均按照国家标准（GB/T 1863—2008）中的 A 级（或 I 型）最高等级进行生产和质量管控，完美实现新时代城市建设中“彩化、绿化、亮化”的目标，并在全国范围具备批量供货能力。此外，“昆仑”景观路面彩色沥青的软化点可达到 50℃以上，除作为一般的小区、公园步行道路外，更能胜任环湖、沿海等自行车道的场合，是景观路中当之无愧的佼佼者。

路面彩色沥青技术指标参照国内外相关产品技术指标制定，对沥青和混合料都进行了限定。

表 4-27 中国石油路面彩色沥青技术指标

试验目标		单位	技术指标	典型数据	试验方法
沥青指标	软化点	℃	≥ 45	51	JTG E20 T 0606—2011
	动力黏度（60℃）	Pa·s	≥ 140	739	JTG E20 T 0620—2011
	延度（10℃）	cm	≥ 5	8	JTG E20 T 0605—2011
	弹性恢复（25℃）	%	—	45	JTG E20 T 0662—2011
沥青混合料（AC-13）	空隙率 V_v	%	3~5	3.4	JTG E20 T 0705—2011
	稳定度 MS	kN	≥ 6	9.4	JTG E20 T 0709—2011
	残留稳定度	%	≥ 80	85.1	JTG E20 T 0709—2011
	冻融劈裂强度比 TSR	%	≥ 70	78.2	JTG E20 T 0729—2011
	车辙动稳定度（60℃）	次 /mm	≥ 500	1162	JTG E20 T 0719—2011
	弯曲极限应变（-10℃）	μm	≥ 2000	2806	JTG E20 T 0715—2011
	疲劳性能（200με，15℃，20Hz）	—	≥ 50000	87344	JTG E20 T 0739—2011

产品研发成功后，就在新疆境内的城市道路、运动场、公园等地实现了多次应用。随着产品的不断推广，已经在全国许多城市公交专用道、机场跑道、公园等多种道路上得到应用，使用效果均得到了用户好评，经路用性能的检测，产品的各项路用性能均可以满足相应道路设计规范的要求。

现在，在道路或广场上铺筑的彩色路面越来越多，不仅能够起到美化环境、创造舒适的环境效果，给人良好的视觉感受，还可以减少危险区域的交通事故，提高路面的可视度，因而彩色路面作为一种新型的铺面技术，已日益引起人们的重视和关注。作为一个特种道路沥青产品技术，通过研究开发及应用可以提升“昆仑”品牌效应。

6. 喷涂速凝专用乳化沥青新产品

喷涂速凝橡胶沥青防水涂料（简称喷涂速凝防水涂料）是采用乳化沥青和高分子聚合物混合后制成的改性乳化沥青（A 料）和特种固化剂（ B 料）组成的一种新型双组分防水、防腐涂料。该涂料具有高弹性、高延伸性、抗冲击性、耐蚀、耐老化，施工方便、快捷、效率高等特点。喷涂速凝专用乳化沥青即为喷涂速凝防水涂料的主要关键组分，决定了涂料的品质及施工性能。

以中国石油沥青资源为原料生产得到的喷涂速凝防水涂料专用乳化沥青具有粒径小、黏度低、凝聚速度快、储存稳定性好等特点。其制备得到的喷涂速凝防水涂料在遇到固化剂后能够快速破乳、固化形成连续致密的防水涂膜。

中国石油自2013年立项开展喷涂速凝专用乳化沥青的研究，经过课题组一年的研究，最终以玛波沥青为原料，制备得到了各项指标均满足要求的喷涂速凝专用乳化沥青产品，并形成了产品生产、使用及施工成套技术，编写了《喷涂速凝专用阴离子乳化沥青用户使用手册》。

生产得到的喷涂速凝橡胶沥青防水涂料专用乳化沥青具有如下特性：（1）高固含量，可以降低喷涂速凝橡胶沥青防水涂料的运输及生产成本。（2）较低的黏度，不会堵塞喷枪，可以保证喷涂施工的顺利实施。（3）良好的力学稳定性，在喷涂施工中不会在泵内破乳。（4）速凝性，与匹配的固化剂可以实现瞬间破乳（ $< 5s$ ）。

作为一种新型的防水材料，相应的产品标准也在陆续出台。2015年，喷涂速凝防水涂料国家标准已经开始申请报批，行业标准JC/T 2215—2014也已经进入公示阶段。专用乳化沥青产品按照我国石油化工行业标准SH/T 0798—2007《阴离子乳化沥青》中相关指标要求执行。

该产品为采用特殊工艺，将超细、悬浮、微乳型的改性阴离子乳化沥青和合成高分子聚合物配制而成（A 组分），再与特种固化剂（B 组分）混合、反应后生成的一种性能优异的防水、防渗、防腐、防护涂料。喷涂速凝防水涂料中乳化沥青占60%~90%，是喷涂速凝防水涂料的关键组分，其性能直接影响涂料品质和施工性能。防水涂料的可喷涂性、快速破乳固化以及储存稳定性等性能主要受乳化沥青的配方体系影响。简而言之，喷涂速凝橡胶沥青防水材料主要成分是由2种以上高性能乳化橡胶沥青和化学促凝催化剂组成，具有迅速初凝固结特征的双组分系统。

产品选用优质南美环烷基重油为原料，经乳化工艺得到专用乳化沥青产品，可满足我国石油化工行业标准SH/T 0798—2007《阴离子乳化沥青》中相关指标要求，具备固含量高、粒径小、颗粒物含量以及黏度低、凝聚速度快、储存稳定性好等特点。

中国石油喷涂速凝防水涂料专用乳化沥青通过乳化改性工艺得到的高性能喷涂速凝防水涂料，在遇到固化剂后能够快速破乳、固化形成连续致密的防水涂膜，喷涂后，3~5s 内即可成型，可以踩踏，且有超越 15 倍延展性和 95% 复原性及有效的隔音性能。施工过程中可以连续作业，不含挥发性有机化合物，无毒无味，无废气排放，不污染环境，可以适用于密闭的空间中。采用喷涂技术，效率高，可实现无缝连接，不窜水。采用“昆仑”牌喷涂速凝防水涂料专用乳化沥青生产得到的喷涂速凝防水涂料不仅满足行业标准 JC/T 2215—2014《喷涂速凝橡胶沥青防水涂料》技术要求，并且其优良的性能深受广大用户欢迎，具有较强的市场竞争力。

喷涂速凝防水涂料专用乳化沥青产品质量指标按照我国石油化工行业标准 SH/T 0798—2007《阴离子乳化沥青》中 MS-1 级沥青控制（表 4-28）。

表 4-28　中国石油喷涂速凝防水涂料专用乳化沥青技术指标

<table>
<tr><th>指　　标</th><th>指标要求</th><th>实测值</th><th>试验方法</th></tr>
<tr><td>赛波特黏度（25℃），s</td><td>20~100</td><td>53.3</td><td>SH/T 0779</td></tr>
<tr><td>常温储存稳定性（1d），%</td><td>< 1</td><td>0.2</td><td>SH/T 0099.5</td></tr>
<tr><td>蒸发残留物含量，%</td><td>≥ 55</td><td>60.6</td><td rowspan="3">SH/T 0099.17</td></tr>
<tr><td>残留物延度（15℃），cm</td><td>≥ 40</td><td>>100</td></tr>
<tr><td>残留物针入度，0.1mm</td><td>≥ 50</td><td>65.8</td></tr>
</table>

喷涂速凝防水涂料质量指标按照行业标准 JC/T 2215—2014《喷涂速凝橡胶沥青防水涂料》技术要求控制（表 4-29）。

表 4-29　中国石油喷涂速凝防水涂料技术指标

<table>
<tr><th colspan="2">指标名称</th><th>技术指标</th><th>检验结果</th><th>试验方法</th></tr>
<tr><td colspan="2">外观</td><td>橡胶沥青乳液组成搅拌后颜色均匀一致，无凝胶、无结块、无丝状物。破乳剂无结块，溶于水后能形成均匀的液体</td><td>橡胶沥青乳液组成搅拌后颜色均匀一致，无凝胶、无结块、无丝状物。破乳剂无结块，溶于水后能形成均匀的液体</td><td>GB/T 328.3—2007</td></tr>
<tr><td colspan="2">固体含量，%</td><td>≥ 55</td><td>55</td><td>GB/T 16777.5—2008</td></tr>
<tr><td colspan="2">凝胶时间，s</td><td>≤ 5</td><td>2.6</td><td>JC/T 2215.6.6—2014</td></tr>
<tr><td colspan="2">实干时间，h</td><td>≤ 24</td><td>5.0</td><td>GB/T 16777.16—2008</td></tr>
<tr><td colspan="2">耐热度</td><td>无流淌、滑落、滴落</td><td>无流淌、滑落、滴落</td><td>GB/T 328.11—2007</td></tr>
<tr><td colspan="2">不透水性</td><td>无渗水</td><td>无渗水</td><td>GB/T 16777.15—2008</td></tr>
<tr><td rowspan="2">黏结强度，MPa</td><td>干燥基面</td><td>≥ 0.40</td><td>0.42</td><td rowspan="2">GB/T 16777.7—2008</td></tr>
<tr><td>潮湿基面</td><td>≥ 0.40</td><td>0.43</td></tr>
<tr><td colspan="2">弹性恢复率，%</td><td>≥ 85</td><td>96</td><td>GB/T 528</td></tr>
<tr><td colspan="2">钉杆自愈性</td><td>无渗水</td><td>无渗水</td><td>JC/T 2215.6.12—2014</td></tr>
<tr><td colspan="2">吸水率（24h），%</td><td>≤ 2.0</td><td>1.1</td><td>GB/T 328.27—2007</td></tr>
<tr><td rowspan="6">低温柔性</td><td>无处理</td><td>-20℃，无裂纹、断裂</td><td>无裂纹、断裂</td><td rowspan="6">GB/T 16777.13—2008</td></tr>
<tr><td>碱处理</td><td rowspan="5">-15℃，无裂纹、断裂</td><td>无裂纹、断裂</td></tr>
<tr><td>酸处理</td><td>无裂纹、断裂</td></tr>
<tr><td>盐处理</td><td>无裂纹、断裂</td></tr>
<tr><td>热处理</td><td>无裂纹、断裂</td></tr>
<tr><td>紫外线处理</td><td>无裂纹、断裂</td></tr>
</table>

续表

指标名称			技术指标	检验结果	试验方法
拉伸性能	拉伸强度，MPa	无处理	≥ 0.80	1.36	GB/T 528.9—2007
	断裂伸长率，%	无处理	≥ 1000	1310	
		碱处理	≥ 800	1111	
		酸处理		1143	

喷涂速凝防水涂料专用乳化沥青产品广泛应用于屋面、地下防水、室内防水、防腐工程等，已逐步应用于新建大型市政工程、地下工程防水、工业建筑等，具体包括：(1) 大型水池、垃圾处理场、污水处理厂的防水防护，以及壁板、基础墙、屋顶、建筑物室内的防水防护工程；(2) 公路、铁路、地铁、桥梁、隧道和涵洞的防水、防渗等，尤其适宜于金属结构（例如压型钢板、铁板、铝板等）屋面的防水；(3) 各种储罐、管道以及钢结构构造物的防水、防腐。以其优异的延展性和黏结性能特别适用于立墙和侧墙、异型基面、对延展性要求较高的部位等处的施工。

喷涂速凝防水涂料具有突出的防腐和防水性能，可以广泛应用于快速轨道交通，大市政建设（会议中心、展览馆等），水利设施的河道、人工湖、水池等防水防腐工程；隧道、涵洞、港口的防水，地下建筑物基础防水，轻钢屋面的防水防腐以及能源和交通等领域的防水防腐等。中国喷涂速凝防水涂料专用乳化沥青的研究始于2007年以后，随着产品研发的不断投入，国内喷涂速凝涂料专用乳化沥青产量也在不断增加。作为一种新型的特种沥青产品，市场需求将日益扩增，市场前景十分广阔。

7. 极寒水工沥青新产品

极寒水工沥青材料具有突出的低温性能，同时兼顾高温抗流淌特性。适用于极端气候条件下水利工程面坝防渗层的铺装，同时适用于抽水蓄能电站胶结层和封闭层。

该产品采用SBS改性沥青技术加工路线，通过对不同分子量的SBS进行优选，最终确定采用分子量范围为50000~80000的SBS产品对沥青进行改性，通过添加大比例的SBS，使得该产品兼具突出的高低温性能。采用自主开发的加工工艺和稳定技术，使各种材料相容并分散均匀，形成稳定的胶体结构，在保证沥青具有良好高温性能的前提下，更加突出沥青材料的低温抗裂特性。

极寒水工沥青材料性能明显优于水利工程普遍采用的SBS改性沥青，具有突出的高低温性能，在70℃条件下不流淌，满足 -45℃冻断试验的要求。产品胶体结构均匀稳定，离析试验满足相关技术要求。与中国海油、中国石化等产品进行了性能对比，低温抗裂性能都远优于其他产品。

该产品研发过程申报了2项国家发明专利，均已被授权。另外，“极寒水工改性沥青的开发与应用”技术合并获得2014年中国石油天然气集团公司科技进步一等奖。

极寒水工沥青的技术已经成熟，市场的认可度越来越高。但由于材料成本较高，因此在北方寒冷地区的应用较为普遍，产品市场占有率接近100%，几个极寒地区的抽水蓄能电站施工均采用该产品作为防渗层铺装材料。

2011年，该产品成功应用于呼和浩特抽水蓄能电站面坝防渗层的铺装。呼和浩特抽水蓄能电站是我国首个在极寒地区修建的水利工程，该地区历史最低气温达到 -41.8℃，由此提出材料须满足 –45℃冻断试验技术要求，也是国内首次提出如此严格的技术要求。该产品在此工程中应用 6700 余吨，性能表现非常理想。

该成果在呼和浩特抽水蓄能电站的成功应用，标志着我国水利工程防渗材料的发展跃上了新的台阶，开创了防渗材料技术和应用的先河，对于水利工程来说具有里程碑式的重要意义。中国水利部计划在内蒙古地区修建 4~5 个抽水蓄能电站，呼和浩特抽水蓄能电站是第一个工程，具有重要的试验示范意义，因此该研究成果在后续几个同类工程中具有非常理想的应用前景。

三、沥青生产技术发展展望

道路沥青产品是国民经济发展基础设施建设的重要物资，预计我国今后 10 年基础建设对道路沥青产品的需求仍可达 3000×10^4t 以上。道路沥青产品有体量大、可持续发展的特点，中国石油要加强生产工艺、产品应用技术等方面研究力度，形成中国石油有特色有效益的一个重要产品，需要从 6 个方面加强研究开发：

（1）重交通道路沥青向着高质量、低成本及环保方向发展。近几年国内从生产规模、生产技术及产品质量得到快速发展，同时道路建设的设计等级、施工技术要求等提高，中国石油在产品质量及应用技术要求上还需进一步提升。发挥多资源优势，发挥中国石油 4 种原油资源（辽河稠油、新疆九区稠油、南美重油、中东原油），重点开展不同原油渣油性能及调和研究，提高产品质量。

（2）开发环保沥青，一方面减少施工拌和过程中的烟气产生，开发出的重交通道路沥青产品具有高闪点、低的蒸馏损失，沥青混合料拌和温度下没有污染物烟气产生；另一方面，积极开发温拌沥青技术，以期降低混合料的拌和温度，减少对环境的污染。

（3）加大特种道路沥青产品开发力度。中国石油已经取得了一定的研究成果，逐步形成了聚合物改性沥青（SBS、SBR 等）、硬质沥青、机场跑道沥青、桥面专用沥青、彩色沥青、高黏高弹沥青等 7 个系列 20 多个品种的特种道路沥青产品生产及应用技术。后期应加大路面养护产品的开发，如高性能乳化沥青、温拌沥青以及特殊路面的专用沥青，争取在未来 5 年内，新增特种新产品品种 10 个以上，新增产能达 10×10^4t/a，每年增效 5000 万元以上。

（4）开展道路沥青助剂研发生产。随着公路等级发展、环保要求提高以及路面养护材料的发展，现在道路沥青材料助剂使用量及对新产品需求市场很大，如沥青混合料再生剂、高性能乳化剂、温拌剂等产品，当前国内大部分使用的是进口产品。这些产品技术含量高，经济效益好，应加大研发力度，提高“昆仑”沥青品牌和经济效益。

（5）加快防水卷材沥青产品的研发生产，不断开发新产品，形成系列产品，同时加强产品标准研究。针对国内使用该产品存在着没有标准、质量参差不齐、产品质量无控制等问题，开发系列产品满足不同用户的需求，开展标准研究，形成国内行业标准，保障产品质量稳定，让用户放心使用。

（6）提升道路沥青产品应用服务技术，例如混合料技术和技术服务水平，保持和逐步提高国内道路沥青市场占有率，从 2015 年的 25% 提高到 30% 以上，增加 5%~8%。

第三节 石蜡生产技术及系列新产品

蜡广泛存在于自然界中，常温下大多为固体，按其来源可分为动物蜡、植物蜡，以及从石油或煤中得到的矿物蜡。它们在化学组成上有本质区别，动植物蜡是高级脂肪酸脂类；矿物蜡，也可近似称为石油蜡或石蜡，是大分子烃类。

石油蜡主要包括液蜡、石蜡和微晶蜡，是一类可以直接从原油中精炼分离出来具有广泛用途的石油产品。石蜡是从原油蒸馏所得的润滑油馏分经溶剂精制、溶剂脱蜡或经蜡冷冻结晶、压榨脱蜡制得蜡膏，再经脱油，并补充精制制得的片状或针状结晶，又称晶形蜡，是高纯度烷烃的混合物，形态从液态到固态，主要组分为直链烷烃（80%~95%），还有少量带个别支链的烷烃和带长侧链的单环环烷烃（两者合计含量在20%以下）。

石蜡分食品级（食品级和包装级，前者更优）和工业级两类，食品级无毒，工业级不可食用。每类蜡又按熔点，一般每隔2℃分成不同的牌号，如52、54、56、58等。根据加工精制程度不同，可分为全精炼石蜡、半精炼石蜡和粗石蜡3种。粗石蜡含油量较高，主要用于制造火柴、纤维板、篷帆布等；全精炼石蜡和半精炼石蜡用途很广，主要用作食品、口服药品及某些商品（如蜡纸、蜡笔、蜡烛、复写纸）的组分及包装材料，烘烤容器的涂敷料，用于水果保鲜，电器元件绝缘，提高橡胶抗老化性和增加柔韧性等，也可氧化生成合成脂肪酸。

石蜡以其不可替代的作用广泛应用于食品、医药、精密仪器、日用化工等国民经济多个领域。2015年，全球石蜡产量310×10^4t，中国的石蜡年生产能力已经达到150余万吨。“十二五”期间，我国石蜡出口呈逐年增长的趋势，由2011年的44.8×10^4t增加到2015年的63.7×10^4t，出口到60多个国家和地区，涵盖美洲、欧洲、非洲、亚洲和大洋洲，进口量低于1×10^4t（表4–30）。

表4–30 2015年石蜡产量

生产商	世界	中国	中国石油	中国石化
石蜡产量，10^4t	310	150	98.74	35.72

我国原油多数为含蜡原油，是石蜡基原油资源最为十分丰富的国家，其中含蜡较多的有大庆、华北、南阳和沈阳原油[3]。尽管我国石蜡产量很大，但是品种构成并不合理，在石蜡总产量中，全精炼石蜡占40.6%，半精炼石蜡占39.6%，粗蜡占8.6%，皂用蜡占6.0%，食品级石蜡占2.9%，微晶蜡占0.43%，其他产品占1.9%。市场上高熔点及高品质石蜡短缺、低熔点半精炼石蜡过剩，特别是微晶蜡产量较低，远低于通常约9%的消费比例，有待开发。

石蜡是附加值很高的石油产品，被誉为石油产品衍生物中的“白金”。石蜡因具有廉价、量大易得、性质相对稳定、化学惰性优良、天然阻水和防潮等诸多特性，使之成为重要的化学助剂。石蜡还有一个关键的特性，即与许多助剂间配伍性好、加和性强，经助剂稍加修正后物性即有明显改善。这些优良特性奠定了其可延伸发展出系列化“非标”产品的基础，成为满足各行各业苛刻要求的优良化学品。市面上普通的蜡产品无论质量好坏、品质高低，具体应用中总会在某些方面有所欠缺，这就需要对其物性加以修正，因此，特种蜡产品应运而生。特种蜡具有所有行业的“非标”产品一样的特点，即附加值高、技术含量高、产量小、无通用标准（多为协议指标）。将石蜡做精、做细，做出特色，增加产品技术含量，提高产品附加值，发展特种蜡产品，是石蜡发展的总体趋势。

一、国内外石蜡生产技术现状及发展趋势

石蜡是石化产品中的小类产品且生产技术成熟，技术研究主要集中在石蜡加氢技术和特种蜡开发两个方面。国外各行业的技术先进性，对特种蜡产品的研究开发较早，品种繁多，变化较快。发达国家许多炼厂生产的各种石蜡，并非全部直接销售到市场上，而是通过下属专业公司不断地研究开发，把石蜡加工成几十个甚至几百个牌号，不同用途、性能、系列化的特种蜡。

近几年国外石蜡、特种蜡生产企业变化巨大，收购兼并行为频繁。总的来看有两大特点:（1）部分综合性石化公司整体切割了石蜡、特种蜡业务，专注于大宗石化产品和附加值高的化学品，部分公司出售了特种蜡业务，保留基础蜡（石蜡、微晶蜡）业务;（2）一些规模相对小但名气较大的特种蜡公司，如英国的 ASTOR-STAG 被 IGIWAX 等收购，百瑞美和 HSH 化学与特尔集团强强联合部分收购，形成德国特尔集团、德国沙索、德国汉圣、北美 IGI、日本精蜡株式会社、欧洲石蜡联盟等巨无霸的蜡专业公司。

随着国民经济的迅速发展，各行各业对特种蜡、专用蜡产品的需求呈不断上升趋势，为我国特种蜡及专用蜡的生产和开发提供了无限发展的空间，也给特种蜡发展带来了新的机遇。我国石蜡资源丰富，价格低廉，因此研究用石蜡和微晶蜡改性的方法来合成高附加值产品意义重大。通过研究石蜡改性机理及对使用性能的影响，开发更有效地提高石蜡附加值的改性方法，通过不断加大特种蜡研制与开发的力度，改变石蜡产品作为初级产品使用的现状，可使其具有更大的使用价值。

国内涌现的具有研发实力的石蜡和特种蜡专业公司主要有南阳能源化工有限公司、江苏泰尔新材料有限公司、南京天诗实验微粉有限公司、上海新诺化工有限公司、上海焦耳蜡业有限公司、广州市德隆化工贸易有限公司、镇江润州泽众专用蜡厂等。

1. 石蜡加氢技术

1957 年，世界上第一套石蜡加氢装置在加拿大萨尼亚炼油厂投产，经过 50 多年的发展，国外对于石蜡加氢工艺和催化剂方面已日趋成熟，国外石蜡加氢催化剂及工艺研发进展自 20 世纪 90 年代以后鲜有报道。主要原因是石蜡基原油资源不断减产以及采用加氢异构脱蜡技术生产高档润滑油，导致石蜡原料的严重不足，全球石蜡需求的缺口主要依靠中国来填补。

国外一般采用高压双反应器工艺，分别在一反高温条件下进行脱硫脱氮，二反低温条件下进行芳烃饱和，具有操作灵活的优点。国外石蜡加氢精制催化剂的开发是在燃料油加氢催化剂的基础上发展起来的，早期的石蜡加氢精制催化剂采用 $Co-Mo/Al_2O_3$ 催化剂，后期逐渐发展到 Ni-Mo、Ni-W、Co-Mo-Ni、W-Mo-Ni 等活性组分，载体由早期的氧化铝过渡到硅铝载体、炭载体、分子筛载体，同时催化剂更加注重催化剂加氢活性与酸性的匹配。

国内从事石蜡加氢技术研究开发的主要有中国石化抚顺石油化工研究院、石油科学研究院和中国石油石油化工研究院等。抚顺石油化工研究院开发的催化剂主要有 481-2B、

FV-1、FV-10、FV-20 和 FV-30 等，石油科学研究院主要有 RJW-1、RJW-2 和 RJW-3，石油化工研究院主要有 SD-1、SD-2 等。催化剂采用 Mo-Ni、W-Ni、W-Mo-Ni 体系。国内石蜡加氢装置一般采用低压单段或一段串联加氢工艺，产品能够满足国标产品质量标准，抚顺石化于 2005 年建成了国内首套高压一段串联加氢装置，产品质量可以满足美国 FDA 食品级石蜡产品指标要求。

从国内石蜡加氢催化剂的实际使用效果看，在处理质量较好的正序蜡料或低含油的蜡料时，一般可以获得符合国标及出口标准的石蜡。但随着原油的重质化以及为了提高产品收率、降低能耗而采用反序加工流程、停用白土精制等原因导致石蜡原料日趋劣质化，现有催化剂将很难满足更高的质量要求。石蜡加氢技术的发展主要还是加氢精制催化剂的优化改进，以及产品向系列化、功能化发展，以满足市场需求。

2. 石蜡物理改性技术

随着科技进步和工业发展，初级蜡产品已经不能满足新的使用要求，必须通过对石蜡进行改性以赋予其新的性能，提高附加值，以满足用户提出的苛刻要求，主要有物理方法、化学方法和乳化方法。

物理改性石蜡是指用与石蜡互溶的化学品调和制备出理化性能均优于石蜡的改性蜡，包括熔模铸造蜡、橡胶防护蜡、硬质合金蜡、调谐器蜡、纯感蜡、纺织蜡、电缆用蜡等。石蜡改性后的物理性质，如硬度、光泽、滴点（或熔点）、结晶结构、分子量分布、分子结构种类等都有较大的改进。由于物理改性蜡含有多种分子结构，所以其可以与许多化学品发生化学反应，制备出高级合成蜡。生产高质量物理改性蜡的关键是合理地开发使用石蜡物理改性剂，主要有天然蜡、合成蜡、树脂、功能添加剂、无机填料、橡胶和油 6 类，常用的有合成树脂以及天然蜡或合成蜡。

合成树脂改性剂包括聚乙烯、聚丙烯、聚异丁烯、乙烯与醋酸乙烯的共聚物、AC-6 聚乙烯。蜡改性剂包括天然蜡（如巴西棕榈蜡、褐煤蜡、川蜡、蜂蜡）和合成蜡（如费托合成蜡）等。

3. 石蜡的化学改性

在一定条件下，石蜡与特定的化学物质进行反应可得到具有较高价值的改性石蜡，如氧化蜡、氯化蜡、硝化蜡、磺化蜡、酯化蜡、接枝蜡等，同时也开发出了热熔胶、乳化蜡、含油蜡，均具有广阔的市场。

对石蜡进行化学改性可以从根本上改善其乳化性、润滑性、亲和性和吸油性等性能。这些改性石蜡在某些领域中可替代昂贵的巴西棕榈蜡、褐煤蜡、川蜡和蜂蜡等天然蜡，可广泛用于轻工、塑料、橡胶、农业和饲料等领域。石蜡化学改性包括氧化改性、氯化改性、酯化改性、酰胺化改性、接枝改性及皂化。

4. 石蜡的乳化

乳化石蜡是用途广泛的化工产品，可用于研磨、造纸、皮革、木材、农业、炸药、医药、陶瓷、化妆品和汽车防护等行业和领域。它是一种投入少、产出多、附加值高的产品，应用前景广阔。

乳化过程实际上是用表面活性剂降低乳浊液中水与油两相间界面张力的过程。乳化蜡根据所使用的表面活性剂的类型可分为阳离子型乳化蜡、阴离子型乳化蜡、非离子型乳化蜡和两性离子型乳化蜡。乳化方法有剂在水中法、剂在油中法、初生皂法、轮流加液法、表面活性剂相（D 相）乳化法、转相温度（PIT）乳化法、凝胶乳化法以及低能乳化法等。

5. *石蜡生产技术发展趋势*

世界石蜡的消费结构已从石蜡的初级产品逐步向石蜡的二次开发发展，在食品、火工、纤维板、橡胶、电线、电缆和电池等行业的应用日益增加。国际上对石蜡的需求已向多种类、精细化方向发展。国外已摆脱蜡的初级产品的使用状况，以石蜡和微晶蜡为主要原料，与其他材料，如低分子聚乙烯蜡、某些树脂材料、表面活性剂、乳化剂及其他助剂调配组合；通过改性扩大应用领域，向高附加值、高技术含量的特种蜡方向发展，形成了品种齐全、应用广泛的特种蜡产品体系，整体来说，全球石蜡市场和技术呈现 5 个主要趋势：

（1）石蜡需求量逐渐小幅下降。主要原因是各种合成蜡、聚乙烯蜡、棕榈蜡等石蜡替代产品的迅速发展，价格逐渐逼近普通石蜡、微晶蜡。石蜡的消费区域集中在美国、中国和西欧，它们决定着世界经济发展速度，也决定了石蜡的消费量。

（2）石蜡供应能力逐渐下降。主要原因是欧美 I 类基础油装置陆续关闭，并再无新建，全球 2005 年石蜡产量达到峰值 400×10^4t 左右后逐年降低，2015 年下降到 310×10^4t。

（3）蜡烛和包装用蜡仍为普通石蜡主要终端消费，两者占用蜡总量的 66%，石蜡替代品的加入量会迅速影响普通石蜡的需求。

（4）业务集中度增加。国外石蜡、特种蜡专业公司强强联合、兼并购近年来屡屡出现，专业公司数量明显减少，发展成更为专业、强大的公司，资源、技术、市场已被它们分别占领。

国内情况则大不相同，尚处于大发展的初级阶段，有以下几个明显的特征：①新的特种蜡专业公司数量仍在增加；②新增加的专业公司产品特点更加突出，都具有一定的研发实力；③尚存的老专业公司实力更强大，产品更丰富，已形成了自己的体系；④还没出现强强联合或兼并的情况。

市场需求量大、成长性好、可规模化生产的特种蜡产品主要有[4]：

（1）食品级微晶蜡，广泛应用于医药、化妆品、食品等方面，中国微晶蜡产量很小，食品级微晶蜡产量更小，国内 80% 的食品级微晶蜡依靠进口或性能并不优良的替代品进行补缺，全球微晶蜡需求量将以每年 4% ~5% 的速度递增。

口香糖专用蜡属高品质微晶蜡，具有良好的柔韧性、黏合性、抗水性及抗氧化性，可与食品直接接触，能调节口香糖的硬度和分散度，增加对糖分的溶解度。全球每年口香糖专用蜡消耗量在 1×10^4t 左右，产品供不应求。

（2）高档汽车上光蜡，有溶剂型、乳化型 2 种多功能护理喷蜡，应用于汽车制造和后期维护保养，主要有汽车底盘保护蜡、汽车内腔防护用蜡、汽车面漆上光蜡等。可产生坚韧、耐久而光亮的保护膜，能防潮、防尘、防污，即擦即亮、明净如新。随着汽车的普及，高档汽车上光蜡的用量将会继续增加。

（3）乳化蜡，属于新型精细化学品，成膜均匀、覆盖性好，易于和其他物质的水溶液或乳状液复合使用，具有安全、高效和经济方便等优点，是石蜡深加工的一个主要应用方向，已用于造纸、皮革、木材、农业、炸药、医药、陶瓷、化妆品和汽车防护等行业和领域。近年来中国乳化蜡的开发和应用取得较快进步，但与国外相比仍有差距，乳化蜡生产还未实现系列化和规模化，产品应用也不够广泛。据市场调查，乳化蜡需求量呈现上涨趋势。

（4）高分子微粉蜡，是一种技术含量高、附加值高的新型功能材料，主要包括微粉化聚乙烯蜡、微粉化聚丙烯蜡、微粉化聚四氟乙烯蜡等。超细微粉蜡技术是新近发展起来的一项高新技术。国内对微粉蜡的研究生产起步较晚，微粉蜡产量较低，只能满足部分市场需要，不足部分主要靠进口德国、美国的聚乙烯微粉蜡食品来弥补。

（5）聚丙烯蜡，软化点明显高于聚乙烯蜡，具有高硬度、高韧性、润滑性、耐湿性和耐油脂性以及熔融黏度选择范围宽等优良性能，其高结晶度使之具有很好的亮度和光泽度。聚丙烯蜡主要用于色母粒的颜料分散剂、塑料添加剂、油墨添加剂、纸加工助剂、热熔胶、橡胶加工助剂、石蜡改性剂。随着特种油墨、塑料行业发展，蜡越来越受到关注。

二、中国石油“十二五”石蜡主要技术进展

我国石蜡生产主要以中国石油和中国石化两大公司为主，两大石油公司的石蜡总产能为 153×10^4t，中国石油占石蜡市场的主导地位。石蜡的产量区域分布为“北重南轻”，但国内市场需求则是以经济发达的华东、华南地区为主。

中国石油石蜡生产企业有5家，分别是抚顺石化、大连石化、大庆石化、大庆炼化、兰州石化。中国石油的全精炼石蜡被中国石油和化学工业联合会授予“中国石油和化学工业知名品牌产品”，并颁发荣誉证书和奖牌。获奖的全精炼石蜡产品具有含油量低、安定性好、色度白、多个熔点品种等优点，其产品质量指标达到国际同类产品水平，除能满足石蜡常规质量指标外，还能满足许多国家对无毒性指标FDA、苯、甲苯、溶剂等含量的要求，国内市场占有率达50%，40%的产品出口，产品品质在欧洲、美洲等地区受到用户好评。石蜡产品在德国、意大利、西班牙、俄罗斯、乌克兰、美国、印度等国家进行了商标国际注册，在国际市场获FDA免检，美国市场产品免检，特别是在对产品质量要求极为苛刻的美国埃克森公司，中国石油的石蜡产品能直接注入产品罐。2010年，上海世博会期间，中国石油作为世博会石油馆纪念礼品指定生产单位，制作“油宝宝”蜡工艺品及礼品蜡，成为深受来宾及游客喜爱的纪念品。现在中国石油石蜡产品已进入“一带一路”沿线19个国家和地区，彰显中国石油产品在海外的竞争力和影响力。

1. 微晶地板防水蜡技术

微晶地板防水蜡是以致密性、疏水性好的微晶蜡为主体，与高分子成膜剂等调和而成。使其在复合地板边缘形成防水膜，有效地防水、防潮，并可阻止地板中的甲醛等有害物质的释放，能够有效解决国内复合地板刺激性气味大、侧面结合槽防水防潮性差、使用过程易变形、使用周期短等问题，同时还能提高地板的柔韧性和降低地板的噪声，并起到美观润滑的效果，是一种新型的环保节能产品，是高档地板厂家生产地板时必需的辅助产品。

微晶地板防水蜡根据使用方式的不同又分为微晶软脂地板防水蜡和微晶硬脂地板防水蜡两种。微晶软脂地板防水蜡适用于涂刷式生产工艺，即利用刷子把软脂封边蜡涂刷在复合地板的结合槽上，使软脂封边蜡完全浸入复合地板内部，从而起到防水、防潮的作用；微晶硬脂地板防水蜡适用于喷涂式，即把硬脂封边蜡喷到复合地板的结合槽上，使其在复合地板表面形成一层薄膜，从而起到防水、防潮的作用。

中国石油开发的微晶地板防水蜡的防水性能达到指标要求，并且得到用户认可。采用沈阳、大庆混合原油生产的蜡下油为主原料与其他助剂调和，生产出满足要求的微晶地板防水蜡。开发出微晶软脂地板防水蜡产品配方 1 个，微晶硬脂地板防水蜡产品配方 1 个，并形成对微晶软脂地板防水蜡和微晶硬脂地板防水蜡产品配方的自主知识产权。

中国石油评价了常用添加剂 8 种。由于两种产品基础料调和后有一定渗油现象，因此除了考察这些添加剂自身的防水性和渗透性外，还要把能否改善渗油现象作为另一项考察指标。最终，微晶软脂地板防水蜡选用添加剂 A 配以少量添加剂 B；而微晶硬脂地板防水蜡则只选用添加剂 A 即可达到使用要求。

对各组分用量进行调整，确定满足产品指标时配方的合理组成，使产品达到指标要求的同时满足用户对渗透性和防水性的要求。

经实验室放大微晶软脂地板防水蜡样品，提供给抚顺、北京、常州、成都、瑞安等用户，经用户反馈，认为该配方微晶软脂地板防水蜡产品可以满足使用要求（表 4-31）。与北京嘉鸿南美科贸有限公司先后签订购货协议 151t，产品吸水厚度膨胀率 0.6%，滴熔点、100℃运动黏度、闪点、灰分等性能达到指标要求，投放市场后，经用户反馈，认为该产品可作为成型产品进行销售。

表 4-31　微晶软脂地板防水蜡产品指标

性　　能	未使用该产品时指标	国内同类产品指标	微晶软脂地板防水蜡产品指标	微晶软脂地板防水蜡产品	分析检测方法
吸水厚度膨胀率，%	≥ 5	≤ 1	≤ 1	0.6	GB 11718.3
滴熔点，℃		60~65	40~58	46.05	GB/T 8026
运动黏度（100℃），mm^2/s		≥ 5	≥ 3	4.30	GB/T 265
闪点，℃		≥ 200	≥ 200	225.2	GB/T 267
灰分，%		≤ 0.1	≤ 0.1	0.0097	GB/T 508
机械杂质		无	无	无	GB/T 511
水溶性酸或碱		无	无	无	GB/T 259

实验室放大微晶硬脂地板防水蜡样品，产品吸水厚度膨胀率 0.4%，滴熔点、100℃运动黏度、闪点、灰分等性能达到指标要求，提供给沈阳、北京、瑞安用户，经用户反馈，认为该样品可以满足使用条件，确定微晶硬脂地板防水蜡产品配方（表 4-31）。

表 4-32　微晶硬脂地板防水蜡产品指标

性　　能	未使用该产品时指标	微晶硬脂地板防水蜡指标	微晶硬脂地板防水蜡产品	分析检测方法
吸水厚度膨胀率，%	≥ 5	≤ 1	0.4	GB 11718.3
滴熔点，℃		≥ 58	60.17	GB/T 8026
运动黏度（100℃），mm^2/s		≥ 4	6.80	GB/T 265
闪点，℃		≥ 200	259.1	GB/T 267
灰分，%		≤ 0.1	0.0052	GB/T 508
机械杂质		无	无	GB/T 511
水溶性酸或碱		无	无	GB/T 259

微晶地板防水蜡产品具有巨大的市场潜力。随着中国房地产行业的升温，国民经济发展对地板的需求拉动强劲。同时，国外消费者也普遍看好国产复合地板，随着中国复合地板行业在工艺标准、花色品种等方面的进步与发展，国产复合地板正在成为国际市场的抢手货，出口量也迅速增加。复合地板防水封边按照每吨能封（1.6~1.7）$\times 10^4 m^2$ 地板计算，每年用于封边的微晶地板防水蜡在 $1\times 10^4 t$ 以上，并且该产品有利于节能、环保，因此加大微晶地板防水蜡的使用是一种发展趋势。

微晶地板防水蜡是一种新型的环保节能产品，能够满足社会对清洁生产的要求。市场调研数据显示，该产品的国内市场销量正在以每年 30% 的速度递增。此前，国内只有南阳能源化工有限公司可以生产出质量满足市场要求的地板封边蜡产品，但由于价格较高，销量只占市场需求份额的 1/5。大部分地板加工厂出于降低成本考虑，不对地板进行封边或者采用质量较次的替代产品，致使地板的防水性能达不到要求，甚至出现污染地板的现象。因此，符合市场需求的微晶地板防水蜡具有广阔的发展前景。

2. 人造板专用防水蜡技术

人造板包括纤维板和刨花板两种，这两种板材都是木材行业木料综合利用的产品，其成分除木纤维或木屑外，还有一定配比的胶料（酚醛树脂胶或脲醛树脂胶），使木纤维或木屑经过热压处理胶合成型。一定数量的蜡与胶料一起掺入，使木板具有抗水性和降低表面粗糙度的作用。

为了增强人造板的防水性能，可以从两种方式实现：（1）封闭黏胶剂中的羟基，或使羟基参加反应，减少与水的接触羟基基团；（2）使用憎水剂（如石蜡、松香等），通过堵塞细胞壁的物理反应起到防水的效果。无论哪种方式，都不能使羟基或者细胞壁全部参加反应，因为防水性能与胶合作用互为逆反应，也就是说，防水性越好，胶合性越差，反之亦然。因此，研制人造板防水蜡产品的时候，要寻求一个平衡点来实现防水性与胶合性的合理化。

人造板的生产中有的采用直喷石蜡法，有的采用冷喷乳化蜡法。按人造板的产量为 $2000\times 10^4 m^3/a$，其中采用石蜡（人造板蜡）或蜡乳液作添加剂的人造板有 $1000\times 10^4 m^3/a$，如按每立方米添加 9kg 计算，每年需防水蜡 $9\times 10^4 t$。以固化石蜡和乳化蜡的分布各占一半计算，则每年用于人造板中的人造板蜡约为 $5\times 10^4 t$，市场前景广阔。

中国石油采用炼厂生产的中间产品与其他助剂调和，开发出了人造板专用防水蜡，其防水性能达到指标要求，并且得到用户认可，满足用户使用要求（表 4–33）。

表 4–33　人造板专用防水蜡产品指标

性　能	指　标	分析方法
滴熔点，℃	≥ 50	GB/T 8026
含油，%	≤ 8.0	GB/T 3554
运动黏度（100℃），mm^2/s	3.0~7.0	GB/T 265
机械杂质及水分	无	GB/T 511
外观	淡黄色	目测

研究表明：以酮苯车间生产的减二线蜡下油及减三线脱油蜡为原料，通过加入添加剂开发出的蜡产品，具有较好的韧性和防水性，且价位合理。因此，可以使用在人造板专用

防水蜡产品中，更重要的是，它可以使基础料的包油性得以改善，渗油现象得到缓解。该产品与植物蜡调和，可以生产出满足用户及指标要求的人造板专用防水蜡产品。也可以用硬脂酸替代植物蜡，要达到与植物蜡一样的使用效果，加入比例要比植物蜡大一些。

人造板专用防水蜡需求量较大，且国内尚无符合用户要求的人造板专用防水蜡产品问世，99% 的地板厂使用石蜡替代该产品，使人造板厂家成本投入加大，更主要的是造成石蜡资源的浪费。合格的人造板专用防水蜡产品有相当大的利润空间。产品防水性能优越，与胶料混溶性好，具有良好的使用效果，可以丰富中国石油特种蜡产品种类，提高石蜡产品附加值。人造板专用防水蜡还具有环保的特点，是一种新型的环保节能产品，能够满足社会对清洁生产的要求。

3. *石蜡加氢精制技术*

石蜡是从石油的减压馏分油中分离出来的一种石油产品，加工过程需经过糠醛精制、酮苯脱油脱蜡等多道工艺过程，粗石蜡中含有硫氮化合物、稠环芳烃、胶质、沥青质和金属杂质，必须对原料蜡进行加氢精制，以改善其颜色及光安定性、降低稠环芳烃含量，而加氢精制技术的核心就是高性能的加氢精制催化剂。石蜡原料中的多种杂质分子大小相差较大，其中大分子杂质（胶质、沥青质等）是影响产品质量的主要因素，大分子杂质以缔合结构存在，不仅富集了大部分硫、氮和几乎全部金属，而且在反应过程中易缩聚形成积炭，是催化剂积炭的主要来源。在石蜡加氢精制过程中，需要解决三大技术难题：（1）滴流床操作条件下，大分子杂质微量存在于液相主体，难于实现高效液相传质；（2）受催化剂孔道限制，大分子杂质与孔内加氢活性中心接触概率低；（3）催化剂单一活性中心无法解决深度加氢精制与催化剂积炭的矛盾。

中国石油通过对石蜡原料及加氢反应特点深入研究，经过多年技术攻关，采用特殊的高温改性处理技术及分步浸渍和定向负载技术，成功开发了一种具有大孔接续小孔结构的双峰孔蜡加氢催化剂，大孔具有选择吸附、解离的弱活性中心，小孔具有深度加氢精制的高活性中心，在反应过程中，大孔提高了大分子杂质的传质效率，对极性较强的大分子杂质高效选择性吸附并进行解离，解离的中间产物富集后快速向小孔扩散，在小孔内实现深度加氢精制。这种双峰孔催化剂具有吸附选择和孔道选择功能，实现了大分子杂质“选择吸附—梯级转化”，避免发生缩聚，解决了蜡加氢催化剂深度加氢精制与催化剂积炭的矛盾，赋予了蜡加氢催化剂自我保护功能，实现多品种石蜡切换生产方式下装置长周期平稳运行。

开发的 SD 系列石蜡加氢精制催化剂在大庆石化 10×10^4t/a 蜡加氢装置、抚顺石化 20×10^4t/a 高压蜡加氢装置、大庆炼化 10×10^4t/a 蜡加氢装置和大连石化 10×10^4t/a 蜡加氢装置进行了 10 余次工业应用。加氢产品颜色（赛）30 号，光安定性 4 号，各项指标优于国标指标要求。催化剂具有比表面积大、堆积密度小、加氢活性高、芳烃饱和能力强的特点。随着催化剂性能的不断改进，使用寿命增加［使用寿命最高可达 37.8t（原料蜡）/kg（催化剂）］，处理量提高，反应温度降低。在大庆石化 10×10^4t/a 蜡加氢装置应用，运转 4 年后，催化剂提温仅 20℃，表现出良好的活性稳定性。

在抚顺石化 20×10^4t/a 石蜡高压加氢装置应用，实现了常规石蜡、高熔点石蜡和微晶蜡等 7 种牌号蜡料切换生产，加氢装置为一段串联，两个反应器分别装填两种催化剂，一反装填侧重于深度脱硫脱氮的催化剂，在较高的温度下对原料深度处理，以减少硫氮化合物对后续芳烃饱和反应的抑制作用，二反装填侧重于深度芳烃饱和的催化剂，在较低的温度下进行芳烃的深度饱和精制，实现最优化的设计，进一步发挥催化剂的作用，能够大幅度提高装置的处理能力。加氢产品中苯含量≤ 2μg/g、甲苯含量≤ 2μg/g，产品质量全部达到美国 FDA 标准要求，远销美国、西欧和东南亚等 30 多个国家和地区（表 4-34 至表 4-37）。

表 4-34　抚顺石化 20×10^4t/a 高压蜡加氢装置典型操作条件

工艺条件	54~58 号石蜡	60~66 号石蜡	70~75 号微晶蜡
一反温度，℃	240~310	250~320	280~350
二反温度，℃	220~280	230~290	260~330
反应压力，MPa	10.0~17.0	10.0~17.0	14.0~17.0
总体积空速，h^{-1}	0.8~1.5	0.6~1.2	0.5~0.8
氢蜡比（体积比）	≤ 300	≤ 300	≤ 500

表 4-35　58 号全精炼石蜡生产标定数据

性　　能	原料	产品	国外协议指标	分析方法
含油，%（质量分数）	0.40	0.40	≤ 0.5	GB/T 3554
熔点，℃	59.0	58.7	≥ 58.0	GB/T 2539
颜色（赛），号	1	30	≥ 30	GB/T 3555
光安定性，号	7	3	≤ 4	SH/T 446—0404
热安定性，号	7	30	≥ 28	SH/T 0639
FDA，cm^{-1}	1.013	0.071	≤ 0.15	GB/T 7363
苯，μg/g	8.18	0.82	≤ 2	SHT 0707
甲苯，μg/g	8.86	1.39	≤ 2	SHT 0707

注：反应压力 17.0MPa，反应温度 250℃ /230℃，体积空速 $0.8h^{-1}$，氢蜡比 248 ： 1。

表 4-36　64 号高熔点石蜡生产标定数据

性　　能	原料	产品	国外协议指标	分析方法
含油，%（质量分数）	0.28	0.23	≤ 0.5	GB/T 3554
熔点，℃	65.6	65.5	≥ 64.0	GB/T 2539
颜色（赛），号	1	30	≥ 30	GB/T 3555
光安定性，号	7	4	≤ 5	SH/T 446—0404
热安定性，号	−2	30	≥ 28	SH/T 0639
FDA，cm^{-1}	1.959	0.113	≤ 0.15	GB/T 7363
苯，μg/g	5.00	0.82	≤ 2	SHT 0707
甲苯，μg/g	2.58	1.39	≤ 2	SHT 0707

注：反应压力 17.0MPa，反应温度 250℃ /230 ℃，体积空速 $0.8h^{-1}$，氢蜡比 248 ： 1。

表 4-37 70 号微晶蜡生产标定数据

性 能	原料	产品	国外协议指标	分析方法
含油，%（质量分数）	0.88	0.89	≤ 1.0	GB/T 3554
滴熔点，℃	71.8	71.9	67~72	GB/T 8026
颜色（赛），号	8	30	≥ 25	GB/T 3555
光安定性，号	6	4	≤ 5	SH/T 446—0404
热安定性，号	–16	30	≥ 28	SH/T 0639
FDA，cm^{-1}	3.000	0.112	≤ 0.15	GB/T 7363
苯，μg/g	5.2	0.10	≤ 2	SHT 0707
甲苯，μg/g	2.2	0.091	≤ 2	SHT 0707

注：反应压力 16.0MPa，反应温度 285℃ /260℃，体积空速 $0.53h^{-1}$，氢蜡比 451 ： 1。

该技术获中国发明专利授权 5 件，形成企业标准 4 项，获得中国石油天然气集团公司技术创新奖一等奖、技术发明奖三等奖。

SD 系列石蜡加氢精制催化剂已在大庆石化、抚顺石化、大庆炼化、大连石化 4 套石蜡加氢装置应用 10 余次，催化剂生产与应用技术成熟。依托催化剂研发与应用基础，针对企业生产需求，继续进行催化剂的优化改进，在中国石油其他石蜡加氢装置开展推广应用，同时为新建石蜡加氢装置的设计和旧装置的扩能改造提供工艺优化等技术支持，为中国石油石蜡产品的生产提供技术支撑。

4. 酮苯脱蜡脱油组合生产技术

溶剂脱蜡是利用溶剂在低温下对油、蜡有不同的溶解度，特别是对蜡的溶解度比较低的特性，将含蜡原料加上稀释溶剂，在套管结晶器中以一定的冷却速度降低温度，使蜡形成结晶析出，然后通过真空转鼓过滤机将油和蜡形成的固液两相进行分离。溶剂脱油过程是将低温的固态含油蜡液升温，使熔点较低的蜡组分和低凝点的油组分从蜡中熔出，通过过滤分离出液相，从而达到脱油的目的。

中国石油酮苯脱蜡脱油装置采用国内成熟的生产工艺，并在多年实践基础上开发形成自己独特的全滤液循环技术，工艺原理是：减压侧线油在选择性溶剂存在的条件下，降低温度使蜡形成固体结晶，并根据溶剂对油溶解而对蜡不溶或少溶的特性，形成固、液两相，通过过滤达到蜡、油分离的目的。溶剂在系统中除起选择性溶解作用外，还起到降低油液黏度，为结晶形成和过滤分离创造有利条件。其中甲乙酮为极性溶剂，具有很好的选择性，在低温下对蜡不溶解或溶解性很低，对油有一定的溶解力，甲苯为非极性溶剂，具有很好的溶解能力，但选择性差。甲乙酮和甲苯在混合溶剂中的比例不同而表现出不同的性质。

通过技术创新、产品创新，一方面降低成本、改善工艺，不断提高蜡收率；另一方面，盘活闲置设备，努力增加产能，在原料固定的情况下，企业的蜡收率逐年提高。40×10^4t/a 酮苯脱蜡脱油装置通过反复优化实验，降低了酮苯脱油过滤温度，并以最低投入改造工艺流程，回收热化套管和温洗滤机残蜡，2015 年，蜡收率同比提高了近 2 个百分点。

针对国内外石蜡产品热销且产品附加值高的情况，中国石油调整生产结构，通过技改提高装置生产能力，通过优化生产方案及资源流向结构提高石蜡生产负荷，实施油蜡联产，做大做强石蜡产业公司，确定酮苯、加裂、催化由高到低的蜡油最佳效益生产路线。通过近 5 年的技术改造，装置技术先进，灵活性高。无论是减三线产品 54 号石蜡，还是减四线产品 64 号石蜡，都经过中压或高压加氢精制，加工方式齐全而且配套合理。酮苯装置、糠醛精制装置和加氢装置都具有处理量大、套数多的优势，这给同时加工“轻质、中质、重质”原料带来了便利。既可用反序工艺流程加工“轻质、中质”原料生产低、中熔点石蜡（64 号以下的品种），又可采用正序工艺流程加工“重质”原料生产高熔点石蜡（如 66~70 号石蜡）。高熔点石蜡采用高压加氢精制，可轻易使“颜色”“臭味”“光安定性”等重要质量指标满足优级品甚至食品级要求。

为把“一带一路”倡议向纵深推进，中国石油积极探索石蜡新发展，积极推行供给侧改革调整，抓住原油价格低迷、石蜡价格与原油价格脱钩的有利时机，进一步提高石蜡产量，积极响应国家“一带一路”倡议，使中国的石蜡遍布沿线的众多国家和地区。进行酮苯脱油装置扩能改造工程，计划实现减二至减五线馏分油全部通过酮苯装置加工，提高石蜡总产量的同时实现高熔点石蜡 70 号产品的生产。进一步巩固全球最大石蜡生产基地的主导地位。大庆、沈北原油性质好、蜡含量高、蜡品质好，在 I 类润滑油基础油市场疲软，各炼厂本着多产蜡少产（或不产）润滑油基础油为最佳生产方案的前提下，中国石油高含蜡原油生产石蜡的优势（产量、成本）必将更加突显。

三、石蜡生产技术展望

“十三五”期间，中国石油的石蜡产品和技术将面临产品结构单一、替代品发展迅速和国际竞争加剧等挑战。面临的主要问题有：（1）当前出口仍以低端半精炼和全精炼石蜡为主，产品存在热安定性较差、颜色、含油量、PCA 等质量指标不合格的问题，常被投诉。（2）近年来硬脂酸、棕榈油、合成石蜡、聚乙烯蜡和膜制品等石蜡替代品由于价格优势，在不同行业得到广泛应用，冲击了石蜡的市场需求。（3）由于国际市场石蜡价格不断提高，俄罗斯石油公司、马来西亚石油公司及壳牌公司都纷纷增产石蜡，成为我国石蜡出口强有力的竞争对手。（4）石蜡传统市场——美国和欧洲的环保法规规定，蜡烛用蜡必须符合健康法规，限制石蜡和微晶蜡直接接触食品，并鼓励进口石蜡与棕榈油合成的环保蜡及其制品，我国的传统石蜡及其制品在欧美市场面临巨大阻力。

上述问题存在将会影响我国石油蜡在国外市场上的竞争力，今后发展石油蜡生产，不仅应在产量上取胜，更重要的是在产品质量、品种以及产品的高附加值上下功夫。开拓国际市场是我国石蜡发展的必行之路，只有这样才能继续维持我国在国际市场上的地位。主要从以下几个方面加强：

（1）石蜡加氢精制技术，进行加氢精制催化剂和加氢工艺的优化改进，实现劣质蜡料和高熔点蜡料的深度加氢精制，保证加氢装置长周期稳定生产，减少产品质量波动，提高产品质量，满足客户使用需求。

（2）石蜡产品结构，在提高石蜡总产量的前提下，优化产品结构，进行装置改造或新建，改进加工工艺，大力生产绿色环保石蜡，增加石蜡产品品种，提升石蜡产品技术层次，增加食品级石蜡、高熔点石蜡、微晶蜡等高附加值产品的产量，依靠过硬的品种破解贸易壁垒措施，巩固和扩大美国、欧洲市场。

（3）加大特种蜡产品开发力度，近年来我国经济发展迅速，对防锈蜡、汽车保养蜡、橡胶防护蜡、精密铸造蜡和口香糖等特种蜡的需求逐渐上升，预测到2020年特种蜡年消费量将突破70×10^4t，国内特种蜡产品质量和产量均远不能满足国内需求，只能以高出我国出口初级石蜡产品价格几倍甚至几十倍的价格从国外进口。中国石油前期有一定的研发基础，需要进一步加大特种蜡研发力度，规划好特种蜡产业格局，满足日益增长的国内市场需求。

（4）抢占新兴市场。“一带一路”沿线国家佛教、伊斯兰教和基督教盛行，宗教用蜡消费比例高，在亚洲、非洲和拉丁美洲等发展中国家较多的地区，照明蜡烛使用比例较大。这些地区对低端石蜡产品需求量大，符合我国石蜡产业现状，建议利用“一带一路”倡议及其配套政策宣传“中国石蜡”品牌，助推中国石蜡扩大新兴市场份额。

参考文献

［1］金理力，李桂云，张丙伍．轻负荷柴油发动机润滑油规格的发展现状与趋势［J］．石油商技，2013（1）：60-69.

［2］Corbett，James J，Fischbeck. Emissionsfrom Ships［J］. Science，1997（278）：823-824.

［3］徐春明，杨朝合．石油炼制工程［M］.4版．北京：石油工业出版社，2009.

［4］韩德奇，洪国忠，吴俊岭．特种蜡的生产现状与市场分析［J］．现代化工，2001，21（9）：48-52.

第五章　新型催化剂与催化材料技术

根据IUPAC1981年的定义，催化材料或催化剂是一种物质，它能够加速反应的速率而不改变该反应的标准Gibbs自由焓变化。这种作用称为催化作用。涉及催化作用的反应叫作催化反应。通常催化剂可分为均相催化剂和多相催化剂，催化剂与反应物同处于均匀的气相或液相时，称为单相或均相催化作用；催化剂与反应物属不同相时，称为多相催化作用。

炼油过程通常是多相催化过程，所用的催化剂主要包括催化裂化（FCC）催化剂、催化加氢催化剂、催化重整催化剂和其他催化剂（制氢催化剂、加氢精制催化剂、原料脱砷剂、醚化催化剂、烷基化催化剂、烯烃叠合催化剂、异构化催化剂等）[1]。催化新材料（包括分子筛、氧化物载体等）的高性能化、低成本和绿色的生产技术是支撑和引领催化剂发展的关键技术。

本章主要对Y、ZSM-5、β分子筛和活性氧化铝等关键基础催化材料（包括微孔材料、微介孔复合材料、介孔材料、新型择形催化材料等）的开发、中试和工业放大研究进展进行总结。同时对中国石油“十二五”期间自主研发的催化裂化催化剂、加氢裂化催化剂、硫黄回收及尾气处理催化剂和渣油加氢催化剂进行了总结。

第一节　国内外新型催化剂和催化材料技术发展趋势

近年来，我国能源化工工业的稳定持续快速发展，满足了国民经济建设的需要，提高了人民生活的水平，促进了社会的快速进步与发展。然而，能源化学工业发展的同时，也导致了严峻的社会和环境问题。如何改善能源消费结构、提高能源利用的效率、减少能源使用过程中所造成的环境污染都是关乎我国能源化学工业可持续发展的重要研究课题。开发对环境友好的满足可持续发展要求的新型绿色化工过程，保证工艺的清洁化与高效化，一直是能源化工行业努力的方向[2]。炼油化工工业是最重要的能源加工过程之一。进入21世纪以来，炼油工业面临着原料质量变差、产品质量要求提高和石油石化产品的消费结构发生显著变化等三大挑战。因此，适应原料与市场的变化，加快炼油过程技术创新，加快新型炼油催化剂的研究及其配套工艺的开发，是当今炼油工业发展面临的新的挑战[3]。

一、国内外新型催化剂和催化材料技术现状

随着国内外石油资源的短缺与能源需求矛盾的凸显，原料油重质化、劣质化程度的加深，环保法规的日益严格，作为重油加工的重要技术手段——加氢裂化、催化裂化以及渣油加氢技术将面临更大的挑战。下面分别介绍重油催化裂化、渣油加氢处理、加氢裂化三类催化剂和催化新材料的国内外技术现状。

1. 重油催化裂化催化剂技术进展

1）国外催化裂化催化剂技术进展

国外对于重油催化裂化催化剂的研究仍以 GraceDavison、Albemarle 和 BASF 公司占据主导地位。

GraceDavison 公司研发的 CREY、Z-14、Z-14G、Z-14J、CSSN、Z-17 等改性分子筛。该系列分子筛用于 Impact 系列重油催化裂化催化剂，集中了优异的钒捕集技术能力、沸石分子筛良好的稳定性和铝基质对金属优异的钝化能力等多种特点，这种催化剂体系耐铁和其他金属毒害能力强，并能阻止沸石分子筛的活性降低。之后该公司开发了降硫催化裂化催化剂 GFS、GFS-2000、Kristal-DFS、Brilliant-GFS、SaturnFuture-GFS 和 SuRCA。GFS 系列降硫催化剂含有改性分子筛，这种改性分子筛具有比常规 USY 分子筛更高的 L 酸中心比例，通过 L 酸中心与 B 酸中心协调作用来实现降低产品中硫含量的目的。

Albemarle 公司采用全面调控分子筛的铝分布的研究思想和技术开发了高 Si/Al 比的 ADZ 超稳分子筛，该分子筛在一定程度上克服了传统的水热超稳分子筛的不足。ADZ 分子筛具有很高的水热稳定性和馏分油裂解能力，用于催化裂化催化剂时，该类分子筛表现出很高的汽油和液化石油气选择性。在此基础上，Albemarle 公司也开发了一系列降硫助剂用于催化裂化催化剂。例如，Resolve 系列降硫助剂能够促进载体对苯并噻吩类硫化物的吸附，使难以进入分子筛孔道的大分子含硫有机物发生转化。

BASF 公司的催化裂化催化剂的特点是采用独特的分子筛原位晶化制备技术，即在催化剂制备中，以高岭土为原料，原位结晶出活性组分分子筛并同时制备出基质组分。与半合成工艺相比，原位晶化催化剂具有独特的抗重金属污染能力，活性指数高，水热稳定性、结构稳定性好等，并且催化剂的抗磨损能力强，对塔底油有较高的裂化能力。

2）国内催化裂化催化剂技术进展

国内对于催化裂化工艺及催化剂的研究主要以中国石化的石油化工科学研究院（RIPP）和中国石油的石油化工研究院为主，开发出了系列催化裂化工艺技术及配套的催化剂，满足了炼油企业的需求。同时，一些研究院与大学以基础研究为主，为催化裂化技术的发展作出了贡献。主要技术进展如下：

20 世纪 60 年代，分子筛催化剂的研发成功给催化裂化催化剂的发展带来了一次重大突破；80 年代，超稳 Y 型分子筛（USY）和 ZSM-5 分子筛在催化裂化催化剂中的使用，提高了催化裂化汽油的辛烷值和轻烯烃产品收率。我国的 FCC 催化剂 1986—1992 年主要采用 REY（稀土）型催化剂和 REHY（稀土氢）型催化剂，在 1993—1995 年主要采用改性超稳 Y 型 Oribit 系列催化剂，1995 年至今采用的是不同程度的改性超稳 Y 型分子筛，根据实际加工的需要及对产品要求的不同，2000 年来，催化裂化催化剂主要采用复合组合沸石，有效提高了汽油的辛烷值，而在基质方面开发了孔道更加丰富、酸性分布更加合理的各类基质材料。国内中国石化和中国石油具有一定的研发能力，所开发的新产品基本可以满足国内市场的多种需求。特别是近几年来，在重油裂化催化剂、降低汽油烯烃催化剂、多产柴油、多产汽油以及增产丙烯催化剂等方面的技术进步非常快，同时部分产品也在国外市场得以推广和应用。另外，国内催化剂品种和牌号不断增多，能够“量体裁衣”，满足不同性能原料油的需求。中国石化近年来开发了多产异构烯烃的 MIP 工艺及催化剂技术，并在此技术上采用串联式双反应区的新型反应系统将 FCC 反应过程分成两个区，通过协调第一反应区的裂化反应和第二反应区的氢转移、异构化和裂化反应等开发了 MIP-CGP 工艺和催化剂成套技术，可以使汽油中的烯烃转化为丙烯和异构烷烃，从而达到改善汽油品质和增产丙烯的目的；另外，开发了以含有改性的蒙脱土活性载体和结构优化的分子筛 SOY-12 为平台的 RICC 系列催化剂。中国石油在催化材料研发的基础上，从活性组分分子筛的合成入手，开发了系列 Y 型分子筛合成技术、稀土离子改性过程中的精准定位技术、高水热稳定性介孔分子筛技术、高丙烯产率 ZSM-5 的合成和改性技术等，同时也开发了富含 B 酸的多孔性基质 APM-7，以上述催化材料技术为平台，开发了重油高效转化、抗重金属、高辛烷值、多产丙烯等 LDO、LDC、LPC 系列催化剂。

2. 加氢裂化催化剂技术进展

1）国外加氢裂化催化剂技术进展

加氢裂化技术源自在德国最早出现的“煤和煤焦油高压加氢技术”和催化裂化催化剂的应用经验，随着燃料油产品需求结构的变化，固定床加氢裂化工艺和催化剂应运而生。1959 年，美国 Chevron 公司的 Isocracking 加氢裂化技术首次在美国 Richmond 炼厂进行工业应用。1960 年，UOP 公司宣布开发了 Lomax 加氢裂化技术，接着 Unocal 公司宣布开发了 Unicracking 加氢裂化技术。后来美国 Gulf 公司、荷兰 Shell 公司、法国 IFP 公司、德国 BASF 公司和英国 BP 公司等也相继宣布开发了自己的加氢裂化技术。经过数十年的市场竞争和企业之间的联合、兼并、重组，截至 2015 年底，国外拥有并对外转让成套加氢裂化技术的公司只有 UOP、CLG、Shell 和 IFP 四家，供应加氢裂化催化剂的公司还有 Albemarle、Haldor Topsoe 等几家。UOP 公司占有国外加氢裂化催化剂最大的市场份额，截至 2015 年，采用 UOP 公司催化剂体系的加氢裂化装置已累计超过 200 套。

UOP 公司主要开发了生产清洁燃料和化工原料的加氢裂化技术，近几年推出的催化剂牌号有以生产中间馏分油为目标的 HC-115、HC-215、HC-120，以灵活生产石脑油及中间馏分油为目标的 HC-150、HC-53 以及最大量生产石脑油的 HC-29 和 HC-170 等，该公司可以根据用户需求提供各种不同用途的催化剂。CLG 公司的加氢裂化技术仅次于 UOP 公司，主要开发了生产润滑油基础油和清洁燃料的加氢裂化技术，其近几年推出的催化剂牌号有以生产中间馏分油为目标的 ICR-142、ICR-240、ICR-245，以灵活生产清洁燃料和化工原料为目标的的 ICR-183、ICR-210 以及最大量生产石脑油的 ICR-139 等。Shell 公司的中间馏分油型加氢裂化催化剂代表牌号为 Z-513、Z-5723、Z-673，灵活型加氢裂化催化剂代表牌号为 Z-733、Z-803，石脑油型加氢裂化催化剂代表牌号为 Z-773、Z-863 等。Albemarle 公司除了在中间馏分油型、灵活型和石脑油型方面取得的进展，还开发出了 KF 系列中压加氢裂化催化剂。Haldor Topsoe 公司主要在中压加氢裂化和中间馏分油型加氢裂化方面取得了显著的进步。

2）国内加氢裂化催化剂技术进展

中国石化抚顺石油化工研究院（FRIPP）于 20 世纪 50 年代开始进行加氢裂化催化剂技术攻关，现已开发出了种类多样、系列配套的加氢裂化工艺及催化剂技术，并在工业上得到了广泛应用。近年来，通过分子筛改性技术的创新，已开发出第四代加氢裂化系列催化剂，包括 FC-70 催化柴油转化专用新催化剂、轻油型 FC-52 裂化催化剂、灵活型 FC-76 裂化催化剂、FC-60 高中油型裂化催化剂及生产高黏度指数尾油的 FC-80 等催化剂。20 世纪 90 年代中期，中国石化石油化工科学研究院以中压加氢改质技术为基础，开发了中压加氢裂化（RMC）技术，第一代加氢裂化催化剂为灵活型 RT-1 和轻油型 RT-5，近年来相继开发的新一代裂化催化剂有灵活型 RHC-3、RHC-220，尾油型 RHC-1、RHC-224C，中间馏分油型 RHC-1M、RHC-132、RHC-240，石脑油型 RHC-5 等。中国石油在加氢裂化技术领域的研究起步较晚，但发展较快，2012 年推出的中油型加氢裂化催化剂牌号为 PHC-03、化工原料型加氢裂化催化剂 PHC-05，其中 PHC-03 催化剂已经在大庆石化 120×10^4t/a 加氢裂化装置完成首次工业应用，应用效果良好，PHC-05 催化剂也将开展工业试验。

随着加氢裂化技术市场规模的扩大，各机构技术升级整体表现出以下特点：

（1）在加氢裂化催化剂技术开发方面，国内外各大技术商均推出了各具特色的新一代加氢裂化催化剂技术，整体呈现系列化程度高、品种覆盖全、目的产品方案多的特点。开发出的脱氮活性更高的加氢裂化预精制催化剂和耐氮中毒能力更强的加氢裂化催化剂已成为技术发展主流趋势。另外，将具有不同反应活性的加氢精制、加氢裂化催化剂进行级配，缩小床层之间、反应器之间温差，减少急冷氢用量，提高催化剂性能发挥空间，也是近年来加氢裂化催化剂技术市场的研究热点。

（2）在加氢裂化工艺技术方面，大多数加氢裂化装置采用的工艺技术与催化剂体系相配套。为满足市场多元化需求，在单段、单段串联与两段的基本工艺流程基础上，先后衍生开发出多种新加氢裂化工艺技术，如反序串联、分段进料、平行进料等工艺。

（3）在加氢裂化装置操作优化、降耗节能方面，首先在设计层面上优化换热流程、提高加热炉效率和采用热高分流程、热进料、低温热回收利用等节能措施实施效果良好。其次，高效换热设备、变频电动机、无级调速电动机等节能设备也待推广应用。

3. 渣油加氢催化剂技术进展

对渣油组成、结构、性质认识的不断深化，促进了固定床渣油加氢保护剂、脱金属催化剂、脱硫催化剂和脱残炭催化剂的发展，形成各具特色的固定床渣油加氢处理系列催化剂；通过开发固定床渣油加氢保护剂、脱金属催化剂、脱硫催化剂和脱残炭催化剂的优化级配技术，形成了具有特色的固定床渣油加氢处理工艺。

在固定床渣油加氢工艺技术方面，截至 2015 年底，全球固定床渣油加氢装置有 86 套，其中 37 套采用 Chevron 公司的技术，30 套采用 UOP 公司的技术，4 套采用 Shell 公司的技术，3 套采用 IFP/Axens 的技术，3 套采用 Exxon Mobil 的技术，9 套采用中国石化的技术。可以看出，世界渣油加氢处理技术基本上为国外公司所垄断。

在固定床渣油加氢催化剂技术方面，ART（Chevron 与 Grace Davison 的合资公司）、Albemarle、UOP、Criterion 等公司的催化剂水平居于领先地位，市场占有率超过 80%，其中以 ART 公司的 ICR 系列催化剂和 Albemarle 公司的 KFR 系列催化剂应用最为广泛，主要的催化剂开发商及其产品见表 5-1。

表 5-1　固定床渣油加氢催化剂主要开发商

催化剂提供商	催化剂	催化剂提供商	催化剂
ART	ICR 系列	Axens	HMC 系列，HT 系列
UOP	RF 系列，RCD 系列	Criterion	RM 系列，RN 系列
Albermarle	KFR 系列，KG 系列		

近年来，国外大公司催化剂技术水平有了显著提高，催化剂成本大幅降低，性能不降反升。以某国际先进水平公司为例，其最新催化剂为ICR-122、ICR-161、ICR-167、ICR-186、ICR-181、ICR-171、ICR-173。ICR-161是一种高孔隙加氢脱金属催化剂，脱金属活性和容金属能力较以前都有明显提高。ICR-167是一种兼具脱金属和脱硫的双功能催化剂，在相对较高的金属含量环境中脱硫和脱残炭的活性都高于上一代催化剂，并有更好的容金属能力。工业应用表明，ICR-161与ICR-167组合使用时有很好的协同作用，与所有的脱金属催化剂组合相比，其容金属能力和脱硫活性均高出20%。ICR-186是一种具有较高脱硫和脱金属活性的双功能催化剂。ICR-181是一种高活性脱硫催化剂，与上代催化剂相比，脱硫活性提高20%，同时容金属能力提高20%。ICR-171是一种专门用于加工高硫高残炭原料油的深度脱硫催化剂，同时具有较高的脱残炭能力。ICR-173是一种深度脱残炭催化剂，与加氢脱金属催化剂和加氢脱硫催化剂组合使用时，脱残炭活性提高25%左右。

国内中国石化抚顺石油化工研究院和石油化工科学研究院分别开发成功S-RHT和RHT成套技术，建成国内11套渣油加氢装置，基本采用自主研发的催化剂。

值得一提的是，以Chevron、Axens为代表的国外公司和以FRIPP为代表的国内公司在提供优质产品的同时，还提供催化剂使用技术服务，提供催化剂性能预测和操作优化，预测催化剂应用后产品分布及产品性能，提升装置经济效益。出于商业考虑和竞争需要，各大公司对其技术服务平台进行严格保密，仅限内部和技术服务使用，不直接提供给客户，鲜有公开报道。

中国石油石油化工研究院于2008年开始固定床渣油加氢处理催化剂的研发，经过了5年多的努力攻关及与大连西太平洋石油化工有限公司的合作，2013年成功开发出4大类12个牌号（脱金属剂PHR-101、PHR-102、PHR-103、PHR-104；脱硫剂PHR-201、PHR-202、PHR-203；脱残炭剂PHR-301；保护剂PHR-401、PHR-402、PHR-403、PHR-404）的渣油加氢系列催化剂，2015年在大连西太渣油加氢装置实现了首次工业应用。

国外为固定床渣油加氢处理技术提供催化剂的专利商主要有ART公司、UOP公司、Axens公司、Albemarle公司、Haldor Topsoe公司、Criterion公司（简称CRI）及JGC Catalysts and Chemicals公司等。国内则以FRIPP和RIPP为主，另外中国石油石油化工研究院研制的相关技术也在大连西太平洋石油化工有限公司渣油加氢装置实现首次工业应用。

ART公司推出ICR系列固定床渣油加氢处理催化剂。ART公司生产的固定床渣油加氢处理催化剂品种较多，可根据原料性质、操作条件等因素，确定各类催化剂的装填比例，以达到最佳的渣油处理效果。Albemarle公司的固定床渣油加氢处理催化剂为KFR系列。KFR系列催化剂注重孔结构和表面活性的设计，可根据原料性质、操作条件、周期长度和产品性质要求等条件，选择不同催化剂进行合理级配。法国Axens公司的渣油加氢处理催化剂体系为HF858、HM848、HMC868、HT438、HT404、HT454。采用组合催化剂体系，可以防止催化剂因金属中毒而失活。Criterion公司生产的固定床渣油加氢处理催化剂主要为RM/RN系列。Topsoe最新一代固定床渣油加氢催化剂共有5个牌号，分别是TK-719、TK-733、TK-743、TK-753、TK-773。

国内的固定床渣油加氢处理催化剂技术主要以FRIPP开发的FZC系列渣油加氢处

理催化剂和 RIPP 开发的 RHT 系列渣油加氢处理催化剂为主。另外，中国石油新开发的 PHR 系列催化剂也有望实现工业应用。

4. 催化新材料技术进展

1）传统分子筛的绿色高效合成

炼油工业中应用的主要是 Y、ZSM-5、MOR 等少数分子筛。这些分子筛的工业合成方法都是水热法。然而，传统的水热法合成分子筛面临如下几个问题：(1) 分子筛合成所用的原料通常为硅酸钠、铝酸钠、水玻璃等化工产品，导致分子筛合成上游工艺的能耗高；(2) 有些分子筛的合成会使用胺类和季铵盐类等含氮有机物作为模板剂，模板剂的使用一方面增大了分子筛的合成成本，另一方面，模板剂的脱除过程会产生 NO_x 排放，造成环境污染；(3) 水热合成通常都在高温高压下进行，存在一定的安全风险。因此，如何克服传统水热法存在的诸多弊端，实现骨干分子筛的绿色高效合成，日益成为研究人员关心的问题。近些年来，人们针对传统水热合成存在的一系列问题，通过对分子筛合成原料、合成条件和合成方法的研究改进，开发出了一系列新型绿色合成路线。

高岭土、硅藻土等天然黏土矿物主要由硅铝元素组成，矿藏资源丰富，价格相对低廉。因此，利用天然矿物部分代替传统硅铝源作为合成分子筛的原料逐渐成为研究热点。王有和等[4]以高岭土为原料，硅酸为补充硅源进行了原位合成 ZSM-5 分子筛的研究，所得材料在催化裂化反应中表现出优异的增产丙烯的催化活性。张柯等[5]以硅藻土为原料，采用固相原位晶化法合成出了具有微孔—介孔等级孔 ZSM-5 分子筛，晶化产物不仅具有丰富的孔结构、较高的结晶度及完整晶形，而且研究发现，该方法制备的催化剂具有较高的芳构化活性和抗结焦能力。

除了在合成原料方面着手外，分子筛合成条件的绿色化改进也同样重要。模板剂在分子筛合成中起结构导向作用，是分子筛合成中需要关注的重要因素。结构导向剂的作用是平衡体系电荷和指导分子筛骨架结构的形成。但结构导向剂，特别是以含氮有机物充当结构导向剂，存在成本高、污染大的缺点。因此，在合成过程减少甚至避免使用结构导向剂，是分子筛合成绿色化的另一方面。Yashiki 等[6]通过加入晶种，以 FAU 型分子筛为原料，合成出了 BEA 和 LEV 分子筛，实现了分子筛之间的转化。

水作为分子筛合成的溶剂，在水热合成体系中是必不可少的。常规水热法合成分子筛过程中由于溶剂水的引入会造成含碱废水排放。另外，水热合成体系一般压力高、单釜产率低，因此，研究人员开发出了无溶剂法分子筛绿色合成路线。无溶剂法与传统水热法相比具有分子筛单釜产率高、废液排放少、无须进行液固相分离等优点。肖丰收等[7]提出了无溶剂法合成分子筛的工艺路线，该方法只需通过将固体原料混合、研磨、加热就可以得到目标分子筛，具有操作流程简单、环境污染小、成本低等优势，并具有广泛的适用性。利用该方法，已成功实现了 ZSM-5、silicalite-1、ZSM-39、SOD、MOR、Beta、FAU 等多种分子筛的合成。

前已述及，随着“绿色碳科学”的深入人心，对作为炼油工艺核心催化材料之一的分子筛实现绿色合成将成为必然趋势。继续开发出新型分子筛绿色合成的工艺，加大分子筛合成基础理论研究仍然是分子筛绿色合成路线工作的重点。同时将现有的多种分子筛绿色合成工艺有机地结合起来，实现工艺之间的相互协调配合，也是分子筛绿色合成的研究方向。

2）等级孔结构的设计——分子筛扩散性能的优化

世界范围内石油的开采出现重质化与劣质化的问题导致重油原料占比越来越大，要求炼厂应有足够的能力对其进行加工处理。催化裂化与加氢裂化是重质原料转化为汽柴油的主要工艺。与常规原料相比，重油原料中大分子和多环芳烃的含量更高，这要求催化剂具有更高的酸性位可接近性和抗生焦性能。

对于柴油深度加氢脱硫，最需要解决的问题就是如何有效地脱除二苯并噻吩（dibenzothiophene，DBT）和4，6-二甲基二苯并噻吩（4，6-dimethyl-benzothiophene，4，6-DMDBT）等脱硫活性较弱的物质。分子筛载体一方面能够促进脱烷基化和异构化反应，使难加氢的物种转变为易加氢的物种，另一方面也能促进金属组分向酸性载体的电子转移，使得催化剂在深度加氢反应中表现出更好的活性与脱硫性能。

重油大分子以及DBT、4，6-DMDBT等物质的动力学直径与传统微孔分子筛相比较大，这就使得反应物种根本无法进入孔道内部，或者导致反应物种在孔道内承受巨大的扩散阻力。通过在分子筛骨架结构中引入介孔，构建等级孔道结构，是提高酸性位的可接近性，提高催化剂整体催化效率的一种可行思路。所谓“等级孔”结构分子筛，即在保留分子筛原有微孔晶体结构的基础上，引入可提高反应物种扩散速率介孔结构的分子筛。引入介孔，既可以缩短反应物和产物的扩散路径，又可以提高有效扩散系数，提高催化剂利用效率。因此，等级孔分子筛可以实现重油大分子转化需要的等级孔设计和梯度酸强度分布。等级孔分子筛兼具微孔与介孔结构的优势，既可以改善反应的传质性能，又使得更多的活性位暴露在材料外表面。鉴于许多炼油过程是大分子反应物或产物参与的反应或发生在分子筛外表面或孔口的强酸催化反应，已有许多研究人员开展了等级孔分子筛在炼油过程中的应用研究。

García-Martínez[8]等将含介孔Y型分子筛制成FCC催化剂，以VGO为原料进行FCC反应测试，并将反应结果与传统Y型分子筛进行对比。结果表明，在相同转化率下，介孔Y型分子筛轻油收率提高了3.55个百分点，焦炭收率下降了0.20个百分点。以上述研究为基础，美国Rive和Grace公司对该介孔Y型分子筛进行了30t规模的放大制备试验，并对以该材料为基础的FCC催化剂（记为GRX-3）在工业装置上进行运转。当运转进行70天后，装置内的平衡剂中已有66%的催化剂为GRX-3。将运转了70天后装置内的平衡剂与70天前采集的平衡剂分别进行微反活性测试表明：GRX-3催化剂能够保持较长时间的稳定性，平衡剂的转化率和选择性在70天内没有发生明显的变化。

Park等[9]以硅甲基改性的聚丙烯酰胺为模板剂，合成了介孔孔径分别为2.2nm和5.2nm的两种微孔—介孔ZSM-5分子筛（分别记为MSU-MFI-2.2与MSU-MFI-5.2），并利用该材料对减压蜡油的催化裂化反应性能进行了研究。与传统ZSM-5分子筛相比，MSU-MFI样品在剂油比为1.0时的转化率（48%）比传统ZSM-5分子筛在剂油比为1.8时的转化率还高（44%）。此外，在裂化产物分布方面，两种MSU-MFI材料相比传统ZSM-5在汽油、柴油、液化气及干气的收率方面均有所上升，而焦炭产率下降，气体产物中丙烯及丁烯收率也都提高。

孙印勇与Prins[10]利用有机硅烷合成了含介孔的ZSM-5，并考察了负载Pt的介孔ZSM-5催化剂上4，6-DMDBT的加氢脱硫反应。结果表明，4，6-DMDBT在负载Pt介孔ZSM-5催化剂上的转化率比负载Pt的传统ZSM-5催化剂和负载Pt的 γ-Al_2O_3 催化剂都高。相比负载 Pt 的 γ-Al_2O_3 催化剂，负载 Pt 的介孔 ZSM-5 催化剂的酸性较强；而相比负载 Pt 的传统 ZSM-5 催化剂，介孔的引入能够使介孔 ZSM-5 表面的酸性位暴露出来，更易于 4，6-DMDBT 的加氢脱硫反应。

等级孔结构新材料的制备工艺探索，其最终目的还是满足工业化生产与应用的需要。材料合成工艺能否工业化的关键是解决下面两个问题：（1）成本低廉，经济上有利可图；（2）工业生产时，能够克服放大效应的影响，产品性能与实验室规模相差无几。通过脱除分子筛骨架中铝原子实现等级孔分子筛合成的工艺已在 Y、ZSM-5 分子筛的工业合成中得到了应用。通过脱除分子筛骨架中硅原子实现等级孔分子筛合成工艺的工业化试验和相关催化应用研究正在进行中。但上面两种方法在合成过程中会不可避免地造成硅铝物种的流失，造成原料的浪费和废水的污染。通过模板剂引入介孔，是实现等级孔分子筛合成的可行方案之一。但许多模板剂需要进行设计，而且合成过程繁复，成本较高，这使得模板剂的成本问题成为限制其工业化的因素之一。因此，寻找到工艺流程简单、模板剂价廉易得、产品性能优异的介孔引入方法，是等级孔分子筛合成的研究方向之一。在这方面，许多研究人员尝试通过将脱除分子筛骨架硅原子引入介孔的方法与廉价介孔模板剂指导硅物种脱除自组装有序介孔分子筛的过程耦合实现等级孔分子筛的合成。

3）新型分子筛在炼油工业应用前景的探索

传统催化裂化催化剂中采用的分子筛主要是作为主要裂化组元的 Y 型分子筛和作为增产高辛烷值汽油及低碳烯烃助剂组元的 ZSM-5。此外，对 β 分子筛催化裂化性能也进行了研究。近年来，对新型分子筛材料的催化裂化反应性能也进行了研究。例如，ITQ-21 是一种含锗的具有三维孔道结构的新型分子筛。该材料对减压蜡油的催化裂化反应表现与 Y 型分子筛相似，但裂化产品中 LPG，特别是丙烯产率更高，汽油中的烯烃含量有所降低。

具有 AEL 结构的 SAPO-11 分子筛由于独特的十元环孔口、一维直孔道结构以及较为温和的酸性质，因而表现出对烷烃良好的催化异构化活性。刘欣梅等[11]合成得到了粒径为 500nm 左右的超细 SAPO-11 分子筛，并探索了超细 SAPO-11 作为 FCC 催化剂助剂对 VGO 裂化反应的影响。结果表明，超细 SAPO-11 的引入提高了催化剂的重油转化率，得到的汽油中异构烃的含量明显升高，并抑制了生焦反应的进行。

MCM-22 的骨架是层状结构，而 ITQ-13 则具有相互交叉的九元环与十元环孔道结构。Corma 等人[12]研究了将 MCM-22 与 Al-ITQ-13 分别作为助剂加入减压蜡油催化裂化催化剂中的反应性能，结果发现：与 ZSM-5 相比，MCM-22 对大分子原料的反应活性并不高，但气体产物中烯烃的选择性更高。由于酸性与 ZSM-5 相当，Al-ITQ-13 作为 FCC 催化剂助剂对 VGO 的裂化反应转化率也与 ZSM-5 大体相当，但丙烯收率更高。

Al-Khattaf 等[13]将 SSZ-74、SSZ-33、TNU-9、IM-5、镁碱分子筛和 MCM-36 等分子筛作为助剂加入催化裂化平衡剂中，考察了它们相对于催化裂化平衡剂的反应转化率和产物分布变化，特别是增产丙烯性能的变化。由于几种分子筛在骨架类型、孔道结构和酸性位强度和分布等方面的差异，从而在 FCC 反应中的效应也各有不同。加入 MCM-36 提高了 FCC 催化剂的重油转化率，介孔结构促进了反应物种在酸性位上的扩散。镁碱分子筛的重油转化率尽管低于 ZSM-5，但其反应产物中低碳烯烃，特别是丙烯的产率却是 7 种分子筛中最高的。IM-5、TNU-9 与 ZSM-5 的骨架和孔道结构相似，因此它们在催化裂化反应中的表现与ZSM-5相近。SSZ-33、SSZ-74尽管酸密度较高但孔道结构狭小，阻碍了反应物种在孔道内进出，导致SSZ-33与SSZ-74裂化转化率相对较低。

综上所述，尽管分子筛在炼油工业中应用了数十年，但现在的应用依然只集中于Y、ZSM-5、SAPO-34等几种特定的分子筛。截至2015年底，通过国际分子筛协会认证的分子筛骨架类型已经超过200种。伴随着分子筛晶体结构设计与定向合成技术的日趋成熟，每年还会有大量新型拓扑结构的分子筛问世。鉴于不同分子筛的合成与催化应用技术成熟度不尽相同，应分别采取不同的研究策略：对已经在炼油化工生产中得到广泛应用的Y、ZSM-5、SAPO-34等分子筛，应努力提高其生产效率，实现绿色合成和孔结构与表面性质的精准控制；对骨架结构已知，但炼油工业应用欠成熟的分子筛，需要评估它们在炼油化工领域的应用前景，推动适合炼油过程需要的分子筛的合成工艺工业化；对于还处于理论预测阶段的新结构分子筛，应努力通过定向合成的方法将它们合成出来，分析其基本结构与表面性质，为新型炼油催化剂设计和原创技术开发做好相应的技术储备。

5. 硫黄回收及尾气处理催化剂技术进展

近年来，随着国内高硫原油的加工规模扩大和大型含硫油气田的开发，硫黄回收装置向大型化、尾气处理技术多样化趋势发展，与之相适应，在国产催化剂系列化方面也取得了长足的进步。

1）国外硫黄回收及尾气处理催化剂技术进展

自1938年改良克劳斯法实现工业化以来，硫黄回收及尾气处理催化剂的发展大致经历了三个阶段。第一个阶段是天然铝矾土催化剂阶段。在20世纪70年代以前，工业上普遍采用天然矾土作为克劳斯反应催化剂。由于其价格低廉且具有较高的活性，因此在当时能满足工业装置对硫黄回收率的要求。第二个阶段是活性氧化铝催化剂阶段。进入20世纪70年代后，各国相继制定了较严格的尾气排放标准，硫黄回收装置采用新一代的高效催化剂势在必行。法国率先推出牌号为CR的人工合成球形高纯度 γ 型活性氧化铝催化剂。改用活性氧化铝催化剂后，克劳斯反应的转化率可提高约3%，而催化剂强度则得到明显改善。第三个阶段是多种类型催化剂配套使用的阶段。1980年以来，针对常规克劳斯反应催化剂存在的问题，并结合尾气处理工艺的技术要求，不仅进一步完善了铝基催化剂的功能，同时又配合各种新工艺的开发，研制了一系列具有特殊功能的新型催化剂。例如：（1）对有机硫化合物水解具有很高活性的钛基催化剂；（2）适用于亚露点硫黄回收工艺的低温克劳斯反应催化剂；（3）适用于催化氧化制硫工艺的催化剂；（4）能有效降低燃烧炉内有机硫化合物生成率的催化剂；（5）能脱除过程气中氧的“漏氧”保护催化剂；（6）尾气灼烧用催化剂等[14]。

总之，以尽可能地提高总硫回收率及节能为目标，当前已形成配套的催化剂系列。国外有代表性的是法国Axens公司的CR系列（含AM）、美国Alcoa公司的DD系列、美国LaRoache公司的S系列，以及UOP公司的Selectox系列与N系列。

法国Axens公司开展硫黄回收催化剂技术开发超过60年，开发出了系列硫黄回收与尾气处理催化剂，包括活性氧化铝硫黄回收催化剂CR系列、用于COS水解的活性氧化铝催化剂CR-3S、钛基硫黄回收催化剂CRS-31、“漏氧”保护催化剂AM和AMS系列。此外，还开发了克劳斯尾气加氢催化剂TG 103和TG 203，以及低温加氢水解催化剂TG 107和TG 136。

美国 Alcoa 公司作为一家铝业公司，利用其资源优势，也开发了 Alcoa DD 系列硫黄回收催化剂，如 DD-431 活性氧化铝常规克劳斯反应催化剂和低温克劳斯反应催化剂、DD-831 活性氧化铝抗硫酸盐化催化剂和低温克劳斯反应催化剂、DD-931 有机硫水解催化剂、SRC-99ti 钛基有机硫水解催化剂。

美国 LaRoache 公司在硫黄回收与尾气处理催化剂研发方面也具有十分显著的地位，其开发的 S 系列硫黄回收催化剂涵盖了活性氧化铝常规克劳斯、低温克劳斯和有机硫水解催化剂，其 S-701 则是一种钛基有机硫水解硫黄回收催化剂。

2）国内硫黄回收及尾气处理技术进展

国内硫黄回收装置早期使用天然铝矾土催化剂，克劳斯转化率只有 80%~85%。此后，为克服天然铝矾土催化剂克劳斯转化率低的缺点，中国石油西南油气田公司天然气研究院和中国石化齐鲁石化分公司研究院先后开展硫黄回收及尾气处理催化剂的研发工作，开发出了各自的催化剂系列，满足了天然气净化和炼油化工企业的需求。

中国石油西南油气田公司天然气研究院自 20 世纪 70 年代初期开始硫黄回收催化剂的研究工作，1975 年研制出了第一代硫黄回收催化剂 CT6-1，使装置的总转化率达到了 94%~96%。此后，先后研制成功 CT6-2 系列、CT6-3 系列、CT6-4 系列硫黄回收催化剂，可满足常规克劳斯和低温克劳斯硫黄回收的需求。同期研制的 CT6-5 系列硫黄回收尾气加氢水解催化剂，解决了硫黄尾气处理的需求。进入 21 世纪以来，伴随着西南油气田含硫气田开发的不断发展，引进技术与装置的不断建设，天然气研究院在催化剂研制、催化剂中毒机理研究、硫黄回收催化剂性能评价方法、大孔催化剂开发等领域开展了卓有成效的研究，取得一系列成果，先后研制成功 CT6-7、CT6-8（钛基）有机硫水解硫黄回收催化剂，解决了硫黄回收过程气有机硫含量上升导致的硫黄回收率降低的问题。研制成功的 CT6-9 硫化氢选择性氧化制硫催化剂采用自主研发的硅基载体材料，利用有机络合浸渍技术提高惰性载体上活性组分负载量及分散性，解决了松散氧化硅材料的水溶解和黏结难题，催化剂操作温度从传统铝基催化剂的 280℃降低至 240℃，硫收率则从 75% 提升到 85% 以上。研制成功的 CT6-10 尾气加氢水解催化剂则采用新型的三叶草型 γ-Al_2O_3 为载体，CT6-11 尾气加氢低温水解催化剂则可将克劳斯尾气加氢反应器入口温度降低至 230℃左右，最低甚至可降至 220℃，较常规尾气加氢催化剂降低约 80℃。

齐鲁石化研究院自 20 世纪 70 年代中期开始从事 LS 系列硫黄回收催化剂研究，20 世纪 80 年代将研制成功的 LS-801、LS-811、LS-821 催化剂应用于工业硫黄回收装置。进入 20 世纪 90 年代，齐鲁石化研究院相继开发了 LS-300 Al_2O_3 型催化剂、LS-901 TiO_2 基抗硫酸盐催化剂、LS-931 助剂型催化剂、LS-971 脱“漏氧”保护型催化剂、LS-951 Co-Mo/Al_2O_3 克劳斯尾气加氢催化剂。近年来，齐鲁石化研究院在催化剂载体研制开发、催化剂中毒机理研究、高水解活性催化剂开发以及配合大型硫黄回收催化剂装置建设、引进装置催化剂国产化等方面与多家科研机构、设计单位、应用厂家合作开发出 LS 系列新型硫黄回收催化剂，如 LS-981 多功能硫黄回收催化剂、LS-02 新型 $A1_2O_3$ 基制硫催化剂；LS-951T、LS-951Q 等 Co-Mo/$A1_2O_3$ 克劳斯尾气加氢催化剂；LSH-02 低温 Claus 尾气加氢催化剂、LSH-03 适应 S-Zorb 再生烟气加氢的低温型克劳斯尾气加氢催化剂等。

二、新型催化剂和催化材料技术发展趋势

新型催化剂和催化材料是实现重油深度加工，提高清油收率的关键技术。下面分别介绍重油催化裂化、渣油加氢处理、加氢裂化、硫黄回收4类催化剂和催化新材料的国内外技术发展趋势。

1. 重油催化裂化催化剂发展趋势

催化裂化工艺技术及催化裂化催化剂在炼厂中依然是重油加工的核心技术。当催化裂化原料和工艺技术一定的条件下，调整产品结构，提高炼厂经济效益最有效的手段就是催化裂化催化剂。

对于催化裂化催化剂来说，一般由基质材料、黏结剂和分子筛材料组成。其中黏结剂技术较为成熟，主要以铝溶胶和拟薄水铝石为主，研究得较少。分子筛材料以改性Y型分子筛为主，为重油高效转化提供所需的大部分活性中心，基质材料是研究的热点，为大的油气分子提供快速扩散的孔道结构，对重油的加工起着关键的作用。

对于催化裂化工艺来说，主要有MIP工艺、VRFCC、MSCC、DCC、MDP、MGG、ARGG、MIO、MGD、两段提升管催化裂化工艺、FDFCC工艺，众多工艺旨在增强原料适应性，灵活调节目的产品，增加装置操作弹性。

随着世界原油加工日趋重质化、劣质化以及催化裂化加工工艺技术的进步和新型材料的发现及合成，重油催化裂化催化剂的使用和工艺开发将更加广泛并将不断推陈出新。具有高活性、高稳定性、高分散的分子筛材料会被研发和应用；具有大中孔结构的基质材料逐渐被应用，开发含布朗斯特酸（B酸）的大孔基质技术、灵活调变柴汽比、增产低碳烯烃的催化裂化工艺将受到研发人员的关注。

2. 加氢裂化催化剂的发展趋势

国内外各大技术商对加氢裂化工艺和催化剂不断开展研究工作，更新技术成果，形成了各自相对完善的系列化加氢裂化催化剂制备技术。对于我国而言，由于国内经济的快速增长、原油质量的逐渐下降、环保要求的日益严格、成品油市场需求放缓、油品质量升级持续等多方面因素影响，抗氮中毒能力更强的加氢裂化催化剂技术将会受到热捧，同时，对加氢裂化装置产能及生产方案进行合理布局、灵活调变，也将变得尤为重要。

3. 渣油加氢催化剂的发展趋势

近年来，国内外炼油技术研发机构在固定床渣油加氢处理技术的研究方面不断投入研发资源，持续取得了一些新进展。国内炼油企业也应积极应对挑战，关注渣油固定床加氢技术的开发，充分利用石油资源来生产优质运输燃料和化工用原料，为石油石化行业的可持续发展做出自己的贡献。

在重油和渣油加氢技术中，固定床渣油加氢技术无疑是最成熟、可靠和应用最广泛的技术，在未来10~20年仍将是渣油加氢的主流工业应用技术。随着加工渣油日益重质化和劣质化，沸腾床将获得更多应用。随着理论和技术手段的不断完善，以及工程方面的技术突破，浆态床渣油加氢技术将迎来快速发展。

4. 催化新材料的发展趋势

1）催化裂化新材料的发展趋势

Y型分子筛作为催化裂化催化剂的活性组元，发展至今已有几十年的历史。由于其具

有发达的三维孔道、可调变酸性、良好的热以及水热稳定性，因此被誉为“上帝的礼物”。人类对高新科学技术的追求从未停止，有不少令人瞩目的催化新材料涌现，如 ITQ 系列分子筛、Beta 分子筛、EMT 分子筛、磷铝及磷硅铝分子筛，以及一些具有特殊形貌的分子筛，如纳米晶分子筛等。但取代传统 Y 型分子筛，成为催化裂化催化剂的主活性组分的新材料尚未显现。因此，在可预见的未来，Y 型分子筛在催化裂化催化剂中的地位是其他类型分子筛所无法取代的。

Y 型分子筛的本征孔为微孔，对于重油大分子来说，其活性中心可接近性受到限制，进而影响了产品的选择性。关于这一问题，科研工作者研究颇多，呈现多元化发展。从合成方面入手，一是合成小晶粒甚至是纳米分子筛，以增加外表面的活性位，同时缩短内扩散的路程。二是在合成分子筛过程中引入介孔甚至是大孔结构，如通过直接晶化或者多步组装手段，并借助各种软硬模板剂，合成制备同时具有介孔、微孔结构的多孔材料。但是截至 2015 年底，这些材料还鲜有工业化应用的报导。另一方面，关于 Y 型分子筛的后改性处理方法也有大量的报道。例如水热法，$(NH_4)_2SiF_4$ 抽铝补硅法或 $SiCl_4$ 脱铝补硅法，EDTA 络合法，水热、酸处理法，也可将几种脱铝（补硅）方法联合起来优化。近年来，碱处理作为一种新兴的分子筛改性方法而备受科研界关注。如申宝剑课题组先通过碱处理高硅 NaY，然后再结合氟硅酸铵或者水热处理改性，得到的产品骨架硅铝分布均匀，且富含介孔，产品介孔体积增加显著。

水热处理法一直被工业应用来提高 Y 型分子筛骨架硅铝比，达到超稳化（通过提高硅铝比提高 Y 型分子筛的热稳定性同时使晶胞收缩，此类分子筛缩写为 USY），同时也是在 Y 型微孔分子筛中引入介孔的最常用方法。已有研究表明，水热过程中 Y 型分子筛骨架将经历一系列的结构变化。首先发生的是骨架脱铝过程，在高温以及蒸汽的共同作用下，分子筛骨架中的部分铝原子被水热脱除，结果在发生骨架脱铝的地方留下了各种大大小小的缺陷，脱铝程度较大的区域，硅也会连带被脱除。继续水热处理时，分子筛骨架中会发生硅迁移，脱除骨架的硅也会在水热条件下发生迁移至适当的缺陷处，最终实现骨架补硅过程。水热过程中产生的硅碎片作为骨架修复的结构单元能将脱铝留下部分结构缺陷修复，这一过程一旦完成，就实现了水热处理的主要目的，即提高 Y 型分子筛骨架硅铝比。需要指出的是，水热脱铝过程中产生的某些结构缺陷是无法被补硅修复的，这一部分缺陷就成了水热二次孔（二次孔是相对于本征孔来说的，多数处于介孔范围）的来源。一个简单的水热过程，既能提高 Y 型分子筛的骨架硅铝比，又能将介孔引入分子筛骨架，这正是水热处理这种分子筛改性方法长期在工业上成功应用的根本原因。然而，文献调研发现，水热处理这一经典的分子筛改性方法仍然存在一些不足之处，介孔体积与酸性保留之间存在不可调和的矛盾，想要增加介孔体积，就需要增加脱铝量，这就意味着损失更多的酸性中心。然而，水热处理所得 Y 型分子筛材料介孔的分布并没有达到均匀的状态，无论是在单个的 USY 晶粒上还是在不同的晶粒间，介孔的分布都不均匀，这显然不利于反应物分子在分子筛晶内的均匀扩散，也不利于分子筛微孔中活性中心的充分利用；传统离子交换—水热处理所得 USY 分子筛中的介孔间连通性差，许多介孔之间依然是靠分子筛本征微孔连通。这样的介孔对改善晶内扩散的作用有限，扩散依然受微孔的控制。因此，如何低成本地制备介孔更丰富且连通性好、酸性位保留适当的 Y 型分子筛材料是一个重要的发展趋势。为此，通过向分子筛骨架中引入不稳定 Fe 位点，并以此为诱因，通过水热处理改性实现了分子筛结构的超稳化和生成更丰富介孔的组合，从而发展了一条新颖的NaY分子筛改性制备介孔Y型分子筛的路线。

2）催化加氢新材料的发展趋势

我国柴油生产采用的重要手段之一是催化裂化，其生产量约占车用柴油总量的1/3，催化裂化柴油质量的特点是硫、芳烃含量高，十六烷值低，氧化安定性差等。当前原油重质化和渣油掺炼比增加，直接导致催化柴油质量不断下降。柴油芳烃含量，特别是多环芳烃含量备受关注，国际柴油质量标准相应加强了对芳烃含量的限制，重点是控制多环芳烃含量，对总芳烃含量的要求并不苛刻。我国催化柴油中芳烃含量多在60%（质量分数）以上，其中75%（体积分数）左右是直接导致柴油十六烷值低的双环及三环芳烃。随着我国对清洁柴油需求量的不断增长，柴油加氢脱硫、脱氮、脱芳烃技术的开发迫在眉睫。

因此，开发高效加氢改质催化剂，实现芳烃的选择性加氢开环，兼顾硫、氮的脱除，是高效生产低硫、低密度、低芳烃、高十六烷值的优质柴油最为有效的方法，也是当前社会的需求，更是长远发展必然趋势。载体作为加氢催化剂的重要组成部分之一，其表面物化性质对催化剂的催化性能有着重要影响。至今，已有许多新材料被尝试作为载体来考察金属在其上的分散度、金属—载体的相互作用以及对催化剂活性的影响。在众多载体当中，有一些载体表现出显著的催化活性。例如，以含钛载体为基体的催化剂表现出金属易硫化还原的特性；磷改性的氧化铝，由于其表面形成一种类“$AlPO_4$”结构，所以，其负载金属的分散度和结构得到了很大改善，有利于活性相前驱物的生成，并有效地抑制了惰性尖晶石的形成。另外，酸性分子筛的引入也大大提高了具有空间位阻效应的含硫化合物的脱除。但是，TiO_2比表面积相对较小，而且其热稳定性有一定局限性；传统磷改性易造成载体比表面积下降和堵孔等现象。酸性分子筛的引入，如果不能很好地调变其酸性，则容易造成过度裂解或积炭引起失活等现象。

根据催化剂研制的基本原理，如果能将上述含钛载体、磷改性载体及含酸性分子筛的载体优点集于一体，并有效地避免或抑制其负面效应，研制出新型复合载体，用这种载体可制备出具有优良性能的新型加氢催化剂。基于以上认识，研究开发了合成钛硅分子筛ETS-10和磷铝分子筛$AlPO_4$-5的新方法，并对分子筛进行改性，制备新型复合载体，用含硫模型化合物、含芳烃模型化合物和催化裂化柴油评价该新型载体负载的非贵金属催化剂的加氢反应性能，催化剂在柴油深度脱硫脱氮和脱芳烃等方面表现出优异的性能。

作为加氢改质载体材料，Y型分子筛的优越性在与其他载体材料的对比研究中逐渐显现。四氢萘加氢反应中，采用不同分子筛（包括USY、HY、HL和HM分子筛）负载Pd-Pt制备的加氢催化剂，同样操作条件下，评价结果显示：USY为载体的催化剂获得最高的C_{10}收率、最少的裂化气体产物。在二苯并噻吩深度加氢脱硫反应中，采用NaY、USY、H-mordenite、ZSM-5 4种分子筛负载NiMo催化剂，评价结果显示：USY负载型催化剂加氢脱硫性能明显高于其他3种分子筛负载的催化剂。十氢萘模型化合物在503~553K范围内的加氢开环反应中，采用H-Beta-（75）、HY（12）、H-Mordenite（20）和H-MCM-41（35）4种分子筛为催化剂（无金属活性组分），评价结果显示：随着温度升高，催化剂初始活性逐渐上升；相同温度下，HY（12）活性高于其他催化剂。

加氢改质催化剂性质对于高品质—高收率柴油生产起着至关重要的作用。中国石油支持的创新性研究工作主要围绕加氢改质催化剂载体材料USY的元素改性和NiW负载型催化剂制备方法。采用现代表征方法，探究改性对 USY 分子筛、相应催化剂性质的影响以及新催化剂制备方法对催化剂物性的改变，利用模型化合物对催化剂加氢开环性能或加氢脱硫性能进行评价，研究催化剂物性改变与催化反应间的构效关系。加氢改质催化剂是典型双功能催化剂，由加氢金属和酸性载体组成，两者和谐匹配是确保催化剂高活性的根本，以 NiW 双金属为加氢组分，超稳 Y 分子筛（USY）为裂化酸性组分。为了实现载体和金属匹配，制备高效加氢改质催化剂，探索 USY 改性方法，调控载体孔结构和酸性能，通过载体材料改性实现对载体性质的调变，进而实现载体和金属匹配，并通过创新 NiW 金属负载方法，调变载体和金属相互作用。

此外，研究中涉及的载体还有 γ-Al_2O_3、MCM-41、Beta、ETS-10 等。研究人员展开广泛而卓有成效的研究，获得了一些规律性认识，取得了阶段性成果，为今后这一领域的发展奠定了基础。

综上所述，催化材料产业总体发展趋势表现为传统分子筛、氧化铝等领域的研究开发仍持续保持活力，通过和现代技术的结合，不断产生新的创新性和实用性的技术。一些在基础研究领域进行了深入的研究开发但尚未大规模工业应用的催化材料，如 Beta 分子筛、SSZ-13 分子筛等催化材料，正在优化制造方法、降低成本的同时提高性能等方面实现突破，有望在不远的将来实现规模化生产和应用。一些新型催化材料如果能在稳定性、规模化制造、低成本等方面获得突破，将具有广阔的用途。

5. 硫黄回收及尾气处理催化剂发展趋势

自 20 世纪 70 年代以来，还原吸收工艺在硫黄回收尾气处理方面取得了突破性进展，极大降低了尾气中 SO_2 排放量。传统还原吸收工艺需要反应器入口温度较高，必须采用电加热或在线燃烧才能达到。为满足清洁生产和节能降耗的需要，通过提高催化剂反应活性，降低催化剂活化能，实现低温加氢还原，利用装置富余的中压蒸汽换热，实现节能降耗的目的[15, 16]。低温加氢水解催化剂是低温加氢还原工艺的关键，截至 2015 年底，工业应用最多的是 Co-Mo/γ-Al_2O_3 催化剂，但其低温有机硫水解效果不理想，有必要强化加氢尾气低温有机硫水解催化剂在 240℃左右的有机硫水解性能，使其达 95% 以上，以降低尾气排放。

2015 年以来，国内部分炼油厂采用 S-ZORB 工艺进行柴油脱硫。S-ZORB 装置在生产过程中，必须对吸附剂进行再生处理。此外，再生过程中产生的再生烟气含 SO_2，造成二次污染。起初，国外同类装置有的采取碱液吸收的方式对再生烟气进行处理后达标排放，但存在项目投资大、生产成本高、副产品碱渣的后续处理困难等问题。现在更多的是采用将 S-ZORB 烟气引入尾气加氢反应器处理，实现烟气中硫资源的循环利用。由于 S-ZORB 装置再生烟气温度低、组分复杂、烟气流量和组分波动大并且含氧，对加氢催化剂有特殊要求，需开发 S-ZORB 烟气处理专用催化剂。

对于硫黄回收装置中的有机硫，一般是在一级反应器部分装填钛基催化剂进行处理，钛基催化剂的有机硫水解率达 90% 左右。即使一级反应器全部装填钛基催化剂，部分装置的有机硫经过水解后进入二级反应器的含量仍然高达数百微克每克，对装置的硫回收率有一定的影响，同时增加了尾气超标的风险。二级反应器的入口温度较低，温升也较小，常规的氧化铝或氧化钛催化剂在此工况条件下的有机硫水解率较低，仅有 20%~30%。因此，需针对硫黄回收装置克劳斯二级反应器工况条件，开发适应此条件下的稀土—氧化钛铝型催化剂，适用于230~240℃反应器条件下进行有机硫的水解反应，有机硫水解率有望超过60%。

对于炼厂或天然气脱硫过程中产生的酸性气，工业上大都采用克劳斯工艺进行硫黄回收，以减轻由装置尾气污染物排放超标引起的相关环境问题。由于受到反应温度下热力学平衡的限制，常规克劳斯装置的尾气中仍含有3%~5%的元素硫，即使采用尾气处理工艺进行进一步处理后，理论的总硫回收率最高只能达到99.8%，尾气中仍含有一定浓度的硫化氢和有机硫化物。经常采用的尾气焚烧方式包括热焚烧和催化焚烧。催化焚烧的投资比热焚烧略高，但催化焚烧的能耗和操作费用可大幅度降低。为此，国内外均在开发高效的尾气催化焚烧催化剂。壳牌石油公司、法国石油研究院、法国Axens公司、美国加利福尼亚公司等已经公开了30多项焚烧催化剂专利技术，用于处理工业含硫废气[17]。但国内尚未有焚烧催化剂在炼油厂或净化厂硫黄回收尾气（包括克劳斯尾气及SCOT尾气等）工业应用的报道。

第二节　新型催化剂和催化材料技术进展

催化剂是炼油技术发展的核心，催化材料的研究开发则是催化剂乃至新工艺技术发展的技术源泉。炼油工艺涉及催化的过程主要包括：催化裂化、催化重整、加氢裂化、加氢精制、烷基化、异构化、芳构化等。

2010—2014年历时5年，中国石油科技管理部组织实施的“炼油催化剂重大专项”在催化裂化、汽油加氢、柴油加氢、加氢裂化、渣油加氢及硫黄回收催化剂、催化裂化及加氢催化剂生产技术、催化材料等9个方面，攻克了56项关键技术，研制开发了6大类21个系列52个品种的催化剂新产品和8个品种的催化新材料，开发出5个工艺包，累计生产催化剂超过9×10^4t，在54家企业的111套工业装置上推广应用。新增效益累计20亿元以上，其中自主研发10个过程的催化剂（催化裂化、汽油加氢、柴油加氢精制、柴油加氢改质、石脑油加氢、石蜡加氢、润滑油加氢、渣油加氢、加氢裂化、硫黄回收）得到工业应用，占全部催化过程的63%。申请专利154件，认定技术秘密67项，培养造就了一支由19名中国石油集团公司专家和51名教授领衔的高水平科技创新团队，为中国石油汽柴油质量升级、降本增效、达标排放提供了有力技术支撑，为中国石油提升炼油业务核心竞争力、转变发展方式、实现有质量有效益可持续发展，提供了重要技术支撑。经过多年持续攻关，中国石油炼油催化剂研发能力和装备水平实现跨越式发展，特别是用自主创新技术解决了中国石油油品升级等现实问题，增强了中国石油炼化科技补齐短板并持续追赶的信心。

本节主要对中国石油“十二五”期间在催化材料研发方面取得的主要技术进展逐一进行了介绍，包括低成本高性能NaY分子筛的工业放大及其造孔新方法；微介孔复合材料的结构设计、放大制备与应用；新型择形催化材料及新型合成方法；以及催化裂化系列催化剂、加氢裂化系列催化剂、渣油加氢系列催化剂和硫黄回收催化剂。

一、催化裂化系列催化剂及催化新材料

催化裂化是重油轻质化主要手段，其所用催化剂的活性组分以Y型分子筛为主，辅以ZSM-5等择形分子筛。我国催化裂化加工能力达到1.8×10^8t/a，与原油一次加工能力

之比达 30% 以上，生产了我国 75% 的车用汽油和 35% 的柴油及 40% 的丙烯。FCC 催化剂是催化裂化技术的核心，全球催化剂消耗量约 90×10^4t/a，我国消耗量为 16×10^4t/a。中国石油催化裂化加工能力达到 5000×10^4t/a，与原油一次加工能力之比达 35% 以上，装置 40 余套，催化剂消耗近 6×10^4t/a［其中分子筛占（2~3）$\times10^4$t/a］，费用约 12 亿元。近年来，中国石油针对炼厂提高收率、提高质量和生产高附加值产品的迫切要求，在重油高效转化、提高汽油辛烷值、增产丙烯以及提高轻质油品收率方面开展催化材料及催化剂技术研发，经过“十一五”“十二五”持续攻关，到“十二五”末，中国石油在分子筛材料合成与改性及应用技术方面取得了长足进展:（1）开发出 Y 型分子筛稀土笼内定位、离子高效交换等 7 项技术，提高了重油转化能力，优化了 FCC 产品分布，增加了汽油辛烷值和丙烯选择性。（2）发明了 NaY 合成新方法，攻克了大型化成胶难题，开发了高性能 NaY 制备成套工业技术，成功批量生产，在 19 个牌号的 FCC 催化剂上成功应用。2013 年获得中国石油天然气集团公司技术发明一等奖。（3）开发了短流程 USY 分子筛制备新技术，工艺流程减少了 1/4，产能提高 25% 以上，能耗下降 30% 以上。“十二五”期间，中国石油与中国石油大学（北京）申宝剑教授课题组合作研究开发了高硅铝比 NaY 分子筛的合成新技术，该技术已成功在催化裂化等多种催化剂的生产中推广应用，截至 2015 年底，累计生产高硅铝比 NaY 近 5×10^4t，增创利润 2 亿多元。该技术分别荣获国家科学技术进步奖二等奖、教育部技术发明二等奖、中国石油天然气集团公司技术发明一等奖等多项荣誉。

本节介绍了催化裂化重油转化新观点；重油高效转化催化剂、提高催化汽油辛烷值催化剂、增产低碳烯烃催化剂、高轻质油收率催化剂；Y 型分子筛晶内造孔新方法及其在催化裂化催化剂中的应用。

1. 催化裂化重油转化新观点

众所周知，正碳离子学说被公认为解释催化裂化反应机理的一种学说。关于正碳离子的概念早在 1922 年由 Meerwein 提出，这个概念至 20 世纪 50 年代才被用于解释催化裂化反应机理。国际通常认为重油大分子是在催化剂的大孔载体上进行转化。然而实验发现：在相同制备原料和制备条件、相同评价装置和反应原料的情况下，随着催化剂中分子筛含量的增加，油浆收率下降，即重油转化能力提高，说明分子筛对重油转化也很重要，推测分子筛转化重油存在两种途径：一个是分子筛外表面的作用（外表面积约 $30m^2/g$）。另一个是分子筛孔道内部发挥作用（内表面积约 $600m^2/g$）。基于 Y 型分子筛内外表面的巨大差异，内表面发挥作用的可能性很大，如果分子筛孔道内部对重油转化有贡献，最有可能的途径是通过正碳离子来实现，因此，中国石油石油化工研究院高雄厚提出了正碳离子“晶内产生、晶外传递、表面裂解”的重油转化理论设想。

1）主要技术进展

根据有机化学的知识，结构组成对正碳离子稳定性影响很大，烯丙型或苄基型的正碳离子甚至比叔正碳离子稳定。因此，通过选取一种不能进入分子筛晶体内部的大分子模型化合物（1，3，5–TIPB）和真实重质原料油，分别向其中添加一定量的可生成较稳定正碳离子的化合物，以此作为催化裂化的反应原料。以具有不同孔道大小和酸性质的分子筛为催化剂活性组分，通过模型化合物转化率以及汽油收率与加入的可生成较稳定正碳离子的化合物的关联研究，从而考察此类能产生较稳定正碳离子化合物的添加对模型化合物和重油催化裂化反应的影响。

图 5-1 列出了噻吩、苯乙烯、1，1- 二苯乙烯、三苯乙烯、丙烯基氯在催化裂化条件下产生正碳离子的化学反应式。

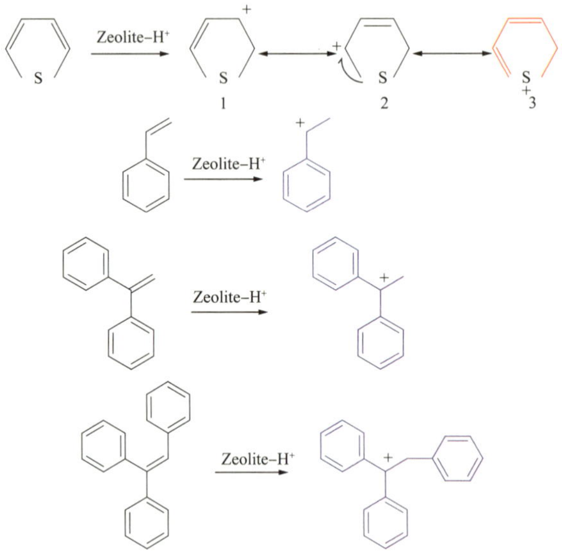

$$H_2C{=}CH{-}CH_2{-}Cl \xrightarrow{\text{Zeolite-H}^+} H_2C{=}CH{-}\overset{+}{C}H_2 + Cl^-$$

图 5-1　几种正碳离子前驱体在催化裂化条件下生成稳定正碳离子的机理

实验结果表明：将噻吩类化合物（噻吩和二苯并噻吩）和加拿大 LGO 油混合进料，以不同孔道大小和酸性质的 USY 分子筛为催化剂活性组分，进行催化裂化反应，相对于 LGO 参比样，噻吩和二苯并噻吩的加入后，均有利于提高汽油收率，从实验上证明了正碳离子对重油大分子催化裂化转化具有积极作用。

另外的实验表明：向 1，3，5-TIPB 中添加可生成较稳定正碳离子且具有不同分子大小的化合物（苯乙烯、1，1- 二苯乙烯、三苯乙烯等），以 USY 和 HY 分子筛为催化剂，向 1，3，5-TIPB 中添加苯乙烯和 1，1- 二苯乙烯后，1，3，5-TIPB 的转化率分别提高了 5 个单位和 13 个单位，而添加三苯乙烯后，1，3，5-TIPB 的转化率没有明显的提高。从表 5-2 不同物质的分子尺寸可知，苯乙烯和 1，1- 二苯乙烯可以进入 Y 型分子筛的孔道内部，生成的较稳定碳正离子可以传递到分子筛晶体（孔道）外部，促进 1，3，5-TIPB 的裂化；而三苯乙烯不能进入晶体（孔道）内部，只能在分子筛的外表面产生数量有限的正碳离子，对该反应的影响不大。这一实验进一步证明了正碳离子对重油大分子催化裂化转化具有积极作用。

表 5-2　不同化合物的分子尺寸

化合物	$X\times Y\times Z$，Å × Å × Å	$X\times Y\times Z$（修正值），Å × Å × Å
1，3，5- 三异丙基苯	0.798 × 0.764 × 0.435	0.956 × 0.922 × 0.593
苯乙烯	0.693 × 0.511 × 0.000	0.851 × 0.669 × 0.158
1，1- 二苯乙烯	0.936 × 0.540 × 0.302	1.094 × 0.698 × 0.460
1，1，2- 三苯乙烯	1.152 × 0.813 × 0.361	1.310 × 0.971 × 0.519

同时采用模型化合物1，3，5-三异丙基苯，以正硅酸乙酯外表面酸性修饰前后的HY分子筛为催化剂，向1，3，5-TIPB添加入烯丙基氯，添加量占1，3，5-TIPB的1%（质量分数），考察其对1，3，5-TIPB催化裂化反应的促进作用。

由表5-3数据所示可以看出，以外表面酸性位修饰前的HY分子筛为催化剂，向1，3，5-TIPB中添加烯丙基氯，1，3，5-TIPB的转化率提高了10个单位；而以外表面酸性修饰后的HY分子筛为催化剂，纯的1，3，5-TIPB的转化率为0，由于1，3，5-TIPB只可以在分子筛外表面发生催化裂化反应，因此1，3，5-TIPB在外表面酸性完全覆盖的HY分子筛上没有任何反应，而向1，3，5-TIPB添加入正碳离子前驱体化合物——烯丙基氯后，转化率提高到4%，说明1，3，5-TIPB在外表面酸性完全覆盖的HY分子筛上发生了部分裂化，这一现象可以有两种解释：一种是正碳离子前驱体化合物——烯丙基氯在分子筛晶体内部生成了稳定正碳离子——烯丙基正碳离子，然后传递到分子筛晶体外部，促进了1，3，5-TIPB的裂化反应；另一种是烯丙基氯发生分解直接生成正碳离子，进而促进了1，3，5-TIPB的裂化反应，但是无论哪种解释都可以推断正碳离子在气相中是存在的，因此，也就从侧面证明催化裂化反应中正碳离子“晶内产生，晶外传递、表面裂解”的设想是成立的。

表5-3　外表面修饰前后的HY上添加烯丙基氯对1，3，5-TIPB转化率的影响

转化率	HY	HY’a
1，3，5-TIPB转化率，%（质量分数）	29	0
1，3，5-TIPB转化率，%（质量分数） （添加烯丙基氯）	39	4

注：裂化反应温度为150℃。

2）应用前景

正碳离子“晶内产生、晶外传递、表面裂解”重油转化新观点，初步证明了正碳离子对大分子物质的转化作用，丰富了催化裂化研究机理，深入了对催化裂化反应的认识，为改性离子定位与定量自主控制技术、分子筛晶胞梯度分布与氢转移活性控制技术、重油高效转化系列催化剂以及低生焦系列催化剂的开发奠定了坚实的理论基础。

2. 重油高效转化催化剂技术

我国石油资源重质化、劣质化的发展趋势决定了炼油工业必须走深加工的路线，催化裂化作为重油二次加工的主要技术手段，其重油转化能力和高附加值目的产品收率是催化裂化催化剂研究领域的永恒主题。我国催化裂化催化剂在渣油裂化能力和抗重金属污染等方面均已达到或超过国外催化剂水平。但是由于各个炼厂在炼油工艺、原料油性质和高附加值目的产品收率等方面存在明显的差异，对催化裂化催化剂重油转化能力和产品收率提出了更高的要求。

催化裂化催化剂一般由基质材料、黏结剂和分子筛材料组成，其中分子筛材料提供了重油高效转化所需的大部分活性中心，基质材料为大的油气分子提供了快速扩散的孔道结构。原有催化剂存在着载体与活性组分的分散均匀度差、分子筛活性的有效利用率低、二次孔道不发达、缺少适合重油高效转化所需的中大孔结构等缺陷，需要研究开发拥有自主知识产权的重油高效转化催化裂化催化剂制备技术和产品，以满足原油重质化、劣质化发展趋势和炼厂差异化的生产需求。

该系列催化剂着重进行了高活性稳定性超稳Y型分子筛、新型多孔基质材料和催化剂制备工艺研究，显著改善了催化剂裂化活性稳定性和中大孔孔道结构，同时提高了催化剂生产效率，降低了催化剂生产过程的能耗和水耗。所开发的LDO-75、LDO-75Q和LDO-75SL系列催化剂已在国内18套、国外2套工业装置成功实现工业应用，满足了炼厂重油高效转化等实际生产需求。工业应用结果显示，该催化剂可普遍提高目的产品收率1个百分点；其中LDO-75SL催化剂首次进入美国高端市场，工业应用结果表明，与国外催化剂相比，使用LDO-75SL催化剂后，装置总液收（体积分数）提高2~3个百分点，表明该催化剂综合性能达到国际先进水平。

1）主要技术进展

该系列催化剂以重油高效转化新观点为指导，从催化裂化正碳离子反应机理出发，对分子筛材料、基质材料和催化剂制备工艺进行了系统研究：

（1）Y型分子筛是催化裂化催化剂活性中心的主要提供者，围绕如何提高Y型分子筛的裂化活性和活性稳定性，国内外相关研究机构进行了大量的研究工作。较为一致的观点是在分子筛稀土改性过程中使稀土离子尽可能多地定位方钠石笼，从而抑制蒸汽老化过程中分子筛骨架脱铝，提高分子筛骨架结构稳定性和活性稳定性。例如专利ZL200410058089.3、ZL200410058090.6、ZL200410058089.3、ZL97122039.5、ZL02103909.7、CN200410029875.0介绍了Y型分子筛改性技术或Y型分子筛改性技术在催化裂化催化剂中的应用，都对Y型分子筛性能做了部分改善，使得催化剂裂化性能得到部分提升，但没有对分子筛稀土交换过程中稀土离子定位进行说明，更没有系统研究稀土离子定位对催化剂活性稳定性的作用规律。本项目围绕降低稀土离子交换过程阻力，从提高NaY分子筛分散度和控制稀土元素以离子形态存在两个方面入手，发明了NaY分子筛选择性离子交换新技术，实现了稀土离子的定向迁移，所开发的新型分子筛95%（质量分数）以上的稀土离子定位于分子筛的方钠石笼中，显著提高了分子筛的活性稳定性和结构稳定性，奠定了重油高效转化的技术平台。

（2）基质材料提供了油气大分子扩散所需的中大孔结构，该系列催化剂通过对基质材料孔结构与反应性能的关联研究，开发了两种多孔基质材料，其性能均优于原有基质材料，显著提高了催化剂中大孔比例，为油气分子的快速扩散提供了基础条件。

（3）在分子筛和基质材料研究的基础上，开发了清洁高效的催化裂化催化剂制备工艺，形成了拟薄水铝石超浅度酸化催化剂制备关键技术，将催化剂浆液固含量从30%提高至34%，无机酸用量降低50%，提高了催化剂生产效率，降低了能耗和水耗，减少了酸性气体的排放。

在上述技术基础上，针对用户差异化生产需求，形成了LDO-75、LDO-75Q和LDO-75SL 3个催化剂制备方案，满足了炼厂实际生产需求。该项目开发的催化剂已成功推广至20套工业装置，其中国内18套，国外2套，典型应用结果如下：

大连石化公司350×10^4t/a催化装置工业应用结果：使用LDO-75催化剂，干气产率有所降低，焦炭产率基本不变，油浆产率保持在9%以下，总液收接近80%。在催化剂单耗与空白期相当的条件下，总液收提高1.5%，汽油烯烃含量基本保持在40%以下。LDO-75催化剂对干气及焦炭选择性非常好。LDO-75催化剂对产品质量及装置操作均未发现有显著不良影响。

呼和浩特石化公司 90×10^4t/a 催化装置工业应用结果：与使用 CDOS-P 催化剂相比，LDO-75 催化剂使用后，干气产率降低 1.36%，液化气产率降低 2.16%，总轻油收率（汽油 + 柴油）提高 2.72%，总液收（液化气 + 汽油 + 柴油）提高 0.55%。

美国某炼厂应用结果表明：与装置在用的国外催化剂相比，使用 LDO-75SL 催化剂后，装置总液收（体积分数）提高 2~3 个百分点，综合性能优于对比剂，满足装置实际生产需求。

2）应用前景

该系列催化剂适用于催化原料性质恶劣、要求重油高效转化的催化裂化装置。通过催化剂方案的适当调整，可以满足各个裂化装置的差异化实际生产需求；该系列催化剂也可以作为主剂与其他功能性助剂进行复合搭配使用，操作灵活，效益显著，具有良好的应用推广前景。

3. 提高催化汽油辛烷值催化剂技术

根据车用汽油国家新标准要求，与国Ⅳ汽油质量标准比，国Ⅴ标准中硫含量从不大于 50μg/g 大幅降低为不大于 10μg/g，通过汽油加氢工艺降低汽油中的硫含量是中国炼油工业行之有效的方法。炼油企业应尽最大努力弥补超低硫化的辛烷值损失。我国催化裂化汽油占车用汽油总量的 75% 左右，因此，提高催化裂化汽油的辛烷值是提高成品汽油辛烷值的关键。

催化裂化反应过程中，主要发生大分子裂化为小分子的裂化反应和被催化剂酸性中心活化的反应物分子间的氢转移反应。在催化裂化反应过程中异构化和芳构化反应有利于提高汽油辛烷值；而氢转移反应降低了汽油烯烃含量，不利于提高催化裂化汽油辛烷值。因此，在高辛烷值专用催化裂化催化剂的设计中应当减弱氢转移反应的发生，增强催化剂异构化和芳构化的能力。

基于提高汽油辛烷值及重油高效转化的需求，提出了以下开发思路：ZSM-5 分子筛是催化剂中提高汽油辛烷值和生产低碳烯烃的主要组分，但是 ZSM-5 的引入会导致催化剂磨损指数的增加，采用小粒径高活性稳定性的 ZSM-5 分子筛，有效降低催化剂的磨损指数，提高 ZSM-5 分子筛使用效率，实现采用较低的 ZSM-5 含量提高催化汽油辛烷值的目的；低晶胞 Y 型超稳分子筛可在一定程度上抑制裂化过程中氢转移反应的发生，汽油的烯烃度提高，汽油的辛烷值可以显著提高，但会影响重油转化能力和催化汽油产率，通过开发一种新型高分散、高稳定性稀土超稳 Y 型分子筛，控制其晶胞尺寸，达到氢转移 / 裂化反应的合理配比，实现提高汽油辛烷值、保持重油裂化和优化产品分布的综合性能；通过大孔活性基质材料的开发并结合催化剂制备工艺技术，改善催化剂孔道结构，加强基质对原料的预裂化和油气分子的扩散，提高催化剂的综合反应性能和重油转化能力。在上述技术方案的基础上，中国石油开发了 LDR 和 LOG 等系列提高催化汽油辛烷值的重油催化裂化催化剂产品。

1）主要技术进展

中国石油基于对提高催化裂化催化剂汽油辛烷值的认识，先后开发了小颗粒 ZSM-5 分子筛制备及改性技术和高分散、高稳定性稀土超稳 Y 型分子筛制备技术两个平台技术。其中一种高辛烷值高丙烯产率的小颗粒 ZSM-5 分子筛制备及改性技术实现了 ZSM-5 分子筛平均粒径从 5μm 降至 2μm，相同水热条件处理后的活性保留率提高了 33.9 个百分点，相同 ZSM-5 含量条件下汽油辛烷值提高了 0.83 个单位，增加了择形分子筛的反应效率；与常规改性方法相比，该技术的实施大幅提高了 ZSM-5 分子筛的活性稳定性和丙烯选择性。采用该技术改性 ZSM-5 分子筛 17h 微反活性与未改性分子筛相比提高 100% 以上。而采用新技术制备的高分散、高稳定性稀土超稳 Y 型分子筛，与现有同类型分子筛相比，新型分子筛的 D（0.9）粒径降低 40.3%，热崩塌温度提高 15℃，蒸汽老化后的结晶度保留率提高 8 个百分点，分子筛的分散性和稳定性大大改善，反应性能得到大幅度提升。

在这两个平台技术的基础上，中国石油开发了提高催化汽油辛烷值的重油催化裂化催化剂，并根据不同原料和装置形成了 LDR 和 LOG 两个系列产品，在工业装置上显示出了良好的效果，整体技术达到国内领先水平。以下为两个系列催化剂的典型应用结果。

LDR-100 催化剂在广西东油沥青有限公司 50×10^4t/a 重催装置应用以后，较好地解决了催化汽油辛烷值较低和剂耗较高的问题，催化汽油辛烷值（RON）由 89.3 上升至 92.4，增加了 3.1 个单位，油浆产率由 3.34%（质量分数）降至 2.70%（质量分数），降低了 0.64 个百分点，干气 + 损失由 3.52%（质量分数）降至 2.76%（质量分数），降低了 0.76 个百分点，总液收增加了 0.42 个百分点，剂耗也由 2.2kg/t 原料降至 1.8kg/t 原料，使用该催化剂仅一年多共新增经济效益达到 5541.77 万元。

LDR-100 催化剂在锦西石化 180×10^4t/a 重催装置应用以后，催化汽油辛烷值（RON）提高 2 个单位以上，总液收增加 0.89 个百分点，每年可新增经济效益 20363.4 万元。

LOG-93 是针对广西东油沥青有限公司进一步提高汽油辛烷值的需求而开发的专用催化剂，该催化剂在广西东油沥青有限公司 50×10^4t/a 重催装置应用以后，在产品分布略有改善的条件下，催化汽油辛烷值（RON）进一步提高至了 93.0 左右。

LDR-100HRB 催化剂在中国石油哈尔滨石化公司 60×10^4t/a 催化装置应用以后，干气产率降低 0.38 个百分点；油浆产率降低 0.67 个百分点，焦炭产率降低 0.58 个百分点，丙烯产率增加 0.42 个百分点；总液收增加 1.63 个百分点，汽油马达法辛烷值和研究法辛烷值分别增加 1.5 个单位和 1.3 个单位。

提高催化汽油辛烷值系列催化剂已经相继在中国石油哈尔滨石化公司、中国海油惠州炼化公司、广西东油沥青有限公司、中国石油锦西石化公司、中国石油独山子石化公司等炼厂得到规模化推广和工业应用。同时，该项目催化剂也成功通过了国外公司组织的对比测试和评价，已出口至国外某炼厂进行工业应用。

2）应用前景

提高汽油辛烷值催化剂技术带动了国内催化裂化催化剂研究、生产、应用等领域的整体技术进步，在油品质量升级、炼油化工一体化以及环境保护等方面产生了巨大的社会意义。该技术经过适当调整可形成系列产品，适用于要求提高催化汽油辛烷值的各类催化裂化工艺装置，为企业及中国国Ⅴ和国Ⅵ汽油升级提供技术支持，具有广阔的市场推广及应用前景。

4. 高轻质油收率催化剂技术

随着国民经济的快速发展，轻质油（汽油 + 柴油）需求量逐年递增，我国催化裂化装置是生产汽油和柴油的主要装置，分别约占汽油池的 75%，柴油池的 35%。催化剂作为催化裂化的核心技术，成为提高轻质油收率最快捷有效的手段。针对此需求，以催化裂化

“平行—顺序反应”和“气—固非均相反应”理论为指导，通过强化扩散，降低轻质油中间产物脱附阻力，酸性调控，控制催化裂化反应深度，从而达到提高催化裂化装置轻质油收率的目的。通过技术创新和集成，中国石油开发了高轻质油收率催化裂化催化剂 LDO-70 和 LDC-100。

该催化剂具有制备工艺稳定、过程可控、操作简单、产品质量稳定、性能优良等特点，已成为中国石油 FCC 催化剂的拳头产品，截至 2015 年 12 月底，已累计生产销售 6 万余吨，具有原料适应性强、焦炭产率低、轻质油选择性好的特点，可以适应渣油 / 蜡油加工装置，提高装置高附加值产品轻质油的收率，同时可以满足增产丙烯、降低汽油硫含量等个性化需求，实现催化裂化装置的效益最大化。

1）主要技术进展

中国石油经过多年攻关，发明了分子筛分散改性技术、分子筛酸性调变技术和低活性大孔基质材料制备技术等。在这些创新技术基础上成功开发了高轻质油收率的重油催化裂化催化剂，并形成了 LDO-70 和 LDC-100 两个牌号的催化剂。创新技术和高轻质油收率催化剂相继在兰州石化批量工业生产。

LDO-70 催化剂在乌鲁木齐石化 120×10^4t/a 催化裂化装置工业应用试验表明，在原料性质与掺渣比基本相同条件下，与空白标定相比，催化裂化装置轻质油收率增加 1.05 个百分点，总液收增加 1.19 个百分点，油浆收率降低 0.35 个百分点，焦炭和干气收率降低 0.87 个百分点，丙烯收率（对原料）增加 1.1 个百分点，汽油辛烷值增加 1.1 个单位，整体性能达到国内领先水平。

鉴于其良好的性能，该催化剂已在乌鲁木齐石化、兰州石化、大港石化、辽河石化、宁夏石化、茂名石化等 10 余套装置推广应用，轻质油收率普遍提高 1 个百分点以上，取得了巨大的经济效益，仅为乌鲁木齐石化公司年增效 8995.6 万元。

2）应用前景

随着人们生活水平的不断提高，对轻质油（汽油和柴油）的表观消费量与日俱增，原油资源的劣质化趋势更是加剧了轻质油的供需矛盾。同时在炼油利润的趋势下，短期内国内炼油产能仍会出现快速增长，截至 2016 年 6 月底，国内炼油装置一次加工总产能为 7.69×10^8t/a，较 2015 年提高 2.8%。催化裂化装置仍是我国生产汽油和柴油的主要装置，总计达到 180 套，催化裂化加工能力达到 1.8×10^8t/a，与原油一次加工能力之比达 30%。中国石油拥有催化裂化装置 42 套，加工能力近 6000×10^4t/a。催化剂作为催化裂化的核心技术，是影响产品选择性的主要因素之一，因此，高轻质油收率重油催化裂化催化剂作为解决我国轻质油供需矛盾、提高炼厂经济效益的关键技术，具有广阔的市场应用前景。

5. 增产低碳烯烃催化剂技术

随着我国化工行业产品精细化的发展、资源利用率的提高，乙烯、丙烯和丁烯等低碳烯烃的综合利用越来越受到人们的关注。乙烯和丙烯主要来源于蒸汽裂解，世界上约 70% 的丙烯来自蒸汽裂解生产乙烯的副产品，约 28% 来自炼油厂催化裂化装置，其余约 2% 由丙烷脱氢和易位反应得到。在我国，催化裂化与一次加工能力之比达 38%，生产了 75% 汽油、35% 柴油、近 40% 丙烯。来源于乙烯装置和炼油企业的碳四烃主要作为民用液化气使用或直接作为工业燃料，利用率不到 40%，而发达国家对于碳四轻烃的利用率已达到 80%。

通过催化裂化过程获得尽可能多的低碳烯烃是一条经济有效的途径，为此，研究开发出 LIP 增产低碳烯烃系列催化剂。

1）主要技术进展

LIP 系列催化剂通过对择形分子筛的复合改性，提高了择形分子筛将汽油中烯烃组分裂化为丙烯的能力，并改善异构化和芳构化能力，在降低汽油烯烃含量的同时，提高了汽油辛烷值并增产丙烯；通过对 Y 型分子筛的稀土复合改性，大大改善了对重油的转化能力同时很好地控制焦炭产率；采用基质改性专利技术，将催化剂孔体积大大提高，重油转化能力得到提升；催化剂表面的特殊氧化物“涂层”技术，有效地“阻隔”了重金属对催化剂活性组分的破坏，提高了催化剂抗金属污染能力，催化剂整体性能达到了国际先进水平。

多产液化气和丙烯催化剂 LIP-200、高抗金属污染多产丙烯催化剂 LIP-200B 和多产丙烯和汽油重油催化剂 LIP-300 可根据炼厂原料情况以及需求单独使用或者复配全白土助剂或者多产丙烯助剂等使用，最大限度地满足炼厂对重油转化、降低汽油烯烃含量、提高丙烯收率、提高汽油辛烷值等多方面的需求。LIP 系列催化剂实现工业化以来已经在国内 9 套催化裂化装置得到工业应用，取得了巨大的经济效益。

（1）LIP-200 催化剂。

与对比专用催化剂相比，液化气产率增加 1 个百分点，汽油辛烷值（RON）提高 0.5 个单位。

（2）LIP-200B 催化剂。

与对比降烯烃催化剂相比，在平衡剂钒含量为 15000μg/g 的条件下，丙烯收率增加 1 个百分点，汽油辛烷值（RON）提高 0.5 个单位。

（3）LIP-300 催化剂。

与对比催化剂相比，在总液收不降低和汽油烯烃含量不增加的前提下，丙烯收率增加 0.8 个百分点，汽油辛烷值（RON）提高 0.5 个单位。

2）应用前景

多套工业装置应用表明，LIP 系列催化剂具有重油高效转化、多产丙烯、显著降烯烃以及增加汽油辛烷值等特点，已产生了明显的经济效益和社会效益。综合评价表明，LIP 催化剂的综合性能优于国外先进的多产丙烯重油催化剂，引起了部分国外炼油企业的关注。而且，随着国内外炼油企业清洁汽油生产与多产丙烯和重油转化矛盾的日益突出，将得到更为广泛的应用。经过多家国外炼油企业的评价，LIP 系列催化剂已经具有了国际竞争力，对中国石油催化裂化催化剂向国际市场的推广具有十分重要的意义。

6. 原位晶化催化剂技术

面对石油资源重质化和劣质化程度加剧的严峻挑战，开发高性能重油高效转化催化裂化催化剂对我国提高资源利用率意义重大。针对现有催化剂无法满足市场和高性能的需求，尤其是钒镍重金属含量达 20000μg/g 时将严重影响生产装置经济效益的问题，以中国石油专有的原位晶化催化剂制备技术为基础，通过高分子筛含量的晶化微球制备技术，催化剂微球超稳化和捕集重金属技术的集成，设计开发了一种在重金属污染条件下保持高性能的原位晶化催化剂。

采用新的催化剂微球制备技术和水热合成技术，可以得到结晶度 35%、硅铝比大于

4.6的原位晶化产物，并具有工艺稳定、重复性好的特点。该催化剂（LB-7）于2012年在兰州石化公司催化剂厂完成工业试生产，工艺稳定，产品质量满足要求。与LB-5催化剂相比，在金属污染的条件下，LB-7催化剂的重油产率降低1个百分点，目的产品收率提高1个百分点，显示了优良的反应性能。与代表国际先进水平的converter催化剂相比，在催化剂钒含量8000μg/g、镍含量5000μg/g的条件下，LB-7催化剂的微反活性提高7个单位，总液收增加1.69个百分点，显示出优异的抗金属污染和重油转化能力。同时该技术以环保的高岭土为原料制备，制备工艺得到优化，降污减排效果显著，具有良好的经济效益和社会效益。

1）主要技术进展

高抗重金属原位晶化催化剂LB-7是在中国石油专有的原位晶化催化剂制备技术基础上开发的。它采用高岭土为主要原料，通过在喷雾过程中采用内加硅源和高分散技术，调变高岭土相变温度和水热合成体系的配比，高效合成了结晶度为35%、硅铝比大于4.6的晶化微球。较现有配方结晶度提高了5~7个单位，为制备高性能重油转化催化剂奠定了坚实的基础。

由于原位晶化催化剂氧化钠降低难度大，造成现有工艺降钠过程铵盐用量大、改性元素用量大且分布不合理，制约了该类催化剂的可持续发展，为此，开发了晶化微球的交换环境清洁技术，使得改性元素利用率提高30%，铵盐用量降低40%，形成了清洁、环保型的后改性制备技术。并采用水热超稳和微球捕集重金属技术，改善了催化剂焦炭选择性，研制出新一代的高抗重金属污染的原位晶化催化剂LB-7。

本研究所开发的高抗重金属原位晶化催化剂制备技术具有较强的创新性，申请了12项中国发明专利，认定中国石油集团公司技术秘密2件，知识产权归中国石油所有。

LB-7催化剂开发成功，是原位晶化催化剂重要里程碑，不但拓宽了该类催化剂的种类，而且提升了催化裂化催化剂整体竞争力，具有很好的应用前景。

2）应用前景

本技术开发的LB-7催化剂采用天然环保的高岭土为原料，与传统合成化工原料法制备的催化裂化（FCC）催化剂相比，原材料的单耗和可比能耗分别下降了40%和46%。对增强催化剂产品的国际竞争力、提高石油资源综合利用率、减少环境污染和资源消耗、实施可持续发展、保障国家能源安全发挥了重要的作用。

所开发的催化剂平均可提高催化裂化装置目的产品收率1个百分点以上，性能优于国际先进水平的重油转化催化剂，而售价不到其50%。已在炼厂取得了明显的经济效益。新型原位晶化催化剂制备技术的开发构筑了我国自主创新的重油高效转化催化剂研发平台，为使国外催化剂在国内市场占有率降低到10%以下做出了重要贡献，是我国重油催化裂化技术达到国际先进水平的标志之一。

7. 引入结构缺陷的Y型分子筛晶内造孔方法

传统水热脱铝补硅改性得到的超稳Y型分子筛骨架中介孔少，而且分布不均匀。增加超稳Y型分子筛骨架中介孔体积的常规方式是增加骨架脱铝程度，如增加水热处理次数、提高水热处理温度等。这些方法虽然能够使产品分子筛骨架中的介孔体积增加，但是同时会导致产品酸量的显著下降。相比之下，采用NaOH溶液对起始NaY分子筛进行适当的骨架脱硅预处理，然后再用传统水热脱铝补硅方法对其进行结构超稳化处理，在同等骨架脱铝水平下，能明显提高产品的介孔体积，显著改善介孔在分子筛骨架中的分布，且介孔之间、介孔与晶粒外表面之间的连通性也得以改善。与此同时，所得产品微孔保留度高，产品酸量也与直接脱铝补硅改性产品的酸量在同等水平。

1）主要技术进展

采用传统水热脱铝方法制备得到的 USY 分子筛的骨架硅铝比为 7.9（XRD），其介孔体积为 0.15cm^3/g。大部分采用先碱处理、再水热处理方式改性得到的 USYA 产品的骨架硅铝比（XRD）都在 7.9~8.4 之间，其介孔体积均在 0.19cm^3/g 以上，最高达到 0.25cm^3/g，增幅达到 67%。这种介孔体积增加方式的微孔保留度高，所有 USY$_A$（即经由碱处理—水热处理路线得到的 USY 分子筛）样品的微孔体积都依然维持在 0.3cm^3/g 甚至以上的高位。除此之外，联合采用碱处理、水热处理改性还可实现在较大孔径范围内调变产品的介孔孔径分布。

碱处理过程中，NaY 分子筛骨架中的 Si（0Al）和 Si（1Al）结构单元的硅被选择性地从骨架中抽提，因此，产生包含一个或多个骨架铝羟基的“独特羟基窝”。在水热处理过程中，这种“独特羟基窝”具有不可修复性（两个或两个以上 T 空位难以同时被修复）。由于缺陷的不可修复性是水热脱铝过程中介孔得以形成的基础，因此，这些因碱处理而产生的“独特羟基窝”在水热过程中扮演了“诱因”和“媒介”的双重作用：作为介孔形成的“诱因”促使该“独特羟基窝本身”进一步扩展，发展成独立的介孔；作为“媒介”，促进了介孔间的合并、连通，如图 5-2 所示。另外，这些碱处理缺陷所在的部位曾经是 NaY 分子筛骨架结构中最稳定的区域。现在介孔、缺陷也在此产生，最终的产品分子筛骨架中介孔遍布也在情理之中。

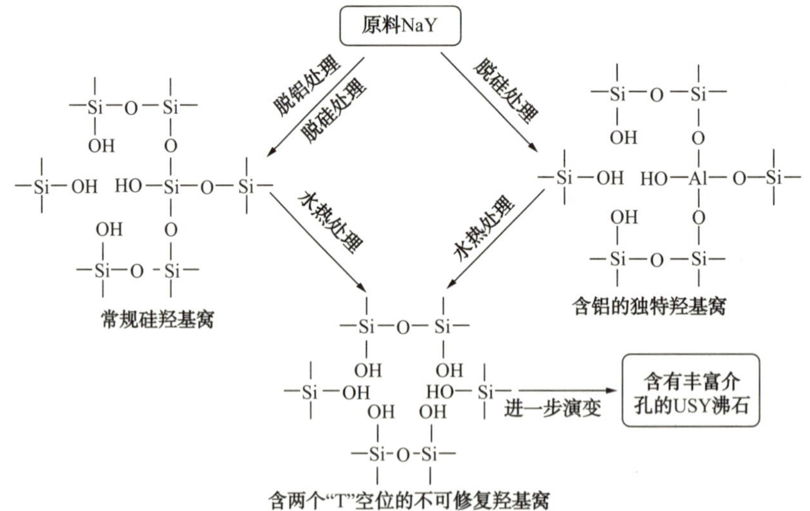

图 5-2 普通羟基窝、含铝羟基的独特羟基窝及含两个“T”空位的不可修复羟基窝的产生及其在水热过程中的进一步演变示意图

传统氟硅酸铵脱铝补硅方法改性 Y 型分子筛得到的产品以骨架表面富硅而著称。导致这一结果的原因是氟硅酸铵脱铝补硅这一化学反应受扩散控制。受限于 Y 型分子筛骨架中微孔效率低下的内扩散，反应物分子多聚集并作用于分子筛晶粒表层，结果一方面造成表层局部过度脱铝，另一方面又导致大量硅物质在分子筛表面沉积。实验证明，单独采用

氟硅酸铵脱铝补硅改性得到的 FSY-2-2 产品的表面、体相、骨架硅铝摩尔比分别为 22.8、9.6 和 8.2，产品分子筛表面严重富硅。用 NaOH 溶液对起始 NaY 分子筛进行适当的骨架脱硅预处理，然后再用常规氟硅酸铵脱铝补硅方法对其进一步进行骨架富硅化处理，能显著改善产品分子筛骨架中的硅铝分布。XPS、XRF 以及 XRD 表征证实，采用上述方法改性得到的 FS-ATY-2-2 产品的表面、体相、骨架硅铝摩尔比分别为 7.6、8.7 和 8.1，表明硅铝元素在这种分子筛中的分布几近均匀。

由于碱处理能选择性地将部分硅脱除骨架，碱处理后，NaY 分子筛骨架中产生了大大小小的结构缺陷。它们的出现，在很大程度上改善了 Y 型分子筛的晶内扩散效率，使氟硅酸铵的水解产物能快速地扩散到分子筛骨架内部，有效降低了反应物的浓度梯度，避免了表面局部过渡脱铝以及硅物质在分子筛表面的沉积。使氟硅酸铵脱铝补硅改性的产品不在表面富硅。此外，由于碱处理留下的结构缺陷在氟硅酸铵脱铝补硅过程中同样具有不可修复性，可在缓和的脱铝条件下将介孔引入到产品分子筛的骨架，改变了氟硅酸铵脱铝补硅产品骨架中没有或者很少含有介孔的现状。

以 1，3，5- 三异丙基苯为模型化合物的催化裂化性能评价实验表明，采用“碱处理 + 水热脱铝补硅”新方法改性得到的产品较之直接水热脱铝补硅改性的产品，以及采用“碱处理 + 氟硅酸铵脱铝补硅”新方法改性得到的产品与直接氟硅酸铵脱铝补硅改性得到的产品相比，都具有较高的裂化活性和较好的活性稳定性。相同条件下，当 USY 分子筛的 1，3，5- 三异丙基苯转化率降至 84% 时，USY_A 分子筛的转化率依然在 90% 以上；而在另一相同的反应条件下，当 FSY 分子筛的 1，3，5- 三异丙基苯转化率从 96% 降至 76% 时，FS-ATY 分子筛的转化率只从 98% 降至 83%，失活速率明显趋缓。

“碱处理 + 水热脱铝补硅”以及“碱处理 + 氟硅酸铵脱铝补硅”两套 Y 型分子筛改性新方案的成功实施，说明碱处理同样可以用于 NaY 这种低骨架硅铝比分子筛的孔结构改性。这些新方法的出现同时也表明，虽然碱处理、水热处理、氟硅酸铵脱铝补硅等都只是非常普通的分子筛后改性方法，但是如果能够将它们合理地组合、搭配，就能形成功能强大的分子筛改性新技术。

有一种广泛存在的观点认为，对 NaY 分子筛实施碱处理不合适，主要是出于对骨架稳定性的担心。现在实验证明，经过碱处理的分子筛不仅稳定，而且性能良好。它独自拥有一般 NaY 分子筛所不具备的特点：碱处理在其骨架中留下脱硅产生的缺陷位。对于一个微孔分子筛骨架而言，这些缺陷位的出现不仅为后续改性或反应分子（如水分子）打通了一个通道，或许还存在局部结构不稳定性的因素，能够诱导后续介孔的形成。截至 2015 年底，这种“人造缺陷”只应用于 NaY 分子筛，但有理由相信，这种理念或许同样可以用于其他改性分子筛，为制备质高价廉的产品提供了一种方法。

2）应用前景

碱处理对 Y 型分子筛晶内造孔的新方法，不仅成本低廉，而且产品结构稳定，性能优异，并且这种理念同样可以用于其他分子筛。制造缺陷的方式不一定是碱处理，对于硅铝比较高的分子筛而言，它甚至可以是酸处理，根本的原则就是根据被处理对象的特点有针对性地设计、选好预处理手段，进而合理搭配改性手段，就能制造出质高价廉的产品，因而具有很好的应用前景。

8. 预置结构不稳定性因素的 Y 型分子筛晶内造孔方法

杂原子分子筛是骨架上的铝、硅等原子被其他原子取代的分子筛材料。引入杂原子后，分子筛的构型一般不会发生大的改变。但是，由于杂原子在电负性、离子半径、配位性能、氧化还原特性等方面不同于 Si 和 Al，杂原子引入分子筛骨架后能调变分子筛的物化性能，例如改变分子筛的酸性、孔道大小等，进而改变分子筛的吸附性能、催化性能。

Y 型分子筛作为催化裂化催化剂的主活性组分被长期工业应用，但怎样在利用其微孔结构的稳定性 / 酸性等优势的同时，采用更加便利、简捷、不需要昂贵的有机模板剂的方法引入介孔仍然是一个挑战。基于此，申宝剑课题组提出了一种新的方法，在合成 NaY 分子筛的基础上，通过在分子筛骨架中引入不稳定位点，并以此为诱因，实现了分子筛结构的超稳化和生成更丰富介孔的优化组合。

1）主要技术进展

对含 Fe 分子筛而言，一方面由于 Fe—O 键键长（0.186nm）比 Al—O 键键长（0.175nm）长，当 Fe 原子取代 Al 原子进入 Y 型分子筛骨架时，势必引起结构扭曲，造成骨架畸变，从而降低结构稳定性；另一方面，Fe、Al、O 的电负性分别是 1.8、1.5、3.5，根据 Pauling 电负性原理，构成化学键的两个元素电负性差值越大化学键就越稳定，所以 Al—O 键的稳定性大于 Fe—O 键。因此，选择 Fe 作为不稳定元素引入 Y 型分子筛骨架中，在后续的水热处理过程中，利用杂原子 Fe 的这种不稳定性，联合脱 Fe 脱 Al 来制造丰富的介孔，增强催化剂活性中心的可接近性和反应物 / 产物的扩散性能，可望成为开发高性能催化材料的一种有效方法。

首先以水热法合成了含铁的 NaY 分子筛（命名为 Fe-NaY 分子筛），样品的 XRD 分析结果显示，分子筛的晶胞参数随着 Fe 含量的增大而增大，当分子筛 Fe 含量大于 1.72%（质量分数）时，晶胞参数几乎不再变化，这预示着骨架引入 Fe 存在最大值；合成的材料从外观上为白色粉末，但是当 Fe 含量超过 1.72%（质量分数）时，变为浅黄色，这从另一方面说明过多的铁并不能进入骨架，会以骨架外铁氧化的形式存在，也佐证了骨架引入 Fe 存在最大值。水热合成的 Fe-NaY 样品结晶度在 90% 以上，随着凝胶 Fe_2O_3/Al_2O_3 的减少，结晶度增加，晶粒分布均匀，粒径在 700~900nm 之间，N_2 物理吸附研究结果表明，Fe-NaY 样品的比表面积达 650~690m^2/g，微孔体积达 0.32~0.34cm^3/g。联合 UV-vis-DRS、UV Raman spectra、ESR、H_2-TPR、XPS 等表征证明了 Fe 以四配位与畸变的四配位两种形式存在于分子筛骨架中。同时，^{27}Al MAS NMR 表征结果显示，骨架 Fe 的引入导致 Fe-NaY 分子筛中扭曲骨架 Al 的增多。另外，DSC 分析结果表明，骨架 Fe 的引入降低了分子筛的热稳定性，这种现象为部分一级结构单元（铁氧四面体和部分受到影响的铝氧四面体或硅氧四面体）稳定性变差。

将 Fe-NaY 分子筛进行水热改性处理，得到一系列不同 Fe 含量的超稳 Y 型分子筛（USY_{Fe}）。研究发现，由普通的 NaY 出发采用传统水热脱铝方法制备所得分子筛（USY）的介孔体积一般只有 0.15cm^3/g，而所有采用先引入不稳定位 Fe 再水热处理得到的产品（USY_{Fe}）的介孔体积可达 0.21cm^3/g 以上，最高达到 0.23cm^3/g，最大增幅达 53%，如表 5-4 所示。而且这种增加介孔体积的方式并没有以微孔体积的显著下降为代价。并且脱铁的同时促使了骨架铁周围的铝更有效地脱除，使所得产品骨架中的介孔分布明显均匀化。三种不同 Fe 含量的 $USY_{Fe(1)}$、$USY_{Fe(2)}$ 以及 $USY_{Fe(3)}$ 分子筛的晶格崩塌温度分别为

1038℃、1040℃以及1046℃，较常规USY分子筛（1020℃）分别提高了18℃、20℃以及26℃，表现出了良好的热稳定性。同时研究发现，介孔的最可几直径可在9~17nm范围内调变。由于USY_{Fe}分子筛与USY分子筛相比显著改善了介孔结构，并且具有与USY分子筛相当的酸量，它表现出更高的催化裂化活性和更好的活性稳定性。相同催化裂化条件下，反应一段时间之后，当USY分子筛的1，3，5-三异丙基苯转化率降至77%时，USY_{Fe}分子筛的转化率依然在85%以上。

表5-4 各样品的比表面积、孔结构数据汇总

样品	总比表面积，m^2/g	外比表面积，m^2/g	总孔体积，cm^3/g	微孔体积，cm^3/g	介孔体积，cm^3/g
USY	613	73	0.42	0.27	0.15
$USY_{Fe(1)}$	586	88	0.45	0.24	0.21
$USY_{Fe(2)}$	592	84	0.46	0.25	0.21
$USY_{Fe(3)}$	531	118	0.43	0.20	0.23

以一种工业催化裂化原料油（VGO）为原料的ACE评价结果显示：以USY_{Fe}分子筛为活性组分制备的催化剂同USY分子筛为活性组分制备的催化剂相比，汽油收率明显提高，最高增幅可达3.4个百分点，柴油收率最高提高了0.8个百分点，而焦炭产率最高降低了1.3个百分点，这说明介孔的提高有利于裂化的中间产物（汽油）生成后能尽快扩散出来，减少了进一步裂化成LPG和干气的概率。这进一步说明了Fe诱导的USY分子筛介孔分布均匀且连通性好。

另外，研究者发现Fe-NaY分子筛在低于NaY水热处理温度（650℃）100℃条件下（550℃，2h）进行离子交换和水热处理后，得到的超稳化样品的硅铝比为13.6，介孔体积为0.15cm^3/g；而NaY分子筛经过相同条件的离子交换和较高温度的水热处理（650℃，2h）后得到的超稳化样品（硅铝比为14.6，介孔体积为0.15cm^3/g）相比，具有相似的超稳化水平。

通过N_2物理吸附、DFT计算、DSC、3D-TEM、^{129}Xe NMR、ESR、^{27}Al MAS NMR等表征手段研究了“不稳定Fe位”诱导下介孔的形成机理（图5-3）：一方面，骨架Fe的引入导致骨架畸变Al增多，从结构角度讲，这种现象为部分结构区域稳定性变差，进而降低了Y型分子筛的热稳定性，这有利于局部区域的骨架脱铝，进而诱导介孔的形成；另一方面，骨架铁不稳定，易在水热处理过程中脱出形成“结构缺陷”，这种“结构缺陷”在进一步的介孔形成过程中带动、促进其周边骨架结构的高温水解，从骨架脱铁开始，诱导骨架Fe周围的铝更有效地脱除。脱铁作为介孔形成的“诱因”促使“缺陷位”进一步扩展成介孔，“缺陷位”作为“媒介”促进了介孔间的合并和连通。

2）应用前景

以上两种对Y型分子筛晶内造孔的新方法，不仅成本低廉，而且产品结构稳定，性能优异。

碱处理形成“人造缺陷”不止应用于NaY分子筛，这种理念同样可以用于其他分子筛。制造缺陷的方式不一定是碱处理，对于硅铝比较高的分子筛而言，它甚至可以是酸处理，根本的原则就是根据被处理对象的特点有针对性地设计、选好预处理手段，进而合理搭配改性手段，就能造出质高价廉的产品。而不稳定因素 Fe 的引入与脱除作为介孔形成的“诱因”促使“缺陷位”进一步扩展成介孔，Fe 不稳定位作为“媒介”，促进了介孔间的合并、连通，相信这种作用同样适用于其他一些分子筛中。

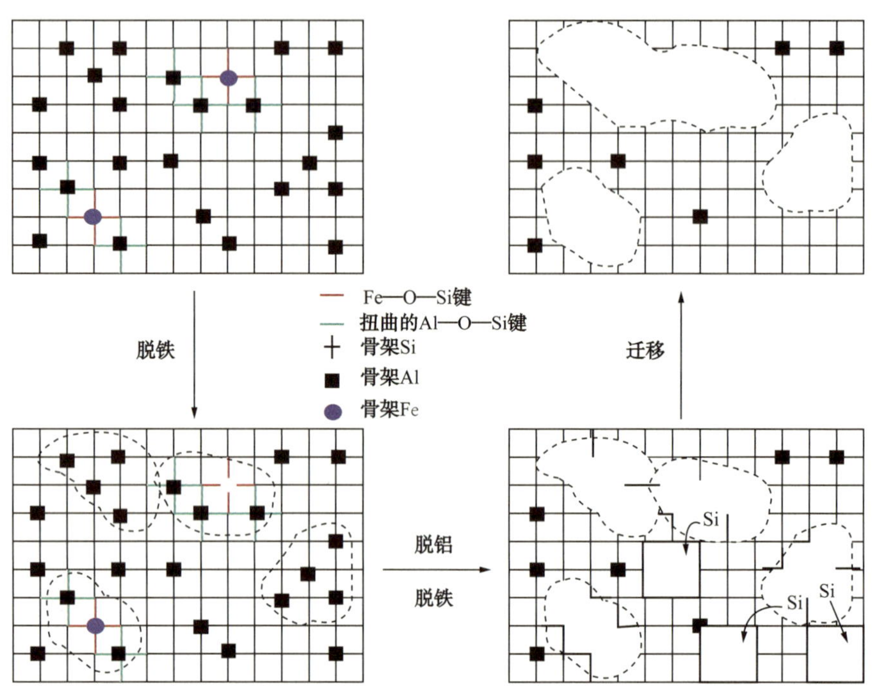

图 5-3　水热过程中的介孔形成机理图

二、加氢催化材料及催化剂

加氢技术是加工劣质原料（固定床渣油加氢）、实现油品清洁化（汽柴油加氢）的有效手段。所用催化剂主要是负载型贵金属 / 非贵金属催化剂，该类催化剂的关键技术包括载体和活性组分负载，主要沿用传统技术。值得一提的研究进展是一种铁基加氢催化剂技术的研究开发，以储量丰富、廉价易得且环境友好的铁作为主活性金属，以具备同样优点的锌作为助活性金属，制备得到了活性相对纯铁硫化物提高一个数量级的复合硫化物加氢催化剂，并研究了铁锌两种金属之间的协同作用，初步揭示了铁锌复合硫化物催化剂中锌提升铁硫化物加氢活性的机理。针对加氢改质 / 加氢裂化催化剂的现状，研发了新型超稳 Y 型酸性载体加氢催化剂技术，该技术改善了金属活性相的性质，减少或抑制非活性相的形成，从而有效提高了催化选择性。在柴油加氢精制催化剂的研发方面，针对已有载体技术中磷和钛引入方法面临的稳定性较差、比表面积较低等难题，提出了将具有磷（钛）活性中心和同时具有规整、稳定结构的磷铝 / 钛硅分子筛材料引入加氢催化剂载体的创新思路，发展了含磷、钛的微孔分子筛催化剂载体新技术，新载体的使用能够有效提高催化剂的加氢脱芳和加氢脱硫性能，该技术在超过 15 套大型柴油加氢精制工业装置获得大面积成功推广应用，获得省部级科技进步一等奖等多项奖项。微孔分子筛作为载体的组成部分在柴油加氢精制催化剂中的应用，开辟了加氢催化剂研究的新领域，为新型催化剂的开发与应用探索了新的方向。本节介绍了微孔分子筛在加氢催化剂中的应用及加氢裂化系列催化剂。

1. 含钛新型加氢催化剂载体

中国石油大学（北京）申宝剑课题组将钛硅分子筛 ETS–10 和磷铝分子筛 $AlPO_4$–5 这两个分子筛按一定比例，同时引入并均匀地固定在传统氧化铝载体中，得到的这种新型复合载体，既能保留传统氧化铝载体的高强度、热稳定性好及孔径分布适宜等优点，又具有磷、钛改性所有的独特优越性能，在柴油加氢深度精制中显示优越的催化性能。

1）主要技术进展

在发明 ETS–10 和 $AlPO_4$–5 分子筛合成新方法的基础上，成功制备了含钛硅分子筛 ETS–10 和氧化铝的复合载体（AETS），含磷铝分子筛 $AlPO_4$–5 和氧化铝的复合载体（AAP），以及含钛硅分子筛 ETS–10 和磷铝分子筛 $AlPO_4$–5 及氧化铝的复合载体（ATSP）。通过多种表征方法，发现采用水热法合成的钛硅分子筛 ETS–10 和磷铝分子筛 $AlPO_4$–5 具有较纯的晶相和较大的比表面积（分别为 $378m^2/g$ 和 $309m^2/g$）。ETS–10 晶体为削去顶端的双棱锥，而 $AlPO_4$–5 晶体为六角柱。Py–IR 表征结果表明，$AlPO_4$–5 和铵交换的 ETS–10 表面大多为弱酸中心（L 酸中心），但也具有一定量酸性适中的 B 酸中心。ETS–10 和 $AlPO_4$–5 均具有很好的热稳定性（骨架崩塌温度分别为 978K 与 1276K）和较好的水热稳定性（在 823K 用 100% 蒸汽处理 12h，骨架仍未完全崩塌，相对结晶保留度分别为 51% 和 96%），适宜作为加氢精制催化剂载体的组分。

此外，镧改性的 ETS–10 热稳定性进一步提高，其晶格崩塌温度相对 ETS–10 原粉提高了 73K。镧改性的 ETS–10 水热稳定性也大大提高，在 873K 100% 蒸汽处理 2h 后，其相对结晶保留度仍有 73%。但是，ETS–10 原粉和铵交换的 ETS–10 的晶格则几乎全部崩塌。Py–IR 表征结果表明，镧改性的 ETS–10 酸性比铵交换的 ETS–10 酸性略微有所增强。正十六烷的裂化实验结果表明，镧改性的 ETS–10 对正十六烷的转化率仅比铵交换的 ETS–10 提高约 3%。

对于加氢催化剂，活性金属氧化钨在 ETS–10 原粉、经一次铵交换的 ETS–10 和经两次铵交换的 ETS–10 上的还原峰相应地移向高温。这可能是由于 ETS–10 骨架上钠钾具有较强的给电子能力，可以增加钨物种中心的电子密度，在一定程度上促进其还原。采用差示扫描量热法表征了镍钨与纯氧化铝载体和含 ETS–10 复合载体的相互作用，结果表明，钨与载体相互作用产生晶相转变的温度由于钛硅分子筛 ETS–10 的引入，提高了 145K。

对不同 ETS–10 分子筛含量的复合载体制备的催化剂进行物化性质表征以及含硫模型化合物［二苯并噻吩（DBT）或 4，6– 二甲基二苯并噻吩（4，6–DMDBT）］的加氢微反评价。如图 5–4 所示，含有适量 ETS–10 分子筛的复合载体，在一定程度上避免了传统二氧化钛带来的比表面积小（$12m^2/g$）的不足，能够有效地抑制镍铝尖晶石的生成（经紫外—可见漫反射光谱表征证明），促进钨物种以多核聚钨酸的 WO_3 形式存在（经激光拉曼光谱表征证明），更有利于镍和钨匹配，发

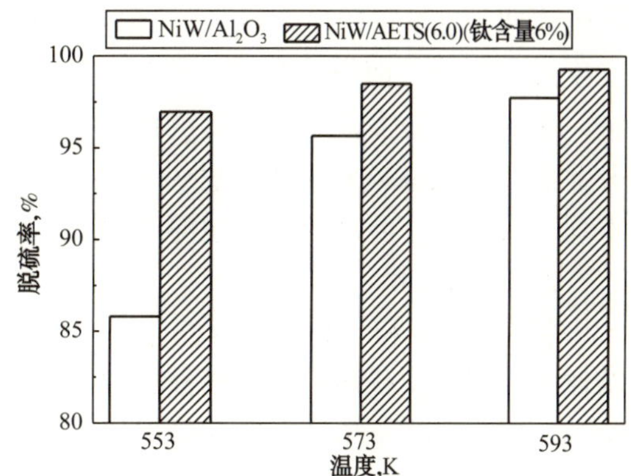

图 5–4 不同反应温度下 NiW/Al_2O_3 和 NiW/AETS（6.0）对二苯并噻吩的加氢脱硫反应转化率的对比

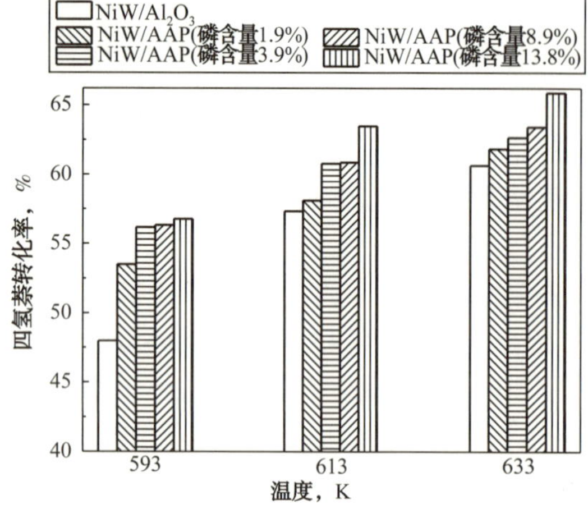

图 5-5 不同反应温度一系列 NiW/AAP 催化剂对四氢萘加氢的反应转化率

挥协同作用，提高反应活性。4，6-DMDBT 的加氢微反评价结果表明，在用复合载体（AETS）制备的催化剂上，硫的脱除率比纯氧化铝载体催化剂提高 9%，比相应的二氧化钛改性的氧化铝载体催化剂提高 7%。

对不同 $AlPO_4$-5 分子筛含量的复合载体（AAP）制备的催化剂进行物化性质表征以及四氢萘的加氢微反评价发现，$AlPO_4$-5 与氧化铝间存在一定“界面效应”，并且含有适量 $AlPO_4$-5 分子筛的复合载体（AAP），在一定程度上避免了传统磷改性带来的比表面积损失和孔体积减小的不足，而且由于载体中“$AlPO_4$”结构的存在，能够有效抑制镍铝尖晶石的生成（经紫外—可见漫反射光谱表征证明），促进钨物种以多核聚钨酸的 WO_3 形式存在（经激光拉曼光谱表征证明），而且这种多核聚钨酸的 WO_3 经硫化后可能更容易形成多层的硫化物堆垛状结构，更有利于芳环大 π 键的吸附，从而提高对芳烃的加氢饱和能力。如图 5-5 所示，四氢萘的加氢微反评价结果表明，含 $AlPO_4$-5 的复合载体（AAP），以及含 $AlPO_4$-5 和 ETS-10 的复合载体（AETS）负载的镍钨加氢催化剂，均比相应的磷改性载体和纯氧化铝负载的镍钨催化剂的活性高。并且，对比以上不同催化剂体系的四氢萘转化率最高值可以看出，含 $AlPO_4$-5 和 ETS-10 的复合载体（AETS）负载型催化剂比纯氧化铝负载型催化剂、磷改性氧化铝负载型催化剂、磷改性的含 ETS-10 复合载体负载型催化剂的四氢萘转化率分别高约 7%、5%、4%。

将 ETS-10 和 $AlPO_4$-5 按适当比例引入氧化铝中制备的复合载体（AETS），具有一定量酸性适中的 B 酸中心，在一定程度上提高了具有空间位阻效应硫化物（例如 4，6-DMDBT 及其衍生物）的加氢脱硫反应活性。另外，其钛硅（TiO_6 和 SiO_4）和磷铝（$AlPO_4$）骨架结构能有效调变金属与载体之间的相互作用以及改善金属组分在复合载体上的分散，从而提高催化剂的加氢脱硫和芳烃加氢饱和反应活性。以柴油为原料的加氢反应评价表明，在 8.0MPa、633K、体积空速为 $1.0h^{-1}$、氢油体积比为 500 的操作条件下，没有发生过度裂化，能够得到硫含量为 2.7μg/g 和芳烃含量为 13.9%（体积分数）的清洁柴油。进一步的研究还发现，该类型的催化剂不仅具有优异的脱硫和脱芳烃功能，脱氮效果也十分显著。引入钛硅和磷铝两种分子筛制备复合载体，进而制备劣质柴油加氢精制催化剂，实现了硫、氮、芳烃的同步超深度脱除，而且催化剂活性稳定性非常优异。

2）应用前景

将 ETS-10 和 $AlPO_4$-5 两种分子筛引入氧化铝载体中，制备的催化剂在柴油深度加氢精制方面显示出优越的催化性能，其原因是该复合载体将具有促进脱硫功能的类锐钛矿结构的“TiO_6”单元和具有促进脱芳烃功能的“$AlPO_4$”结构，以及能够作为电子助剂的 Na 和 K，作为具有较高稳定性的钛硅和磷铝分子筛晶体的组成部分，以规整可控和稳定的方式引入催化剂载体。在载体上引入功能结构的同时还引入了具有分子筛特征的集中、规整的孔道结构，实现了不同载体组分之间的协同，有效地抑制了镍铝尖晶石的生成，促进镍和钨匹配与协同。促进传质的同时，调控了加氢金属活性相与载体的相互作用和堆垛结构，从而形成了基于高效规整结构载体的催化剂制备技术。开创了在柴油加氢精制催化剂载体中成功应用分子筛的先例，有力支撑了我国柴油的质量升级。

2. 加氢改质催化剂新型酸性载体的研究

加氢改质催化剂性质对于高品质柴油生产起着至关重要的作用。申宝剑课题组围绕加氢改质催化剂载体材料 USY 分子筛（超稳 Y 型分子筛）的元素改性和 NiW 负载型催化剂制备方法开展研究，采用现代表征方法，研究了改性对 USY 分子筛、相应催化剂性质的影响以及新催化剂制备方法对催化剂物性的改变，并利用模型化合物对催化剂选择性加氢开环性能或加氢脱硫性能进行评价，获得了催化剂物性改变与催化效果间的关系数据。

1）主要技术进展

通过金属锆对 USY 分子筛改性及其所制备催化剂的研究，发现锆改性后 USY 分子筛（Zr-USY）和 USY 分子筛相比，（表观）相对结晶度略微降低，总酸量、中强酸量和总 B/L 比值有所升高。如图 5-6 所示，以 Zr-USY 为酸性组分、氧化铝为载体负载 NiW 后制备的氧化态催化剂（NiW/Al_2O_3+Zr-USY）的总酸量、中强酸量以及总 B/L 比值高于用未改性 USY 分子筛制备的催化剂（NiW/Al_2O_3+USY）。硫化后的催化剂显示出略低的 Ni-W-S（II）金属活性中心比例以及略低的 WS_2 平均堆垛层数和稍短的 WS_2 平均粒径长度。

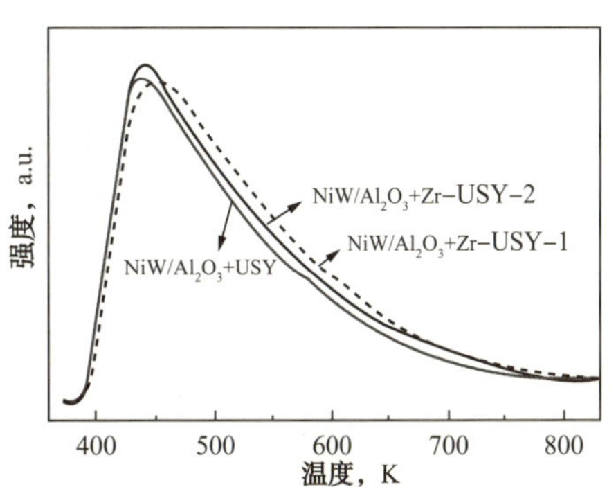

图 5-6 NiW/Al_2O_3+USY、NiW/Al_2O_3+Zr-USY-1 和 NiW/Al_2O_3+Zr-USY-2 的 NH_3-TPD 图谱

固定床加氢微反评价结果表明，在 NiW/Al_2O_3+Zr-USY 催化剂上四氢萘加氢开环产物收率［>40 %（质量分数）］明显高于对比催化剂 NiW/Al_2O_3+USY［>31.7%（质量分数）］。增加的加氢开环反应活性归因于 NiW/Al_2O_3+Zr-USY 催化剂上加氢金属中心 WS_2 和裂化酸性中心间相互作用，避免酸量增加和 WS_2 堆垛层数低所导致的过度裂化和低加氢活性的不利影响（表 5-5）。

表 5-5 NiW/Al_2O_3+USY、NiW/Al_2O_3+Zr-USY-1 和 NiW/Al_2O_3+Zr-USY-2 催化剂的四氢萘加氢开环反应性能

性能		NiW/Al_2O_3+USY	NiW/Al_2O_3+Zr-USY-1	NiW/Al_2O_3+Zr-USY-2
四氢萘转化率，%		100	99.6	99.5
产物收率，%（质量分数）	轻烃（<C_{10}）	17.4	15.1	13.6
	轻环烷烃（<C_{10}）	32.3	17.4	17.5
	十氢萘	0	0	0
	开环产物	31.7	40.6	41.4
	十氢萘异构体	18.6	26.5	27.0
	四氢萘	0	0.4	0.5
	C_{10} 总收率	50.3	67.5	68.9

通过钛—磷复合改性对 USY 分子筛及其所制备催化剂的影响研究，发现用钛和磷

改性后 USY 分子筛（Ti–P–USY）表现出如下性质特点：和未改性的 USY 分子筛相比，（表观）相对结晶度和酸量略有降低，但酸量高于单独钛改性或单独磷改性的 USY 分子筛（即 Ti–USY 或 P–USY）。XPS 和 TEM 表征数据表明，硫化后 NiW/Al_2O_3+Ti–P–USY 和 NiW/Al_2O_3+USY 相比，显示出稍高金属钨硫化度和 WS_2 平均堆垛层数，以及略短的 WS_2 平均粒径长度。

固定床加氢微反评价结果见表 5–6，在反应温度为 633K 的条件下，四氢萘在 NiW/Al_2O_3+Ti–P–USY 催化剂上的加氢开环产物收率［32.5%（质量分数）］明显高于 NiW/Al_2O_3+USY［26.6%（质量分数）］。增加的加氢开环反应活性归因于 NiW/Al_2O_3+Ti–P–USY 催化剂加氢金属中心 WS_2 和裂化酸性中心间协同作用：酸量的降低有利于产物开环而不过度裂化，WS_2 堆垛层数的增高促进芳烃加氢反应。

表 5–6　NiW/Al_2O_3+Ti–USY、NiW/Al_2O_3+P–USY、NiW/Al_2O_3 +Ti–P–USY 和 NiW/Al_2O_3+USY 催化剂的四氢萘加氢开环反应性能

性　能		NiW/（Al_2O_3+USY）	NiW/（Al_2O_3+Ti–USY）	NiW/（Al_2O_3+P–USY）	NiW/（Al_2O_3+Ti–P–USY）
四氢萘转化率，%		100	98.5	96.9	98.7
产物收率，%（质量分数）	轻烃（<C_{10}）	25.8	25.2	21.1	22.6
	轻环烷烃（<C_{10}）	22.5	19.7	17.6	18.4
	十氢萘	0	0	0	0
	C_{10} 环烷烃	25.1	24.8	30.4	25.2
	开环产物	26.6	28.8	27.8	32.5
	四氢萘	0	1.5	3.1	1.3
	C_{10} 总收率	51.7	53.6	58.2	57.7

注：反应条件为温度 633K，压力 4.0MPa，体积空速 2.0h^{-1}，氢油体积比 500。

此外，在配制 NiW 浸渍液时引入双氧水来考察对制备 NiW 负载型加氢改质催化剂（命名为 NiWH/Al_2O_3+USY）的影响。NiWH/Al_2O_3+USY 与传统水溶液浸渍法催化剂（命名为 NiW/Al_2O_3+USY）相比，酸量和孔结构差异不明显。但使用双氧水配制的浸渍液中，由于钨离子与双氧水形成了有过氧物种配位的钨配合物，和使用水溶液浸渍相比，这种过氧钨物种的形成削弱了载体与金属间相互作用，使得氧化态催化剂 H_2–TPR 还原温度有所降低，提高了钨的硫化度，WS_2 平均堆垛层数提高。由图 5–7 可知，在 533K、553K 和 573K 温度下，NiWH/Al_2O_3+USY 催化剂上二苯并噻吩加氢脱硫率分别为 51.2%、78.7% 和 86.4%，比普通浸渍制备法分别提高了 5.6%、7.2% 和 5.5%。

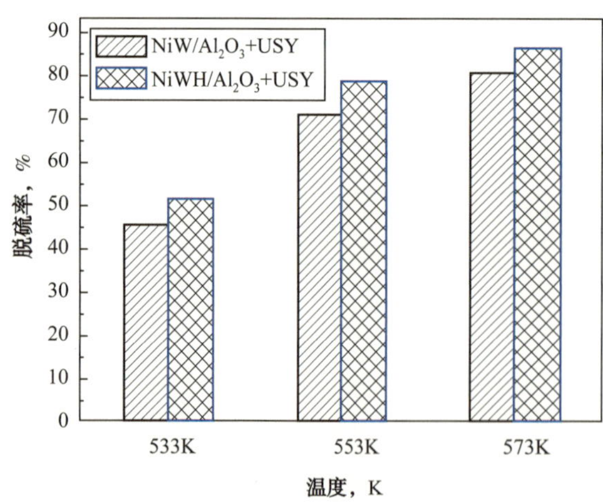

图 5–7　NiW/Al_2O_3+USY 和 NiWH/Al_2O_3+USY 催化剂加氢脱硫评价结果

对比上述研究发现，以 USY 为酸性组分、氧化铝为载体负载 NiW 后制备的加氢改质催化剂的催化性能受酸性中心与裂化中心的影响，也受两活性中心的相互作用影响。Zr、P、Ti 改性的 USY 分子筛具有合适的酸性和孔性质，其作为加氢改质或加氢裂化催化剂载体的组成部分表现出优越的催化选择性和活性稳定性。

2）应用前景

综上所述，在柴油加氢精制和加氢改质催化剂中，引入适宜酸性的微孔分子筛不仅能够增大比表面，同时使复合载体的孔分布更集中，而且通过分子筛的结构单元作为功能组分，或经适当的改性修饰，制备出的复合载体表现出优异的性质，促进了金属氧化物的硫化还原，进而改善了金属活性相的性质，减少或抑制非活性相的形成，能够有效提高催化选择性。微孔分子筛作为载体的组成部分在柴油加氢精制催化剂中的应用，开辟了加氢催化剂研究的新领域，为新型催化材料的开发与应用探索了新的方向。

3. 加氢裂化催化剂技术

现代炼化企业中，加氢裂化技术是可直接由劣重质馏分油生产清洁轻质燃料的主要技术，是企业油、化、纤结合的核心。与催化裂化等其他二次加工技术相比，加氢裂化技术优势显著，主要体现在以下几个方面：

（1）原料适应性强。

加氢裂化装置可加工减压蜡油、焦化蜡油、脱沥青油、催化重柴油等；可根据全厂平衡，在不影响装置正常操作条件下，掺炼常压馏分油、二次加工柴油等原料，掺炼比例最高可达 50%。

（2）生产方案灵活性大。

加氢裂化装置可通过改变工艺和催化剂大幅调整产品结构，目的产品收率在 30%~80% 可调。

（3）液体产品收率高。

在重质馏分油二次加工技术中，催化裂化、延迟焦化的液体收率分别为 75%~80% 和 65%~70%，而加氢裂化技术的液体收率均高于 95%，低价值的气体产品收率低，可有效提高装置加工效益。

（4）产品品种多且质量好。

加氢裂化装置对原料油加工可真正做到“吃干榨尽”，利用率最大化。其生产的中间馏分油能直接生产 3 号喷气燃料和硫含量小于 10μg/g 的优质柴油调和组分；重石脑油芳潜高、硫氮含量均小于 0.5μg/g，可直接作为催化重整原料；尾油链烷烃含量高，作乙烯蒸汽裂解原料可提高“三烯”产率，并延长裂解炉清焦周期。

加氢裂化技术核心是加氢裂化催化剂，具有裂化和加氢两种功能，裂化功能由酸性载体尤其是分子筛提供，加氢功能由活性金属组分提供。不同类型催化剂会对加氢裂化产品收率和质量产生不同的影响。研究发现，加氢裂化催化剂使用性能的关键在于加氢活性、酸性及孔结构之间的匹配。根据目的产品不同，加氢裂化催化剂可分为化工原料型、灵活型、中间馏分油型及尾油型等类型。炼厂可根据装置生产需求，选用适宜的催化剂类型，提高装置运行效率。

1）主要技术进展

中国石油加氢裂化装置总体呈现原料复杂、工艺灵活、产品多样的特点：原料油除大庆石蜡基原油外，还含有中间基俄罗斯原油、哈萨克斯坦原油以及环烷基蜡油等，硫、氮及芳烃化合物结构复杂，含量变化较大；现有装置工艺流程多样化，一段串联一次通过工艺8套、一段串联尾油全循环工艺3套、一段串联尾油部分循环工艺1套、单段双剂一次通过工艺1套、单段双剂尾油全循环工艺4套；装置产品分布也呈多样化，其中最大量生产柴油装置7套、最大量生产煤柴油装置2套、多产柴油兼产重石脑油装置6套、多产尾油兼产柴油装置1套、多产重石脑油兼产柴油装置1套，而且随着炼厂柴汽比结构优化，装置产品分布还会进一步调整。

鉴于加氢裂化装置的技术需求特点，中国石油在用加氢裂化催化剂技术同样呈现多品种、差异化等特点。截至2015年底，已完成化工原料型、灵活型及中油型等多个品种加氢裂化催化剂的自主开发，本部分主要介绍中国石油在中间馏分油型和化工原料型加氢裂化催化剂研发方面所取得的重大进展。

（1）中油型加氢裂化技术。

PHC-03中油型加氢裂化催化剂研发工作自2003年开始进行，先后完成了催化剂实验室定型、15kg级中试放大以及吨级工业放大试验，共进行了15个批次，生产催化剂约1t。催化剂物性分析结果见表5-7，催化性能评价结果见表5-8。

表5-7　工业放大催化剂物化性质

性　能	GY-1	GY-2	GY-3	GY-4	指标
形状	圆柱	圆柱	圆柱	圆柱	圆柱
长度，mm	3~8	3~8	3~8	3~8	3~8
直径，mm	1.55	1.55	1.55	1.55	1.4~1.7
孔容积，mL/g	0.36	0.38	0.36	0.36	≥0.28
比表面积，m^2/g	238	235	220	219	≥180
机械强度，N/cm	212	224	212	223	≥180
堆积密度（墩实），g/mL	0.86	0.87	0.86	0.87	0.85~0.95

表5-8　工业放大催化剂活性评价结果

性　质		GY-1	GY-2	GY-3	GY-4	中试	小试
反应温度，℃		376	375	376	375	375	375
C_{5+} 液体收率，%		98.4	98.5	98.6	98.5	98.6	98.5
产品分布及性质	<65℃轻石脑油收率，%（质量分数）	2.65	2.34	3.37	2.37	3.34	2.53
	65~138℃重石脑油收率，%（质量分数）	10.03	10.27	10.16	9.70	9.86	9.78
	芳潜，%	42.1	43.1	43.1	42.5	43.5	43.4
	138~370℃柴油收率，%（质量分数）	58.99	57.99	57.14	59.80	58.39	58.22
	凝点，℃	-23	-21	-26	-19	-20	-21
	十六烷值	59.7	59.0	58.9	59.2	59.8	59.4
	>370℃尾油收率，%（质量分数）	28.33	29.40	29.33	28.13	29.41	29.47
	BMCI值	8.3	8.1	5.0	7.6	7.3	7.6

2012 年，加氢裂化催化剂 PHC–03 在大庆石化公司 120×10^4t/a 加氢裂化装置上首次工业应用成功。这是中国石油炼油全系列催化剂研发取得的又一重大技术突破，形成了中国石油自主知识产权的加氢裂化催化剂成套技术，填补了中国石油加氢裂化技术领域空白。

PHC–03 催化剂采用 6 种生产方案进行标定，标定原料油主要为大庆石蜡基常减压常三、常四、减一、减二馏分油及酮苯重去蜡油、催化重柴油、焦化蜡油的混合原料，技术指标见表 5–9，具体标定结果见表 5–10。

表 5–9 PHC–03 中油型加氢裂化催化剂工业标定技术指标要求

指　标		方案 1	方案 2	方案 3	方案 4	方案 5	方案 6
进料量，t/h		125	150	150	175	150	150
入口氢油体积比		≥ 800	≥ 800	≥ 800	≥ 800	≥ 800	≥ 800
转化深度		高	低	高	高	航煤方案	高
精制反应器入口氢分压，MPa		≥ 12.5	≥ 13.5	≥ 13.5	≥ 13.5	≥ 14.5	≥ 14.5
平均反应温度（SOR–EOR），℃		378~410	375~410	378~410	381~410	375~410	375~410
床层最高点温度，℃		＜ 425	＜ 425	＜ 425	＜ 425	＜ 425	＜ 425
重石脑油收率，%		>11.5	>10.5	>11.5	>11.5	—	>11.5
煤油 + 柴油收率，%		>56.5	>37.5	>56.5	>56.5	—	>56.5
重石脑油	有机硫含量，μg/g	≤ 0.5	≤ 0.5	≤ 0.5	≤ 0.5	≤ 0.5	≤ 0.5
	有机氮含量，μg/g	≤ 0.5	≤ 0.5	≤ 0.5	≤ 0.5	≤ 0.5	≤ 0.5
	芳潜，%	≥ 42	≥ 42	≥ 42	≥ 42	≥ 42	≥ 42
	溴价，g（Br）/100g	≤ 0.5	≤ 0.5	≤ 0.5	≤ 0.5	≤ 0.5	≤ 0.5
航空煤油	密度，kg/m^3	—	—	—	—	≤ 775.3	—
	冰点，℃	—	—	—	—	≥ –48	—
	烟点，mm	—	—	—	—	≥ 28	—
柴油	十六烷指数	≥ 73	≥ 73	≥ 73	≥ 73	—	≥ 73
	凝点，℃	<0	<–3	<0	<0	—	<0
尾油	BMCI 值	≤ 10.0	≤ 10.0	≤ 10.0	≤ 10.0	≤ 10.0	≤ 10.0

表 5–10 PHC–03 中油型加氢裂化催化剂工业标定结果

指　标	方案 1	方案 2	方案 3	方案 4	方案 5	方案 6
进料量，t/h	125	150	146	174	150	150
入口氢油体积比	13.5	13.7	13.7	14.0	14.1	14.0
精制反应器入口氢分压，MPa	1084	1043	1060	838	1025	1031
平均反应温度（SOR–EOR），℃	377.8	368.9	372.7	377.2	380.7	380.4
床层最高点温度，℃	386.2	376.9	380.8	386.6	387.0	387.5
重石脑油收率，%	14.58	12.92	14.50	15.74	17.34	15.41
煤油 + 柴油收率，%	60.10	38.42	56.67	56.82	46.13	60.80

续表

指　标		方案 1	方案 2	方案 3	方案 4	方案 5	方案 6
重石脑油	有机硫含量，μg/g	<0.5	<0.5	<0.5	<0.5	<0.5	<0.5
	有机氮含量，μg/g	<0.5	<0.5	<0.5	<0.5	<0.5	<0.5
	芳潜，%	46.3	44.7	42.3	42.7	42.0	43.2
	溴价，g（Br）/100g	0.10	0.09	0.08	0.11	0.08	0.09
航空煤油	密度，kg/m^3	—	—	—	—	778.4	—
	冰点，℃	—	—	—	—	<−53	—
	烟点，mm	—	—	—	—	34.7	—
柴油	十六烷指数	74.1	73.1	80.5	77.1	—	77.9
	凝点，℃	−9	−20	−6	−4	—	−7
尾油	BMCI 值	6.3	6.5	5.0	6.0	4.9	4.7

从工业标定结果可以看出，PHC−03 加氢裂化催化剂性能能够满足企业生产要求，对原料适应性强，加工方案灵活，产品质量优良且分布合理，中间馏分油选择性好、异构性能强，且收率高，能够直接生产 3 号喷气燃料。

在 PHC−03 加氢裂化催化剂推广过程中，针对独山子石化、长庆石化等代表性企业，先后开展了原料适应性及工艺模拟评价情况，见表 5−11。

表 5−11　PHC−03 中油型加氢裂化催化剂原料适应性评价结果

指标		独山子石化	大连石化	长庆石化	大港石化	齐鲁石化
原料油	密度（20℃），kg/m^3	856.9	907.2	878.9	899.1	916.5
	馏程，℃	326~517	314~515	287~584	337~525	207~537
	硫含量，μg/g	3300	16700	1100	1300	16000
	氮含量，μg/g	763	871	1012	2284	1479
	残炭，%（质量分数）	0.05	0.11	0.03	0.34	0.18
反应温度，℃		365	365	373	380	373
C_{5+} 液收，%		98.8	97.9	98.6	97.4	97.8
产品分布及性质	轻石脑油收率，%	2.47	3.86	2.13	3.22	2.15
	重石脑油收率，%	8.4	7.52	7.47	7.21	7.34
	芳潜，%	50.0	45.6	49.7	46.9	53.4
	柴油收率，%	49.73	49.79	48.73	59.07	58.29
	凝点，℃	−20	−20	−28	−11	−23
	十六烷值	53.1	51.7	54.7	54.1	52.9
	尾油收率，%	38.20	38.83	40.30	29.72	30.61
	BMCI 值	13.1	15.3	12.8	9.5	17.3
中油选择性，%		81.3	81.4	81.6	84.1	84.0

由表 5-11 可知，PHC-03 中油型加氢裂化催化剂的原料适应性较强，中间馏分油选择性高，产品性质良好，能够满足企业生产需求。

（2）化工原料型加氢裂化技术。

自 2005 年始，技术研发团队历经 10 余年技术攻关，开发出自主化的 PHC-05 化工原料型加氢裂化催化剂技术，2007 年完成小试研究，2010 年完成中试放大，2013 年完成工业放大试验。

针对吉林石化 90×10^4t/a 加氢裂化装置工况开展模拟试验，原料为减二线油和焦化蜡油混合油，产品方案为主要生产尾油，兼顾生产重石脑油和中间馏分油。在 200mL 加氢评价装置上进行对比评价，原料油性质如表 5-12 所示，评价结果如表 5-13 和 5-14 所示。

表 5-12　模拟评价原料油性质

名　　称		模拟原料 1	模拟原料 2
原料油组成		减二线 + 焦化蜡油［6%（质量分数）］	减二线 + 焦化蜡油［15%（质量分数）］
密度（20℃），g/cm^3		0.8786	0.8847
硫含量，μg/g		4185	4400
氮含量，μg/g		579	953
凝点，℃		31	33
BMCI 值		33.3	36.3
残炭，%		0	0.01
金属，μg/g	Ca+Na	0.312	0.339
	Fe	0.117	0.071
	Ni+V+Cu	0.012	0.012
馏程，%（体积分数）	HK/10%	286/362	288/367
	30% /50%	386/404	389/405
	70% /90%	422/451	422/455
	KK	491	479
质谱组成，%（质量分数）	链烷烃	26.6	27.4
	环烷烃	42.8	40.5
	芳烃	29.9	30.8

表 5-13　模拟原料 1 评价结果

项　　目	200mL 评价		控制指标
催化剂	PHC-05	参比剂	
评价原料	模拟原料 1	模拟原料 1	
裂化温度，℃	373	375	
C_{5+} 液体收率，%（质量分数）	98.6	98.4	
精制油氮含量，ug/g	<10	<10	

续表

项　　目		200mL 评价		控制指标
产品分布及性质	< 65℃轻石脑油，%（质量分数）	4.64	4.31	
	65~165℃重石脑油，%（质量分数）	23.02	19.40	
	芳潜，%	56	54	≥ 49
	165~350℃柴油，%（质量分数）	37.36	42.43	
	凝点，℃	−15	−20	≤ −10
	十六烷指数	52.2	53.9	
	> 350℃尾油，%（质量分数）	34.98	33.85	
	BMCI 值	10.3	10.6	≤ 12

注：氢分压 9.2 MPa，氢油体积比 800 : 1，裂化空速 $1.5h^{-1}$。

以模拟原料 1 为评价原料油，在氢分压 9.2MPa，氢油体积比 800 : 1，裂化空速 $1.5h^{-1}$ 条件下，化工原料型加氢裂化催化剂（PHC−05）反应温度比参比剂低 2℃，重石脑油收率比参比剂高 3.62 个百分点，产品性质与参比剂基本相当，能够满足吉林石化加氢裂化装置生产需求。

表 5−14　模拟原料 2 评价结果

项　　目		200mL 评价		控制指标
催化剂		PHC−05	参比剂	
评价原料		模拟原料 2	模拟原料 2	
裂化温度，℃		383	390	
C_{5+} 液体收率，%		98.6	98.5	
精制油氮含量，μg/g		< 10	< 10	
产品分布及性质	< 65℃轻石脑油，%（质量分数）	5.33	4.83	
	65~165℃重石脑油，%（质量分数）	20.77	17.45	
	芳潜，%	56	57	≥ 49
	165~350℃柴油，%（质量分数）	36.96	38.86	
	凝点，℃	−14	−18	≤ −10
	十六烷指数	50.7	51.4	
	> 350℃尾油，%（质量分数）	36.94	38.86	
	BMCI 值	9.6	12.2	≤ 12

注：氢分压 9.2 MPa，氢油体积比 800 : 1，裂化空速 2.52 h^{-1}。

以模拟原料 2 为评价原料油，在氢分压 9.2MPa，氢油体积比 800 : 1，裂化空速 2.52 h^{-1} 条件下，化工原料型加氢裂化催化剂（PHC−05）反应温度比参比剂低 7℃，重石脑油收率比参比剂高 3.32 个百分点，尾油 BMCI 值比参比剂低 2.6，催化剂整体性能优于参比剂，能够满足吉林石化加氢裂化装置生产需求。

2）应用前景

近年来我国燃料油市场消费柴汽比呈现降低趋势，预计到 2020 年柴汽比将达到 1.0

左右，远期仍将持续走低。以煤柴油为主要目的产品的中间馏分油型加氢裂化催化剂通过与工艺手段的结合，将在高品质航煤生产过程中发挥重要的作用；以石脑油和尾油为主要目的产品的化工原料型加氢裂化催化剂在许多调整生产方案、增产或多产石脑油和乙烯料的企业所带来的经济效益显而易见，其技术支撑作用显著，应用前景非常广泛。对于中国石油而言，灵活调整下一周期生产方案，通过改变催化剂类型和加氢裂化装置转化率，使石脑油组分、乙烯裂解料或润滑油基础油料产率增加，同时降低柴油产量，将对炼油企业效益的提升产生非常显著的影响。

三、渣油加氢处理催化剂

固定床渣油加氢最初主要用于生产低硫燃料油，20 世纪八九十年代后，随着重质燃料油需求的减少及轻质油品需求的增多，渣油加氢逐步更多地用于催化裂化原料油的加氢处理精制。

固定床渣油加氢处理的主要目的是脱除其中的硫、氮、金属等杂质，降低残炭值，为催化裂化装置提供更优质的进料，促进渣油进料更多转化为目的产品。固定床渣油加氢处理技术的核心在于相匹配的系列催化剂，在氢气存在的条件下，渣油中的硫化物和氮化物在催化剂的作用下发生氢解反应生成硫化氢和氨，金属化合物则通过氢解反应之后沉积在催化剂上，残炭值在加氢后可以较大幅度地减小。历史经验及工业实践早已表明，单一的催化剂难以同时满足脱硫、脱氮、脱金属、降残炭值等多重任务的要求。根据所起作用和功能的不同，渣油加氢催化剂主要包括保护剂、脱金属剂、脱硫剂、脱氮剂、脱残炭剂几大类。保护剂的主要作用是脱除渣油中的 Na、Fe、Ca 等污垢和机械杂质，防止催化剂床层的结垢与结块，防止床层压降迅速上升；脱金属剂的主要作用是脱除渣油中的 Ni、V 等金属，并使得这些杂质金属沉积在催化剂上；脱硫剂的主要目的是将渣油中的硫化物氢解为硫化氢，脱残炭剂的主要目的是通过加氢降低渣油的残炭值。

1. 主要技术进展

渣油加氢项目自立项攻关伊始，就一直以世界领先水平的同类技术为赶超目标。由于渣油加氢催化剂涉及牌号较多，研发过程需要投入大量的人力与财力，为此，课题组按照突出重点、分步推进的原则进行全系列催化剂的研发攻关，于 2011 年完成了脱硫剂与脱残炭剂共 4 个牌号催化剂的研发，脱金属剂与保护剂共 8 个牌号催化剂则于 2013 年完成研发。全系列共 12 个牌号催化剂于 2015 年 6 月初在大连西太渣油加氢装置（I 列）实现了首次工业应用并一次开车成功，2016 年 3 月底，根据大连西太全厂停工检修的统一安排，装置停工卸剂，PHR 系列催化剂运行 10 个月，实现“安稳长满优”运行。2016 年 10 月，PHR 系列渣油加氢催化剂工业应用试验项目通过了验收鉴定。

大连西太渣油加氢装置（Ⅱ列）同步装填国际领先水平的国际某公司的同类产品，PHR 系列催化剂与进口剂在完全相同的使用条件下同台竞技。与进口剂相比，在加工原料、进料量、反应温度等操作条件均完全相同的情况下，PHR 系列催化剂的脱硫、脱氮、脱残炭、床层压降 4 项性能优于进口剂，脱金属性能相当，PHR 系列催化剂总体技术水平达到国际先进。其中，PHR 系列催化剂累计脱除的硫、氮、残炭分别高出进口剂 2.8 个百分点、24.7 个百分点、6.2 个百分点，累计脱除的金属（Ni+V）低于进口剂 5.5 个百分点，装置运行过程中，PHR 系列催化剂总压降始终低于进口剂 0.2~0.4MPa。

在 PHR 系列催化剂的研发过程中，课题组十分重视技术创新及知识产权保护，截至 2015 年底，共申请发明专利 80 余件，其中 28 件已经获得授权，认定技术秘密 8 项，获得中国石油天然气集团公司科技进步奖二等奖 1 项，中国石油石油化工研究院科技进步奖二等奖 2 项、三等奖 1 项。

PHR 系列渣油加氢催化剂是炼油催化剂重大专项 I 期的收官之作，通过工业应用试验，PHR 系列渣油加氢催化剂的使用效果得到了应用企业的高度认可，尤其是其突出的防止装置压降上升性能。

2. 应用前景

大连西太、大连石化、四川石化、广西石化已经建有渣油加氢装置，加工能力共 1200×10^4t/a，催化剂消耗近 5000t/a。此外，云南石化、华北石化等企业还有在建的渣油加氢装置，预计到 2020 年，中国石油渣油加氢能力超过 3000×10^4t/a，催化剂需求将在 1.2×10^4t/a 以上。

PHR 系列催化剂可在大连西太、大连石化、广西石化、四川石化、云南石化等渣油加氢装置直接推广应用，推动工艺包开发和工程设计开发，为中国石油渣油加氢业务发展提供有力的技术支撑和保障，也可支撑引领中国石油的高硫劣质原油加工。

四、催化新材料

从炼油催化剂设计出发，重油催化裂化和加氢裂化面临的最大挑战就是如何解决重油分子在微孔分子筛孔道的扩散受限、酸性位利用率低、孔道与酸性位梯度设计、反应接力与控制等问题。由于微介孔复合材料是集微孔分子筛和介孔材料结构与性能于一体的新型多孔催化材料，可以通过结构与性能的调整、控制，达到既保持微孔分子筛优越的酸性质、择形性，又可以通过提高有效扩散系数、显著降低 Thiele 模数以适宜重油等大分子的扩散，真正实现活性 / 扩散行为的匹配性。因此，微介孔分子筛复合材料已成为当前多孔催化新材料中的研究热点。

另外，择形催化（shape-selective catalysis）是 1960 年 Weisz 和 Frilette 在研究小孔分子筛的催化反应过程时首创的一个名词，用来描述这类分子筛的独特催化性能。他们发现，以分子筛做催化剂时，反应主要在晶内进行，而且只有那些大小和形状与分子筛孔道相匹配，能够扩散进出通道的分子才能成为反应物和产物，这就是择形催化。

本节对各种微—介孔复合材料，多级孔复合材料，介孔分子筛及介孔氧化铝材料的制备技术及其在石油化工领域中的应用，以及对 ZSM-5 基择形分子筛的共晶及微—介孔结构和其他各种择形分子筛（β、ZSM-35 分子筛）的制备技术的新发展及其在石油化工领域中的应用进行了总结。

1. Y 基微—介孔复合材料的结构设计和放大制备

Y 型分子筛大规模应用于炼油化工领域已有 70 多年的历史，发挥了重要作用。工业上使用的 Y 型分子筛为微米级的颗粒，结构特点使其能有效利用的催化活性位非常少。众所周知，随固体颗粒粒径的减小，外比表面积逐渐增大，当颗粒尺寸达到纳米级及以下时，就会表现出与常规材料不同的性质，如力学性质、电学性质及表面性质等均会发生很大变化，表面性质的改变导致其吸附性能的变化，所以，纳米催化剂具有异常高的催化活性。对于 Y 型分子筛来说，降低颗粒尺寸，其外比表面积增大，暴露更多的活性位以利于反应物分子在分子筛的外表面发生反应。同时，由于分子筛颗粒尺寸的减小，提高了反应物和产物的扩散能力，避免二次反应的发生，降低催化剂表面的积炭。

为了解决小晶粒及纳米Y型分子筛易团聚、过滤困难等问题，“十二五”期间，中国石油与中国石油大学（北京）合作，研究开发了Y基微孔—介孔复合材料，即在合成小晶粒或纳米Y型分子筛的母液中，通过原位沉积技术在Y型分子筛颗粒周围构筑SiO_2与Al_2O_3复合氧化物（SiO_2与Al_2O_3形成的无定形硅铝，简称ASA），Y型分子筛与无定形硅铝的颗粒为微米级或直接黏连，从而解决了小晶粒和纳米Y型分子筛易团聚和过滤困难的棘手问题（图5-8）。因Y型分子筛与无定形硅铝两个材料的结构特点，最终构建了介孔—微孔的孔梯度分布、弱酸—中强酸的酸梯度分布的复合材料[18]。Y基微孔—介孔复合材料制备技术获授权发明专利6件，并实现$2m^3$釜工业放大生产。

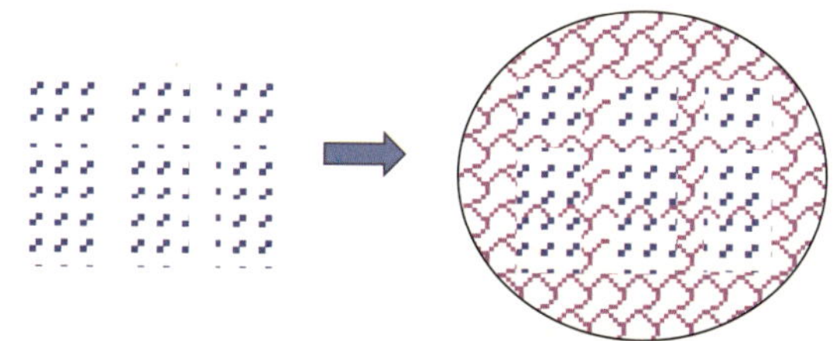

图5-8 由小晶粒Y型分子筛构建Y基微孔—介孔复合材料示意图

1）主要技术进展

通过制备先进的透明导向剂，结合优化凝胶配方和制备工艺，合成了100~800nm不同颗粒尺寸范围的Y型分子筛，所合成的Y型分子筛的相对结晶度均保持在90%以上，骨架硅铝比不小于5.0。相比于工业上合成Y型分子筛的工艺，不但没有提高生产成本，反而降低原料（硅、钠等）用量10%以上，较大幅度地降低了原材料成本[19]。

以上述合成的100~200nm小晶粒Y型分子筛及母液（主要是未反应的硅）为原料，采用补加铝源和沉淀剂的方式，在Y型分子筛的周围原位沉积硅铝复合氧化物，制备了ASA硅铝比不同Y基微孔—介孔复合材料，并进行了裂化反应性能的评价。

复合材料中ASA颗粒可以嵌入式沉积在Y型分子筛晶粒（团聚体）间隙中，将Y型分子筛晶粒分割成多个局部并且独立的体系，ASA颗粒均匀分布在独立体系中Y型分子筛晶粒（团聚体）的外表面以及晶粒（团聚体）间隙中，使得分子筛晶粒与晶粒（团聚体与团聚体）间隔开来。将制备的Y/ASA复合材料经过铵交换、超稳化后进行织构性质和酸性的表征，结果见表5-15和表5-16。模型化合物正癸烷的裂化反应结果如表5-17所示。

表5-15 Y/ASA_{B+x}复合材料的结构性质

催化剂	比表面积，m^2/g			孔体积，cm^3/g			孔径，nm
	总比表面积	微孔比表面积	介孔比表面积	总孔容	微孔孔容	介孔孔容	
$Y/ASA_{B+0.5}$	453	353	101	0.54	0.19	0.35	5.4
$Y/ASA_{B+1.0}$	449	347	102	0.48	0.20	0.28	5.7
$Y/ASA_{B+1.5}$	471	360	112	0.52	0.21	0.31	6.2
$Y/ASA_{B+3.0}$	453	352	101	0.51	0.19	0.31	5.5
$Y/ASA_{B+5.0}$	458	343	115	0.46	0.20	0.26	4.6

表 5-16　Y/ASA_{B+x} 复合材料的酸量和酸类型分布

催化剂	酸量和酸分布，μmol/g							
	总酸（200 ℃）				中强酸（350 ℃）			
	B 酸	L 酸	B+L	B/L	B 酸	L 酸	B+L	B/L
$Y/ASA_{B+0.5}$	132	118	250	1.12	77	65	141	1.19
$Y/ASA_{B+1.0}$	152	115	267	1.32	84	65	148	1.30
$Y/ASA_{B+1.5}$	166	111	277	1.50	95	59	153	1.61
$Y/ASA_{B+3.0}$	146	111	257	1.31	83	53	136	1.56
$Y/ASA_{B+5.0}$	139	108	247	1.29	74	50	124	1.50

表 5-17　Y/ASA_{B+x} 催化剂上正癸烷催化裂化反应结果

催化剂	正癸烷转化率，%	一次裂化产物选择性，%	一次裂化产物收率，%
$Y/ASA_{B+0.5}$	74.3	54.3	40.3
$Y/ASA_{B+1.0}$	76.6	54.2	41.5
$Y/ASA_{B+1.5}$	78.7	53.9	42.4
$Y/ASA_{B+3.0}$	75.7	53.7	40.7
$Y/ASA_{B+5.0}$	74.9	54.0	40.4
$Y_{工业}/ASA_{B+1.5}$	74.2	52.5	39.0

由表 5-15 可以看出，Y/ASA_{B+x} 复合材料的比表面积、孔体积和平均孔径相差不大，说明无定形硅铝的硅铝比对结构性质的影响比较小。由表 5-16 可以看出，Y/ASA_{B+x} 催化剂的 B 酸酸量和总酸量随着 ASA 硅铝比的提高而先增大后减小，当 ASA 硅铝比为 B+1.5 时，$Y/ASA_{B+1.5}$ 催化剂的 B 酸和总酸酸量最高。而该系列催化剂的 L 酸酸量呈逐渐降低的趋势。

在 Y/ASA_{B+x} 复合材料中，当 ASA 对 Y 型分子筛骨架重结晶过程提供硅源时，[SiO_4] 可以携带 [AlO_4] 一同修补骨架脱铝反应遗留的羟基空穴，该 [AlO_4] 将为 Y 型分子筛提供潜在的骨架酸性位。因此，相对于 USY 分子筛单体，Y/ASA_{B+x} 复合材料在 B 酸酸量保留率上的优势再一次从酸性质角度证实 ASA 组分提高了 Y/ASA_{B+x} 复合材料的水热稳定性。当 ASA 硅铝比较低时（如 SiO_2/Al_2O_3=B+0.5），尽管 ASA 提供的铝源很充足，但是能够提供参与补硅反应的硅源量较少，由分子筛骨架补硅反应产生的骨架稳定效果不明显，随之，骨架酸性位的修复效果亦不明显；当 ASA 硅铝比较高时（如 SiO_2/Al_2O_3=B+5.0），硅源充足，但此时能够随硅源进入分子筛骨架羟基空位的 [AlO_4] 较少，因此，骨架酸性位的修补效果同样不明显；而 ASA 的硅铝比适中时（如 SiO_2/Al_2O_3=B+1.5），ASA 组分能够按照适当的比例提供进入分子筛骨架脱铝空位的 [SiO_4] 和 [AlO_4]，在 Y 型分子筛骨架能够发生补硅反应的同时，复合材料的酸性位修复效果也比较好，因此，$Y/ASA_{B+1.5}$ 复合材料的 B 酸量和总酸量最多。复合材料的酸性变化规律遗传到催化剂上，所以催化剂的酸性质和材料酸性变化规律是一致的。

由表 5-17 可以看出，随着 ASA 硅铝比的提高，Y/ASA_{B+x} 催化剂上正癸烷转化率以及一次裂化产物（C_5—C_9 组分）选择性和收率均呈现先升高后降低的趋势，当 ASA 硅铝比为 B+1.5 时，$Y/ASA_{B+1.5}$ 催化剂的反应性能最为优越，正癸烷转化率最高，同时具有最高的一次裂化产物收率。

该系列催化剂上正癸烷转化率依次为 $Y/ASA_{B+1.5}$ > $Y/ASA_{B+1.0}$ > $Y/ASA_{B+3.0}$ > $Y/ASA_{B+5.0}$ > $Y/ASA_{B+0.5}$ 催化剂。由表 5-17 中酸量数据可以看出，Y/ASA_{B+x} 催化剂的 B 酸总酸量顺序依次为 $Y/ASA_{B+1.5}$ > $Y/ASA_{B+1.0}$ > $Y/ASA_{B+3.0}$ > $Y/ASA_{B+5.0}$ > $Y/ASA_{B+0.5}$ 催化剂，与正癸烷转化率高低顺序一致，当 ASA 硅铝比为 B+1.5 时，$Y/ASA_{B+1.5}$ 催化剂的 B 酸总酸量最高。由于 Y/ASA_{B+x} 催化剂的介孔结构性质较为接近，因此催化剂上可接近的 B 酸位数量取决于 B 酸酸量。结合 B 酸酸量数据和催化剂上正癸烷转化率数据，可以得出 B 酸酸量（尤其是强 B 酸酸量）是催化剂裂化活性的决定性因素。$Y/ASA_{B+1.5}$ 催化剂上可以被正癸烷分子接近的 B 酸位数量最大，因此，该催化剂的裂化活性最高。Y/ASA_{B+x} 催化剂的 C_5—C_9 产物组分的选择性较为接近，说明该系列催化剂所具有的介孔结构均可以保证大分子裂化产物迅速扩散至催化剂外表面，顺利离开反应体系。因而，Y/ASA_{B+x} 催化剂上正癸烷转化率高低决定了 C_5—C_9 产物组分的收率，$Y/ASA_{B+1.5}$ 催化剂上正癸烷转化率最高，因此，该催化剂的 C_5—C_9 产物组分收率最高。

根据上述研究成果，以 Y 型分子筛的理论投料量为 60% 进行了 Y 基微孔—介孔复合材料的 $2m^3$ 釜的工业放大试验，并进行了 XRD、N_2 吸附—脱附、SEM 表征及反应性能评价。由 XRD 可知，经无定形硅铝包覆后，Y 型分子筛晶体结构的特征衍射峰完整地出现，说明 Y 型分子筛的结构没有任何变化。所制备的 Y 基微孔—介孔复合材料的比表面积均在 $550m^2/g$ 以上，介孔孔体积达到 $0.4cm^3/g$ 左右（表 5-18），具有丰富的介孔，适合重油大分子的裂化反应。

表 5-18　$2m^3$ 釜合成 Y 基微孔—介孔复合材料的织构性质

复合材料	比表面积，m^2/g			孔体积，cm^3/g			平均孔径 nm
	总比表面积	微孔比表面积	介孔比表面积	总孔体积	微孔孔体积	介孔孔体积	
第一批	583	486	97	0.636	0.295	0.361	4.36
第二批	582	443	139	0.689	0.285	0.404	4.74
第三批	550	395	158	0.710	0.270	0.440	5.16

研究表明，所合成的 Y 型分子筛粒径约为 200nm［图 5-9（a）］，Y 型分子筛被无定形硅铝较好地包覆其中［图 5-9（b）和图 5-9（c）］。Y 基微孔—介孔复合材料经铵交换和超稳化处理后，复合材料中 Y 型分子筛的相对结晶度保留率大于 85%，与工业 Y 型分子筛的稳定性相当，说明小晶粒 Y 型分子筛经过无定形硅铝包覆后，Y 型分子筛的稳定性得到了提高。

以 Y 基微孔—介孔复合材料为主酸性组分制备了负载型 NiW@Y/ASA 加氢裂化催化剂，并采用 200mL 全自动固定床加氢评价装置，按照一次通过工艺，在氢分压 12.5MPa、氢油体积比 1200∶1、体积空速 $1.5h^{-1}$ 的条件下，进行了催化剂加氢裂化性能评价，结果见表 5-19。

图 5-9 Y 型分子筛的 SEM（a）、Y 基微孔—介孔复合材料的 SEM 和（b）TEM 图（c）

表 5-19 负载型 NiW@Y/ASA 加氢裂化催化剂 200mL 加氢性能评价

项　目	NiW@Y/ASA 催化剂	
评价原料	大庆石蜡基原料	
工艺条件	多产柴油方案	多产重石方案
反应温度，℃	370	381
C_{5+} 液体收率，%（质量分数）	97.3	96.5
轻石脑油收率，%（质量分数）	4.30	9.56
重石脑油收率，%（质量分数）	16.95	33.87
芳潜，%	46	40
柴油收率，%（质量分数）	46.15	37.52
十六烷指数	63.8	73.2
硫含量，μg/g	4	4.2
加氢尾油收率，%（质量分数）	32.59	15.55
BMCI 值	9.2	7.2

结果表明，NiW@Y/ASA 加氢裂化催化剂具有良好的操作灵活性和轻油选择性。多产重石脑油方案时，重石脑油收率 33.87%（质量分数），芳潜 40%，是优质催化重整原料，柴油收率 37.53%（质量分数），十六烷指数达到 73.2，硫含量不大于 10μg/g，是优质国Ⅵ柴油调和组分；最大量柴油方案时，柴油收率 46.15%（质量分数），十六烷指数 63.8，硫含量不大于 10μg/g，同时可兼产高芳潜重石脑油；两种方案下加氢尾油 BMCI 值达到 9.2~7.2，是优质蒸汽裂解制乙烯原料。C_{5+} 液体收率达到 96%（质量分数）以上，可有效提高炼厂加工效率和经济效益。

2）应用前景

大量研究工作表明，Y 基微孔—介孔复合材料在催化裂化反应中表现出比传统工业 Y 型分子筛更高的裂化活性和轻质油选择性。在加氢裂化过程中，Y 基微孔—介孔复合材料既表现出良好的操作灵活性，又具有较高的大分子选择性开环裂化性能，能够使炼厂通过调整操作条件达到灵活生产重石脑油和柴油产品的目的，同时确保在大分子多环芳烃开环后，最大限度保留单环芳烃，提高了重石脑油芳潜，降低了加氢尾油 BMCI 值。

Y 基微孔—介孔复合材料的制备是以小晶粒 Y 型分子筛的合成为基础，本研究实现了小晶粒 Y 型分子筛的高效合成，比工业 Y 型分子筛的合成成本低 10% 以上，可低成本获得 Y 基微孔—介孔复合材料，因此，该复合材料具有极大地潜在工业价值。

我国炼化企业面临着重油高效转化、炼油生产结构转型升级、产品清洁化以及降本增效等多重挑战，急需大力开发新型高效催化材料，为重油催化裂化催化剂及加氢裂化催化剂开发提供基础支持，因此，Y 基微孔—介孔复合材料具有非常好的应用前景。

2. 一步法合成微孔—介孔 Y 分子筛的开发与应用

Y 型分子筛应用于流化催化裂化（FCC）催化剂已有 70 年，原因在于 Y 型分子筛具有很多重要的性能:（1）大的比表面积和孔道尺寸（孔直径约为 0.74 nm）;（2）强酸性;（3）良好的热稳定性和水热稳定性;（4）相对较低的合成成本。当其他类型的分子筛代替 Y 型分子筛作为 FCC 催化剂的活性组分时，其催化性能（活性和产物的选择性）都比不上 Y 型分子筛。尽管 Y 型分子筛已被广泛应用于催化裂化领域中，但是仅有的 0.74 nm 的微孔限制了其应用前景，且随着重油加工量越来越大，对催化剂性能要求越来越高，而介孔的引入是实现重油大分子催化转化的重要手段，通过后处理或原位合成的方法，在 Y 型分子筛晶体中引入介孔可以综合 Y 型分子筛和介孔材料的优势，实现重油的有效转化。

中国石油在微孔—介孔 Y 分子筛的合成与应用方面进行了多年研究，已经开发出具有自主知识产权的用于重油催化裂化的微孔—介孔 Y 分子筛生产技术[20]，该技术采用传统的水热合成法一步合成，方法简单、操作性强。

含有晶内微孔—介孔 Y 分子筛合成的详细过程如图 5-10 所示。

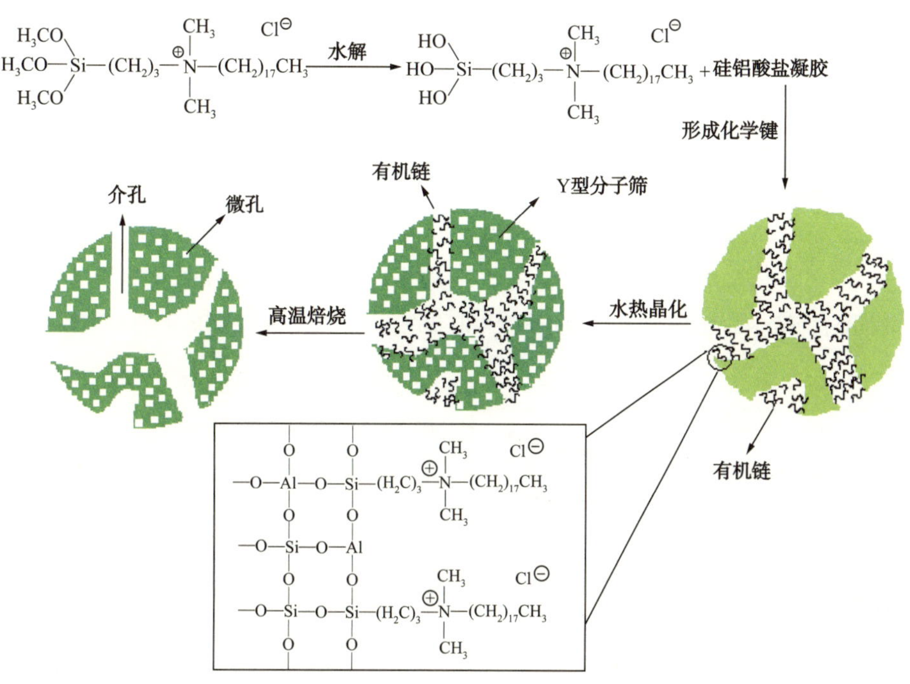

图 5-10 微孔—介孔 Y 分子筛合成机理

1）主要技术进展

该技术由中国石油和北京化工大学共同开发，申请专利 2 件，认定技术秘密 1 件。经历了实验室小试、50L 规模的中试，放大合成的微孔—介孔 Y 型分子筛具有比表面积大、介孔面积大、稳定性好等特点，分子筛相对结晶度大于 85%；总比表面积大于 700m^2/g，其中介孔比表面积大于 120m^2/g，平均孔径大于 3.0nm；改性微孔—介孔分子筛在 800℃、100% 水蒸气老化 4h 后，比表面积保留率达 20% 以上。同时在中试条件下完成了催化剂的配方研究，与常规 Y 型分子筛相比，使用微孔—介孔 Y 型分子筛制备的催化剂，重油产率降低 0.88 个百分点，总液体收率提高 1.09 个百分点；与工业重油催化剂相比，使用微孔—介孔 Y 型分子筛制备的催化剂，总液体收率提高 1.62 个百分点，表现出较好的重油转化反应性能。

图 5–11 是不同条件下 50L 釜合成的微孔—介孔 Y 型分子筛（CS–L）的 XRD 谱图。由图 5–11 可见，样品的 FAU 型分子筛特征衍射峰强度高，无杂峰，基线平稳，与 NaY 分子筛和小试样品（CS–S）谱图出峰位置一致，特征峰强度与 CS–S 相同。证明了梯度孔 Y 型分子筛的放大合成产品结晶度高。

图 5–12 为 CS–L 的红外光谱图。在 1020cm^{-1} 处为 T—O 四面体的不对称伸缩振动产生的吸收峰，在 788cm^{-1}、720cm^{-1} 处为 T—O 四面体的对称伸缩振动产生的吸收峰，在 467cm^{-1} 处为 T—O 的弯曲振动产生的吸收峰，这说明样品中含有硅氧四面体和铝氧四面体；在 576cm^{-1} 处为 Y 型分子筛特征双六元环振动产生的吸收峰，样品出峰位置与 NaY 一致，说明放大合成样品具有 Y 型分子筛骨架结构。

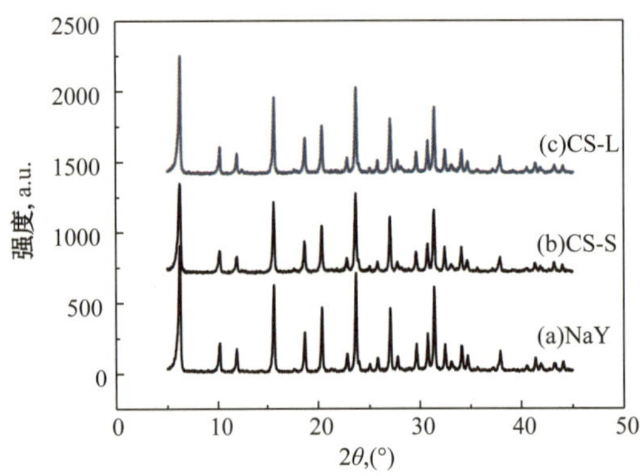

图 5–11　不同条件下合成的微孔—介孔 Y 型分子筛 XRD 谱图

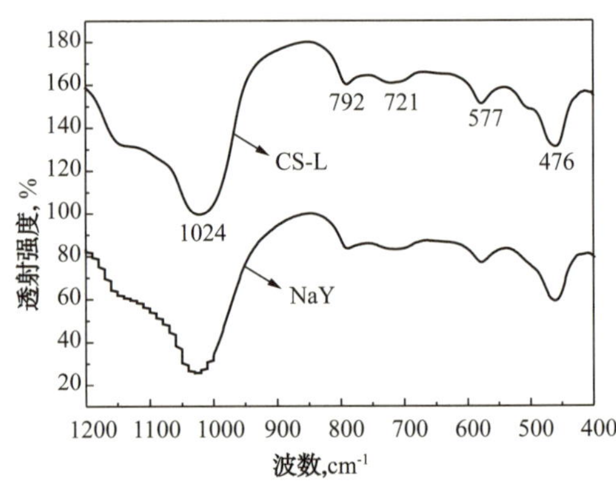

图 5–12　CS–L 的 FT–IR 谱图

图 5–13 为样品的 N_2 吸附—脱附曲线，表 5–20 为样品的物化性质。

如图 5–13 所示，CS–L 具有Ⅳ型曲线 H4 型滞后环。N_2 分子在微孔孔道内发生单分子层吸附导致 $0<p/p_0<0.05$ 范围内吸附曲线线性增加；N_2 分子在介孔中发生毛细凝聚而使吸脱附压力不同导致 $0.2<p/p_0<1$ 范围内出现明显的 H4 型滞后环，证明产物含有明显的介孔；从图 5–14 的 BJH 孔径分布曲线可知，产物介孔集中在 3.7nm 左右；通过 BET 表征，得到样品比表面积及孔结构参数数据，以 TPHAC 为模板剂，放大合成的梯

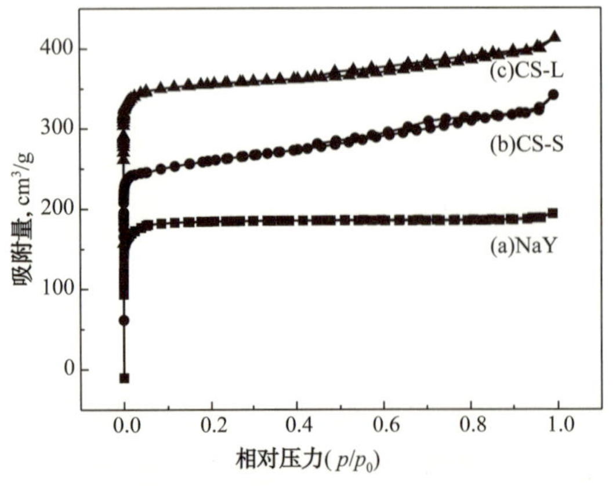

图 5–13　样品的 N_2 吸附—脱附曲线

度孔 Y 型分子筛总比表面积为 653m²/g，微孔比表面积为 525m²/g，介孔比表面积为 128m²/g，总孔体积为 0.43cm³/g，微孔孔体积为 0.25cm³/g，介孔孔体积为 0.18cm³/g。

CS-L 样品的比表面积和孔结构参数与 CS-S 接近，证明了放大合成没有影响梯度孔 Y 型分子筛的物化性质，CS-L 具有梯度孔结构。

表 5-20 样品的的物化性质

样品	S_{BET} m²/g	S_{mic} m²/g	S_{ext} m²/g	V_{total} cm³/g	V_{mic} cm³/g	V_{meso} cm³/g
a	755	711	44	0.39	0.35	0.04
b	663	530	133	0.44	0.26	0.18
c	653	525	128	0.43	0.25	0.18

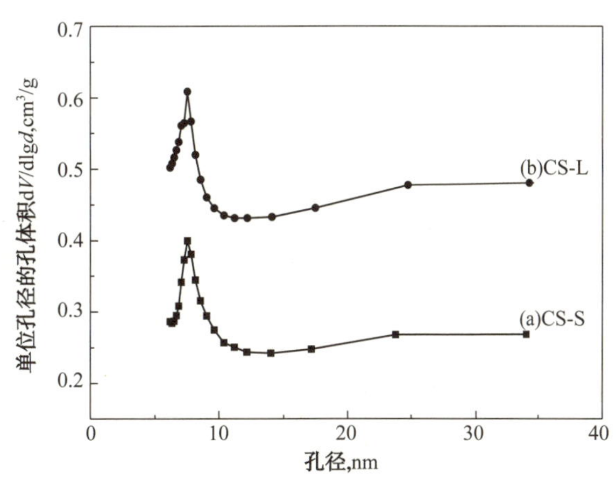

图 5-14 样品的 BJH 孔径分布曲线

图 5-15 是 CS-L 的 SEM 图。通过 CS-L 的正八面体外部形貌判定样品是典型的 Y 型分子筛，颗粒边缘完整、大小均匀，颗粒大小约 1μm，与 Y 型分子筛表面形貌类似。证明了放大合成产品具有 Y 型分子筛形貌，放大合成对产品结构没有影响。分析结果与 XRD，FT-IR 结果一致。

图 5-16 是 CS-L 的 TEM 图。从图 5-16（a）中可以清晰看出 NaY 的平行等距的微孔晶格条纹，但是不存在明显的晶内介孔。从图 5-16（b）中看出平行规则的微孔晶格条纹，晶格缺陷区域是无序蠕虫状介孔（红色线条围成），介孔孔径大小在 3~4nm 范围内，与 BJH 孔径分布结果一致，样品内部的微孔形貌与 NaY 样品相同，证明放大合成对产品结构没有影响。

(a)NaY

S4700 20.0kV 11.5mm×50.0k 1.00μm

(b)CS-L

图 5-15 CS-L 的 SEM 图

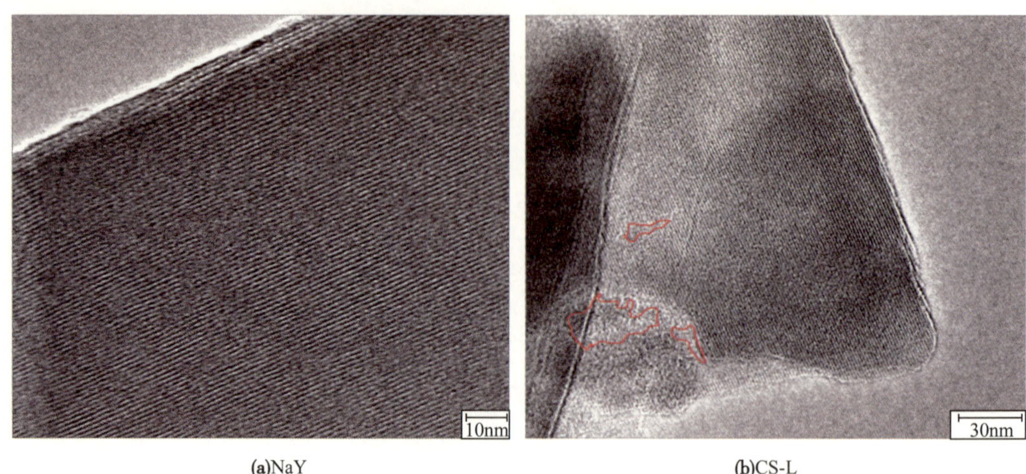

(a)NaY (b)CS-L

图 5-16 CS-L 的 TEM 图

2）应用前景

Y型分子筛适宜的酸性、高的稳定性以及较低的合成成本，在催化裂化领域飞速发展的几十年中起着举足轻重的作用，而随着原油重质化、劣质化日益加剧，常规Y型分子筛不能完全满足催化裂化催化剂高转化率、高液体收率等要求。制备的催化剂中由于具有通畅的微孔—介孔道，反应物与产物扩散阻力减小，重油转化率提高，轻质油收率增加。与常规Y型分子筛相比，使用微孔—介孔Y分子筛制备的催化剂，重油产率降低0.88个百分点，总液体收率提高1.09个百分点；与工业重油催化剂相比，使用微孔—介孔Y型分子筛制备的催化剂，总液体收率提高1.62个百分点，表现出较好的重油转化反应性能。微孔—介孔Y型分子筛技术，不仅具有很好的产业化前景，而且还将为中国石油新型催化裂化催化剂的研发提供平台技术，提高中国石油催化裂化系列产品的市场竞争力，具有巨大的经济效益、广阔的应用前景。中国石油在微孔—介孔Y型分子筛工业化生产这一热点方向取得突破，不但可为催化裂化催化剂设计提供新的技术，也将为其他催化剂的开发提供可选材料。

3. 原位晶化合成多级孔Y型分子筛复合材料的研究

在影响催化裂化效益的诸多因素中，催化剂是催化裂化技术发展最活跃、最具潜力的领域。提高催化剂渣油裂化能力、降低结焦率、提高目的产品产率是催化裂化催化剂技术开发的重点。经过国内外长期研究[21]，要实现上述目标，催化剂设计的重点是提高Y型分子筛活性中心可接近性，主要涉及三个方面的技术关键：一是具有孔道畅通的载体，二是Y型分子筛活性中心充分暴露，即要求分子筛尽可能分布在载体孔道表面，三是要求Y型分子筛晶粒较小，提高反应选择性，应用这些技术可以实现油气分子在催化剂中快速扩散、充分反应、顺序接力的目标。

但从技术的经济性和可行性考虑，采用高岭土原位晶化合成多级孔Y型分子筛复合材料，是一种技术环保、性能优越的技术。这是因为以天然高岭土为原料，通过原位晶化技术，可以制备出显著改善催化剂活性可接近性的高性能多级孔Y型分子筛复合材料，制备的复合材料具有大孔—介孔—微孔孔道畅通且分布理想、Y型分子筛晶粒小、分子筛分布在孔道表面，提高了催化剂活性中心的可接近性，尤其是分子筛与载体以化学键相联，结构稳定性优异，催化剂的寿命得到了显著提高，这种优势是其他合成技术无法比拟的[22]。因此，原位晶化技术合成的多级孔 Y 型分子筛复合材料，是一种理想的高性能催化材料。

中国石油坚持原位晶化技术研究的不断进步，截至 2015 年底，已开发了 6 代催化剂产品，新增专利 4 件。

1）主要技术进展

近年来中国石油经过技术创新，以廉价的普通高岭土为原料，不经过任何细化处理，只通过简单可行的基质孔道构建，使基质孔道畅通，既为分子筛生长提供了空间，又可使油气分子快速扩散，这样复合材料不仅有 Y 型分子筛的微孔结构而且还有基质丰富的中大孔结构，且中大孔孔体积占总孔孔体积的 40% 以上，分子筛均匀分布在改性高岭土孔壁上，大大提高了催化剂活性中心的可接近性，强化了分子筛和基质在裂化反应过程中的协同、接力作用，其中 Y 型分子筛的结晶度大于 65%，硅铝比大于 4.5。

具体的设计思路为采用高岭土预处理活化技术，控制固相中硅铝的形态；对不同物相高岭土进行预处理和调整原位晶化条件实现活性硅铝迁移。最终采用高岭土预处理活化技术、活性硅铝在原位晶化中迁移条件控制和外加硅源聚合态的调控技术，实现了非均相体系中 Y 型分子筛的原位生长和多级孔材料的生成，并成功开发了多级孔 Y 型分子筛复合材料。

由图 5-17 可以看出，在 2θ 为 6.07°、15.42°、18.49°、23.45°、26.89°、30.48°、31.15° 等处出现了很强的衍射峰，这些衍射峰为典型的 NaY 分子筛（111）、（331）、（333）、（533）、（642）、（660）、（555）等晶面的特征峰，说明高岭土原位晶化合成的多级孔 Y 型分子筛复合材料中 Y 型分子筛特征峰明显。

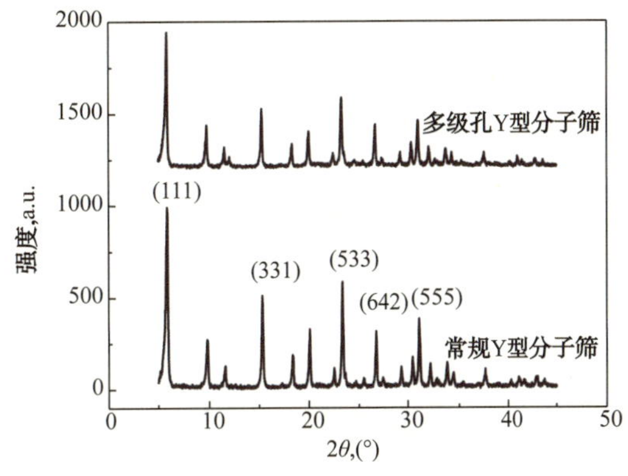

图 5-17　多级孔 Y 分子筛复合材料的 XRD 谱图

图 5-18 为高温焙烧高岭土、未焙烧高岭土和原位合成产物的 FTIR 谱图。1097cm^{-1} 处的峰为 T—O 四面体片的振动峰，808cm^{-1} 处的峰为 SiO_2 或者石英的振动峰，470cm^{-1} 处的峰为结构弯曲振动峰，都为高温焙烧高岭土的特征峰；3695cm^{-1}、3652cm^{-1}、3619cm^{-1} 处的峰为与八面体阳离子连接的—OH 伸缩振动峰，3440cm^{-1} 处的峰为水羟基的伸缩振动峰，1633cm^{-1} 处的峰为水羟基的弯曲振动峰，1105cm^{-1}、1029cm^{-1}、1006 cm^{-1} 处的峰为 Si—O 的伸缩振动峰，914cm^{-1} 处的峰为 Al—OH 的振动峰，790cm^{-1} 处的峰为活性 SiO_2 或者石英的振动峰，757cm^{-1} 处的峰为 Si—O—Al 的振动峰，696cm^{-1} 处的峰为 Si—O 面外弯曲振动峰，539cm^{-1} 处的峰为 Si—O—Al 弯曲振动峰，470cm^{-1} 处的峰为 Si—O—Si 面内弯曲振动，430cm^{-1} 处的峰为 Si—O 振动峰，这些峰都是高岭土的特征峰；1025cm^{-1} 和 464cm^{-1} 处的峰为 T—O 四面体的振动峰（T=Si、Al），572cm^{-1} 处的峰为八面分子筛的特征峰，这些特征峰的出现说明 Y 型分子筛原位生长在了高岭土基质的表面。

由图 5-19 可以看出，大量的 NaY 分子筛生长在高岭土的表面，受到基质高岭土的影响，生成分子筛的表面含有丰富的孔道，原位产物高岭土 /NaY 继承了高岭土丰富的孔道，结合了 NaY 分子筛和高岭土基质的优势。另外，从图 5-19 中还可以看到高岭土基质经过碱性水热环境后，形成的丰富的孔结构。在重油催化裂化中，这些丰富的孔道有利于大分子油的预裂化，进而以小分子形态顺利进入微孔分子筛中进行进一步裂化反应。

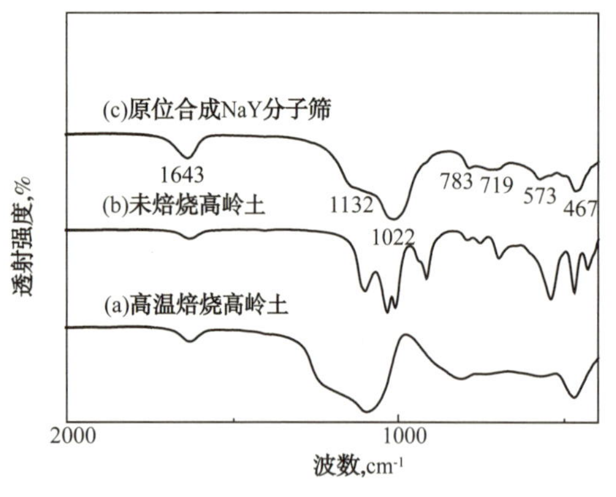

图 5-18　高温焙烧高岭土、未焙烧高岭土、原位合成 NaY 分子筛的 FTIR 谱图

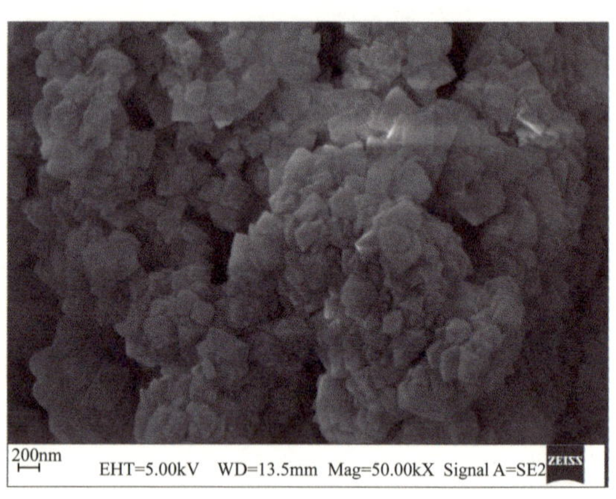

图 5-19　多级孔 Y 型分子筛复合材料的 SEM 图

分子筛和载体一体化复合材料的孔结构用 N_2 吸附—脱附法进行了表征（图 5-20、图 5-21、表 5-21）。

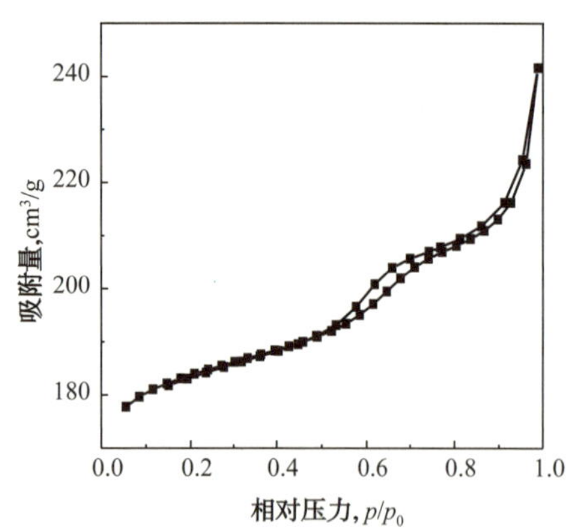

图 5-20　多级孔 Y 型分子筛复合材料的 N_2 吸附—脱附分布曲线

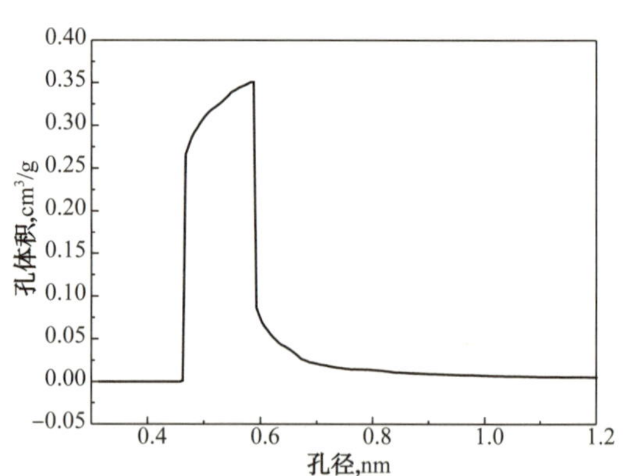

图 5-21　多级孔 Y 型分子筛复合材料的 HK 孔径分布曲线

由图 5-20 可以看出，多级孔 Y 型分子筛复合材料的 N_2 吸附—脱附分布曲线表现为典型的 I 型吸附，具有较为明显的 H1 型滞后环。相对压力 $p/p_0 < 0.01$ 范围内，多级孔 Y 型分子筛复合材料的吸附量骤然增加，说明多级孔 Y 型分子筛复合材料中微孔的存在，从侧面说明了 NaY 分子筛原位生长于高岭土基质上。相对压力 $0.5 < p/p_0 < 1.0$ 范围内出现的滞后环，归结于介孔的毛细管凝结吸附和高岭土的大孔结构以及微粒间介孔。多级孔 Y 型分子筛复合材料的梯度孔道有利于重油分子在其中的扩散和预裂化。由图 5-21 也可以看出，多级孔 Y 型分子筛复合材料的微孔孔径分布均匀，主要集中在 0.6nm 左右，为孔径均一的 NaY 分子筛的微孔。可以看出，多级孔 Y 型分子筛复合材料含有孔径分布广泛的

介孔和大孔结构。

表 5-21　多级孔 Y 型分子筛复合材料的比表面积和孔结构

样品	比表面积，m^2/g	孔体积，m^3/g	中大孔孔体积，m^3/g	中大孔孔体积占总孔孔体积比例
复合材料 1	561.5	0.430	0.190	44%
复合材料 2	526.8	0.427	0.198	46%

由表 5-21 可以看出，分子筛和载体一体化复合材料的比表面积都达到 $500m^2/g$ 以上，孔体积在 $0.42m^3/g$ 以上，中大孔孔体积占总孔孔体积的比例超过了 40%，说明复合材料具有良好的孔道结构和催化性质。

利用该多级孔 Y 型分子筛复合材料经稀土改性后制备成催化裂化催化剂，与对比剂相比，评价结果显示，在焦炭产率相当的情况下，汽油收率增加了 1.06 个百分点，总液收提高了 1.30 个百分点，重油降低了 1.38 个百分点，说明该催化剂具有良好的重油转化能力和优异目的产品选择性（表 5-22）。

表 5-22　多级孔 Y 型分子筛复合材料制备催化裂化催化剂的反应性能

性　　能	对比催化剂	新型催化剂
干气收率，%（质量分数）	2.15	2.06
液化气收率，%（质量分数）	14.50	14.58
汽油收率，%（质量分数）	48.31	49.37
柴油收率，%（质量分数）	17.33	17.50
重油收率，%（质量分数）	9.98	8.60
焦炭收率，%（质量分数）	7.18	7.34
转化率，%（质量分数）	72.13	73.35
总液收，%（质量分数）	80.14	81.44
轻油收率，%（质量分数）	65.64	66.86

2）应用前景

以廉价的高岭土为原料，不经过任何细化处理，只通过简单可行的载体孔道构建技术，使载体孔道畅通，既为分子筛生长提供空间，又可使油气快速扩散。制备的复合材料具有大孔—介孔—微孔孔道畅通且分布理想、Y 型分子筛晶粒小、分子筛分布在孔道表面，尤其是分子筛与载体以化学键相联，结构稳定性优异。在催化裂化催化剂领域，结合半合成催化剂制备工艺，提高了原位晶化催化剂灵活性，使其发挥更大作用，为中国石油建立了一种新的原位晶化催化剂生产工艺，成为高性能催化剂设计及领域拓展新的技术平台。以 3.0×10^6t/a 催化装置为例，使用包含复合材料的催化剂，以提高总液体收率 1 个百分点计，可增产目的产品 3×10^4t。在加氢催化剂领域，高岭土原位晶化合成的多级孔 Y 型分子筛复合材料，成本低，污染小，且微孔—介孔比例和酸性可调，可作为载体材料使用，降低了加氢催化剂成本，改善了其性能。高岭土原位晶化合成的多级孔 Y 型分子筛复合新材料将对催化裂化和加氢催化剂技术进步起到重要的推动作用，经济效益显著，具有广阔的产业化应用前景。

4. 介孔 USY 分子筛的结构设计与放大制备

USY 分子筛具有较为发达的微孔结构，其丰富的 B 酸和 L 酸中心使其酸催化作用成为可能。而且其具有较高的热及水热稳定性，能经受起更为苛刻的再生条件，同时具有焦炭选择性低、抗金属污染能力强、汽油选择性及辛烷值高等优点，广泛应用于石油化工行业。然而，随着原油日益重质化，工业所用 USY 分子筛二次孔少、酸密度过大，重油大分子在其孔道内扩散困难，二次裂化现象严重。通过结构设计，可使 USY 分子筛在加氢裂化反应中具有更广泛的原料适应性。研制新一代超高硅铝比 Y 型分子筛，能够在分子水平上了解分子筛结构设计方法及结构调控规律，为新一代重油加氢催化剂的开发提供理论依据。

分子筛的改性方法主要包括：高温水热法、化学法和复合法。不同的改性方法对分子筛的结构有着巨大的影响，也导致了其酸性质的明显区别。在诸多改性方法中只有高温水热法实现了工业化，但单纯的水热处理缺点非常明显，孔分布不合理，产生的二次孔少，且孔道通透性差，不能满足重油加氢裂化反应对 USY 分子筛的要求；化学改性法在前期的研究过程中，主要报道了各类脱铝剂对分子筛的改性效果，不同脱铝剂特点各异，对分子筛的作用也具有不同的影响。但仍未有系统研究 USY 分子筛结构设计与制备技术中化学改性法的综合应用。

改性 USY 分子筛作为工业催化剂载体的应用必须综合考虑其硅铝比、结晶度和酸性质等因素，在改性方法上，环境友好、工艺简单和成本低廉是保证其工业化的前提条件。中国石油大学（华东）开发了一条具有自主知识产权的新型介孔 USY 分子筛改性新路径，探索出了制备富介孔和高比例中强酸 USY 分子筛的改性方法。以有机酸—无机酸复合改性的方法，对商用 USY 分子筛进行二次造孔，制备了具有高比表面积、高硅铝比、富介孔和富中强酸的介孔 USY 分子筛（DAY），并对以其为载体制备的加氢裂化催化剂的催化性能进行了评价，为富介孔和富中强酸的介孔 USY 分子筛在加氢裂化催化剂中的工业应用提供了理论和技术基础。

1）主要技术进展

（1）柠檬酸—磷酸复合体系改性 USY 分子筛小试研究。

对于柠檬酸单独改性，无法实现二次孔、酸性质以及结晶度的匹配。柠檬酸浓度太高，易使分子筛结构发生部分坍塌，导致结晶度下降；柠檬酸浓度太低，创造的二次孔不足。另外，脱铝的同时也会脱除部分硅，这部分硅是以配合物的形式脱除的，难以补充回脱铝产生的孔道中。而骨架硅的脱除会产生部分非骨架铝，因此，柠檬酸脱铝过程酸性质的变化是较为复杂的。

而磷酸单独改性，脱铝能力不足，磷酸浓度过高又会造成磷铝物种在分子筛表面的聚合，同时部分磷铝物种会在分子筛孔道内沉积，影响改性。在柠檬酸—磷酸复合改性体系中，柠檬酸通过有机配位反应脱铝，疏通孔道的同时构造出大量的二次孔，磷酸作为一种无机小分子的中强酸，在脱铝的同时，PO_4 四面体有可能进入分子筛骨架内部，通过氧桥键键合进入分子筛骨架，以维持较高的结晶度且适度的调节酸性质。这样在构造二次孔的同时，又能保持较高的结晶度，具有比单独的柠檬酸或磷酸改性明显的优越性。对于加氢裂化多产中间馏分油用 USY 分子筛，关注二次孔的同时，也需要考虑酸性质的影响。较大的二次孔孔体积，可以减少反应物分子以及一次裂化产物的扩散阻力，避免二次裂化。

适当提高中强酸比例，可以提供适当的裂化活性，有效地避免二次裂化。

对于 USY 分子筛作为载体应用于加氢裂化多产中间馏分油技术，要求其具有较大的比表面、较高的二次孔含量以及适宜的酸性质。通过正交试验设计，采用多指标正交试验，综合考虑各因素对二次孔孔体积和中强酸比例的影响，得出最优化改性条件，所得介孔 USY 分子筛的 BET 比表面积约 670m²/g，总孔体积约 0.48cm³/g，其中介孔孔体积可达 0.21cm³/g，样品的孔径集中分布在 8nm 和 23nm。改性后分子筛总酸量下降，中强酸比例升高（约 40%），骨架硅铝比为 25.3，结晶度为 73.2%。以最优化改性条件对商用 USY 分子筛进行改性，并通过低温氮气吸脱附法、X 射线粉末衍射分析、氨气程序升温脱附、吡啶吸附红外光谱分析、固体核磁、水热老化等手段对改性产品进行表征。此外，通过洗脱和交换引入非骨架铝的方法，研究了非骨架铝的存在形式及对 USY 分子筛吸附性能和酸性质的影响，提出了柠檬酸—磷酸复合体系的改性机理。

（2）柠檬酸—磷酸复合改性 USY 分子筛的放大研究。

在实验室小试的基础上，分别进行了介孔 USY 分子筛 5L、10L、50L 以及 1000L 的放大制备，基本复制了实验室改性的实验环境。然而，相比于实验小试体系，1000L 放大体系升温速率慢，体系温度控制难度增加，因此，初次放大改性所得样品相比于小试产品仍有差距。在详细分析了放大改性 USY 分子筛的物化性质后，对改性方案进行了修正。在改性前，对柠檬酸溶液预热至改性所需温度，解决了体系升温速率慢的问题。通过对磷酸改性溶液进行预热，解决了向反应体系大量加入磷酸溶液导致的温度降低的问题。此外，分析发现，改性样品中非骨架铝的含量增大，因此，进一步修正了柠檬酸改性溶液的浓度，使之能更及时有效地脱除孔道中残留的非骨架铝。修正前后的改性方案对比见表 5-23。

表 5-23　1000L 改性体系修正前后改性方案对比

项　目	修正前方案	修正后方案
物料配比	柠檬酸浓度 0.3mol/L； 磷酸浓度 0.3mol/L； $V_{CA}:V_{H_3PO_4}=1:1$； 液固比 10∶1	柠檬酸浓度 0.5mol/L； 磷酸浓度 0.3mol/L； $V_{CA}:V_{H_3PO_4}=1:1$； 液固比 10∶1
加料次序	Ⅰ：制备柠檬酸溶液； Ⅱ：向柠檬酸溶液中加入分子筛； Ⅲ：升温至 100℃后，加入磷酸溶液，形成反应液	Ⅰ：制备柠檬酸溶液； Ⅱ：向柠檬酸溶液中加入分子筛； Ⅲ：升温至 100℃后，加入预热后的磷酸溶液，形成反应液
工艺条件	反应温度 100℃； 反应时间 6h	反应温度 100℃； 反应时间 6h

注：液固比实际为"Y+CA+H_3PO_4"∶"H_2O"；CA—柠檬酸溶液。

最终得到的改性介孔 USY 分子筛的物化结构参数与小试基本吻合。放大制备的介孔 USY 分子筛的比表面积达 650m²/g，二次孔孔体积为 0.23cm³/g，结晶度为 88.0%，硅铝比为 25.3，达到了国际先进水平。将改性分子筛［10%（质量分数）］和无定形硅铝［90%（质量分数）］混合，以氧化铝为胶溶剂进行捏合，采用挤条机挤出成型制备载体，通过浸渍法负载 Ni-W 共浸液制备加氢裂化催化剂，加氢裂化产物中，140~370℃产物的收率为 66.09%，中油选择性高达 80.45%。与工业 USY 分子筛相比，介孔 USY 分子筛的中油收率和中油选择性分别提高了 5.67 个百分点和 4.07 个百分点。

总之，在常压、低温、低酸度条件下通过对USY分子筛的二次结构设计，制备出了具有高比表面积、富介孔含量、富中强酸、结晶度高的介孔USY分子筛。通过有机酸—无机酸复合改性方法，可以有效、精确地控制改性体系的脱铝过程，实现了液固比、二次孔孔体积和相对结晶度的匹配，并实现了1000L的放大。

（3）柠檬酸—磷酸复合改性USY分子筛的工业生产。

中国石油开发的高活性、高中间馏分油选择性的中间馏分油型加氢裂化催化剂PHC-03技术，采用了强酸体系下的有机配位反应法制得中孔结构丰富、稳定性好的超低钠改性DAY分子筛，解决了Y型分子筛改性过程中丰富的二次孔结构和高的相对结晶度匹配的难题。与其他方法制备的改性Y型分子筛相比，DAY分子筛兼具较高的相对结晶度和丰富的二次孔孔体积，其中相对结晶度达到80%，二次孔比例达到55%（表5-24），可大幅度提高分子筛结构稳定性和孔道扩散性，降低了二次裂化反应概率。

表5-24 不同路线的改性Y型分子筛产品物性数据

性　　能	DAY分子筛	参比分子筛1	参比分子筛2
比表面积，m^2/g	631	617	610
总孔孔体积，mL/g	0.36	0.36	0.35
二次孔孔体积，mL/g	0.20	0.15	0.12
二次孔比例，%	55	41	34
相对结晶度，%	80	74	70

注：参比分子筛1采用铵交换/水热/有机酸处理方法；参比分子筛2采用铵交换/水热方法处理。

为了满足PHC-03加氢裂化催化剂工业生产的原料需求，开展了DAY分子筛$14m^3$工业生产。工业产品的物性数据见表5-25。

表5-25 工业DAY分子筛物化性质

样品编号	比表面积，m^2/g	孔体积，mL/g	平均孔径，nm	相对结晶度，%
$14m^3$-1	651	0.40	2.5	基准+2
$14m^3$-2	634	0.40	2.6	基准+1
$14m^3$-3	641	0.41	2.6	基准+1
$1m^3$	650	0.40	2.5	基准+1
实验室小试样品	631	0.36	2.5	基准
质量指标	≥600	≥0.36	—	基准

从表5-25中分析结果可以看出，DAY分子筛工业产品的相对结晶度、比表面积、孔体积等指标均达到质量控制指标要求，且晶型保持完整，酸性与实验室及中试放大样品相当。

由于富含介孔结构的DAY分子筛有利于提高催化剂对原料油中多环芳烃大分子的选择性开环裂化性能，进而提高了催化剂活性和中间馏分油选择性，使加氢裂化催化剂（PHC-03）反应温度降低3~5℃，中间馏分油选择性提高2.6~6.4个百分点，具体见表5-26。

表 5-26　不同路线的改性 Y 分子筛加氢裂化性能对比结果

性　　能	DAY 分子筛	参比分子筛 1	参比分子筛 2
反应温度，℃	375	378	380
中间馏分油选择性，%	82.7	80.1	76.3
柴油十六烷值	60.6	56.3	55.4
尾油 BMCI 值	7.4	8.9	10.1

注：参比分子筛 1 采用铵交换 / 水热 / 有机酸处理方法；参比分子筛 2 采用铵交换 / 水热方法处理。

2）应用前景

USY 分子筛具有较为发达的微孔结构，其丰富的 B 酸中心和 L 酸中心使其酸催化作用成为可能。针对重油加氢裂化对载体材料的特殊要求，通过有机酸—无机酸复合改性制备了富介孔、富中强酸比例、结晶度高的介孔 USY 分子筛。该介孔 USY 分子筛开阔的孔道结构为重油大分子的扩散提供了快速通道，可以减少二次裂化，提高中间馏分油收率。此外，该材料还具有较高的相对结晶度，保证了以其作为载体制备的加氢裂化催化剂的稳定性。除了应用于加氢裂化催化剂载体，该介孔 USY 分子筛在重油催化裂化中也有着巨大的潜在应用价值，具有广阔的市场应用前景。并且，富介孔 USY 分子筛由于其发达的孔道结构，以及部分骨架铝脱除而更有利于金属原子引入等特点，使其在传统催化（有机物合成、生物质降解与环保、无机物的选择性催化等）以及新能源（如电化学应用）等领域中也表现出了令人期待的潜力，受到了广泛关注。

5. 高水热稳定性介孔分子筛的工业化生产

开发适用于催化裂化催化剂的新材料一直是炼油工业关注的重点，作为解决该问题的主流思路是合成大孔径的分子筛—介孔分子筛，如合成十四元环、十六元环、十八元环甚至二十元环的分子筛，科学家就此已做了大量工作。20 世纪末世界最权威的杂志 *Nature* 发表了在催化裂化具有应用前景的 ITQ-21 分子筛，尽管 ITQ-21 只增加了一对 12 元环，孔腔直径也只增加到 1.18nm，但重油的转化率和汽柴油产率大幅提高，结焦率显著降低，其问世为大分子高效转化带来了曙光，具有重大的科学意义。大孔径基质材料一直是催化裂化催化剂实现重油高效转化的理想材料之一，尤其是介孔分子筛材料在孔道规整性、酸性方面更具优势，为重油高效转化带来了希望，但由于其水热稳定性较差，使工业化应用难以突破。因此，开发酸性适中、水热稳定性高的介孔分子筛材料是提高催化裂化催化剂性能的关键技术之一。

中国石油以前驱体组装技术为基础合成介孔分子筛，通过提高杂原子 Al 的引入量和引入效率，增强介孔分子筛的孔壁的稳定性来增加其酸性稳定性和水热稳定性，另外，介孔分子筛的合成仍难以大规模推广应用的一个难题就是合成成本较高。以此为出发点，采用嵌段共聚物为主模板剂，改性的聚合物作为助模板剂，以双重模板剂对微孔分子筛的前驱体结构单元进行组装合成了高稳定性介孔分子筛[23]。合成示意图如图 5-22 所示。

完成实验室研究，并实现了立方级放大，催化裂化催化剂应用研究表明，介孔分子筛表现出良好的重油转化和产品选择性等特点。

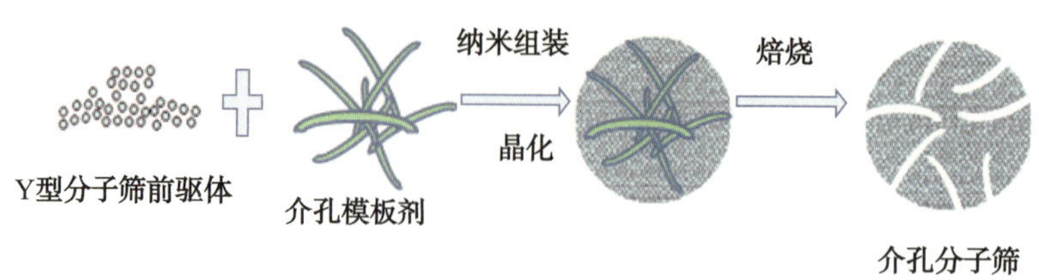

图 5-22　高稳定性介孔分子筛合成示意图

1）主要技术进展

在国家科技支撑计划项目和中国石油科技项目的支持下，项目组针对制约介孔分子筛技术发展的关键科学问题，历时十余年潜心研究，在介孔分子筛结构构造与合成体系创建方面，取得了重大突破：

（1）对孔壁无定形化造成稳定性差的技术瓶颈，开发了拟晶态结构构建介孔分子筛孔壁技术，预先合成结构稳定的拟晶态基体作为基本单元构筑牢固的孔壁结构，在缓和条件下，主模板剂和助模板剂协同发挥"氢键保护"的双重作用，使拟晶态结构单元在组装过程中得以有效保留，保持了结构完整性，显著提高了稳定性。

（2）针对酸性位有限导致酸量低的科学问题，深入研究了硅羟基和铝羟氧基缩合机理，通过化学环境调变，使拟晶态结构单元在硅物种的等电点下进行组装，避免了现有技术中铝物种以离子态存在导致酸性位缺失的问题，使铝物种以氧化物态与硅物种配位，实现了更多四配位铝植入至介孔分子筛孔壁中，不但进一步提高了结构稳定性，更重要的是大幅提高了酸量。

（3）针对合成效率低使介孔分子筛无法广泛应用的困难，创建了"高浓体系晶种法"合成介孔分子筛新方法，解决了原有介孔分子筛由于稳定性差而无法作为晶种的难题。以本研究合成介孔分子筛为晶种，由于结构稳定，晶种解聚后可形成稳定的微晶，微晶提供分子筛生长所需的晶核和生长面，在组装过程中有效发挥了结构导向和晶型导向作用，使新介孔相顺利有序生长成为介孔分子筛新晶粒。"高浓体系晶种法"降低了晶体生长过程中的能垒，提高了合成效率，使合成原料成本降低到2万元/t以下。

高水热稳定性、高酸量介孔分子筛高效合成技术的开发成功，是国际介孔分子筛领域合成技术的重大突破。新材料不但为介孔分子筛应用于催化裂化、加氢裂化等炼油催化剂创造了条件，同时可为提高精细化工、环境保护等催化过程的反应效率提供新途径，对于推动催化学科发展和分子筛产业发展有重要的科学价值，对中国石油炼化业务科技进步具有重要的技术引领作用。

（1）"拟晶态结构构造"合成技术。

在介孔分子筛合成研究过程中，研究了离子态硅铝物种经单体聚合、晶体成核、晶体生长等逐级缩聚形成介孔分子筛晶体的机理；探索了以不同起始反应物合成不同聚集程度的分子筛次级结构单元、纳米片晶的途径；考察了其聚集尺度、形貌及数量对合成体系中自组装过程和介孔孔道结构形成的影响；开发了高稳定性拟晶态结构作为构造单元进行组装合成介孔分子筛的技术。

采用嵌段共聚物为主模板剂，以微量的改性胺类聚合物（聚乙烯胺、聚苯胺、聚丙烯亚胺）为助模板剂，通过改变两种模板剂的聚合度和配比，调变混合胶束的亲水性/亲油性平衡，在微观尺度上实现了混合胶束内核和外壳的可控制备，同时双模板剂对拟晶态结构单元起到“氢键保护”，进一步稳定了结构。通过对模板剂与拟晶态结构单元组装过程的深入研究，实现了非苛刻条件下进行组装，使形成的拟晶态结构单元在组装过程中保持了结构的完整性。拟晶态结构单元构建的有序化孔壁，显著提高介孔分子筛结构稳定性。与其他介孔分子筛相比，本技术合成的介孔分子筛水热稳定性提高了264%。

深入研究了硅羟基和铝羟氧基缩合机理，通过化学环境的调变，在硅物种的等电点下，将铝物种以氧化物态而非离子态与硅物种配位缩合，使酸性位来源的四配位铝更多地植入至介孔分子筛孔壁中，显著提高了酸量。与其他介孔分子筛相比，该技术合成的介孔分子筛酸量提高了85%。

（2）“高浓体系晶种法合成介孔分子筛”的新技术。

晶种法尚无应用于介孔分子筛的先例。其原因为介孔分子筛的孔壁为无定形结构，结构易坍塌，在晶种解聚过程中基本结构单元很容易破坏，无法作为晶种引导新结构单元的复制。通过将低硅高铝型的稳定性晶种法引入介孔分子筛的合成，宏观尺度上实现了介孔孔壁结构单元的可复制性，在纳米尺度上实现了初级结构单元和次级结构单元的有序生长，最终构筑出高性能的介孔分子筛。该技术突破了介孔分子筛稳定性差难以作为晶种的难题，同时降低了晶体生长过程中的能垒。

工业生产证明，采用晶种法后，模板剂用量下降50%，水用量下降64%，产品收率增加，合成原料成本大幅降低到2万元/t以下，同时降低了模板剂脱除过程产生的废气，合成更绿色化。原理示意图如图5-23所示。

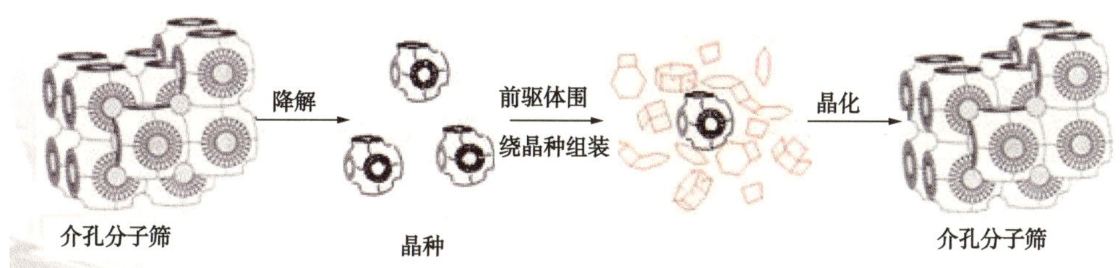

图5-23 助晶种法合成高稳定性介孔分子筛原理示意图

该技术介孔分子筛与市场现售的介孔分子筛MCM-41、SBA-15相比，水热稳定性显著改善，MAS-5分子筛处于实验室研究阶段，水热稳定性也不及本技术的介孔分子筛。从合成成本相比，该技术的介孔分子筛明显降低（表5-27）。

表5-27 高稳定性介孔分子筛与其他现有技术介孔分子筛的对比

分子筛	稳定性	原料成本	工业化
MCM-41	沸水24h结构坍塌	5万/t	规模生产
SBA-15	100%水蒸气，800℃，2h比表面保留率13.28%	8万/t	规模生产
MAS-5	100%水蒸气，800℃，2h比表面保留率23.54%	—	实验室
本技术	100%水蒸气，800℃，10h比表面保留率35.6%	2万/t	工业生产

立方级放大制备的介孔分子筛比表面积达 743m^2/g，孔体积达 0.94mL/g，100% 水蒸气老化 10h，比表面积保留率大于 30%，水热稳定性与 Y 型分子筛相当。在催化裂化催化剂中应用表明，与工业 LDO-75 催化剂相比，采用立方级放大获得的介孔分子筛，在干气和焦炭产率相当时，实现了重油产率降低 1.65 个百分点，总液收提高 1.63 个百分点，具有良好的提高重油转化和目标产品产率的特点，见表 5-28。

表 5-28　介孔分子筛催化剂与工业 LDO-75 固定床性能评价对比　　单位：%

性　能	工业 LDO-75	介孔分子筛催化剂	差值
干气收率	2.65	2.62	-0.03
液化气收率	14.50	17.06	+2.56
汽油收率	48.13	49.63	+1.50
柴油收率	18.83	16.42	-2.41
重油收率	7.53	5.88	-1.65
焦炭收率	7.58	7.62	+0.04
转化率	72.87	76.92	+4.05
总液收	81.47	83.10	+1.63
轻油收率	66.97	66.05	-0.92

2）应用前景

介孔分子筛经过短短十几年的研究取得了很大的进步，同时也为催化、吸附分离以及高等无机材料等学科开拓了新的研究领域。但是介孔分子筛的化学反应活性位较少、稳定性仍不足的缺点使其仍然难以用到催化裂化、加氢裂化这种长周期运转、苛刻度较大的化学工艺之中。该技术从介孔分子筛的稳定性和酸性位的提升入手，通过两种模板剂复配组装前驱体的技术解决了稳定性和酸性位的问题，同时开发了助晶种法，使其合成成本大幅下降，合成路线更趋于绿色化。低成本高水热稳定性介孔分子筛的开发使得所制备的催化剂性能得到提升，具有可观的经济效益和社会效益。同时该项目开发的具有自主知识产权的介孔分子筛合成技术实现了催化裂化高苛刻条件下的工业化应用，对推进我国炼油及其他行业的发展具有重大的意义。

6. 富 Bronsted 酸介孔氧化铝的结构设计与可控性制备

氧化铝是催化裂化催化剂基质的一个重要组成部分。重油在催化裂化催化剂中的传质主要在基质中进行，一般情况下，大孔或介孔活性基质的孔道是大分子烃类扩散和预裂化的场所。因此，重油裂化催化剂的基质还应具备一定的表面酸性和适宜的孔分布。

催化裂化原料劣质化使得催化剂结焦成为催化剂失活的主要问题，因此，抑制催化剂结焦成为制备新型催化裂化催化剂的重要研究目标。催化裂化催化剂上的 Brönsted（B）和 Lewis（L）酸中心都是催化裂化反应的裂化活性中心，但相比而言，由于 L 酸具有较强的脱氢活性，在 L 酸中心上一般会生成较多的焦炭和干气。因此，解决催化剂结焦问题，首先要解决基质的表面酸类型及其分布，使其具有丰富的 B 酸位，并减少 L 酸位。工业上普遍采用酸溶铝锭的方法生产铝溶胶，不但消耗电能，而且铝溶胶干燥后的固体存在颗粒度小、孔道联通性差、比表面积小等缺点。在使用过程中，易造成基质孔道的堵塞，降低催化剂传质、传热效率，降低催化剂活性，因此，需要改进铝溶胶的制备方法以得到具有比表面积高，孔体积、孔径大等结构性能好的氧化铝溶胶。

因此，新型氧化铝溶胶的设计制备，一方面要求对氧化铝的表面酸性进行调变，使其具有丰富的 B 酸位、较少的 L 酸位，另一方面则需要对其孔结构进行改善，使其具有较大的孔体积和孔径，这对于增强重油裂解能力及降低焦炭、干气选择性有重要的实际意义。

中国石油大学（华东）开发了一条具有自主知识产权的新型介孔氧化铝溶胶合成新路径，探索出了富 B 酸介孔氧化铝表面酸性和孔道结构的调变方法。

1）主要技术进展

中国石油大学（华东）在中国石油支持下，采用溶胶—凝胶法在外加改性剂的条件下设计并制备了新型富 Bronsted 酸介孔氧化铝，取得如下研究成果。

（1）提出了以 NH_4BF_4、$(NH_4)_2SiF_6$ 为表面酸性改性剂对氧化铝进行改性的合成路线，制备出富 B 酸介孔氧化铝材料。尤其是以 NH_4BF_4 为改性剂制备的氧化铝具有较高的表面 B 酸浓度，同时 L 酸浓度大幅下降。研究表明，以 μ2-OH 羟基为例，型氧化铝表面经氟化处理后，氟原子部分取代该羟基邻位六配位铝上的表面羟基基团。鉴于氟原子极强的电负性（3.98），可以强烈吸引邻位原子的电荷，从而使得 μ2-OH 羟基的电子云密度下降，H 质子更容易得到释放，从而能够通过红外测试检测到 B 酸的存在。L 酸位的减少与加入的硼元素有关，一般认为改性过程中形成的硼铝化物 $H_xBO_3^{(3-x)-}$ 倾向于和带正电的铝物种结合，从而使 B—O—Al 和配位不饱和的铝位相结合，降低 L 酸含量。所得氧化铝材料，孔体积最高达到 0.79cm³/g，孔径为 8.5nm，B/L 酸量比最高为 0.75。采取添加扩孔剂、改性剂且不过滤洗涤的办法可进一步提高氧化铝的总孔孔体积和表面 B/L 酸比例，所得氧化铝的总孔孔体积达到 1.01cm³/g，其中介孔孔体积占 99.4%，孔径达到 17.3nm，B/L 酸量比为 2.3（图 5-24、图 5-25 和表 5-29）。

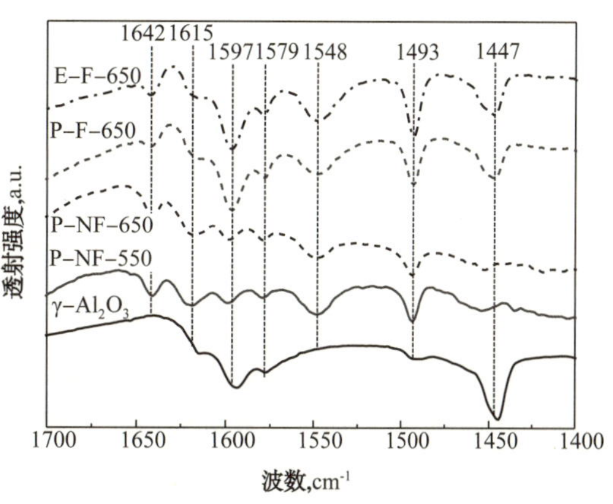

图 5-24　NH_4BF_4 改性氧化铝的吡啶吸附红外光谱图

与以 NH_4BF_4 为改性剂制备的氧化铝相比，$(NH_4)_2SiF_6$ 改性后的氧化表面不仅产生了较多的 B 酸位，而且 L 酸位也有所减少，因而具有相对较大的 B/L 值。硅含量对氧化铝的表面酸分布影响较大，随硅含量的增加，B 酸位和 L 酸位都呈现减少的趋势，但 L 酸位减少更为明显，当 F/Al 比为 0.6 时，改性氧化铝表面的 B/L 值达到最大。出现这一现象的原因可能是，尽管加入的 $(NH_4)_2SiF_6$ 量增多，但一方面氧化铝表面大部分羟基被 F 取代而使 B 酸位减少，另一方面只有部分硅原子可参与 B 酸位的形成，多余的硅原子聚集在表面和孔道内也会造成 B 酸位的减少。另外，虽然 $(NH_4)_2SiF_6$ 改性氧化铝上产生的表面 B 酸量和 NH_4BF_4 改性氧化铝的相近，但 L 酸位的减少量相对较少，因此其 B/L 值相对较小。

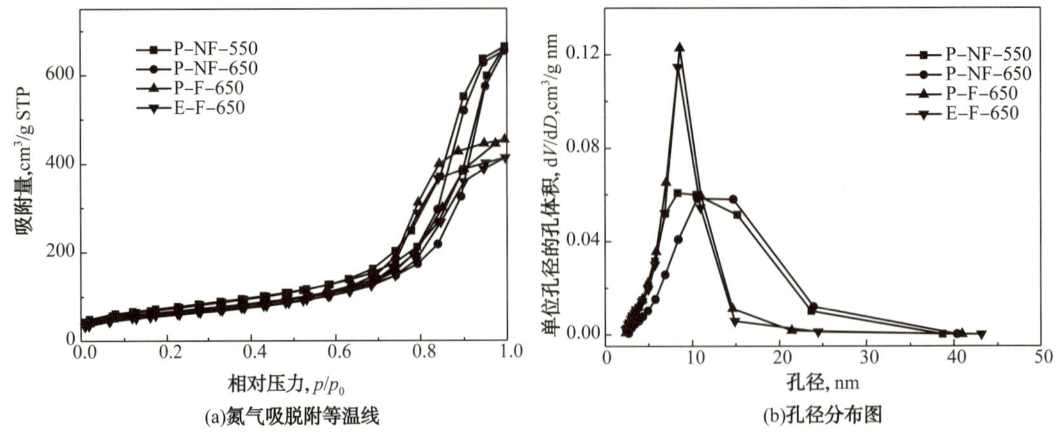

图 5-25 NH_4BF_4 改性氧化铝的氮气吸脱附等温线及孔径分布图

表 5-29 改性氧化铝样品的孔结构及表面酸性数据

样品	比表面积 S_{BET}，m^2/g	孔体积 V，cm^3/g	孔径 D，nm	B/L 酸比值
P-NF-550	269	1.03	15.3	2.53
P-NF-650	234	1.01	17.3	3.04
P-F-650	231	0.70	12.2	1.21
E-F-650	212	0.64	12.1	1.51
γ-Al_2O_3	271	0.70	10.3	0.00

（2）使用廉价、易得的拟薄水铝石作为铝源，采用溶胶—凝胶法合成了具有 B 酸位的介孔氧化铝。在合成过程中，使用陈化后的 Y 型分子筛结构导向剂对氧化铝的表面酸性进行改性。从孔结构数据发现，不同的老化 pH 值对氧化铝的孔道结构有较大的影响，比表面积达到 $320m^2/g$，孔体积为 $0.72cm^3/g$。与未改性的氧化铝相比，硅改性后，氧化铝的孔体积和孔径明显减小，而且在酸条件下进行老化的硅改性氧化铝的孔体积和孔径要小于在较高 pH 值条件下老化合成的样品的孔体积和孔径，这可能是因为在强酸体系中 Y 型分子筛结构导向剂发生强烈地分解形成了大量的小分子硅酸根和硅铝酸根，从而造成了氧化铝孔道的堵塞。从酸性表征结果来看，与酸性和碱性老化条件下合成的改性氧化铝相比，中性老化条件下合成的改性氧化铝的表面 L 酸位减少得更多，这可能是因为中性合成体系有利于 Y 型分子筛导向剂中的硅酸根和硅铝酸根与氧化铝中的不饱和配位的铝离子发生键合，这一方面导致了 L 酸位的减少，另一面又增加了 B 酸位。但调节到中性的途径不同所得改性氧化铝的表面 B 酸量也有所差别，其中从碱性调节到中性的方式可使改性氧化铝表面具有更多的 B 酸位，造成这种差异的原因可能是 Y 型分子筛结构导向剂在强酸性体系中发生了较大程度地分解。

（3）水热处理后的 Y 型分子筛合成母液所具有的小的 Y 型分子筛晶簇，采用该合成母液可以为氧化铝提供 B 酸位，同时还可以改善氧化铝的孔结构。孔结构数据表明，成胶 pH 值对改性氧化铝的孔结构影响较大，较低的成胶 pH 值使分子筛晶体结构完全被破坏，导致材料具有较小的微孔比表面积和微孔孔体积。同时，形成的较多无定形硅铝聚合物会堵塞氧化铝的孔道，造成材料的介孔比表面和介孔孔体积下降。在最佳的合成条件下，所得改性氧化铝的比表面最高可达 $321m^2/g$；而且其孔径分布较宽，适合不同动力学直径的重油分子的扩散和反应，孔体积最高为 $0.68cm^3/g$。随 NaY 分子筛合成母液的晶化时间增加到 4h，其 B/L 值从 0.12 增加到 0.30；而当晶化时间增加到 12h 和 24h 时，其 B/L 值减小到 0.25，通过优化合成条件，B/L 值最高可达 0.35 左右。而且没有在红外谱图中直接观察到位于 $3742cm^{-1}$ 处的桥式羟基的红外吸收峰，这也间接地证明了所制备的 HY 型分子筛改性氧化铝材料的 B 酸位的成因与分子筛截然不同。虽然改性后样品中含有 Y 型分子筛，但分子筛结晶度的降低使它们的 B 酸位主要来源于表面孤立的硅醇基而非桥式羟基。

（4）采用廉价易得的拟薄水铝石作为铝源，硅溶胶作为硅源，在水热条件下合成了富 B 酸和大孔体积的 γ-Al_2O_3。不同的成胶 pH 值对氧化铝的孔道结构有较大的影响。总体来看，在酸性条件下合成的硅改性氧化铝的比表面积、孔体积和孔径小于碱性条件下合成的样品。在酸性或中性条件下，二氧化硅易聚集在氧化铝表面造成氧化铝孔道的堵塞，而在碱性条件下，二氧化硅可以进入拟薄水铝石的层间和晶格内，阻止铝原子的烧结，防止氧化铝的孔道结构遭到破坏。另外，在成胶 pH 值为 2 时合成的氧化铝，其孔道结构优于 pH 值为 5 时合成的样品。改性后的氧化铝表面产生了一定量的 B 酸位，这很好地说明了硅溶胶中的 Si—OH 可能和 Al—OH 发生缩合作用生成了 Si—O—Al 结构。同时，在 SiO_2 的等电点（pH=2.8）附近合成的改性氧化铝，其 B 酸位较其他 pH 值下合成样品的要多，其 B/L 值也最大，为 1.2。这是因为当成胶 pH 值接近二氧化硅的等电点时，溶液中的 Al—OH 和 Si—OH 的缩合反应最快，因此二者在水热条件下生成了大量的 Si—O—Al 结构，增加了 B 酸位的量。但当 pH 值继续增加时，由于 Si—OH 浓度的减少导致生成的 Si—O—Al 结构降低，而使 B 酸位的量急剧下降；随后随合成体系从酸性变化到碱性，尽管这时 Al—OH 含量有所增加，生成的 Si—O—Al 结构增多，但比 pH 值为 2.8 时少。由此，采用硅溶胶改性，在 pH 值为 2.8 时可以获得具有最大量 B 酸位的氧化铝材料。其 B/L 酸比值最高可达 1.2，孔体积最高达 $1.00cm^3/g$，孔径达 11.9nm。

（5）采用一步沉淀法，使用工业级的硫酸铝、偏铝酸钠以及水玻璃制备了硅改性的氧化铝载体。通过原位红外光谱、氨气程序升温脱附技术以及魔角核磁技术，重点研究了改性前后氧化铝酸性的变化，并对氧化铝表面 B 酸位的形成机制做了一定的理论说明。研究发现，仅通过改变共沉淀过程中的 pH 值，可以实现硅铝酸盐表面的 B 酸位与 L 酸位的比例在 2.37~0.11 之间进行调变。在改变 pH 值的过程中，铝的配位环境发生变化；实验结果表明，连接混合硅铝相和纯氧化铝相的五配位的铝是强 L 酸性位的来源，而在纯氧化铝相中的四配位铝和六配位铝是弱 L 酸的来源。与晶型的分子筛不同的是，研究人员认为所合成的硅铝酸盐的 B 酸位主要来自表面的硅羟基群而不是硅铝桥羟基。而与上述五配位铝相连的表面硅羟基，是强 B 酸位的来源。

通过该方法制备的富中强 B 酸性位的基质材料，有利于促进重油大分子的裂化，提高转化率。并且缓和的酸强度不会加速汽油中低碳烃的深度裂化，从而提高了汽柴油收率，降低了焦炭产量。

2）应用前景

针对重油催化裂化对基质材料的特殊要求，通过氧化铝表面酸性和孔结构耦合调变，合成出富含表面 B 酸的大孔体积介孔氧化铝材料。先后筛选出 NH_4BF_4、$(NH_4)_2SiF_6$、Y

型分子筛结构导向剂、Y型分子筛合成母液、硅溶胶等多种改性剂，并开发了相应的改性方法及工艺。深入研究了氧化铝表面酸性和孔结构的调变机制，为“量体裁衣”式地制备出催化反应所需特定氧化铝基质材料奠定了理论基础。新型氧化铝材料开阔的孔道结构为重油大分子的扩散提供了快速通道，有利于容纳更多的积炭、硫和重金属。同时其表面丰富的B酸位在促进重油裂化的同时，有利于降低焦炭选择性。重油微反评价结果表明，以该材料作为催化裂化催化剂的基质组分，显著提高了催化剂的重油转化率和轻油收率，同时改善了催化裂化反应焦炭选择性。除了用作催化裂化基质材料，通过对氧化铝孔结构和表面酸性的调节，该介孔氧化铝材料还可以应用于其他炼油催化过程，如加氢精制、加氢裂化、石脑油催化重整等，具有广阔的市场应用前景。因此，该介孔氧化铝的开发成功并工业化应用，将显著提高炼油催化剂的性能，同时也必将带来巨大的经济效益。

7. 基于十元环共晶分子筛的合成及微结构特征

微孔—微孔复合分子筛一直被笼统地称为“复合（composite）”分子筛材料。经过大量的文献调研和对复合分子筛结构形成过程的深入理解，认为微孔—微孔复合分子筛主要有两种形成模式：（1）由于成分单元排列方式不同引起错层而导致形成一种新的复合晶体结构；（2）两种分子筛复合后保持了各自完整晶体结构，没有新结构的产生，二者只是相互依存[137]。根据微孔—微孔复合分子筛形成模式不同，主要包括共生分子筛（co-existence zeolite）和共晶分子筛（intergrowth zeolite）两类。复合分子筛不仅具有单一分子筛独特的孔道性质和酸性质，而且两种晶体在共晶或共生过程中产生的微结构变化具有一定的协同效应，进而在催化反应过程中发挥出其特殊的催化性能，因此，在诸多石油化工行业中具有潜在的应用前景。

例如，MCM-49&ZSM-35是一种典型的共生分子筛，由于二者并未形成新的共享晶面，通过XRD结果无法证明其共生结构，但^{129}Xe NMR研究有效地证明了所得MCM-49&ZSM-35共生分子筛并非简单的机械混合样品。该共生分子筛已经在催化裂化汽油改质、液化气芳构化以及1-丁烯芳构化等反应中表现出比纯相和机械混合样品更加良好的催化反应性能和独特的孔道协同效应。ZSM-5/ZSM-11是一种典型的共晶分子筛，在催化裂解、芳构化以及甲醇转化等方面表现出优良的反应特性，尤其在苯乙烯烷基化反应过程中已经实现了工业化应用。

然而，微孔—微孔复合分子筛的合成仍存在一些难点，如何针对反应需求筛选不同晶相分子筛进行组合、实现晶相稳定的共生/共晶过程，获得对产品微结构性质的调变等。例如，复合分子筛的晶相比例的控制制备和复合后各自晶相的骨架硅铝比可控等，一直是该领域尚待解决的关键科学问题。在此基础上开展对复合分子筛的结构表征，深入理解形成复合分子筛的机制及开拓分子筛的应用研究具有非常重要的意义。

1）主要技术进展

ZSM-5分子筛具有十元环交叉孔道，在反应过程中体现出较高的反应活性和抗积炭能力，但是其低碳烯烃选择性，尤其是丙烯选择性有待提高。EU-1分子筛具有十元环孔口和十二元环侧袋结构，ZSM-48具有十元环一维直通孔道，均表现出高的低碳烯烃选择性，尤其是丙烯选择性。因此，基于EU-1、ZSM-48和ZSM-5构建复合分子筛，对研究其微结构的协同作用及催化裂解反应性能具有重要的意义（图5-26）。

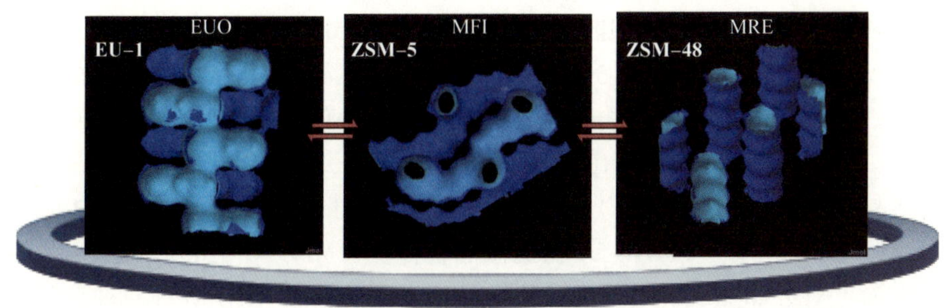

图 5-26 设计两相共晶 / 两相共生共存的分子筛

（1）EU-1&ZSM-48 共生分子筛。

在合成体系中加入特定晶种不仅有效促进了该共生分子筛的形成，而且产物具有长的晶化稳定期（共生分子筛两相比例保持稳定，不发生转晶）。通过优化凝胶组成及晶化过程，得到了系列晶相比例的共生分子筛，同时发现了合成体系 EU-1、ZSM-48 晶相的竞争生长其铝原子在各自晶相的分布规律，例如，共生分子筛中 EU-1 骨架硅铝比随着其相含量的增加而增加。揭示了共生分子筛的形成机理和晶相可控生长过程其提高晶化稳定期的原因。

与单一相及机械混合样品相比，EU-1 相含量为 54%（质量分数）和 75%（质量分数）的共生分子筛表现出更高的外表面积和介孔体积，其介孔体积约为对比样品的 3 倍。通过共生分子筛合成有效调变样品介孔 / 微孔比例，而且共生分子筛也表现出更多的酸量和更高的酸强度。在正己烷的裂解反应中，共生分子筛均表现出比对比样品更高的正己烷转化率和低碳烯烃收率。650℃ 时，共生分子筛上（EZ-300-75）正己烷的转化率达 96.5%（质量分数），低碳烯烃总收率分别比 EU-1-300、ZSM-48-300 以及机械混合样品（MZ-300-75）高出 1.8 个百分点、2.9 个百分点和 3.1 个百分点（图 5-27）。在烯烃选择性方面，EU-1 含量为 75%（质量分数）的共生分子筛乙烯选择性最高，而含量 54%（质量分数）的共生分子筛则具有最高的丙烯选择性。在石脑油裂解反应中，EU-1&ZSM-48 共生分子筛初始转化率分别比 EU-1 和机械混合样品高出 4.0 个百分点和 8.7 个百分点，且有更高的乙烯、丙烯收率以及更高的丙烯 / 乙烯比。

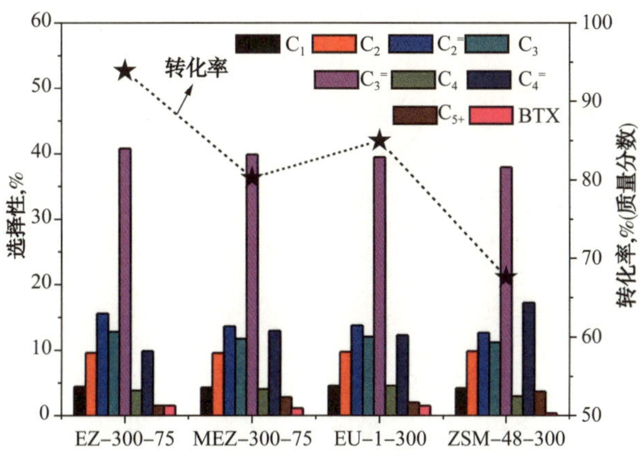

图 5-27 不同样品上初始正己烷转化率及产物选择性图

反应条件：WHSV=2.0h^{-1}，p=0.1MPa，T=625℃

（2）ZSM-5/ZSM-48 共晶分子筛。

基于 ZSM-5 分子筛薄层形貌的制备基础，采用双模板体系，通过调整凝胶组成和晶化条件，得到了具有不同硅铝比和不同晶相比例的 ZSM-5/ZSM-48 共晶分子筛。所得复合分子筛表现出纳米薄层状 ZSM-5 晶体与纤维状 ZSM-48 晶体垂直穿插，相互交错生长的共晶特征，完全不同于机械混合的形貌。典型的 ZSM-5/ZSM-48 共晶分子筛的形貌如图 5-28 所示，该共晶分子筛体现出比机械混合样品更大的酸量和更高的酸强度。另外，为了比较共晶分子筛（ZZ-48-100）的催化裂解反应特性，分别制备了具有相同硅铝比的纯相 ZSM-48、纳米薄层（SZSM-5）和机械混合样品（MZZ-48-100）以及购买了商业化 ZSM-5 分子筛（NKZSM-5-100）作为参比样品。由相关样品 XRD 谱图（图 5-29）可以看出，所有样品结晶良好，无其他杂晶存在。

图 5-28 ZSM-5/ZSM-48 共晶分子筛的 SEM 图

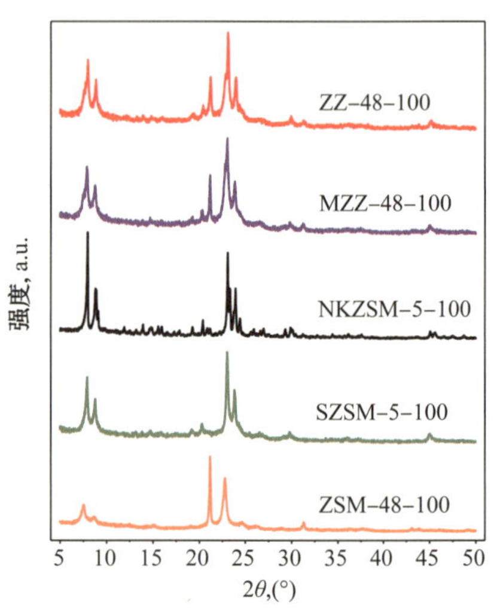

图 5-29 反应分子筛样品 XRD 谱图

在正己烷催化裂解反应中，共晶分子筛初始双烯收率为 49.8%（质量分数），在反应约 24h 之后，其上双烯收率仍保持在 45%（质量分数）以上，明显高于机械混合和 ZSM-48 样品。石脑油催化裂解表明，共晶分子筛具有与纳米薄层 SZSM-5 样品相近的双烯收率和稳定性，二者初始双烯收率约为 57%（质量分数），前者丙烯 / 乙烯比明显高于后者，且共晶分子筛上丙烯 / 乙烯比明显高于商业 ZSM-5。尽管共晶分子筛上双烯收率与 SZSM-5 相近，且明显高于其他参比样品，在反应约 500min 之前，ZSM-48-100 表现出最高的丙烯 / 乙烯比，其最高值达到 2.5。共晶分子筛上丙烯 / 乙烯比在整个反应过程中明显高于 SZSM-5-100，而在反应约 300min 之前，其上丙烯 / 乙烯比高于 NK ZSM-5-100。说明共晶分子筛的构建明显增加了反应产物中丙烯的含量，这一点与正己烷裂解结论相一致。

2）应用前景

乙烯和丙烯是重要的石油化工原料，乙烯工艺的发展被世界公认为是衡量一个国家石油化工发展水平的重要标志之一。截至 2015 年，乙烯生产仍主要依赖于石脑油蒸汽裂解，但是该工艺存在能耗高和低碳烯烃尤其是丙烯选择性低等问题。而丙烯主要来自蒸汽裂解和催化裂化过程的副产物，发展石脑油催化裂解技术代替石脑油蒸汽裂解工艺，同时提高催化裂化过程丙烯的产量对弥补全球丙烯短缺具有重要的意义。

对于石脑油催化裂解反应工艺，其核心仍在于高效催化裂解催化剂的开发和利用。不同拓扑结构的分子筛具有不同的反应特性和产物选择性，同时也具有各自的优势和不足，如何更好地发挥不同拓扑结构分子筛各自的优势，弥补其不足是研究的一大热点。共生/共晶分子筛催化剂的应用具有更宽范围可调变酸性质、孔道择形性、良好的扩散性能，使得其应用受到广泛关注。因此，上述制备的基于十元环的共生/共晶分子筛在石脑油催化裂解催化剂及用于催化裂化助剂将具有潜在的应用价值。

8. ZSM-5 基微孔-介孔复合分子筛的结构设计与放大制备

传统 ZSM-5 分子筛由于其微孔孔道内扩散困难，催化剂易结焦而快速失活，从而限制了其性能的充分发挥。虽然研究人员采用合成纳米分子筛、超大孔分子筛（或类分子筛）或介孔分子筛材料等策略来解决该问题，但是由于纳米分子筛的难以分离性、合成超大孔分子筛模板剂的复杂性以及介孔分子筛材料的弱酸性和低水热稳定性等问题，在重油催化领域的效果相当有限。

制备同时具有微孔和介孔的新型 ZSM-5 基微孔—介孔复合分子筛材料，利用介孔孔道的孔径优势，克服微孔分子筛的传质和扩散限制，则是解决这一问题的有效途径。

“自上而下”的纳米晶自组装法是首先利用碱液对商用 ZSM-5 分子筛母体进行纳米分散化处理，分别得到经碱改性二次造孔的 ZSM-5 和含 ZSM-5 基本结构单元的纳米簇浆液；然后以十六烷基三甲基溴化铵（CTAB）为有序介孔自组装模板剂，在水热晶化条件下得到 ZSM-5 基微孔—介孔复合分子筛材料（图 5-30）。中国石油大学（华东）采用纳米晶自组装法，通过单一因素分析，在实验室规模实现对所合成的 ZSM-5 基微孔—介孔复合分子筛材料的孔道结构进行精细调控，并在 5L、50L 以及 $1m^3$ 规模上对材料合成进行逐级放大制备。

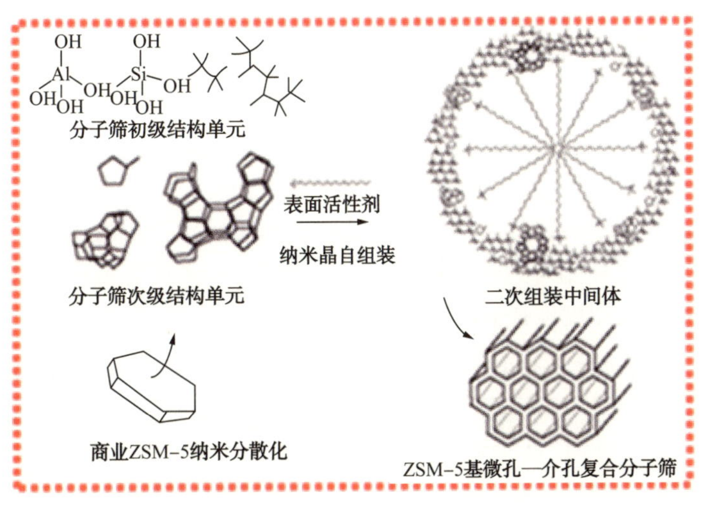

图 5-30　纳米晶自组装法制备 ZSM-5 基微孔—介孔复合分子筛示意图

1）主要技术进展

本技术采用廉价、易实现工业化的酸碱耦合处理方法制备具有晶内梯级孔分布的 ZSM-5 基微孔—介孔复合分子筛材料，利用酸洗以除去孔道内外非骨架铝，可以同步实现对微孔—介孔复合分子筛材料的酸性质和孔结构进一步进行调变。

由表 5-30 可见，商业 ZSM-5 分子筛原料经过碱处理以及酸碱耦合处理后，介孔比表面积以及孔体积均显著增加，说明产生了大量的介孔。与碱处理后的样品相比，酸碱耦合处理所得ZSM-5基微孔—介孔复合分子筛样品的比表面积、总孔体积以及介孔孔体积均进一步增加，分别达到了330m²/g、0.37cm³/g和0.25cm³/g。

表5-30　50L放大ZSM-5基微孔—介孔复合分子筛样品的物性参数

样品	Si/2Al	C_B/C_L	C_s/C_w	ACI	S_{BET} m^2/g	S_{micro} m^2/g	S_{meso} m^2/g	V_{total} cm^3/g	V_{micro} cm^3/g	V_{meso} cm^3/g
原料	27.4	3.117	0.794	0.079	322	212	110	0.176	0.113	0.063
碱处理	19.6	2.538	0.542	0.295	279	184	95	0.346	0.100	0.247
酸碱处理	19.9	3.143	0.659	0.532	330	225	105	0.373	0.120	0.253

注：C_B/C_L—B酸与L酸的摩尔比；C_s/C_w—强酸与弱酸的摩尔比值；ACI—材料酸性位的可接近性指数（Accessibility Index）。

此外，从表5-30中还可以看出，经过单纯的碱处理脱硅后，样品的硅铝比、B酸/L酸比以及强酸与弱酸的比均降低，但是，由于增加了大量的介孔，其酸性位“可接近性指数”（ACI）却显著增大。当样品经过酸碱耦合处理后，由于酸处理后洗掉了碱处理后残留的非骨架铝物种，因此，孔道结构更为通畅，被2，4，6-三甲基吡啶检测到的酸性位更多，ACI指数进一步增大。

以此富含晶内二次介孔ZSM-5基微孔—介孔复合分子筛材料作为FCC助剂（6%），微反评价结果显示：（1）与原料微孔ZSM-5相比，ZSM-5基微孔—介孔复合分子筛得益于晶体内丰富介孔的存在，能够提高反应转化率，增加丙烯和汽柴油等轻质油品收率；（2）与单纯的碱处理相比，利用酸碱耦合处理所得ZSM-5基微孔—介孔复合分子筛能够进一步提高催化裂化反应转化率，增加丙烯和柴油等轻质油品收率。

由表5-31可知，与商业ZSM-5原料相比，酸碱耦合处理所得ZSM-5基微孔—介孔复合分子筛样品作为助剂所得裂化产物中丙烯收率增加了0.44个百分点，汽油和柴油等轻油收率共增加了1.32个百分点，转化率提高了0.65个百分点。说明该ZSM-5基微孔—介孔复合分子筛材料由于碱处理制造出了大量的晶内介孔，酸处理洗掉了碱处理后残留在分子筛内外孔壁上的无定形铝物种，使孔道结构更为通畅，孔结构、酸性质和ACI指数等数据均大幅增加，催化性能得到明显提升，不但能够多产丙烯等低碳烯烃，而且能够提高重油转化率，并可最大限度地提高汽柴油等轻质油品收率。

表5-31　50L放大富二次介孔ZSM-5基微孔—介孔复合分子筛的催化裂化微反评价结果

性　能		原料ZSM-5助剂	碱处理样品助剂	酸碱耦合处理样品助剂
产物分布，%	干气	2.11	1.91	1.89
	液化气	18.86	18.96	19.19
	丙烯	5.67	5.87	6.11
	汽油	38.87	39.55	39.37
	柴油	19.28	19.93	20.10
	重油	12.72	11.56	11.38
	焦炭	7.83	7.85	7.89

续表

性　　能	原料 ZSM-5 助剂	碱处理样品助剂	酸碱耦合处理样品助剂
轻油收率，%	58.15	59.47	59.47
总液收率，%	77.01	78.43	78.66
转化率，%	67.68	68.25	68.33

与实验室规模标准条件合成的样品类似，1m^3 规模合成的 ZSM-5 基微孔—介孔复合分子筛都呈现典型的Ⅳ型等温线和 H4 型滞后回环（图 5-31）。不同规模合成条件下所得 ZSM-5 基微孔—介孔复合分子筛材料的孔径均集中于 2.8nm 左右，比表面积在 749~913m^2/g 之间，介孔孔体积在 0.68~0.94cm^3/g 之间（表 5-32）。

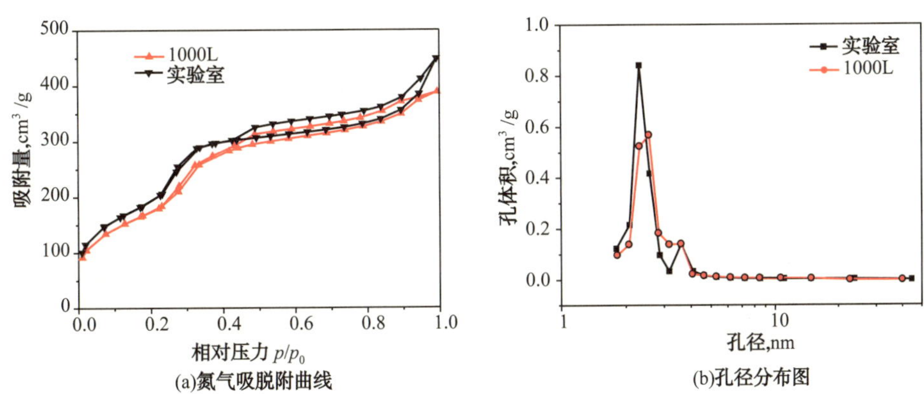

图 5-31　不同规模 ZSM-5 基微孔—介孔复合分子筛的氮气吸脱附曲线及孔径分布图

表 5-32　不同规模下合成样品的孔结构参数汇总

样　　品	S_{BET}，m^2/g	V_{des}，cm^3/g
实验室优化样品	811	0.75
5L-1st	808	0.94
5L-2nd	806	0.90
5L-3rd	749	0.82
50L-1st	910	0.94
50L-2nd	913	0.94
1000L	781	0.68

综上所述，该技术攻克了商业 ZSM-5 分子筛的环境友好纳米化分散尺度与程度的有效控制技术、多种复合模式的 ZSM-5 基微孔—介孔复合分子筛材料的纳米晶自组装技术以及 ZSM-5 基微孔—介孔复合分子筛材料的介孔结构及酸性质调控技术等 3 项关键技术。研制开发成功了 1 种具有自主知识产权的纳米晶自组装法制备高水热稳定性、高酸性 ZSM-5 基微孔—介孔复合分子筛材料的合成新路线，并实现 1m^3 的放大制备，其生产成本比商业 Al-MCM-41 的价格低 25% 以上。

2）应用前景

微孔—介孔复合分子筛催化材料问世不久就在炼油领域得到了工业应用。García-

Martínez 等已报道使用介孔 Y 型分子筛的催化剂可大大改善重油大分子在分子筛表面的扩散速率，增强重油分子的转化，减少积炭，并大幅提高汽油等轻质油品收率。我国 FCC 加工能力已经超过 1.7×10^{8}t/a，按照此加工规模，轻质油收率每提高 1 个百分点，每年将增产 170×10^{4}t 轻质油品，相当于增加了一个中小型油田；而如果丙烯收率每提高 1 个百分点，相当于我国丙烯产量年均增加 7%。具有微孔和介孔复合孔道结构的新型 ZSM-5 基微孔—介孔复合分子筛材料综合了微孔分子筛和介孔材料两者的优势，使得到的复合材料既具有强的酸性、高的热和水热稳定性，还具有介孔孔道结构以适应大分子参与反应，该多功能材料在加氢精制、催化裂化等炼油过程中有着巨大的潜在应用价值。若实现工业应用，工艺流程和工艺操作条件无需作任何改动，与实际生产装置完全匹配，并且目的产品也能够满足炼厂多产中间馏分油的需求，工业应用前景十分广阔。新型 ZSM-5 基微孔—介孔复合分子筛材料一旦开发成功并实现工业化，将大大提高炼油催化剂的性能，带动炼油催化剂的技术进步，同时也将带来巨大的社会效益和经济效益。

9. 高岭土微球原位晶化合成 ZSM-5 分子筛的制备技术研究

高岭土原位晶化 Y 型分子筛的成功工业化为其他分子筛的原位晶化技术提供了成功的范例。ZSM-5 分子筛作为催化裂化增产丙烯和提高辛烷值的重要催化助剂，传统的机械混合法制备技术在保证催化剂的活性位分布、抗磨损性能方面存在明显的不足。采用高岭土微球直接进行原位生长 ZSM-5 分子筛可以避免上述不足。在已有的专利或文献中[24-26]，模板剂法原位晶化合成 ZSM-5 分子筛的相对结晶度较高，但模板剂本身价格昂贵，并且在后处理脱除模板剂过程中会污染环境，另外工业生产中往往采用高温焙烧法除去模板剂，能耗高。因此，模板剂的使用势必大大增加原位晶化催化剂的生成成本，是应当尽量避免的方法；已有专利或文献中另外一类是不使用模板剂的原位晶化 ZSM-5 分子筛的方法[27]，但都需要使用不同的晶种，存在着工艺流程复杂、原料利用率不高、预处理条件苛刻、硅源昂贵、晶化时间长等不足之处。并且这些方法得到的高岭土微球原位晶化 ZSM-5 分子筛的相对结晶度、比表面积等关键指标普遍不高，存在合成效率低的问题，且对原位晶化反应中产生的非原位 ZSM-5 分子筛产物的性能和应用没有加以考虑。采用无模板剂法、非晶种法合成出了高结晶度的原位晶化 ZSM-5 分子筛微球，发明了预处理高岭土微球的原位晶化新工艺方法，为后续晶化过程提供了丰富 ZSM-5 分子筛生长点的活性表面，使合成出的原位晶化 ZSM-5 分子筛微球强度得以保证。

1）主要技术进展

立足于实现工业化生产为目标，针对如何实现对原位 ZSM-5 分子筛晶体粒径的控制、如何实现对原位分子筛含量与分布状态的控制、如何实现对分子筛硅铝比与催化剂强度的控制、如何提高单釜产率，提出了合成路线（图 5-32）。

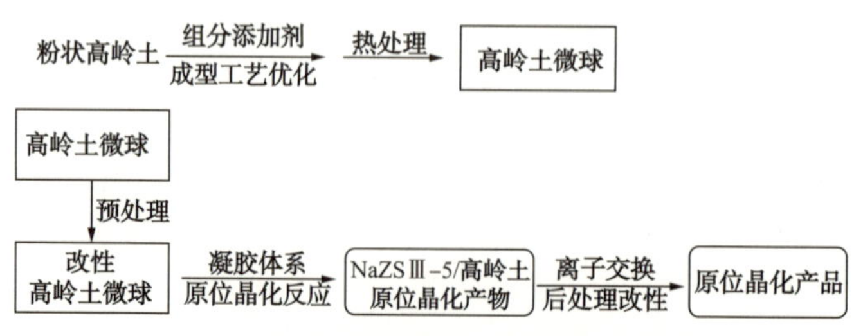

图 5-32　原位晶化 ZSM-5 分子筛设计路线

表 5-33 和图 5-33 为采用直接法（不用任何有机模板剂）在 100L 釜上进行的中试放大合成实验结果，100L-2、100L-5、100L-6 为 16h 的反应结果，可以看出，结晶度达到了 30%左右。在中试 -7（100L-7）的实验中，从 16h 开始每隔 3~4h 取样一次，XRD 法结晶度表征结果表明，适当延长时间可以明显提高原位晶化产物的结晶度，20h 时达到 41%，再延长 3h 则结晶度不再增加，为 39%。

另外，在中试放大合成研究中发现，搅拌对产品微球保持的完整性有明显的影响，搅拌太快容易产生由于搅拌剪切力引起的微球破碎，而搅拌太慢则会产生微球晶化黏连的现象。

表 5-33　100L 反应釜直接法原位晶化合成 ZSM-5 分子筛所得样品结果

样品编号	原位晶化产物 NaZSM-5 相对结晶度，%	样品编号	原位晶化产物 NaZSM-5 相对结晶度，%
100L-2	29	100L-7-16h	29
100L-5	31	100L-7-20h	41
100L-6	33	100L-7-23h	39

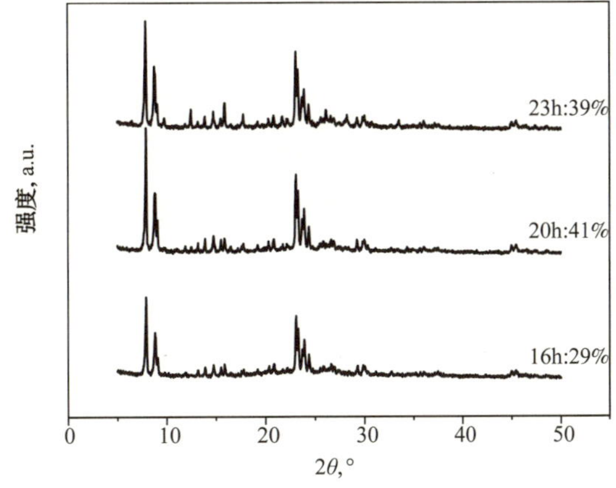

图 5-33　中试 100 L-7 高岭土微球原位晶化 NaZSM-5 分子筛产品的 XRD 图

表 5-34 及图 5-34 为中试 100L-7-20h 样品的结构性质数据，可以看出，直接法原位晶化 ZSM-5 分子筛的低温氮气吸附脱附法 BET 比表面积高达 191m^2/g（其中微孔比表面面积达到了 160m^2/g），总孔孔体积达到了 0.154cm^3/g（其中微孔孔体积为 0.079cm^3/g）。且吸附脱附等温线有较大的回环，说明微球样品上存在一定量的介孔结构。

表 5-34　直接法原位晶化 ZSM-5 分子筛的结构性质

性　能	H-ZSM-5/MS-Kaolin	性　能	H-ZSM-5/MS-Kaolin
BET 比表面积，m^2/g	191	总孔孔体积，cm^3/g	0.154
t- 法微孔比表面积，m^2/g	160	t- 法微孔孔体积，cm^3/g	0.079
外比表面积，m^2/g	30.2	平均孔径，Å	32.3

对于合成出的高岭土微球原位晶化 ZSM-5 分子筛，其中的 ZSM-5 是以 NaZSM-5 的形式存在，本身并不具有任何活性，要使其具备活性，必须进行离子交换，制备成 HZSM-5。钠离子在骨架中的位置不同，被交换下来的难易程度也不同。

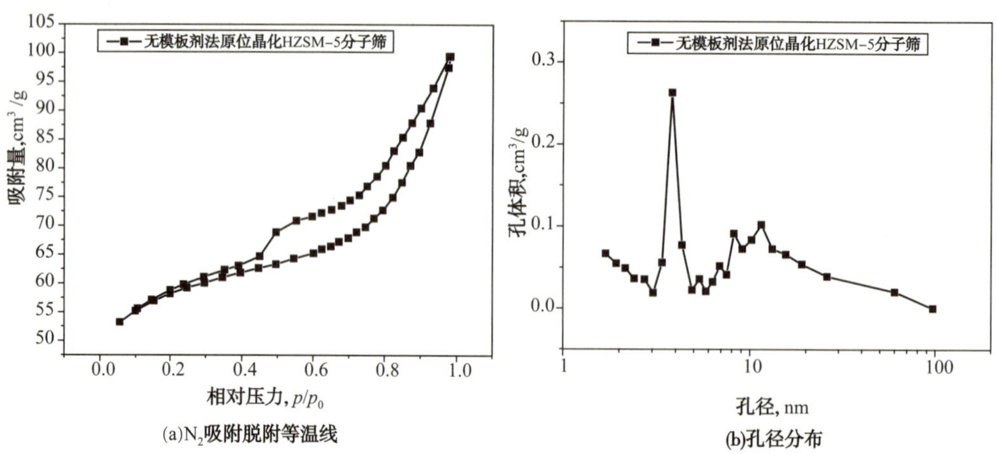

图 5-34　中试 100 L-7-20h 高岭土微球原位晶化 HZSM-5 分子筛产品的 N_2 吸附脱附等温线以及孔分布图

将上述中试获得的高岭土微球原位晶化 HZSM-5 分子筛产品采用金属负载法改性，分别采取了两个剂量（0.93% 和 1.53%，以氧化物计）的改性方案（表 5-35）。然后将改性后得到的原位晶化 ZSM-5 催化剂及工业 LCC-A 新鲜剂均在 800℃中水热老化 4h，然后按照表 5-35 所示的比例，与基础催化剂（LV-23）混合得到用于 ACE 反应评价的催化剂（表 5-35）。

表 5-35　ACE 评价实验所用催化剂

催化剂编号	组　　成
cat-1	5%（质量分数）原位晶化 HZSM-5（0.93%）+90%（质量分数）LV-23
cat-2	5%（质量分数）原位晶化 HZSM-5（1.53%）+90%（质量分数）LV-23
cat-3	5%（质量分数）LCC-A+90%（质量分数）LV-23
cat-4	10%（质量分数）原位晶化 HZSM-5（0.93%）+90%（质量分数）LV-23
cat-5	10%（质量分数）原位晶化 HZSM-5（1.53%）+90%（质量分数）LV-23
cat-6	10%（质量分数）LCC-A+90%（质量分数）LV-23

采用 Kayser Technology 公司的 ACE-Model 专利装置（专利 US6069012）。该装置为自动流化床测试，通过 100cm³/min 的 N_2 来实现流化运转。实验中催化剂的填充量为 9g，反应器出口温度稳定在 530℃，进料速率 1.2g/min，进油量 1.5g，汽提时间 75s，通过调整进料时间来调整进料比。反应剂油比为 6。

对金属离子负载改性后的原位晶化 ZSM-5 催化剂和 LCC-A 催化剂对比进行的催化裂化评价结果见表 5-36。

表 5-36　ACE 反应性能评价结果

性　　能	cat-1	cat-2	cat-3	cat-4	cat-5	cat-6
干气收率，%（质量分数）	2.74	2.82	2.54	2.94	3.02	2.53
液化气收率，%（质量分数）	25.15	24.75	22.31	28.07	29.02	22.98
汽油收率，%（质量分数）	47.52	49.1	51.02	45.04	43.92	50.51

续表

性　　能	cat-1	cat-2	cat-3	cat-4	cat-5	cat-6
柴油收率，%（质量分数）	12.39	11.8	12.22	12.03	11.96	12.23
重油收率，%（质量分数）	6.08	5.35	5.96	5.74	5.77	5.93
焦炭收率，%（质量分数）	6.12	6.18	5.95	6.18	6.3	5.82
总液收收率，%（质量分数）	85.06	85.65	85.55	85.14	84.9	85.72
丙烯收率，%（质量分数）	8.33	8.57	6.70	9.94	10.49	7.11

从 ACE 反应性能评价结果可知，与使用添加有 5%（质量分数）LCC-A 的 LV-23 基础催化剂相比，改用添加相同量的 5%（质量分数）原位晶化 ZSM-5（改性元素 E 的量为 0.93%）的 LV-23 催化剂（cat-1）后，在重油和焦炭产率相当的情况下，虽然总液收（液化气收率 + 汽油收率 + 柴油收率）减少了 0.49 个百分点，但丙烯收率显著提高了 1.63 个百分点；当改性元素的量提高到 1.53%（质量分数）时（cat-2），和对比催化剂相比，焦炭产率相当，重油产率下降 0.61 个百分点（说明重油转化率提高），在总液收相当的情况下，丙烯收率提高 1.87 个百分点。

与使用添加 10%（质量分数）LCC-A 的 LV-23 基础催化剂（cat-6）相比，改用添加相同量的 10%（质量分数）原位晶化 ZSM-5（改性元素 E 的量为 0.93%）的 LV-23 催化剂（cat-4）后，在重油产率相当、焦炭产率略有上升（上升了 0.36%）的情况下，虽然总液收（液化气收率 + 汽油收率 + 柴油收率）减少了 0.58 个百分点，但丙烯收率显著提高了 2.83 个百分点；当改性元素的量提高到 1.53%（质量分数）时（cat-5），和对比催化剂相比，在重油产率相当、焦炭产率略有上升（上升了 0.48%）的情况下，虽然总液收（液化气收率 + 汽油收率 + 柴油收率）减少了 0.82 个百分点，但丙烯收率显著提高了 3.38 个百分点。

2）应用前景

高岭土原位晶化技术是一项具有鲜明特色的催化剂制备技术，已经实施工业化应用的 Y 型分子筛原位晶化技术在工业上获得了极大的成功。世界上成功掌握此项工业化生产技术的仅有安格公司（Engelhard Corporation）和中国石油兰州石化公司催化剂厂两家企业。含有 Y 型分子筛的原位晶化催化剂在工业应用中表现出活性稳定性好、重油转化能力强、抗重金属污染性能好等突出特点，受到国内外炼油企业的青睐。近年来，通过改进催化剂利用催化裂化装置增产丙烯成为增加炼油企业经济效益的一个热点。增产丙烯催化裂化催化剂的一个特征是要大量使用择形沸石分子筛 ZSM-5，能够引入 ZSM-5 分子筛的催化裂化催化剂全部是半合成催化剂，但大幅度增加半合成催化剂中 ZSM-5 分子筛的含量存在着催化剂抗磨损性能下降、重油转化能力受影响等一系列问题。所以，能否利用原位晶化技术在高岭土微球上通过原位晶化的方法引入 ZSM-5 分子筛成为一条值得探索的路线。该合成技术采用廉价原料和工艺，获得了结晶度高、强度好、反应性能良好的原位晶化 ZSM-5 分子筛微球，获得能工业化生产的合成技术路线，对催化裂化增产高附加值的低碳烯烃，拓宽低碳烯烃来源，解决炼化企业低碳烯烃，尤其是丙烯来源的问题，具有重大战略性意义。该技术已获得授权专利，完成了中试放大研究。

10. 类固相 β 分子筛的放大合成技术及其应用

β 分子筛是具有三维十二元环孔道体系的高硅分子筛，其孔径与 Y 型分子筛相近，在孔结构上集成了 Y 型分子筛和 ZSM-5 分子筛的优点于一身，具有优异的择形性和异构性；而且其硅铝比可在非常大的范围内调变，使得其酸性和稳定性在一定程度上得以灵活调控，这使其在功能化催化剂中的应用提供了先决条件。然而，中国石油 β 分子筛的合成及其应用研究依然处于实验室研发阶段，β 分子筛的大规模工业生产与应用还没有实现，主要原因是 β 分子筛的高生产成本一直制约着其广泛应用，其中模板剂的价格和用量又是决定其生产成本的关键因素。

“十二五”期间，中国石油与中国石油大学（北京）合作，开发了低成本 β 分子筛类固相法制备技术[28]，可降低原材料成本 50% 以上，解决了 β 分子筛生产成本高的瓶颈问题。申请专利 10 余件，认定技术秘密 3 件。2012 年，该技术完成了 $1m^3$ 釜工业放大，产品质量稳定。β 分子筛已应用于中间馏分油型加氢裂化催化剂 PHC-03 技术中，其他应用研究尚在进行中。

1）主要技术进展

类固相法的主要思路是把模板剂工作液与固体物料表面充分作用，大大降低水的用量，使得模板剂在固体物料表面的局部反应区域有相对较高的浓度，在不增加模板剂用量的情况下提高实际反应体系中模板剂的浓度，从而实现降低 β 分子筛合成成本的目的。由于反应体系水含量低，反应体系基本类似于固体浆料，因此该合成方法被称为类固相法（图 5-35）。通过筛选原料、优化合成工艺和配方，实验室在 100mL 和 1L 釜水热条件下，合成得到硅铝比 15~500 的低成本 β 分子筛。之后在自行设计的 50L 釜条件下，成功合成得到硅铝比 15~150 的低成本 β 分子筛，反应体系固体含量最高达到 58%，产品为 β 分子筛纯相，相对结晶度大于 90%，比表面积大于 $500m^2/g$[29]。

2010—2013 年，实现了 $1m^3$ 釜的成功放大，打通了整个合成流程，取得了阶段性进展，为进一步实现工业转化积累了数据。$1m^3$ 釜中试放大合成得到硅铝比 15~100 的 β 分子筛产品，产品皆为 β 分子筛纯相，相对结晶度大于 90%，产品与市售 β 分子筛相比各项性能相当（图 5-36）。

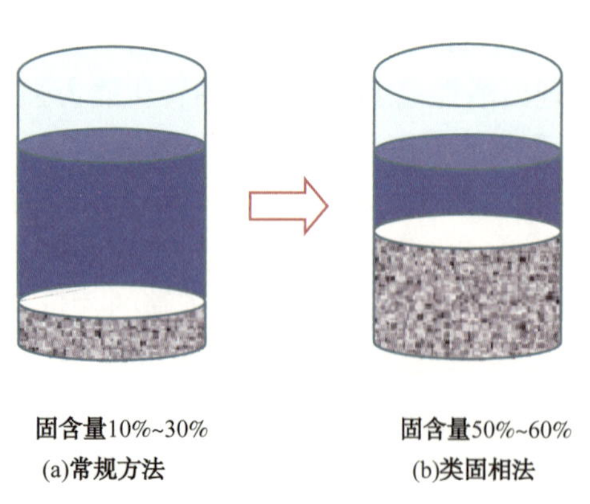

图 5-35 类固相法与常规方法对比示意图

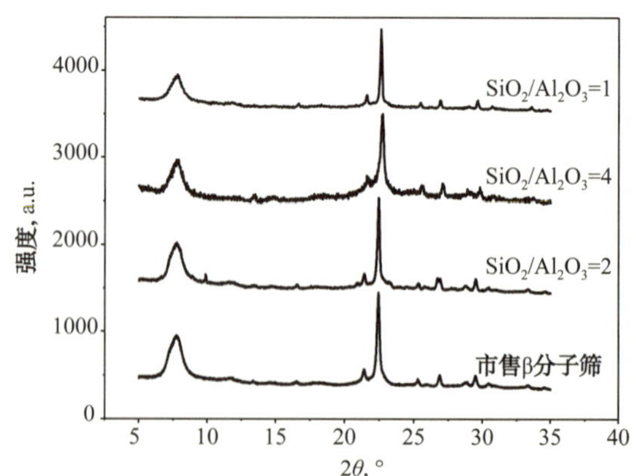

图 5-36 类固相法 $1m^3$ 釜合成的不同硅铝比 β 分子筛与市售 β 分子筛 XRD 谱图

2014 年，中国石油与北京化工大学高正明教授合作，共同研究开发类固相合成反应釜，设计、建造了 $1m^3$ 类固相合成高压反应釜，该设备针对反应体系的高固体含量、高阻力的特点，实现物料高效混合的同时保证反应体系的传质、传热均匀，满足了类固相合成的要求，已成功合成得到了吨级 β 分子筛产品，得到的 β 分子筛产品硅铝比 20~50，产品相对结晶度大于 95%，该设备单釜产量达到 160kg/m³ 以上，远远高于常规 β 分子筛合成技术的单釜产量，可明显降低工业生产中的操作成本。

β 分子筛是性能优良的催化材料，中国石油在中间馏分油型加氢裂化催化剂 PHC-03 技术开发过程中，应用类固相法合成的 β 分子筛，PHT-01/PHC-03 中油型加氢裂化催化剂成套技术于 2012 年在大庆石化成功工业应用。

研究表明，β 分子筛可有效提高催化剂孔道择型异构性能，有利于柴油馏分中高凝点正构烷烃分子异构化生成凝点较低的异构烷烃且不发生裂化反应，可在保证中油选择性不降低的前提下，有效改善柴油产品的低温流动性（表 5-37）。

表 5-37 类固相法与常规水热法合成的 β 分子筛产品加氢裂化性能对比

性 能	类固相合成技术	常规水热合成技术
反应温度，℃	375	375
中油选择性，%	82.7	82.0
柴油十六烷值	60.6	58.1
柴油凝点，℃	-27.6	-25.3
尾油 BMCI 值	7.4	7.6

由表 5-37 可见，与常规水热法相比，采用类固相法合成的 β 分子筛对柴油馏分具有良好的降凝效果，柴油十六烷值提高 2.5 个单位，柴油凝点降低 2.3℃。

由表 5-38 可见，200mL 加氢评价结果表明该催化剂性能优于国外催化剂。工业装置标定结果表明，PHT-01/PHC-03 中油型加氢裂化催化剂组合技术优于上一周期催化剂，催化剂性能达到国际先进水平。

表 5-38 PHC-03 与国外催化剂对比

性 能	PHC-03	HC-115
反应温度，℃	375	420
C_{5+} 液收，%（质量分数）	98.5	98.5
轻石脑油收率，%（质量分数）	2.53	2.12
重石脑油收率，%（质量分数）	9.78	9.77
芳潜，%	43.4	43.4
柴油收率，%（质量分数）	58.22	59.04
凝点，℃	-21	-10
十六烷值	59.4	59.0
尾油收率，%（质量分数）	29.47	29.07
BMCI 值	7.6	4.5

2）应用前景

大量研究报道了 β 分子筛在加氢裂化、烷基化和异构化等方面具有优异的催化性能。

中国石油开发的多产中间馏分油加氢裂化催化剂PHC-03中应用了β分子筛，解决了裂化和加氢功能合理匹配的技术难题。如果将来以类固相方法生产的β分子筛为原料，将会使加氢裂化催化剂的成本大大降低，从而产生可观的经济效益，具有良好的应用前景。另外，使用β分子筛研制开发出控制液化气产率的催化裂化辛烷值助剂和提高重油转化率的催化裂化助剂，评价结果表明助剂具有提高重油转化、增加轻油收率、提高汽油辛烷值的优良性能[30-32]，其大规模工业应用必会产生可观的经济效益。

11. ZSM-35分子筛放大合成与应用

醚化技术可将轻汽油中的轻叔碳烯烃转化为叔烷基醚，不但降低汽油中的烯烃含量，还可提高汽油的辛烷值和氧含量，并可降低汽油的蒸气压，是生产环境友好清洁汽油的理想技术之一。随着国V汽油升级的需要，醚化汽油，即甲基叔丁基醚（MTBE）和甲基叔戊基醚（TAME）的需求急剧增大。MTBE/TAME是C_4/C_5叔碳烯烃和甲醇反应生成的，提高了甲醇附加值，利润丰厚。这些生产需求和价值需求就带来了C_4/C_5叔碳烯烃的巨大需求，但不是所有的C_4/C_5烯烃都是叔碳结构，由此就需要C_4/C_5烯烃骨架异构化技术。因此，作为其原料的C_4/C_5异构烯烃需求量增加。

分子筛在低碳烯烃异构化反应中扮演重要角色，主流催化剂及其发展趋势是采用平均孔径4~6Å的十元环分子筛材料，尤其是ZSM-35分子筛，其孔道结构和酸性非常适合C_4和C_5烯烃异构化反应[33, 34]。

以层状沸石ZSM-35为代表的FER结构分子筛的基本结构单元为五元环，而五元环又通过十元环和六元环巧妙地联结起来，具有平行于（001）面的十元环孔道（0.42nm×0.54nm）和平行于（010）面的八元环孔道（0.35nm×0.48nm），并且垂直分割六元环孔道的二维孔道结构。FER笼是由八元环孔道和六元环孔道交叉处形成的0.6~0.7nm的球形笼（$8^26^26^45^8$）[35]，属于正交晶系晶，晶胞参数为a=1.892nm，b=1.415nm，c=0.747nm。ZSM-35分子筛具有优良的吸附性能、热稳定性、酸性和择形催化性能，至今已广泛应用于轻质烯烃异构化反应等过程[36]。

中国石油开发了ZSM-35分子筛，成功完成了1m^{3}釜级的中试放大试验，在小试评价装置上的评价结果显示，自主开发的分子筛型催化剂优于工业剂。

1）主要技术进展

中国石油开展了轻质烯烃双键及骨架异构化的催化选控机理的研究，取得成果如下：通过十元环分子筛的合成与筛选，成功合成系列十元环分子筛ZSM-22、ZSM-23、ZSM-35及SAPO-11。对合成的材料进行了物理吸附、化学吸附、XRD、SEM表征。通过对1-戊烯异构化催化选控机理研究，优化调节分子筛材料的烯烃双键异构及骨架异构的催化活性及选择性。同样具有十元环直孔道分子筛的4种催化剂，表现了不同的催化1-戊烯骨架异构化活性；除了由于酸性不同导致的催化活性变化外，孔道的结构也影响了催化剂的催化活性；低温下，产物中C_5组分不易于达到热力学平衡数值，升高温度有利于达到热力学平衡数值；ZSM-35分子筛表现了最优的1-戊烯骨架异构化催化活性，因此，在ZSM-35分子筛的基础上进行改进，得到了IOC-11、IOC-12、IOC-13和IOC-14系列催化剂，得到较好的催化活性。在温度245℃、压力0.3MPa、空速10h^{-1}的条件下，1-戊烯转化率能够达到90.6%，支链内烯烃选择性为64.7%。

轻质烯烃骨架异构技术关键在于高活性、高选择性、价格低廉的分子筛型烯烃异构催化剂的研制。为此，首先需要确定催化剂的酸类型、酸强度、酸量、孔道结构与烯烃骨架异构性能的关系；其次需要确定降低催化剂结焦失活、降低副反应发生的技术；最后，需要确定烯烃异构反应机理，从而获得最佳催化剂的配方。在100mL釜小试基础上，中国石油进行了2L级的放大，并开展了纳米级ZSM-35分子筛合成中试放大研究，完成了$1m^3$釜的工业放大试验。工业放大产品的分析表征显示，其结晶度大于103，硅铝比为69，BET比表面积为$374m^2/g$，平均孔径为5.7nm，孔体积为$0.59cm^3/g$，SEM显示为纳米薄片层结构（图5-37），酸性表征显示为中强酸（图5-38）。

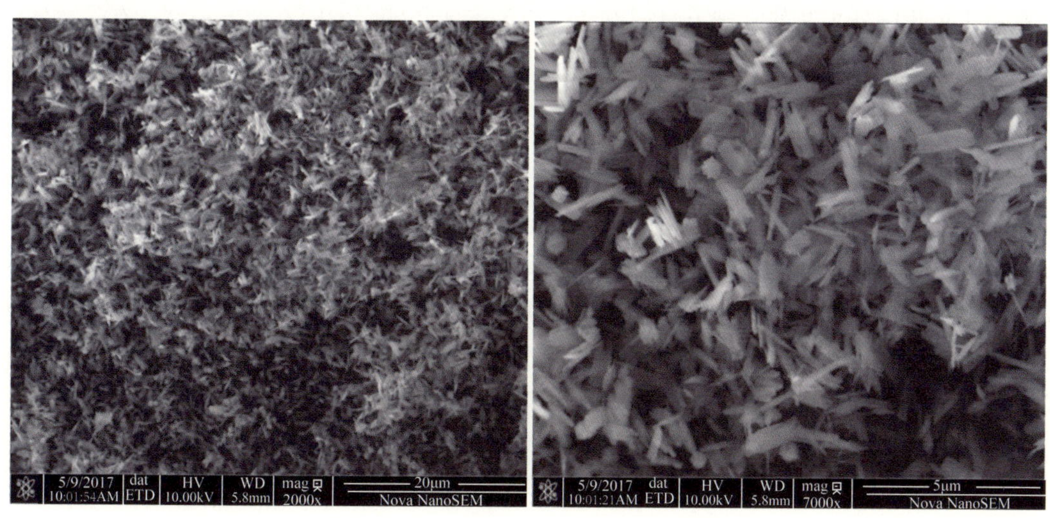

图5-37 ZSM-35分子筛SEM图

以1-戊烯为原料，工业放大级ZSM-35分子筛在5mL微反装置反应性能评价结果表明，催化剂单次运行15天保持了62.2%叔碳烯烃收率，单次运转20天仍然保持了60.5%叔碳烯烃收率，超过了代表国际先进水平的ZSM-35分子筛催化剂单次运转15天60.1%叔碳烯烃收率。

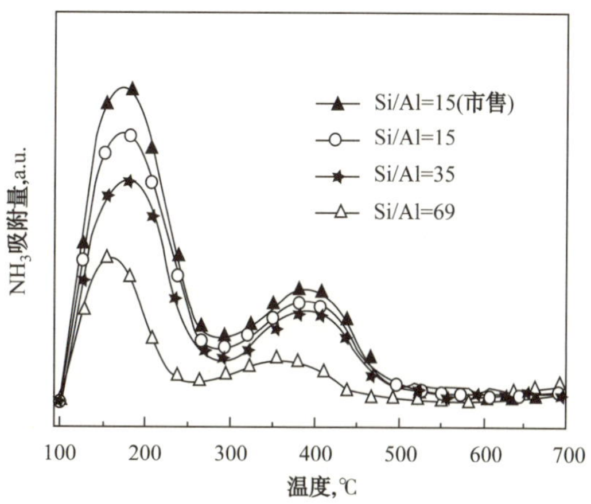

图5-38 ZSM-35分子筛NH_3吸附图

2）应用前景

中国石油投产醚化装置约10余套，产能240×10^4t/a；未来计划在建装置约14套，新增产能约500×10^4t/a。但上述装置均采用甲醇和C_4/C_5叔碳烯烃反应生产甲基叔丁基醚（MTBE）和甲基叔戊基醚（TAME）。为了满足2020年E10标准的汽油使用的推广，同时继续发挥中国石油的醚化装置的作用，可将MTBE装置改为ETBE装置，让燃料乙醇和异丁烯反应生产ETBE。通过轻质烯烃骨架异构化反应，提高可醚化异构烯烃含量，以提高生产ETBE的原料含量。仅3套装置含有烯烃异构单元，且采用进口催化剂。开发具有中国石油自主知识产权的高性能低价格的ZSM-35分子筛催化剂可替代进口催化剂，为企业提质增效，意义重大。

五、硫黄回收及尾气处理催化剂及催化新材料

1. 大孔活性氧化铝硫黄回收催化剂

低温克劳斯硫黄回收技术是应用较广的硫黄回收延伸克劳斯技术之一，它以在低于硫露点温度下进行克劳斯反应为主要特征。由于克劳斯反应为放热反应，温度的下降必然会有利于反应平衡向生成硫的方向移动，从而使硫收率得以提高。国内在低温克劳斯硫黄回收技术方面已积累了一定的经验，先后引进过 Sulfreen、Clauspol 、CBA 和 MCRC 等工艺，并在消化吸收国外工艺的基础上自行设计过相关工艺装置，中国石油工程设计有限责任公司西南分公司设计的 CPS 工艺已经广泛应用于分公司各大净化厂，应用装置投产考核达到国外先进水平。

鉴于克劳斯反应为热力学上的放热反应，温度的降低必然对反应向生成硫黄的方向移动较为有利，而且温度的降低对节能降耗能起到积极作用。首先在萨弗林装置中应用的低温克劳斯反应催化剂是浸渍有 6.6% 硅酸铝的活性炭。1973 年后全部改用活性 Al_2O_3 催化剂。活性 Al_2O_3 作为低温克劳斯催化剂已经非常成功。然而对作为低温克劳斯工艺的专用催化剂而言，对其性能参数也有特定要求。从 2015 年国内外低温催化剂研究来看，主要目的是解决以下问题:（1）较长时间的吸附能力，即较大的硫容;（2）在保证较高硫容的前提下具有较好的机械强度和较高的比表面积。

截至 2015 年底，低温克劳斯工艺所用的催化剂主要依赖进口，而国内在此领域还一直是空白。中国石油与国内相关研究院所及高校开展合作研究，研制开发了大孔活性氧化铝催化剂。

主要技术进展如下：

（1）活性氧化铝扩孔研究。

$\gamma-Al_2O_3$ 的力学性能和再生性能好、价格低，是最常用的催化剂载体。近年来，对 $\gamma-Al_2O_3$ 的研究主要集中在以下两个方面：①对 $\gamma-Al_2O_3$ 进行进一步研究及改性，改善其孔结构；②在 $\gamma-Al_2O_3$ 中添加其他物质进行改性，以改善活性相结构，调节载体酸性，从而提高催化剂的活性。

焙烧温度对氧化铝的晶型及孔结构有显著影响。制备大孔径 Al_2O_3 载体常用的方法是扩孔后在较高温度下焙烧，但过高的焙烧温度会使载体表面钝化，并减少催化剂活性中心的数量，不利于活性组分的分散。随着焙烧温度升高，尤其是温度大于 400℃时，拟薄水铝石的平均孔径迅速增大，比表面开始下降，当焙烧温度超过 700℃时，孔径增大和比表面减小的幅度趋于缓和。欲制取 $\gamma-Al_2O_3$，焙烧温度应控制在 400~550℃为宜，当温度升至 700~1050℃时转化为 $\theta-Al_2O_3$，大于 1100℃则转化为 $\alpha-Al_2O_3$。提高焙烧温度的目的是降低载体比表面积，以增大孔体积和孔径，大孔径可适应某些特殊要求，如保护剂或汽车尾气催化剂。

制备大孔氧化铝载体的关键技术是扩大其孔径，主要的扩孔方法有：控制前驱物晶粒大小、扩孔剂法、水热处理法、其他扩孔法等。不同的晶粒度会导致不同的孔分布，大晶粒可改善载体多孔性并增大孔径，因此，通过控制氢氧化铝晶粒的大小可调变载体的孔径，这种方法通过制备凝胶时控制沉淀及老化过程来实现，但不能大幅度改变物性。最常用的扩孔方法是添加扩孔剂法，通过在载体制备过程中加入各种扩孔剂，再经焙烧过程使

其孔体积和孔径相应增大，只有加入一定量的扩孔剂，才能有效提高活性氧化铝载体的孔体积，特别是大于50nm的孔径。扩孔剂的加入方式有两种：（1）在制备载体前驱物（拟薄水铝石）时加入，可有效控制载体孔结构，但操作和工艺比较复杂；（2）在载体混捏成型时加入，这时载体的孔径尺寸及分布状况已基本定型，扩孔会受一定程度的限制，但此法操作简单，因而使用较为普遍。

扩孔剂可分为物理扩孔剂和化学扩孔剂。物理扩孔剂一般为可燃性固体颗粒，其扩孔原理如下：扩孔剂与拟薄水铝石干胶粉充分混合并在成型颗粒内占据一定体积，载体高温焙烧时扩孔剂会转化为气体逸出，从而释放出原有空间形成一定数量的大孔。这种扩孔剂与干胶粉间只有物理作用，不发生化学反应，常见的物理扩孔剂有炭黑、淀粉、纤维素、木屑、高分子有机化合物等。

常用的化学扩孔剂一般是水溶性无机盐类，如磷、硅、硼化合物等，这类扩孔剂可与拟薄水铝石表面发生化学作用，改变拟薄水铝石的粒子大小及分散状态，使干胶粉颗粒间的空隙增大，从而达到扩孔效果。单纯使用化学扩孔剂会使拟薄水铝石的胶溶性变差，给成型操作带来困难，此外，用量过大还会导致载体的孔径分布较为弥散。

上述两类扩孔剂，既可单独使用又能同时使用，但同时使用的效果最佳。单独使用时为达到明显效果，扩孔剂用量往往较大，这样易造成载体的孔分布弥散、堆密度及强度下降严重，很难制备出性能优良的载体。而同时采用物理和化学扩孔剂时，不仅能减少各自的用量，降低催化剂成本，还能充分发挥两种扩孔剂的协同作用，优势互补以达到良好效果，从而弥补单一扩孔剂的不足。

水热处理也称水蒸气处理，即将氧化铝在水蒸气存在下进行焙烧，再挤条成型。经水热处理后，氧化铝晶粒长大，结晶度提高，有助于增强 Al_2O_3 的热稳定性；同时水蒸气的存在可降低 Al_2O_3 表面的固体酸性，提高催化剂的抗积炭能力。此外，水热处理还能降低载体的焙烧温度，节约能源。虽然水热处理可以改变 γ-Al_2O_3 的表面形态并具有扩孔效应，但是在高温酸碱环境下，长时间的处理会使 AlOOH 晶体过度增长，导致载体的孔体积、孔径和比表面积大大降低，此外，采用水热处理必然会增加操作步骤和设备投资。所以水热处理比较温和，不能用于大幅度扩孔。

其他扩孔方法还有铝分散法、碳酸氢铵扩孔法、超临界干燥法等。铝分散法的特点是利用两种以上氢氧化铝不同的分散性质来调整载体的孔结构。不同氧化铝晶体的颗粒度有所差异，将其混合后会改变各自原来的堆积状态，其中细小颗粒可提供高比表面积，而粗颗粒可增加孔径，从而提高载体的大孔比例。碳酸氢铵扩孔是一种较理想的方法，在一定条件下 NH_4HCO_3 溶液与 $Al(OH)_3$ 发生液固反应，生成的 $NH_4Al(OH)_2CO_3$ 在一定温度下焙烧发生分解，反应释放的气体（NH_3 和 CO_2）具有膨胀和冲孔作用，不仅使得氧化铝的孔容增大，而且孔径也有较大幅度的增长。

（2）大孔活性氧化铝物化性能及活性评价。

对比了研制的大孔活性氧化铝催化剂与国外同类催化剂的物性性能，数据见表5-39。从表5-39数据可以看出，研制的大孔活性氧化铝催化剂各项物性参数总体与国外某催化剂样品相当。自制催化剂样品比表面积为334m^2/g、大孔孔体积0.17mL/g，与国外样品的337m^2/g及0.17mL/g相当；自制催化剂样品的总孔孔体积为0.67mL/g，大于国外样品的0.6mL/g，在低温克劳斯催化过程中，总孔孔体积大，有利于硫的吸附及脱附过程；自制催化剂样品的强度大于 100N/ 颗，堆密度为 0.62g/mL，对于常压反应，较小的堆密度有利于进一步降低反应过程中的压降，有利于传质过程；自制样品的磨耗率为 0.14%。

表 5-39　催化剂物性参数对比

序号	性　能	国外催化剂	自制样品
1	外观	白色球形	白色球形
2	外形尺寸，mm	4~6	4~6
3	比表面积，m^2/g	337	334
4	总孔孔体积，mL/g	0.6	0.67
5	大孔孔体积，mL/g	0.17	0.17
6	强度，N/ 颗	81	107
7	堆密度，g/mL	0.64	0.62
8	磨耗率，%	0.4	0.14

在空速 $1200h^{-1}$、反应温度 127℃、H_2S 含量 4%、SO_2 含量 2% 时，对比了研制的大孔活性氧化铝催化剂与国外同类催化剂的活性评价结果，数据见表 5-41。从表 5-41 数据表明，研制的催化剂样品在硫容这一个指标上与国外催化剂相比大致相当。

表 5-40　低温克劳斯催化剂活性评价结果

催化剂	催化剂量，g	硫黄回收量，g	质量硫负荷，g/g
国外样品	13.1	11.4	0.87
试制样品	13.8	12.3	0.89

2. 克劳斯尾气低温加氢水解催化剂

传统 SCOT 工艺中对于克劳斯尾气的再热方式一般采用在线燃烧炉、气—气换热器、电加热器和导热油加热器等方法，将尾气加热至 280℃以上。近年来，为了简化加氢段预热操作，减小加氢反应器下游冷却器热负荷，降低能耗，开发出了具有更低入口温度的低温 SCOT 工艺。工艺核心是采用低温加氢催化剂替代常规的高温加氢催化剂，仅要求尾气加热至 220℃以上即可满足加氢要求。

国内现有低温加氢水解装置约 40 套，主要分布在炼油厂、天然气净化厂和煤化工厂。低温加氢装置加氢反应器入口温度一般在 230~260℃之间，加氢反应器入口有机硫浓度在 200~1500μg/g 之间。加氢反应器有机硫水解率受入口温度影响较大。入口温度高于 250℃时，有机硫水解率可达到 90% 以上。入口温度降低至 230℃时，有机硫水解率降低到 85% 以下。为解决低温水解加氢催化剂的低温性能，研制开发了新一代低温加氢水解催化剂。

主要技术进展如下：

研究表明，在不含或少含 H_2S 和 SO_2 等酸性气体的工况下，低温有机硫水解催化剂活性很高，有机硫转化率可达 97% 以上。在低温加氢反应器中，传统钴钼—氧化铝类催化剂二氧化硫加氢转化率和有机硫水解率随温度变化情况如图 5-39 所示。

由图 5-39 可见，催化剂加氢转化率受操作温度的影响较小，即使操作温度低至 240℃，催化剂加氢转化率仍可维持在 99.7% 以上，出口 SO_2 浓度不超过 5μg/g。说明 SO_2 的加氢反应速度很快，即使操作温度降低，仍可维持相对较高的反应速度。但有机硫水解 /

加氢速度相对较慢，严重受到操作温度的影响。在操作温度低至 240℃时，有机硫水解率降低到 85% 左右，加氢反应器出口有机硫浓度可达 100~200μg/g。

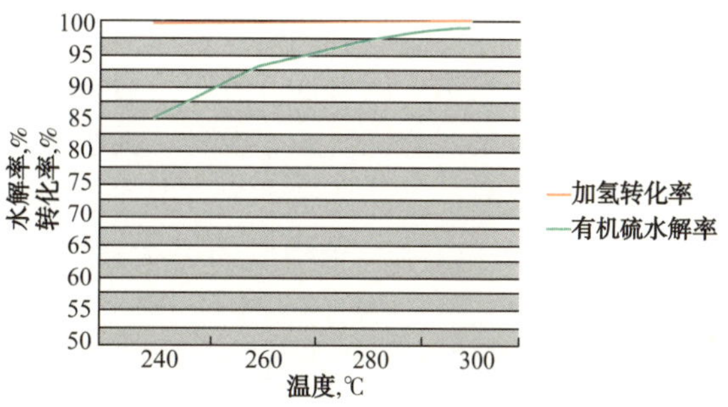

图 5-39 传统钴钼—氧化铝类催化剂加氢转化率和有机硫水解率随温度变化情况

中国石油从多活性组分负载和高浓度活性组分负载两方面入手，研究了催化剂制备工艺技术，研制了以 SiO_2、Al_2O_3、TiO_2、Si–Al 和 Ti–Al 为载体的催化剂样品。由于低温加氢水解催化剂在使用过程中以硫化钴和硫化钼为活性组分，过程气中所含氧将造成部分硫化钴和硫化钼活性组分氧化成氧化钴和氧化钼，造成催化剂活性降低。为表征催化剂耐氧能力，采用电镜—能谱表征技术，对氧与催化剂硫化活性组分的影响进行了研究。结果表明，对于含碱金属与稀土金属活性组分和三元活性组分的催化剂，由于硫化后的碱金属与稀土金属再氧化的程度较低，且氧化后的碱金属与稀土金属可再次硫化，因此，氧对这 2 种催化剂的影响较小，催化剂上的硫化物含量分别从 3.04% 和 3.13% 降低到 2.88% 和 2.04%。因此，含碱金属与稀土金属的催化剂耐氧性能优于传统钴钼催化剂。

对研制的催化剂进行了活性评价，评价结果见表 5-41。由表 5-41 可知，新研制的低温加氢催化剂物化指标与催化活性比较稳定，强度基本为 136~144N/cm，磨耗率为 0.58%~0.72%，比表面为 265~284m^2/g，孔体积为 0.42~0.44mL/g，加氢后 SO_2 浓度小于 10mg/L，有机硫转化率为 95.2%~96.0%。

表 5-41 重复制备的 4 个催化剂样品物化指标与活性

制备批次	强度，N/cm	磨耗率，%	比表面积，m^2/g	孔体积，mL/g	加氢后 SO_2 浓度，mg/L	有机硫转化率，%
1	139	0.72	265.2	0.43	<10	95.8
2	144	0.67	278.4	0.44	<10	95.2
3	136	0.69	274.2	0.42	<10	96.0
4	140	0.58	283.6	0.44	<10	95.5

3. 克劳斯尾气 SO_2 催化吸附剂

在众多大气污染物中，SO_2 是危害最严重的主要大气污染物之一。由于国民经济快速发展，我国 SO_2 排放总量居全球第一位，减排形势十分严峻。截至 2015 年底，现有国内天然气净化厂和炼油厂硫黄回收尾气只有采用还原吸收法尾气处理工艺路线的装置才能基本满足新的 SO_2 排放标准。但该工艺复杂，投资、操作成本及能耗都相当高。

现有的 SO_2 废气处理工艺大多是针对烟道气中低浓度 SO_2 脱硫设计的，难以满足硫黄回收工艺尾气氧化后较高浓度 SO_2 的吸附回收问题，并且脱硫剂使用后不可再生，造成脱硫系统的运行费用高，脱硫废弃物容易对环境造成二次污染。

根据现有尾气处理存在的问题，提出了一种新型尾气处理工艺技术的思路，即在二级或者三级克劳斯反应器出来的尾气（N_2、H_2O、H_2S、SO_2、CO_2、CS_2、COS，H_2 及 CO）全部通过燃烧炉，把硫化物转化成 SO_2，再通过冷却到 80~120℃（此热量可以回收利用），冷却后的含 SO_2 混合气体再用吸附床进行吸附，吸附后尾气中只含 N_2、H_2O 和 CO_2，可以直接排放；吸附剂吸附饱和后，通过再生重复利用。

基于以上技术中国石油开发了一种高效、再生效果好的水滑石型 SO_2 吸附材料，用于克劳斯反应器尾气燃烧后 SO_2 吸附。类水滑石（Hydrotalcite-like Compound，简称为 HTlc）是一种层状材料，其晶体属于六方晶系，是一种由带正电荷的金属氢氧化物和层间带负电荷的阴离子及中性水分子构成的层状氢氧化物，所以又称为层状氢氧化物和阴离子黏土。其化学通式为 $[M^{2+}_{1-x}M^{3+}_{x}(OH)_2]^{x+}(A^{n-}_{x/n})\cdot mH_2O$，其中 M^{2+} 和 M^{3+} 分别为二价和三价金属阳离子，x 为 M^{3+} 的物质的量分数，A 代表层间阴离子，m 为层间结晶水数目。碱性类水滑石材料层板是由金属氢氧化物构成的，具有一定的碱性，而且可以根据层板金属离子的组成对碱性进行调节。

1）主要技术进展

（1）固体吸附和再生机理。

图 5-40 和图 5-41 给出了 SO_2 吸收和再生的基本理论模型。

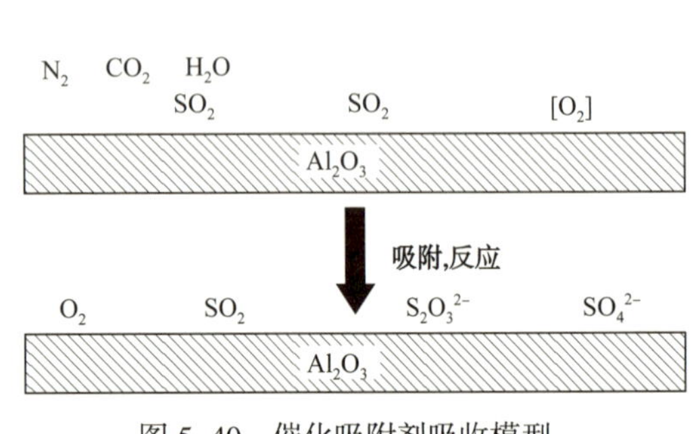

图 5-40 催化吸附剂吸收模型

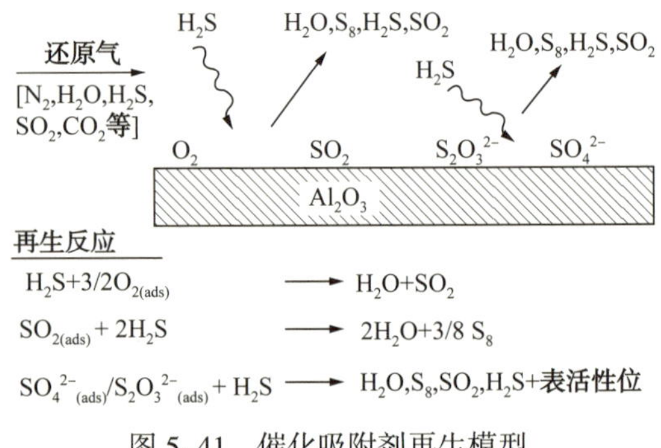

图 5-41 催化吸附剂再生模型

研究认为，在吸附剂材料上，SO_2 和 O_2 随原料气扩散到吸附剂的孔道内，再分别被吸附基上的活性位吸附，一部分吸附的 SO_2 在吸附剂表面被硫酸盐化，经过对吸附后的表面表征，各硫酸盐的比例为：SO_4^{2-} 为 0.27%（质量分数），$S_2O_3^{2-}$ 为 0.83%（质量分数），SO_3^{2-} 为 0.01%（质量分数）。可以看出，吸附后 SO_2 在吸附剂的表面主要形成硫酸盐和过硫酸盐。

由图 5-41 可以看出，吸附位上的 SO_2 或者被水蒸气、O_2 硫酸盐化的 SO_4^{2-} 和 $S_2O_3^{2-}$ 都可以在一定温度下与 H_2S 发生反应，生成 S_8 等产物，表面活性位恢复。

（2）吸附温度对催化吸附剂硫容的影响。

在不同温度下开展了水滑石吸附剂硫容的比较试验，实验条件为 8.5%SO_2– 2%O_2/N_2，1g 吸附剂，吸附时间为 1h，吸附剂的硫容情况如图 5-42 所示。

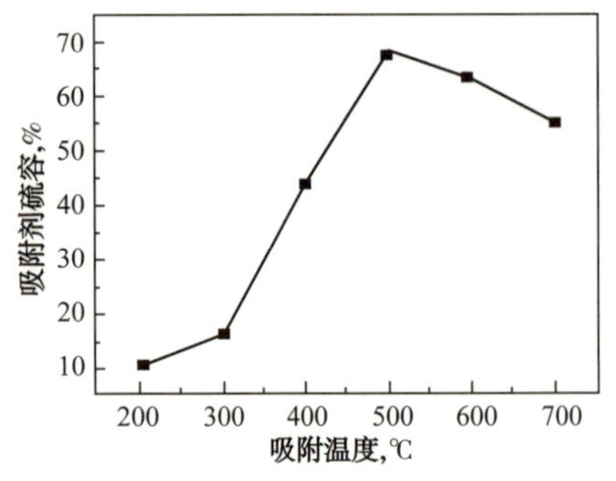

图 5-42 吸附温度对催化吸附剂硫容的影响

从图 5-42 可以看出，随着反应温度的升高，催化剂的 SO_2 吸附容量增加，当温度升至 650℃附近时，达到最大吸附容量；反应温度继续升高，吸附容量有所降低。这是因为首先，随着反应温度的升高，SO_2 和 O_2 的反应速度增加，同时 SO_3

与金属氧化物的反应速度也增加；其次，$2SO_2+1/2O_2 = SO_3$ 是一个放热反应，高温不利于 SO_3 的生成。以上两个因素的共同作用解释了温度对吸附容量的影响。由此可以看出，水滑石催化吸附剂的最佳吸附温度选择在500℃左右。

（3）稀土 / 水滑石催化吸附剂的活性评价。

由于单一水滑石吸附剂存在再生后硫容不稳定的问题，需要对其进行改性，以增加在克劳斯尾气 SO_2 吸附过程中的稳定性。由于稀土氧化物具有很好的热稳定性，在高温下抗烧结能力很强，在制备过程中加入稀土氧化物，可以增加表面活性组分的分散性和稳定性，使得单位比表面积上吸附活性位更多，特别是有些稀土氧化物具有一定变价性能，可以利用变价的晶格氧来促使 SO_2 转化成 SO_3，这些性能都有利于活性组分对其吸收，所以可以考虑加入一定量的稀土氧化物来提高其稳定性。

以稀土 / 水滑石为吸附剂，进行10个循环的吸附、再生性能考察。以两级吸附、一级再生模式进行催化吸附剂循环寿命试验考察，装置示意图如图5-43所示。

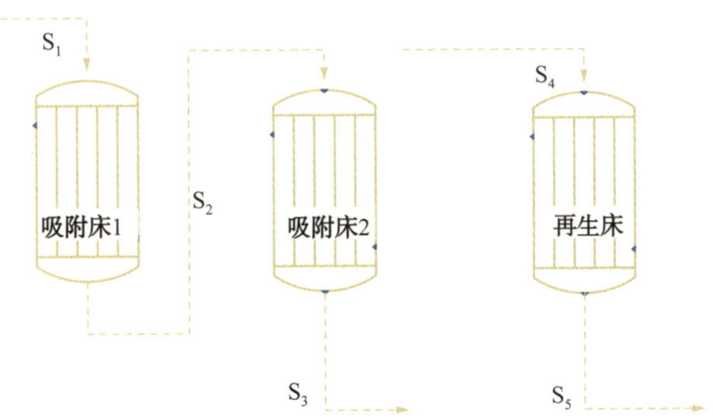

图5-43 催化吸附剂循环实验流程图

工艺过程：含 SO_2、O_2 等的过程气 S_1 先经过吸附床1（第一级吸附），吸附后的过程气 S_2 再进入吸附床2（第二级吸附）进行再吸附，检测吸附床2排出的尾气 S_3 中 SO_2 的含量，以尾气中 SO_2 的含量低于500mg/L时，累计计算得到催化吸附剂硫容。当检测的 SO_2 含量超过500mg/L，此时吸附床1切断原料气，切换通入 H_2/N_2 再生气 S_4 进行再生，再生后的气流 S_5 以洗瓶吸收。原料气接入吸附床2作为第一级吸附，而先前再生好的再生床作为第二级吸附。依次交替吸附、切换、再生。

多次循环实验后发现，上一个循环第二级吸附当切换成第一级吸附时，对整体吸附硫容为10%~15%。

2）应用前景

开发出的新型硫黄回收尾气氧化工艺技术，可用来代替现有的投资大、操作成本和能耗高的还原吸收尾气处理技术。新工艺由于对 SO_2 高效吸收，使得排放的尾气中 SO_2 含量明显降低，改善了尾气排放对环境的影响，满足国家对尾气排放标准的更高要求。另外，由于吸附的 SO_2 再利用，可以提高装置的总硫收率，增加企业效益，具有非常重要的现实意义。

4. 克劳斯选择性加氢催化剂

EUROCLAUS®（超优克劳斯）工艺是在SUPERCLAUS®（超级克劳斯）技术的基础上开发的。目的是在不增加额外投资的基础上，将硫黄回收率提高到99.4%或更高。

EUROCLAUS® 工艺与 SUPERCLAUS® 工艺区别在于，在常规克劳斯工艺基础上添加一个选择性催化氧化反应段，即在最后一级克劳斯催化反应器床层中的克劳斯催化剂下面或在整个反应器中全部装填加氢还原催化剂，将 SO_2 还原成 S 和 H_2S，使总硫回收率得以大大提高。根据酸性气体进料量和催化反应器数量，超优克劳斯工艺的硫回收率可以达到99.4% 以上，具有超级克劳斯工艺的所有优点，不仅适用于现有的克劳斯装置改造，也适用于新建装置。截至 2015 年底，国内已有数套超优克劳斯装置投入运行。国内超优克劳斯装置所采用的催化剂均为从国外引进。为填补国内空白，中国石油研制开发了可用于类似超优克劳斯工艺的克劳斯选择性加氢催化剂。

主要技术进展如下：

（1）克劳斯选择性加氢催化剂的研发。

与常规 SCOT 类加氢工艺不同，类似超优加氢工艺有两大特点：（1）操作温度低。超优加氢工艺操作温度通常在 195~205℃，甚至比低温 SCOT 工艺还低 20~30℃；（2）由于加氢段后继有硫冷凝器，可将加氢后的过程气中的硫黄冷凝回收，因此加氢过程中允许生成硫黄。因此，超优加氢过程可能是低温条件下二氧化硫加氢和克劳斯两个过程的综合。基于以上分析，可认为超优催化剂属于一种低温加氢催化剂，并具备一定的克劳斯反应能力。因此，它和传统加氢催化剂并无本质区别，只是需要强化其低温条件下对二氧化硫的加氢转化能力。

H_2 作为还原剂还原 SO_2 为元素硫或硫化氢的催化剂有铁、钴、镍等十余种金属氧化物的硫化物。研究表明，单组活性金属催化剂直接作为加氢类催化剂的效果都不理想，一般采用组合型，一种组分作为主催化剂，另一种作为助催化剂。而其中最成熟，应用最广的是钴钼类催化剂。

对于含助剂的氧化态金属加氢催化剂，研究发现在 $CoMo/Al_2O_3$ 中 Co 和 Mo 原子之间存在一定的相互作用。Topsoe 等采用 NO 吸附红外光谱以及后来 Kasztelan 等用低能离子散射谱（ISS）研究 $CoMo/Al_2O_3$ 催化剂时得到了该催化剂存在 Co-Mo 相互作用的直接证据。另外，Wivel 等通过穆斯堡尔谱（MOSS）研究结果发现，催化剂中不同 Co 物种的相对浓度与 Co 的上量密切相关。当采用先浸 Co 后浸 Mo 的分步法制备 $CoMo/Al_2O_3$ 催化剂时，在很低的 Co 上量时，即有 Co_3O_4 相生成，该 Co 量远低于采用共浸或先 Mo 后 Co 的分步浸渍法制备相同的催化剂时 Co_3O_4 相出现时 Co 的上量。这说明在有 Mo 存在的情况下，Co 与 Mo 优先形成 Co-Mo 相互作用相，而不是单独的氧化钴相。因此，在分浸法制备钴钼催化剂时采用先钼后钴的方法，可以降低 Co 与载体之间的作用，避免影响活性的钴铝尖晶石的生成。此外，也有采用共浸法制备催化剂，使用络合剂使金属在载体均匀分布。

从催化剂制备技术来看，对于中低负载量的钴钼类催化剂，通常可采用浸渍法，对于高负载量的钴钼类催化剂，除浸渍法外，还可选择混捏法。二者各有优劣，本研究中采用混捏法的技术路线。

（2）克劳斯选择性加氢催化剂物化性能及活性评价。

对比了研制的克劳斯选择性加氢催化剂与国外同类产品的物化性能，数据见表 5-42。从表 5-42 数据可以看出，新开发的克劳斯选择性加氢催化剂在比表面积、孔体积方面具有一定的优势。同时，由于该催化剂堆积密度远小于国外同类产品牌，故在相同条件下，其装填体积更少。

表 5-42　克劳斯选择性加氢催化剂与国外同类产品的物化性能对比

性　　能	研制样品	国外样品
外形及直径，mm	三叶草，2.3mm × 1.8mm	四叶草，1.3mm × 1.1mm
堆密度，kg/L	0.48	0.76
比表面积，m^2/g	298（低温氮吸附法）	254（低温氮吸附法）
压碎强度，N/ 颗	102.2	86
磨耗率，%（质量分数）	1.96	0.5
孔体积，mL/g	0.4	0.3

活性评价实验中，上部装填氧化铝，中部分别装填 CT6-5B、CT6-11、自制样品催化剂，入口温度控制在 195℃，催化剂整体空速控制在 $2500h^{-1}$，对应的超优催化剂或 CT6-5B 的空速为 $10000h^{-1}$，这种装填的优点是评价的苛刻度较高，可模拟硫蒸气。反应器床层分为两部分，一部分为克劳斯反应，其余为催化剂将二氧化硫加氢为元素硫或硫化氢的反应。表 5-43 给出了研制的超优加氢催化剂与国外同类产品对二氧化硫的转化性能。从表 5-43 数据可以看出，研制的催化剂与国外样品性能相当，而 CT6-5B、CT6-11 尚有一定的距离。

表 5-43　工厂条件下催化剂对二氧化硫的转化性能

组　　分	反应后的气体组成，%			
	CT6-5B	CT6-11	国外样品	自制样品 2 号
SO_2	0.0133	0.0101	0.0060	0.0056
H_2	3.75	3.76	3.67	3.65

第三节　新型催化剂与催化材料技术展望

据预测，2020 年中国石油的炼油加工能力将达到 3×10^8t/a，占全国炼油总加工能力的 50%，劣质含硫原油加工比例超过 50%。炼油加工的主要任务是将廉价的劣质原料转化为高附加值的高品质产品，因此，原油深加工与清洁油品生产始终是中国石油的主营核心业务及公司利润增长点。

原油重质化和劣质化趋势日益加重，高硫、高酸、高金属、高残炭和高沥青质含量的劣质原油产量将不断增加，未来相当长时期内重油深度加工提高轻油收率是炼化企业的重要任务；催化裂化仍将是主流技术之一，未来加工更轻和更重的混合原料，多产低碳异构烯烃，少产或不产柴油；催化原料加氢预处理技术会有较快发展，重点提高容杂质能力和延迟运行周期，与催化裂化组合技术方案会推广应用；重质馏分油加氢裂化向多产石脑油等化工原料和航空煤油方向发展，适应炼油结构调整。

一、重油催化裂化技术

（1）加强重油高效转化的理论研究，对重油组成的认识从宏观向微观推进，开展“分子层面的基础理论研究”，加强重油热转化、催化转化及协同转化的反应机理研究，研究重油分子的高效转化技术，开发重油深度转化的催化裂化催化剂。

（2）通过对重油进行加氢处理，形成可裂化的加氢处理油，同时根据炼厂的需求，加工合成生物油等不同类型的重油催化裂化催化剂。

（3）以现有工艺为基础，改变反应再生的结构型式，开发劣质柴油催化转化工艺，实现优化柴油、汽油收率和提高柴油质量两个目标。

（4）根据炼厂结构调整的要求，催化裂化装置不但需要生产清洁燃料，而且需要生产化工产品，因此开发炼油化工一体化催化裂化催化剂成为研究的热点。

二、渣油固定床加氢处理技术

（1）固定床渣油加氢处理催化剂竞争十分激烈，中国石油固定床渣油加氢处理催化剂大规模推广应用的瓶颈是成本，开发低成本及具有优良活性稳定性的催化剂是今后主要的研发方向。

（2）根据原料性质及产品方案，开展固定床渣油加氢与催化裂化工艺的优化组合，可显著提高炼厂的轻油收率和经济效益。

三、加氢裂化技术

加氢裂化技术未来的发展整体表现为高的系列化程度以解决原料、工艺、产品方案的多样化，强的抗中毒能力以应对原料的劣质化，高效的工艺级配从而节能降耗，具体来说有以下3点：

（1）通过技术创新进一步提高加氢裂化催化剂的活性、目的产物选择性和稳定性，满足装置加工掺炼重质馏分油最大量生产优质油品的技术需求，提升技术的行业竞争力，支撑和引领产业发展；

（2）通过工艺创新进一步发展本质绿色低碳的催化剂制备和生产工艺，实现炼化技术从末端治理向源头削减、过程控制和末端治理全过程控制的转变；

（3）基于分子水平的炼油技术平台不断完善，大数据、云计算、过程模拟及在线优化技术等高效信息技术手段与加氢裂化技术的结合，将进入新的发展阶段。

四、催化新材料技术

在未来的20~30年，石油仍然是交通运输的主要来源，迫切需要解决的问题是石油资源在分子水平的高效转化，期望在70%左右轻油收率的基础上，进一步提高轻质油收率；优化油品池结构，改变油品烃族组成，满足未来日趋严格的低碳排放标准。2030年中国石油将在以下几方面取得战略进展：

（1）实现对各种原料油乃至非常规原料油的处理和高效利用；

（2）实现碳原子经济性，对原油价值实现最大化；

（3）发展环境友好的生产技术，对 SO_x、NO_x、CO 实现零排放，对 CO_2 实现可控的低排放。

为应对新需求，新结构催化材料的开发始终是炼油工业催化剂领域最为活跃的研究方向。大数据、人工智能会对化学带来巨大的影响，在计算化学领域对催化材料、催化剂的设计越来越精准。但科学家也指出，机器学习还很初级，离真正的设计和预测还差很远。

它可能在某个特定的框架里能很好地预测，但由于缺乏广谱性的基础原理，用计算机预测催化剂设计比较困难。现在的技术还远不能实现预测，有可能在框架内进行局部微调。所以，研究人员依然需要在实验室潜心工作，进行大量试验。小孔分子筛正在成为研究热点，等级孔、贯通孔、纳米化概念开始引入材料、催化剂制备中。例如，ENI公司已经实现了基于纳米 MoS_2 的浆态床技术工业化；用MOFs作为吸附剂储存天然气技术已进入工业推广阶段；用MOFs结构吸附分离二甲苯及己烷同分异构体处于小试阶段；石墨烯材料开始进入催化研究领域。

主要的技术发展趋势有：加氢异构化反应催化剂中以单一分子筛作为载体已不能满足现代工业技术发展的需要，非常有必要进行具有双重结构的复合材料的研究；以提高炼厂低碳烃类综合利用为目标的小孔分子筛的开发应用，在小分子高选择性转化领域更加重要；磷硅铝及杂原子分子筛在煤化工、异构化等领域崭露头角，逐渐受到重视；大幅度提高重油转化的纳米 MoS_2、非传统金属加氢活性相材料等新型催化材料将会迅速发展；吸附容量、选择性能大大超越分子筛的MOFs结构的设计合成会成为新的研究热点。

具体来说，未来20~30年内，中国石油在催化材料和催化剂技术方面，需要陆续突破以下技术：

（1）渣油加氢催化剂载体制备新技术。以低成本大孔氧化铝、贯通的等级孔新型氧化铝、廉价金属活性相等材料开发出具有通畅孔道结构的载体制备新技术和孔径分布高度集中的载体制备新技术，以满足不同加氢反应过程的催化剂对孔道结构、酸性分布和加氢活性优化匹配的需要。催化剂成本、催化活性与使用寿命三者统筹兼顾，实现大规模工业应用。开发低成本新型铁基加氢精制催化剂技术成功应用于渣油加氢处理装置，预计可节约催化剂成本3000万元/年以上。

（2）沥青质加氢解构纳米金属硫化物材料及催化剂制备技术。开发能够加工高黏度、高金属、高残炭、高胶质和沥青质含量的劣质原料的浆态床加氢催化剂及工艺，解决沥青质、重胶质的加氢解构、轻质化的关键问题，实现浆态床加氢技术的工业应用。创新纳米 MoS_2 材料制备技术，实现石油资源在分子水平的高效转化，进一步提高轻质油收率达90%以上。

（3）开发系列一维直孔道新分子筛材料，建立异构化反应用分子筛数据库，实现灵活设计加氢异构催化剂，满足市场对种类多元化的原料油改性的技术需求。

（4）构建基于微型反应器等新型反应器的微化工系统，实现核心反应单元的微型化和本质安全，以及催化材料和精细化学品的灵活生产，大幅度降低与大型化相关联的环境和社会影响，为企业发展营造良好的社会生态。

（5）实现单原子催化剂制备技术的突破与应用。贵金属是最常用的具有极佳催化效果的加氢/脱氢催化剂。但是由于贵金属元素的稀有性，通常成本很高。2000年以来，随着纳米科学技术的发展，研究者围绕纳米尺度下的催化过程和纳米催化剂进行了广泛的研究，在深入理解催化反应机理的同时开始设计功能纳米催化剂。其中双金属纳米材料由于其独特的性质，已经在液相合成中成熟地应用[37]。将贵金属纳米化能够节省材料的用量，而且可以提高催化剂的活性。纳米技术等高新技术不断与传统的贵金属深加工技术相结合，大大拓展了贵金属在工业上的应用范围和应用数量[38]。但是即使纳米颗粒的尺寸小到2nm，依然有一半左右的贵金属原子处于晶粒内部，不能接触到催化反应，依然制约着贵金属活性中心作用的高效发挥。单原子催化剂技术提供了新的思路[39]。

单原子催化是多相催化领域的新概念，其原子分散的均一活性位不仅可使金属原子利用率达到最大，同时有可能架起多相催化与匀相催化之间的桥梁。2011 年，中科院大连化物所张涛研究组首次制备出 Pt/FeO_x 单原子催化剂，提出了“单原子催化（Single-Atom Catalysis）”的概念并在实验和理论上对单原子催化进行了论证[40]。首次将 Pt/FeO_x 单原子及准单原子催化剂用于含有不饱和取代基团的芳香硝基化合物的选择加氢反应，在温和反应条件下（40℃，氢气压力 0.3 MPa）获得了极高的活性和选择性[41, 42]。

2014 年，中科院大连化物所包信和课题组制备的原子级分散的 Fe/SiO_2 在甲烷无氧制乙烯及芳构化方面取得重要进展[43]。2016 年，郑南峰课题组用简单的光化学方法合成的 Pd/TiO_2 单原子分散的催化剂在烯烃加氢反应中具有极佳的活性[44]。可见，单原子催化引起了研究者极大的兴趣和关注。

近年来关于单原子催化的研究主要处于实验室研究阶段，集中在贵金属原子方面，包括铂、金、铱等，也有关于钼和铁单原子中心位点的研究。其中催化剂的“单原子”表征至为关键，也就是要表征催化剂的活性中心为单原子分散，主要的手段包括球差校正原子分辨电镜（HAADF-STEM）、同步辐射 X 射线吸收谱（SR-XAFS）以及高分辨质谱等。另外，重要的是，找到合适的“单原子载体”，例如铁氧化物、钛氧化物、硅氧化物、氧化铝、石墨烯和某些分子筛等。如果单原子催化这一新概念能够最终实现，由于其优越的催化性能和潜在的成本优势，将在工业催化领域产生巨大的经济效益[45]。

未来工业界将与科学家大力合作，加快推进工业应用研究，筛选出适合工业应用的催化剂体系，开发具有规模化应用前景的制备技术，推动单原子催化剂在烷烃脱氢、催化重整、加氢裂化、加氢改质等炼油过程的应用，尽早为企业创造效益，造福社会。

根据中国石油“十三五”发展规划，到“十三五”末要实现各种催化材料的规模化和高效化生产新技术，发展催化剂生产过程中的节能、节水、减少排放的工业化技术；完成用于催化脱氢、烯烃歧化、烯烃选择性裂解、合成气等反应过程的新催化材料（包括载体材料、分子筛材料、其他活性材料等）的工业化开发。

参 考 文 献

［1］中国石油和石化工程研究会 . 炼油催化剂［M］. 北京：中国石化出版社，2006.

［2］Xie Z，Liu Z，Wang Y，et al. Applied Catalysis for Sustainable Development of Chemical Industry in China［J］. National Science Review，2015，2（2）：167-182.

［3］丁少恒，仇玄，汤湘华 .“十三五”我国成品油消费柴汽比预测［J］. 国际石油经济，2015（11）：58-61.

［4］Wang Y，Feng R，Li X，et al. In Situ Synthesis，Characterization and Catalytic Activity of ZSM-5 Zeolites on Kaolin Microspheres from Amine-free System［J］. Journal of Porous Materials，2013，20（1）：137-141.

［5］Zhang K，Liu Y，Zhao J，et al. Hierarchical Porous ZSM-5 Zeolite Synthesized by in situ Zeolitization and Its Coke Deposition Resistance in Aromatization Reaction［J］. Chinese Journal of Chemistry，2012，30（3）：597-603.

［6］Honda K，Yashiki A，Itakura M，et al. Influence of Seeding on FAU-*BEA Interzeolite Conversions

[J]. Microporous and Mesoporous Materials，2011，142（1）：161-167.
[7] Meng X，Xiao F S. Green Routes for Synthesis of Zeolites [J]. Chemical Reviews，2013，114（2）：1521-1543.
[8] García-Martínez J，Johnson M，Valla J，et al. Mesostructured Zeolite Y - high Hydrothermal Stability and Superior FCC Catalytic Performance [J]. Catalysis Science & Technology，2012，2（5）：987-994.
[9] Park D H，Kim S S，Wang H，et al. Selective Petroleum Refining over a Zeolite Catalyst with Small Intracrystal Mesopores [J]. Angewandte Chemie，2009，121（41）：7781-7784.
[10] Sun Y，Prins R. Hydrodesulfurization of 4，6-Dimethyldibenzothiophene over Noble Metals Supported on Mesoporous Zeolites [J]. Angewandte Chemie International Edition，2008，47（44）：8478-8481.
[11] Liu Y，Cui X，Han L，et al. Role of Fluoride Ions in Synthesis and Isomerization Performance of Superfine SAPO-11 zeolite [J]. Microporous and Mesoporous Materials，2014，198：230-235.
[12] Corma A，Martínez-Triguero J. The Use of MCM-22 as a Cracking Zeolitic Additive for FCC [J]. Journal of Catalysis，1997，165（1）：102-120.
[13] Hussain A I，Aitani A M，Kubů M，et al. Catalytic Cracking of Arabian Light VGO over Novel Zeolites as FCC Catalyst Additives for Maximizing Propylene Yield [J]. Fuel，2016，167：226-239.
[14] 唐荣武. CT6-7 硫黄回收催化剂的工业应用 [J]. 石油与天然气化工，2007，36（1）：39-41.
[15] 汪家铭.SCOT 硫回收尾气处理技术进展及应用 [J]. 石油化工技术与经济，2010，26（5）：57-62.
[16] 李洋，温崇荣，何金龙. 低温加氢水解催化剂的研制与开发 [C]. 九江：全国气体净化技术交流会，2011.
[17] 李凌波，刘忠生. 硫回收尾气催化焚烧技术进展 [J]. 化工进展，2008，27（2）：236-240.
[18] 刘百军，庞新梅，孟庆磊，等. 一种含 Y 型分子筛 / 无定形硅铝的加氢裂化催化剂及其制备方法 [P]. 中国发明专利：ZL201010514635.5，2010-10-14.
[19] 庞新梅，刘百军，曾方亮，等. 一种包含 Y 型分子筛的催化裂化催化剂及其制备方法：中国专利，ZL201210178413. X [P]. 2016-4-6.
[20] Junsu Jin，Chaoyun Peng，Jiujiang Wang，et al. Facile Synthesis of Mesoporous Zeolite Y with Improved Catalytic Performance for Heavy Oil Fluid Catalytic Cracking [J]. Materials Chemistry and Physics，2017（196）：284-287.
[21] 周继红，闵恩泽，杨海鹰，等. 用高岭土合成的纳米级 Y 型沸石及其制备方法 [P]. 中国专利：CN15333982.2003.
[22] 刘从华，邓友全，庞新梅，等. 含碱改性高岭土裂化催化剂的表征和反应性能 [J]. 工业催化，2003，11（7）：41-44.
[23] Hongtao Liu，Lei Wang，Wei Feng，et al. Hydrothermally Stable Bimodal Aluminosilicates with Enhanced Acidity by Combination of Zeolite Y Precursors Assembly and the pH-Adjusting Method [J]. Industrial & Engineering Chemistry Research，2013（52）：3618-3627.
[24] Feng H，Li C Y，Shan H H. Effect of Calcination Temperature of Kaolin Microspheres on the In situ Synthesis of ZSM-5 [J]. Catalysis Letters，2009（129）：71-78.
[25] 张瑞驰，郭金宝，李庆杰. 一种高岭土原位晶化 ZSM-5 分子筛制备方法 [P] 中国：CN101332995A，2008.
[26] 张星，李顺利，余伟等. 一种含 ZSM-5 沸石的催化裂化多产丙烯助剂制备方法 [P]. 中国：

CN1872415A，2006.

[27] 王有和，李翔，刘欣梅，等 . 高岭土微球上无胺法 ZSM-5 的原位合成 [J] . 无机化学学报，2009，25（3）：533-538.

[28] 窦涛，潘惠芳，庞新梅，等 . 一种 β 沸石的制备方法 [P] . 中国：CN201010142327.4，2010.

[29] 刘其武，王文清，庞新梅，等 . 不同硅铝比 β 分子筛的催化裂化性能对比 [J] . 工业催化，2014，22(2)：103-106.

[30] 庞新梅，刘其武，王晓化，等 . 不同方法合成 β 沸石的 FCC 反应性能 [J] . 化工学报，2016，67（8）：3415-3421.

[31] 庞新梅，高晓慧，张莉，等，β 沸石的催化裂化反应性能 [J] . 石油学报（石油加工），2009，25（增刊 2）：77-79.

[32] 曹庚振，庞新梅，张莉，等 . 几种新型分子筛对催化裂化汽油的改质性能研究 [J] . 石化技术与应用，2008，26（2）.

[33] Föttinger K, Kinger G，Vinek H. 1-pentene isomerization over FER and BEA [J] . Applied Catalysis A General，2003，249（2）：205-212.

[34] Houzvicka J，Hansildaar S , Ponec V. The Shape Selectivity in the Skeletal Isomerisation ofn-Butene to Isobutene [J] . Journal of Catalysis，1997，167（1）：273-278.

[35] Baerlocher Ch，Meier W M，Loson D H. Atlas of Zeolite Framework Types [M] . 5th Ed. Amsterdam : Elsevier science，2001.

[36] Plank C J，Rosinski E J，Schwartz A B. Hydrocarbon Conversion : US 3992466 [P] . 1976.

[37] 汤禹 . 限域空间内贵金属纳米催化剂的合成与应用 [D] . 浙江：浙江大学，2012.

[38] 周全法 . 贵金属纳米材料 [M] . 北京：化学工业出版社，2008.

[39] 王宇 . 类普鲁士蓝基复合材料及贵金属掺杂改性材料的制备和应用研究 [D] . 合肥：中国科学技术大学，2015.

[40] Qiao B，Wang A，Yang X，et al. Single-atom catalysis of CO oxidation using Pt1/FeO_x [J] . Nature Chemistry，2011，3（8）：634-641.

[41] Wei H，Liu X，Wang A，et al. FeO_x-supported Platinum Single-atom and Pseudo-single-atom Catalysts for Chemoselective Hydrogenation of Functionalized Nitroarenes. [J] . Nature Communications，2014，5（1）：5634.

[42] Lin J，Wang A，Qiao B，et al. Remarkable Performance of Ir1/FeO（*x*）Single-atom Catalyst in Water Gas Shift Reaction. [J] . Journal of the American Chemical Society，2013，135（41）：15314-15317.

[43] Guo X，Fang G，Li G，et al. Direct，Nonoxidative Conversion of Methane to Ethylene，Aromatics，and Hydrogen. [J] . 中国科学基金：英文版，2014，344（2）：5.

[44] Liu P，Zhao Y，Qin R，et al. Photochemical Route for Synthesizing atomically Dispersed Palladium Catalysts. [J] . Science，2016，352（6287）：797-800.

[45] Yang X F，Wang A，Qiao B，et al. Single-Atom Catalysts : A New Frontier in Heterogeneous Catalysis [J] . Accounts of Chemical Research，2013，46（8）：1740-1748.

第六章　炼油装置大型化技术

建设大型化炼厂、发展规模经济是提高企业竞争力的有效途径，也是当今世界炼油工业发展的趋势。早在20世纪60年代，世界上炼油发达国家就已经开始炼厂大型化建设，出现了以美国埃克森公司贝汤炼油厂和维尔京群岛的什克罗伊炼油厂为代表的大型化炼厂。至20世纪80年代后期，激烈的市场竞争使人们更加关注炼厂大型化建设。炼厂大型化不仅体现在全厂规模上，单套装置的规模及反应器、塔器、换热器、机泵等关键设备的尺寸也日趋大型化。依靠增加中小规模的装置来组合形成较大规模的炼厂，虽然总加工量增加了，但能耗和操作人员也增加，难以发挥装置大型化的规模效益。因此，炼油规模大型化和炼油装置大型化需要将大型设备组合成一个整体，充分发挥大型化的系统优势，降低生产过程中的运行费用。据测算，同等规模下，单套大型装置比两套小型装置的投资约节省24%，装置能耗降低约19%；单套大型装置比3套小型装置投资减少约55%，能耗降低约29%。近年来，我国新建及改扩建炼厂项目中，装置的单系列规模不断提升，一批大型化的常减压蒸馏、重油催化裂化、延迟焦化、加氢裂化装置成功投产。成套技术方面，我国已掌握达到世界先进水平和部分达到世界领先水平的炼油成套技术，拥有了依靠自主技术建设千万吨级炼厂的能力。在炼油装置大型化方面，近年来我国炼化工程技术在重大装备国产化等方面取得了明显进步，炼厂改扩建和新建炼油工程中单系列装置规模屡创新高。在设备大型化上，我国开发应用了大型加氢反应器、烟气轮机、高效延迟焦化塔底（顶）阀、新型液相加氢循环油泵等关键设备以及加氢反应器用新型内件、催化装置用旋风分离器等一批技术先进、拥有自主知识产权的炼油新装备和关键工艺内件，解决了炼油装置大型化重大装备问题，部分炼油设备的制造技术及装备条件已达到或接近世界先进水平。“十二五”期间，中国石油通过“千万吨级大型炼厂成套技术”重大科技专项支撑，着力攻克制约炼油装置大型化成套技术、装置长周期运行的关键问题，攻克了重质劣质原油电脱盐、减压深拔、催化裂化反应再生、延迟焦化定向反射阶梯式加热炉、加氢裂化反应器内构件、劣质重油梯级分离耦合技术等特色关键技术，成功开发了中国石油自主知识产权的常减压蒸馏、催化裂化、加氢裂化、延迟焦化、汽柴油加氢成套技术，总体技术水平达到国际先进，形成了中国石油自主知识产权的千万吨级大型炼厂成套技术，实现了炼油装置大型化技术的跨越式发展。

本章主要介绍国内外炼油装置大型化技术现状及发展趋势，并重点阐述“十二五”期间中国石油在大型炼油装置工业化成套技术、关键炼油装置工艺防腐技术与长周期运行技术、炼油关键装备设计制造技术上取得的进展。

第一节　国内外炼油装置大型化技术现状与发展趋势

在全球炼油产能严重过剩、炼厂开工率不足的大背景下，规模效益驱动世界炼油工业持续向大型化、基地化、一体化方向发展。进入21世纪以来，世界各国都在调整炼油工业布局，关闭竞争乏力的中小型炼厂，同时进行老厂升级改造或扩建。因此，在炼厂数量明显减少的情况下，世界原油加工能力却略有增长。我国炼油工业也逐渐加快炼厂规模大型化、炼油产业集群化和炼化一体化建设步伐，已初步形成了长江三角洲、珠江三角洲和环渤海地区三大石化产业集聚区，未来将重点建设上海漕泾、浙江宁波、广东惠州、福建古雷、大连长兴岛、河北曹妃甸、江苏连云港等七大石化基地。在产品需求变化上，大型炼厂主要是通过调整装置结构或功能和提高产品质量来满足市场需求和环保要求。在炼油装置结构调整上，世界主要二次加工装置的增长速度明显高于世界炼油能力的增速。在主要二次加工装置加工能力的增长中，加氢裂化和延迟焦化装置加工能力增长最快，其次是加氢处理和催化重整。此外，随着技术的进步，炼油行业已步入高效优化阶段，为了推进信息化和工业化深度融合，促进企业提质增效、转型升级与内涵发展，利用新一代信息技术构建智能炼厂成为全球炼油行业一个重要的发展趋势。

一、国内外炼油装置大型化技术现状

1. 炼厂规模大型化、产业集群化及炼化一体化现状

2010—2015年，全球炼厂数量由662座减少到634座，而炼厂平均加工规模由545×10^4t/a增至712×10^4t/a[1]，加工规模2000×10^4t/a以上的炼厂从20座增至30座。2015年我国炼厂数量达到225座，但平均规模只有314×10^4t/a，不到全球炼厂平均规模的一半。我国炼厂规模在1000×10^4t/a以上的有25座，合计加工能力3.24×10^8t/a，占全国的46.1%，其中茂名石化、镇海炼化、大连石化加工能力均已超过2000×10^4t/a；规模在500×10^4t/a以上、1000×10^4t/a以下的炼厂有40座，合计加工能力2.51×10^8t/a，占全国的35.8%；规模在200×10^4t/a以上、500×10^4t/a以下的炼厂有27座，合计加工能力为0.79×10^8t/a，占全国的11.3%[2]。

全球炼油和石化装置已形成具有高度产业集群化和炼化一体化特点的区域或园区。美国墨西哥湾沿岸地区集中了美国44%的炼油能力和95%的乙烯产能；韩国蔚山石化园区和丽川石化园区是该国最大的两个石化园区，前者拥有该国32%的炼油能力和19%的乙烯产能，后者拥有该国25%的炼油能力和36%的乙烯产能；日本太平洋沿岸化工产业带的炼油能力和乙烯产能分别占到该国总量的85%和89%[3]。我国已初步形成了长江三角洲、珠江三角洲和环渤海地区三大石化产业集聚区，炼油能力分别占全国的14.44%、11.52%和43.74%，乙烯产能分别占全国的22.86%、10.59%和25.29%[2]。我国25座1000×10^4t/a以上规模炼厂中有17座实现了炼化一体化，炼化一体化企业原油一次加工能力2.4×10^8t/a，占全国总加工能力的30.2%。

2. 大型炼厂成套技术和关键设备现状

大型炼厂要发挥炼厂规模效应必须建立在装置大型化基础上，而非堆砌积木式将多套装置合在一起形成大型化炼厂，需解决由大型化带来的工艺设备大型化问题和大型化单元设备的放大效应问题。如需要解决大型分馏塔板的支撑、大型塔板上气液两相均匀接触、大型反应器和大型填料塔物料的均匀分配等关键问题。全球最大炼油基地和最大炼化一体化企业——印度信诚工业公司贾姆讷格尔炼厂总炼油能力达6200×10^4t/a，该炼厂拥有众多全球顶级规模的炼油装置，其中包括1800×10^4t/a常减压、1000×10^4t/a催化裂化、675×10^4t/a延迟焦化（4炉8塔）、425×10^4t/a连续重整、650×10^4t/a馏分油加氢处理、

366×10^4t/a 烷基化以及 210×10^4t/a 芳烃联合装置。该炼厂采用了一系列世界先进的成套技术，如催化裂化和催化重整装置采用 UOP 公司技术，延迟焦化采用 Foster Wheeler 公司技术，加氢类装置采用的技术主要来自 Lummus、Exxon Mobil、KBR 和 UOP 等公司。通过世界先进技术的组合，该炼厂开工率长期保持在 100% 以上，位于全球先进炼厂前列。近年来，我国炼化工程技术在大型炼厂成套技术开发、重大装备国产化等方面取得了明显进步，炼厂改扩建和新建炼油工程中单系列装置规模屡创新高。如 1200×10^4t/a 常减压蒸馏、350×10^4t/a 重油催化裂化、420×10^4t/a 延迟焦（2 炉 4 塔）、410×10^4t/a 柴油加氢、400×10^4t/a 加氢裂化、390×10^4t/a 渣油加氢、210×10^4t/a 催化重整等大型生产装置均已成功投产，炼厂技术经济指标明显提升，装置大型化优势充分体现。我国已掌握达到世界先进水平和部分达到世界领先水平的炼油成套技术，拥有依靠自主技术建设千万吨级炼油厂的能力，部分技术，如催化裂化、延迟焦化等已经出口伊朗、苏丹、泰国等国家和地区。

在设备大型化上，我国开发应用了大型加氢反应器、烟气轮机、高效延迟焦化塔底（顶）阀、新型液相加氢循环油泵等关键设备以及加氢反应器用新型内件、催化装置用旋风分离器等一批技术先进、拥有自主知识产权的炼油新装备和关键工艺内件，解决了炼油装置大型化重大装备问题，部分炼油设备的制造技术及装备条件已达到或接近世界先进水平。我国已投产单系列最大规模的常减压装置为惠州炼化的 1200×10^4t/a 常减压装置，其减压塔直径为 12.8m。中国石油大连石化常减压装置中的减压塔直径已达 13.8m，其减压部分分别与两套常压装置配套（1000×10^4t/a +500×10^4t/a）。我国已投产的单系列最大规模催化裂化装置为惠州炼化二期的 480×10^4t/a 重油催化裂化装置。大榭石化 220×10^4t/a DCC 装置，主要设备尺寸与 480×10^4t/a 重油催化裂化装置相当，其中反应沉降器最大处直径为 13.6m，再生器最大处直径为 15.8m。中国石油广西石化 220×10^4t/a 蜡油加氢裂化反应器，是当时世界在用的直径最大、重量最重的一台加氢裂化反应器，其直径达 4.8m，切线长为 36m，重达 1710 多吨。

3. 炼油装置长周期运行现状

大型炼厂虽然在规模效应、劳动生产率和资源利用率等方面具有较大的优势，但其同时也面临着原料种类和产品需求不断变化的严峻挑战。在原料供应上，世界油品供给趋向重（劣）质化，非常规石油资源比例日益增大，原料多样化引起的炼油装置成套技术及关键设备的可靠性和长周期运行问题成为炼厂新的关注焦点。相对小型炼厂，大型炼厂原料复杂程度更高，如印度贾姆讷格尔炼厂每月加工原油 20~30 种，累计加工原油 100 多种，我国茂名石化已加工原油达 143 种。因此，大型炼厂装置长周期运行的挑战尤为严峻，如原料变化后炼化装置原有设备选材、工艺防腐、腐蚀检测等技术已经无法满足装置防腐要求，导致腐蚀问题不能被及时发现，造成装置非计划停工。国内外大型炼厂主要通过开发工艺防腐新技术、建立关键设备状态监测及在线故障诊断等措施，保障装置的本质安全和可靠运行，甚至延长装置的运转周期。截至 2015 年底，国外蒸馏装置的连续运行周期已达 5~7 年，催化裂化装置连续运转周期为 4~5 年。我国炼油装置长周期运行水平与国外先进水平相比还有一定差距，国内大型常减压蒸馏装置的连续运行周期最多为 4 年，催化裂化装置平均运行周期为 3 年。

4. 炼油装置结构和功能发展现状

在安全、环保、油品质量等多方面压力下，炼油水平先进的国家已通过关停淘汰低效炼厂、依托已有炼厂扩能改造和技术进步促进炼油结构持续调整。在全球主要二次加工装置能力的增长中，加氢裂化装置能力增长最快，其次是加氢处理和催化重整。2000—2013 年，世界炼油能力平均年增长 1.0%，而加氢裂化、加氢处理、催化重整的年平均增速分别达到 5.02%、3.16% 和 1.49%，3 类装置与原油一次加工能力之比分别从 2000 年的 5.8%、53.5% 和 12.4% 上升至 2013 年的 9.6%、70.5% 和 13.2%。

为了满足不断变化的市场需求，我国炼厂的炼油装置结构和功能也在不断变化。近几年我国炼油业传统工艺的催化裂化加工能力与原油一次加工能力之比也在不断下滑，从 2000 年的 36.13% 降至 2014 年的 28.21%；生产清洁油品的加氢装置能力与一次加工能力之比从 2000 年的 15.55% 大幅升至 2014 年的 37.48%[2]。为了满足当前消费市场低柴汽比要求，部分炼厂通过对加氢裂化装置催化剂级配方式调整、反应原料质量控制及内构件更换等方式，将装置功能由多产柴油馏分调整为多产石脑油和航煤馏分，从而实现减产柴油，增产航煤、重石脑油及特种油品的目的。

二、炼油装置大型化技术发展趋势

在全球炼油产能严重过剩、炼厂开工率不足的大背景下，规模效益驱动世界炼油工业持续向炼厂大型化方向发展。根据业内著名咨询公司 Solomon 对世界最佳炼厂的评估数据，世界最佳大型（燃料型）炼厂的典型平均指标为：原油加工能力 2235×10^4t/a，减压蒸馏加工能力 845×10^4t/a，焦化加工能力 250×10^4t/a，加氢裂化加工能力 170×10^4t/a，催化重整加工能力 335×10^4t/a，催化裂化加工能力 570×10^4t/a，柴油加氢处理加工能力 640×10^4t/a[4]。我国大部分炼厂未形成经济规模，要充分发挥大型炼厂的规模效应，必须从总体上合理布局装置结构，采用先进技术，提高经济效益。2015 年 5 月，国家发展和改革委员会发布了《国家发展改革委关于做好〈石化产业规划布局方案〉贯彻落实工作的通知》（发改产业〔2015〕1047 号），要求新建炼油项目单系列常减压装置加工能力 1500×10^4t/a 及以上，乙烯装置加工能力 100×10^4t/a 及以上。

产业高集中度和资源高利用率推进世界炼油工业向基地化和一体化方向发展。世界炼油基地合理规模通常为 4000×10^4t/a 以上，原油一次加工单套能力达 1750×10^4t/a，乙烯装置规模达 120×10^4t/a。从欧洲看，荷兰鹿特丹基地炼油能力 5000×10^4t/a，乙烯装置规模 300×10^4t/a；比利时安特卫普石化基地炼油能力 3700×10^4t/a，乙烯装置规模 250×10^4t/a。从亚洲地区看，印度贾姆讷格尔炼厂炼油能力达 6200×10^4t/a，乙烯装置规模 150×10^4t/a；新加坡裕廊炼油能力达到 6732×10^4t/a，乙烯装置规模 387×10^4t/a；韩国蔚山炼油能力 4200×10^4t/a，乙烯装置规模 340×10^4t/a。我国炼油行业集约度较低，炼厂呈现“多、小、散、乱”格局，与国际先进石化产业发展格局相比，炼化行业整体规模化、基地化布局均有较大差距。虽然我国长江三角洲、珠江三角洲和环渤海地区三大地区炼油能力分别达到 10140×10^4t/a、8090×10^4t/a 和 30705×10^4t/a，乙烯装置规模分别达到 467×10^4t/a、216×10^4t/a 和 516×10^4t/a，但这三大地区地域跨度较大，如环渤海地区涉及北京、天津、河北、辽宁、山东 5 省（市）。为了扭转这一局面，《石化产业规划布局方案》（发改产业〔2014〕2208 号）对我国石化产业布局进行总体部署，要求新设立石化产业基地原油年加工能力可达到 4000×10^4t 以上，重点建设上海漕泾、浙江宁波、广东惠州、福建古雷、大连长兴岛、河北曹妃甸、江苏连云港等七大石化基地。2016 年 8 月，国务院发布了《关于石化产业调结构促转型增效益的指导意见》（国办发〔2016〕57 号），要求有序推进沿海七大石化产业基地建设，炼油、乙烯、芳烃新建项目有序进入石化产业基地。可以预测，未来我国必定会提高产业集中度，实现规模化、基地化布局，通过集群效应增强企业竞争力和市场抗风险能力，推动我国石化产业由大到强，从根本上推进炼油产业实现提质增效、转型升级。

原油来源和市场需求的多样化使得炼油行业产品策略也发生了巨大变化。未来几年中国新建的千万吨级炼油基地都将配套建设百万吨级乙烯装置，例如中科大炼油、浙江石化、中委广东石化等。随着这些大炼化一体化项目的投产，我国炼油装置的大型化程度及炼化一体化的程度都将进一步提高。随着新型煤化工、天然气化工的快速发展，传统炼化一体化模式也将逐步有所变化，未来将出现油气煤化一体化的新模式。未来借助千万吨级炼厂和大型乙烯工程改扩建及新建项目，还将加强公用工程系统的优化整合，实施炼油化工产业链之间的资源整合和优化，提升资源利用效率，提高资源使用价值，降低成本，提高企业的抗风险能力和整体竞争力，实现炼油、化工的协同发展。

第二节　炼油装置大型化技术进展

“十二五”期间，中国石油通过“千万吨级大型炼厂成套技术”重大科技专项技术攻关，开发了一系列与国际一流技术比肩、具有自主知识产权的核心技术。全厂总流程方面，革新了总加工流程优化的方法，将核心装置 Delta-base 数据库和硫传递模型、H/CAMS 和 Petro-sim 相关软件与 PIMS 无缝集成，提升了总流程优化和预测的准确性及工作效率，并将氢气、燃料、蒸汽及占地等系统性地纳入总体优化。常减压蒸馏方面，逐渐形成了特有的研发、设计和生产相结合的常减压蒸馏装置成套技术体系，具备了从常规原油到超重劣质原油的千万吨级常减压蒸馏成套技术。催化裂化方面，突破了催化剂再生、特大功率烟气轮机国产化及再生烟气脱硫等关键技术，开发了具有中国石油自主知识产权的大型催化裂化装置工艺包。截至 2015 年底，已形成 400 万吨级大型催化裂化成套技术，集成开发烧焦罐强化再生、提升管后部直连、烟气净化等关键技术，成功研制 ϕ1250mm、ϕ1380mm 烟机轮盘和 DN1600mm 三偏心硬密封蝶阀，形成 400 万吨级重油催化裂化装置设计能力，总体水平达到国际先进。延迟焦化方面，针对委内瑞拉超重油渣油的特点和加工难点，重点解决了委内瑞拉超重油渣油加工安全平稳运行、供氢体循环和弹丸焦防控问题，开发了附墙燃烧双面辐射炉、供氢体馏分油循环、弹丸焦安全处理等一系列关键技术，加工 100% 委内瑞拉超重油渣油延迟焦化工业试验 2011 年 11 月在中国石油辽河石化 100×10^4t/a 延迟焦化装置上完满成功，突破了国内同类装置无法加工 100% 全委内瑞拉超重油渣油的技术壁垒，解决了国内劣质渣油加工的难题。加氢裂化方面，中国石油在一段串联、两段循环工艺的基础上，开发形成了多种功能的加氢裂化催化剂以及系列工艺技术，如灵活生产化工原料与中间馏分油加氢裂化技术、最大量生产中间馏分油加氢裂化技术、最大量生产化工原料加氢裂化技术、中压加氢裂化技术等，并在炼油和炼化企业得到了广泛应用。装置长周期运行方面，自主开发了基于热力学数据的离子平衡模型技术，建立了分馏塔顶注剂优化与评价方法和腐蚀预测控制技术并开发相应软件，并在 500×10^4t/a 常减压和 300×10^4t/a 重油催化裂化装置实现了工业应用（表 6-1）。

表 6-1 中国石油炼油装置大型化业绩及工程能力情况

序号	工艺装置	建成业绩，10^4t/a	工程能力，10^4t/a
1	常减压蒸馏	1200	1600
2	催化裂化	160	400
3	延迟焦化	240（2炉4塔）	420（2炉4塔）
4	加氢裂化	220	400

一、大型炼油装置工业化成套技术

1. 千万吨级常减压蒸馏工业化成套技术

“十二五”期间，中国石油逐渐形成了特有的研发、设计和生产相结合的常减压蒸馏装置成套技术体系，形成了一系列核心技术、20余项发明专利和技术秘密。开发形成的具有自主知识产权的千万吨级常减压蒸馏成套技术总体水平达到国际先进。其中有代表性的技术包括重质劣质原油电脱盐技术、大型蒸馏塔汽液均布技术、减压深拔技术、过程能量优化组合技术、大型加热炉热效率提升技术等。

1）主要技术进展

（1）重质劣质原油电脱盐技术。

针对重质劣质原油电脱盐容易乳化、脱后含盐不合格的问题开发的重质劣质原油电脱盐技术填补了业内空白。该技术可根据加工原油的性质和特点，设定或通过控制器在线动态调整输出控制曲线和参数，向不同油品作用适合的场强和时间，使加工不同原油都达到较好的脱盐脱水效果。该技术解决了重质劣质原油易乳化、脱后原油指标不合格的问题，使装置加工以Merey16原油为代表的超重劣质原油时脱后原油含盐量指标≤3mg/L。

重质劣质原油电脱盐技术已应用于广东石化1000×10^4t/a常减压蒸馏装置的设计和建设，脱后原油含盐含水指标优于国外知名电脱盐专利商的技术指标。

（2）大型蒸馏塔汽液均布技术。

针对大型蒸馏塔塔板效率下降等放大效应的问题，基于板式塔放大效应的冷模试验深刻探究了板式塔放大效应产生的根源，针对等鼓泡面积和等液流长度两种方法都不能实现各溢流效率相等的问题，提出了一种全新的多溢流塔板设计方案，能降低放大效应，提高气液分布均匀性，保证各溢流传质效率相等，提高分离效率和精度。

大型蒸馏塔汽液均布技术已应用于中国石油四川石化、长庆石化、华北石化等项目的常减压蒸馏装置，分离精度较高。其中长庆石化500×10^4t/a常压塔操作弹性50%~130%，汽柴油产品脱空，常压塔底≤350℃馏分含量低于4%，全塔压降低。

（3）减压深拔技术。

针对现有技术减压拔出深度不够、减压蜡油质量不合格的问题，从减压炉炉管结焦动力学、油气在炉管内的流动形态、炉管内油膜温度和转油线的设计等方面对减压深拔减压炉的结焦进行了研究，通过对辐射室注汽点和注汽量的研究，得到改善油气两相流动形态的模型，得到保证炉管内油气两相最佳流动形态的理论模型；研究了减压炉炉管内最佳油膜温度，建立反映炉管内油品结焦倾向的数学关联模型，并形成油膜温度和油品停留时间关联关系，得到控制减压炉炉管内最佳油膜温度的方法。从防堵塞液体分布器、填料传质传热、防结焦集油箱、减压塔洗涤段等方面对减压深拔的减压塔内件进行了研究，开发了适合减压深拔工况的减压塔内件。

开发的减压深拔技术适用于从轻质原油到超重劣质原油的各种原油，拔出深度可达565℃。重蜡油的质量（残炭、重金属含量、C_7不溶物含量等）较好，减渣中小于538℃的轻组分含量不超过5%（质量分数）。

减压深拔技术已应用于吉林石化600×10^4t/a常减压蒸馏装置，减压拔出深度达565℃，装置运行平稳，产品分布达到设计值，装置能耗较低。

（4）过程能量优化组合技术。

针对原有常减压蒸馏装置热量回收率低、装置能耗高的问题，形成的过程能量优化组合技术根据产品加工方案对常压塔、减压塔进行优化设计，在保证产品质量和收率的前提下优化中段取热，尽可能为换热网络多提供高温位热源。研究常压塔、减压塔各中段取热量和取热温位，找出使总费用最低的窄点温差，通过换热器合理选型，优化整合全装置的用能，合理降低装置燃料消耗，装置能耗可降低约10%。

过程能量优化组合技术已广泛应用于长庆石化、大港石化、华北石化、四川石化、吉林石化等炼厂常减压蒸馏装置的设计，大大降低了装置能耗，取得了良好的经济效益。

（5）大型加热炉热效率提升技术。

针对加热炉热效率低的问题，在对辐射室烟气流场分布、热场分布及燃烧反应研究基础上开发了大型加热炉热效率提升技术，该技术使加热炉在低硫燃料气做燃料时效率达到93%以上，可较大程度降低装置的燃料消耗和能耗。

大型加热炉热效率提升技术已应用于四川石化、吉林石化等炼厂的常减压蒸馏装置，加热炉热效率达93.2%。

（6）大型转油线管系分析技术。

针对大型转油线不稳定、容易出现振动等问题开发了大型转油线管系分析技术，该技术综合考虑工艺要求、减压炉、支架设置、管道热补偿等对管道布置的影响，采用大直径减压转油线应力分析技术，优化管道布置和支架设置方案。在转油线的设计中采用了立体对角线对开结构稳定流态，同时根据其荷载分布及结构特点，对大直径开孔处进行局部应力分析，采用联合补强保证转油线的安全。该技术修正了低速段与过渡段连接处的平面内外的应力增大系数，充分考虑了支架设置时水压、操作、吹扫、烧焦、风载荷对管道的作用力，最终保证管道、支架、设备管口的安全。截至2015年底，该技术已成功应用于中国石油四川石化1000×10^4t/a常减压蒸馏装置等项目的转油线设计。

2）应用前景

开发的具有自主知识产权的千万吨级常减压蒸馏装置成套技术已成功应用于中国石油四川石化、吉林石化、广东石化、华北石化等千万吨级常减压蒸馏装置，取得了较好的经济效益和社会效益。该成套技术的开发可为中国石油未来新建或改扩建的常减压蒸馏装置提供成熟、先进、可靠的成套技术；积累了丰富的研究经验、工程经验和雄厚的理论基础，也培养了一批具有从事工程技术开发和设计能力的人才，能够为中国石油未来常减压蒸馏业务的发展提供技术支撑和保障。

2. 400 万吨级催化裂化工业化成套技术

“十二五”期间，中国石油在独立自主设计完成包括庆阳石化 160×10^4t/a 催化裂化装置在内的多套装置基础上，消化吸收引进技术，整合已有技术再创新。通过集团公司级重大科技专项，围绕反应、再生、节能环保、大型关键设备设计与优化、大型催化裂化装置成套工艺包等关键技术进行攻关，开发完成了两段提升管催化裂解多产丙烯 TMP 技术、提升管后部直连技术、冷热催化剂混合技术、烧焦罐再生强化技术、径流型多管三级旋风分离技术、节能降耗技术、特大功率烟气轮机轮盘及特殊阀门制造技术和再生烟气脱硫脱硝技术等核心技术，在此基础上形成的 200 万吨级 TMP 装置工艺包，丙烯收率可达 18%（质量分数），催化剂自然跑损≤ 0.6kg/t 催化原料，装置能耗≤ 80kg（标油）/t（原料），烟气污染物可满足最苛刻的环保标准。

1）主要技术进展

（1）两段提升管催化裂解增产丙烯工艺（TMP 技术）。

针对国内外多产丙烯的催化裂化技术反应注蒸汽量大、干气产率高的问题，中国石油开发了两段提升管催化裂解多产丙烯工艺（TMP 技术）。TMP 技术采用两段提升管工艺，配套专用催化剂，具有丙烯收率高、干气产率低、汽油辛烷值高、柴油密度低、干气中乙烯含量高（45%~50%）的特点。该工艺原料宜采用氢含量较高、重金属含量较低的石蜡基蜡油和渣油，可用在目的产品以丙烯为主并兼顾汽柴油的新建或改建装置上。TMP 技术装置示意图如图 6-1 所示。

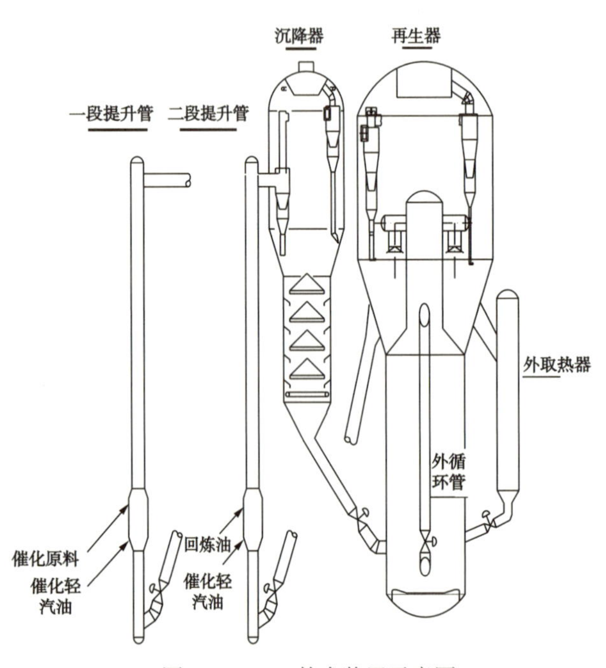

图 6-1 TMP 技术装置示意图

TMP 技术在某石化公司 80×10^4t/a 装置上进行了工业应用，以直馏蜡油为原料，同时回炼部分焦化装置的焦化石脑油，设计指标丙烯收率达到 19.82%（质量分数），总液收 78%（质量分数），干气 + 焦炭的产率之和为 15.5%（质量分数），汽油研究法辛烷值大于 90，该技术可在多产丙烯的同时对焦化石脑油进行改质，以提高焦化石脑油的辛烷值。

TMP 技术自 2006 年以来已在大庆炼化等 5 套工业装置上进行了工业应用，并获中国石油和化学工业协会科技进步一等奖。随着成品油市场的饱和，未来 TMP 技术具有广阔的应用前景。

（2）提升管后部直连技术。

针对国内外提升管后反应技术存在提升管后部油气停留时间长、防焦蒸汽耗量大和油浆固含量高的问题，中国石油自主开发了多段提升管后部直连技术。该技术将粗旋出口与顶旋入口直接相连，并通过特殊设计的平衡管将汽提蒸汽和旋风分离器料腿排出的油气导入顶旋入口（图 6–2），避免了油气扩散到沉降器内，从而抑制沉降器结焦。该技术与国内外同类技术相比具有不增加额外蒸汽消耗，开、停工及正常生产不存在跑剂问题等优势，是重油催化裂化装置长周期运行的重要保障。提升管后部直连技术 2013 年应用在某炼厂 160×10^4t/a 两段提升管催化裂化装置改造中，改造后提升管后部油气停留时间大大缩短，减少了不利的二次反应。通过改造，在蒸汽不增加的前提下解决了沉降器结焦问题，干气产率降低了 0.5~1 个百分点，轻收收率提高 0.5%~1.0%（质量分数）。该技术可应用于新建或改造装置上。

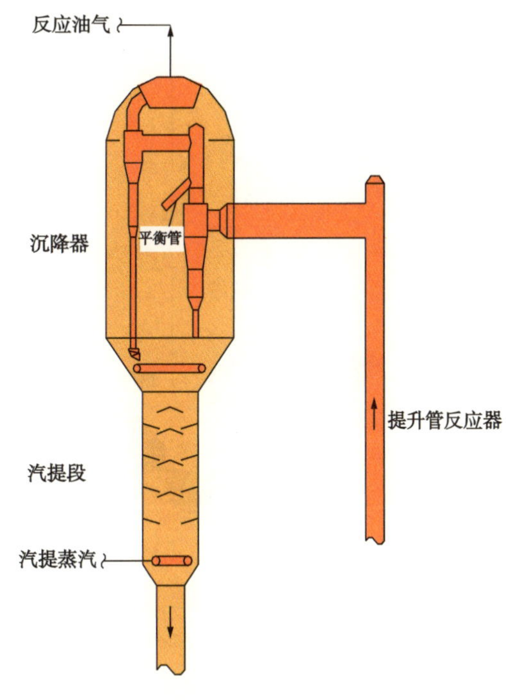

图 6–2　提升管后部直连示意图

（3）提升管出口旋流式快分（即 VQS、SVQS 系统）。

中国石油与中国石油大学（北京）合作开发的 VQS、SVQS 技术为旋流式离心分离系统，主要由多臂旋流头、承插式导流管、封闭罩、挡板式预汽提段等 4 部分组成（图 6–3）。该技术可实现提升管后部系统油气平均停留时间小于 5s、气固分离效率 98% 以上，消除油气的向下返混，提高汽提效率等目的。提升管出口快分（SVQS）系统技术自 2012 年以来已成功应用于燕山石化等 4 套 100 万吨级的重油催化裂化装置，轻油收率提高 1.0%（质量分数），干气产率降低 0.5%（质量分数），年创经济效益 1 亿元。

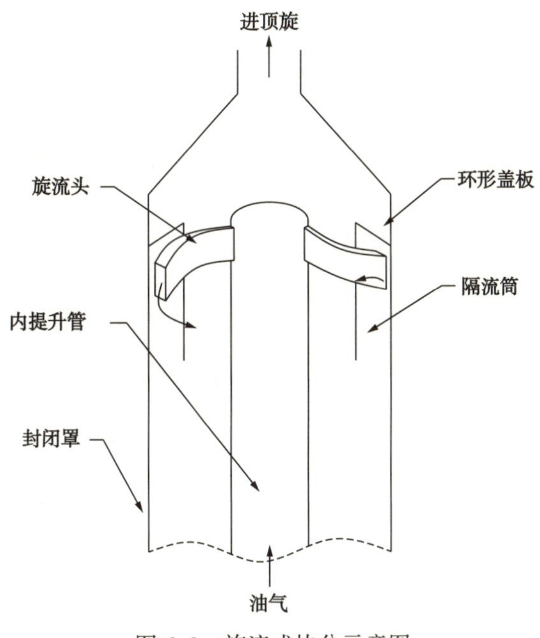

图 6–3　旋流式快分示意图

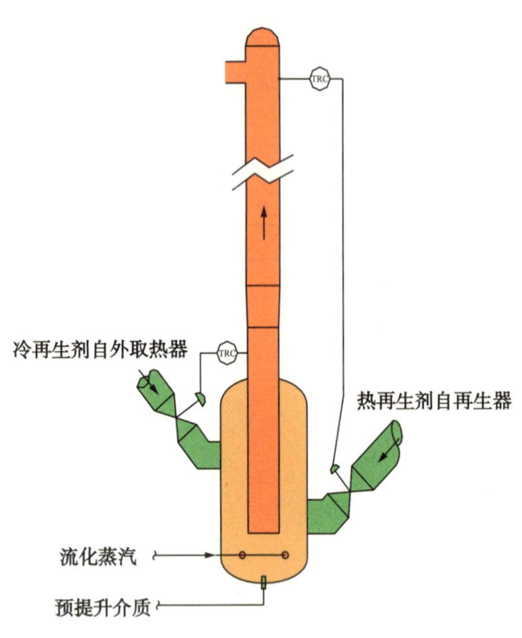

图 6-4　冷热催化剂混合器示意图

（4）冷热催化剂混合器技术。

干气是催化裂化装置价值最低而氢含量最高的副产品，降低干气产率意味着提高高价值轻液体产品收率。干气产率主要由反应初期热裂化反应比例决定，适当降低提升管反应初期温度可以大幅降低热裂化反应的比例，从而降低干气产率。常规催化裂化为保证良好的再生效果，再生温度不宜大幅降低。冷热催化剂混合器技术将来自再生斜管的热催化剂与从外取热器引出的一股冷催化剂进行混合，可降低催化原料与再生剂的初始接触温度，从而降低热裂化反应比例和干气产率（图 6-4）。该技术可保证冷、热两股催化剂混合均匀，防止偏流温差对反应造成不良影响，使得参与反应的再生催化剂的温度在一定范围内不受再生烧焦条件的限制，并配合先进的混合温度在线控制方案，实现参与反应的再生温度无级调节。

冷热催化剂混合器技术于 2013 年应用在东营海科催化裂解装置上，装置运行平稳，催化剂混合均匀，混合后温度调节灵敏。该技术适用于带外取热器的催化裂化装置，通常可降低 0.5%（质量分数）干气产率。

（5）烧焦罐再生强化技术。

针对传统烧焦罐再生技术径向温差大、再生温度高、烧焦效率低和催化剂消耗大的问题，中国石油在传统烧焦罐再生基础上，通过优化配置主风分布、催化剂分布、流化整流等一系列强化烧焦措施，大幅提高再生过程烧焦效率（图 6-5）。在实现催化剂在烧焦罐内完全再生的同时，具有再生温度低、系统藏量小、系统压降低、可最大限度地保护催化剂活性、催化剂输送系统稳定可靠、主风机流量不用调节、主风机组可全年处于发电状态等优点。

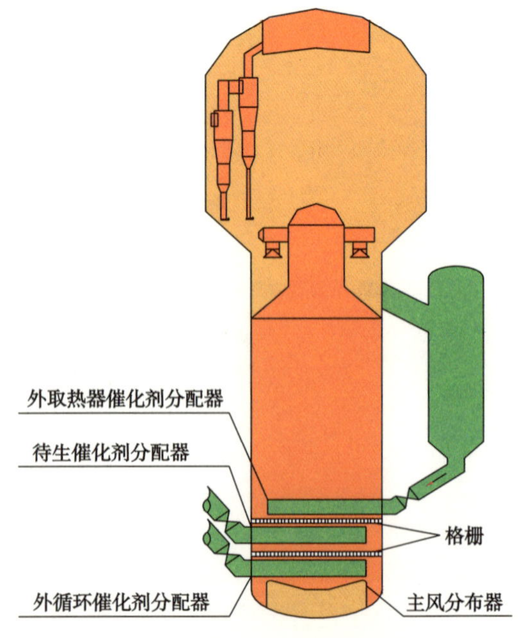

图 6-5　烧焦罐再生强化示意图

烧焦罐再生强化技术于 2013 年应用在某石化公司 80×10^4t/a 催化裂化改造项目中，改造后再生温度由 710℃降低到 690℃以下，大大减少了重金属钒对催化剂的破坏作用，同时较低的再生温度有利于提高反应的剂油比，降低干气产率，提高轻油收率。改造后，该装置催化剂消耗由2.2kg/t原料降低到1kg/t原料，干气产率降低1个单位，轻油收率提高1~2个单位。由于其性能优异且对催化原料有很好的适应性，可应用于新建或改造装置上，适用于各种催化原料。

（6）径流型多管三级旋风分离技术。

常规三级旋风分离器由于单管烟气分配不均匀导致整体分离效率较低，为此，中国石油开发了径流型多管三级旋风分离技术。该技术采用分离单管立式布置，分离烟气采用径流式进气。气流由三级旋风分离器底部中心进入，然后经圆柱形分离室侧壁均匀设置的进气口进行二次整流分布，使气流由分离室侧壁的四周向圆心方向流动，从而使气流分配更加均匀，达到提高三级旋风分离器整体分离效率的目的（图6–6）。该技术可适用于各种再生型式的催化裂化装置。径流型多管三级旋风分离技术于2014年应用于某催化裂解装置，三级旋风分离器压降在12kPa左右，三级旋风分离器出口粉尘含量低于90mg/m^3。

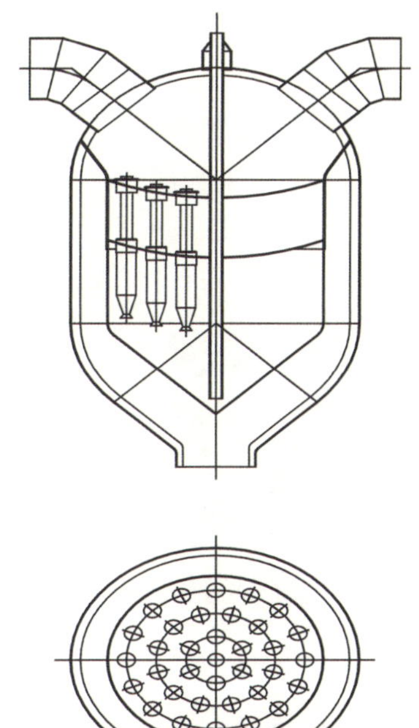

图6–6　径流型多管三级旋风分离器示意图

（7）特大功率烟气轮机轮盘及特殊阀门制造技术。

中国石油自主研发的YL33000A型烟气轮机是世界上最大机型的烟气轮机之一。特大功率烟气轮机轮盘国产化及特殊阀门研制应用技术的实施，使现有30000kW级催化裂化能量回收机组烟气轮机的设计、加工和配套技术得到进一步完善、提高，实现了特大功率烟气轮机主要零部件完全国产化，装置配套大型特殊阀门完全自行设计制造，整体水平达到了国际先进水平。特大功率烟气轮机轮盘国产化及特殊阀门研制应用技术解决了30000kW级烟气轮机的技术升级难题，并实现了30000kW级烟气轮机轮盘、轴承国产化研制工作（图6–7），建立了高水平的试验及远程监测故障诊断平台，成功研发制造了烟气轮机入口DN1600mm三偏硬密封蝶阀和大型单、双动滑阀。国产化成功的ϕ1250mm、ϕ1380mm轮盘已完成交付使用，打破了国外对该技术的垄断，为企业节省了大量成本。

(a)烟机轮盘毛坯

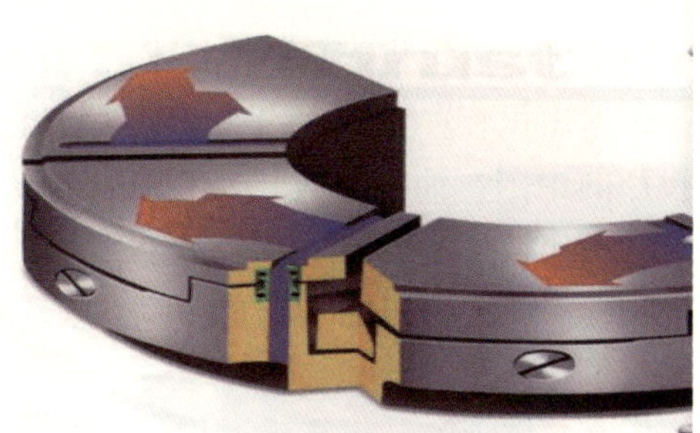

(b)烟机推力轴承

图6–7　特大功率烟气轮机国产化轮盘

设计的适合特大型烟机的高效大焓降动、静叶片已经成功应用到呼和浩特石化YL29000A型、金山石化YL29000B型、金陵石化YL32000A型、茂名石化YL24000B型、宁夏石化YL25000C等多台烟机上，效果良好。新的烟机试验及远程监测故障诊断平台已在大连西太平洋石化公司成功应用，收到了很好的效果。截至2015年底，设计的ϕ1380mm及ϕ1250mm系列烟气轮机可倾瓦径向支持轴承已经于2016年底前兰州石化YL33000A型、青岛石化YL24000A型及长岭石化YL22000A型烟机得到了成功的应用。

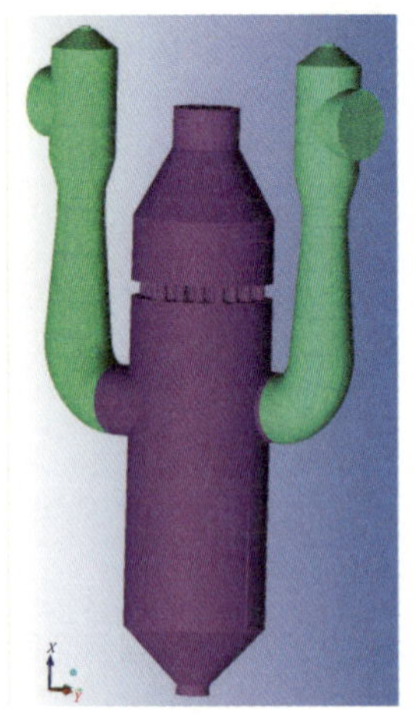
图6-8　洗涤塔系统模型（双喷嘴）

（8）再生烟气脱硫脱硝技术。

自"十二五"初期，中国石油为响应国家节能减排要求，致力于催化裂化再生烟气脱硫脱硝技术研究，现已形成系列组合技术及催化剂。依托重大科技专项的支持，引进WGS技术的基础上进行消化吸收，开发的催化再生烟气脱硫脱硝技术，是采用物理或化学的方法脱除烟气中硫氧化物（SO_x）、氮氧化物（NO_x），实现烟气净化的技术（图6-8），并已从2013年起在锦西石化、宁夏石化等20余套催化裂化装置上进行应用。以该技术在锦西石化100×10^4t/a催化装置的应用为例，余热锅炉出口压力由投用前的0.5kPa（表压）变为-0.7kPa（表压），表明烟气脱硫设施对烟气产生了抽吸作用，烟气脱硫设施投用后每年减少SO_2排放968.85t，减少颗粒物排放136.62t。

2）应用前景

通过集团公司炼油重大科技专项技术攻关，中国石油具备了自主知识产权的400万吨级催化裂化成套技术及关键技术国产化能力，改变了中国石油的新建和改造催化裂化装置主要依托系统外单位设计的局面。这些技术可以提高目的产品收率、降低装置能耗，实现装置安全、环保、长周期运行，这些技术已应用在多套催化裂化装置上，取得了显著的经济效益。

3. 200万吨级（1炉2塔）延迟焦化工业化成套技术

"十二五"期间，中国石油在独立自主设计完成云南石化120×10^4t/a延迟焦化装置的基础上，实现了新型延迟焦化装置工业化成套技术的应用。近几年，该成套技术的部分单项技术已在辽河石化、大港石化等几套延迟焦化装置中得到推广应用，取得了良好的效果。应用新技术后的装置在原料适应性、目的产品收率、能耗等方面都有较大的提升。

1）主要技术进展

（1）延迟焦化装置大型化技术。

延迟焦化装置大型化的关键是焦炭塔直径及加热炉单根炉管加工能力的大型化。2010年投产的中国石油抚顺石化延迟焦化装置焦炭塔直径达到9.8m，表明中国石油延迟焦化装置大型化技术达到国际先进水平。千万吨级重大专项开发的双斜面阶梯附墙燃烧加热炉单根炉管的加工能力由25×10^4t/a提高到40×10^4t/a，达到国际领先水平。

（2）提高装置液收技术。

提高装置液收是提高延迟焦化装置经济效益的重要手段，中国石油延迟焦化装置提高装置液收主要技术有：选用合适的馏分油作为供氢体进入加热炉循环，延长加热炉的运行周期；分馏塔脱过热段采用分布器和塔盘组合、塔底设置防焦粉沉积设施，选用合适的洗涤油，充分洗涤焦粉，提高产品的分离精度，减少循环油中轻组分含量。常规焦化装置通过提高液收技术改造后，液体产品收提高 1%~2%（质量分数）。

（3）梯形加热炉技术。

焦化加热炉设计中采用烟气导流附墙燃烧技术，针对各种焦化原料的生焦趋势的特点，选择不同布置形式的附墙燃烧器和炉型，焦化炉辐射室内的烟气流场及温度场分布更加均匀，降低了辐射炉管表面峰值热强度，避免了局部高温结焦。此外，采用的加热炉在线清焦技术可在线剥离炉管内壁焦层，保证加热炉的长周期运行（图 6–9）。

图 6–9　加热炉改造前后效果图

（4）安全环保技术。

采用顺序控制技术通过将焦炭塔所有关键阀门的操作及安全联锁纳入统一的系统进行管理和监控，可优化和规范焦炭塔操作程序，杜绝误操作，实现焦炭塔安全切换；远程除焦技术改变了除焦操作的位置，由原来的塔顶操作改为塔底操作，远离危险区，保证操作人员人身安全（图 6–10）。智能除焦技术采用完善的各类传感器技术和智能分析软件对除焦状态进行监控，实现自动智能除焦。

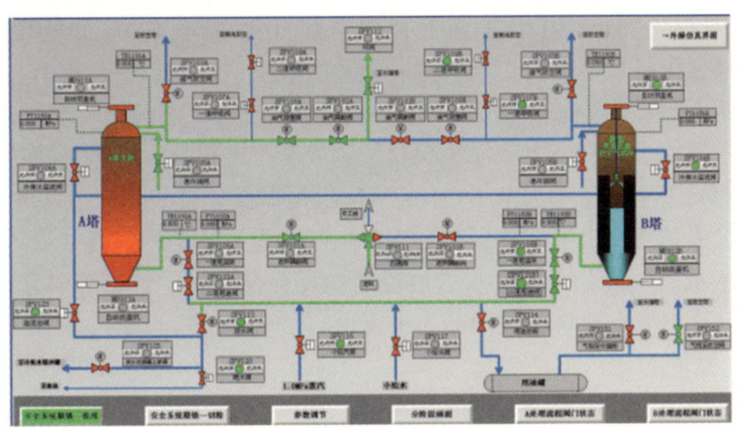

图 6–10　焦炭塔顺序控制系统图

（5）大型延迟焦化装置反应油气管线布置。

焦炭塔顶油气管道直径较大，物料具有高温、工况多变、易结焦和腐蚀严重等特点，是延迟焦化装置非常具有代表性的重要管系之一。一般需设置 π 形补偿器来吸收因热胀不同引起的热位移差，减小管系热应力和管系对焦炭塔管嘴的推力，大型延迟焦化装置大油气管线设计将 π 形补偿器布置的位置由高空改在了焦炭塔下部的平台上，不但能有效吸收塔顶油气管线和焦炭塔间由于温度差引起的位移差，而且使 π 形补偿器远离了焦炭塔顶油气出口的位置，支架很容易生根，刚度也能达到防振要求，管系的抗振效果更加明显，并且随着油气管道直径的增大，焦炭塔下部一层平台处的 π 形弯可适当加大，既解决了管系的热胀问题，又能有效控制管道的振动（图 6–11）。

图 6–11　大型反应油气管线模型及现场布置图

2）应用前景

延迟焦化技术由于其工艺技术成熟、投资低、操作费用较少和对原料适应强等优点，在加工劣质重油上有较大的优势。中国石油自主开发的延迟焦化技术在可操作性、安全性、节能环保等方面已达到国际先进水平。对中国石油可能加工的海外原油（如委内瑞拉重油、中东油、中亚油、俄罗斯油等）的减压渣油有较好的应用前景，将为中国石油炼化工业的发展提供技术支持，替代技术引进，从而节约设计工期，节省工艺包引进费用，开发成果已在云南石化延迟焦化等装置上进行了工业化推广应用。

4. 400 万吨级加氢裂化工业化成套技术

“十二五”期间，中国石油在独立自主设计完成格尔木炼厂 80×10^4t/a 加氢裂化的基础上，通过广西石化 220×10^4t/a 加氢裂化、华北石化 290×10^4t/a 加氢裂化、广东石化 370×10^4t/a 加氢裂化等大型装置工程实践，消化吸收引进技术，整合已有技术再创新，通过集团公司级重大科技专项攻关研发，主要围绕着全流程工艺模拟计算技术完善与升级、自主反应器内构件技术开发、大型加氢裂化装置成套工艺包技术等进行攻关，利用高压含氢物系物性数据计算技术、分离器中 H_2S–NH_3 三相平衡计算技术、氢平衡计算技术实现了高精度模拟，成功开发出了拥有自主知识产权的具有导流结构气液并流入口扩散器、双层碎流板结构泡罩型气液分布器、水力旋流结构高混合性能冷氢箱等成套反应器内构件，流体分布效果及冷氢混合效果达到国际先进水平。

1）主要技术进展

（1）大型高压加氢反应器分析设计技术。

中国石油开发的大型高压加氢反应器分析设计技术采用 Ansys 有限元分析设计方法进

行大型反应器设计，该技术可实现整体和局部结构的设计优化，较常规设计方法节省材料 15% 以上，可大幅降低制造费用，相应地降低了设备运输和安装费用。同时通过应力分布优化，反应器操作运行安全性高。

该技术已成功应用于中国石油广西石化 220×10^4t/a 蜡油加氢裂化装置。该装置的反应器是当时全球在用的直径最大、重量最重的一台加氢裂化反应器，其设计压力、设计温度分别为 18.3MPa 和 454℃，直径达 4.8m，切线长 36m，重达 1710 多吨。该反应器采用大型高压加氢反应器分析设计技术，仅设备制造费用就节约了 2500 万元。

（2）大型高压换热器设计技术。

中国石油自行开发的螺纹锁紧环计算程序，可准确计算各承压件的强度及各零部件相关配合尺寸，提高了设计精度和效率，可显著缩短设计周期。中国石油自行开发的高压换热器管程直连技术可实现高压换热器管程直连，大幅节省高压管道材料投资及占地，并能更好地平衡高温引起的管道热位移量，有利于减少换热器管嘴处的受力。

中国石油开发的大型高压换热器设计技术已成功应用于国内外多套蜡油加氢裂化装置，图 6-12 和图 6-13 为某加氢裂化装置高压换热器管程直连平面布置图和现场布置图。

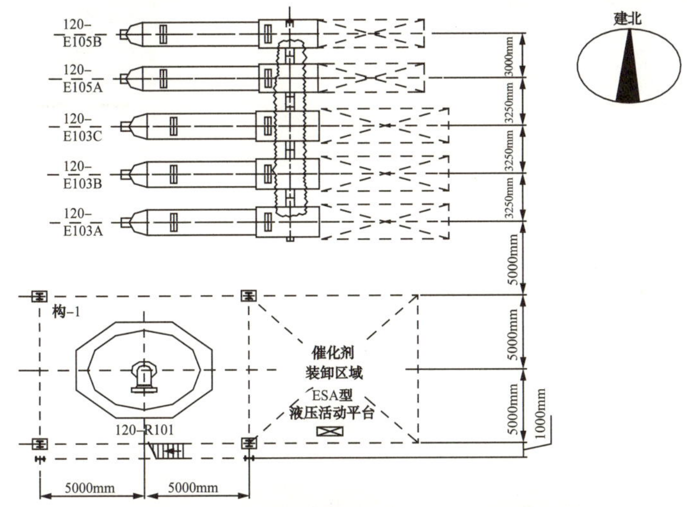

图 6-12 高压换热器管程直连平面布置图

图 6-13 高压换热器管程直连现场布置图

（3）新型成套反应器内构件技术。

中国石油自主开发的新型成套反应器内构件含具有导流结构的气液并流入口扩散器、具有悬空结构及双层碎流板的泡罩型气液分布器、冷氢高速射流作为推动力和混合手段的水力旋流式冷氢箱等（图 6-14 和图 6-15），流体径向分布效果优良。该技术拥有 3 项发明专利、2 项实用新型专利和 1 项国际 PCT 专利，已应用于山东京博石化催化柴油裂解制芳烃装置。

图 6-14 反应器入口扩散器分布效果图

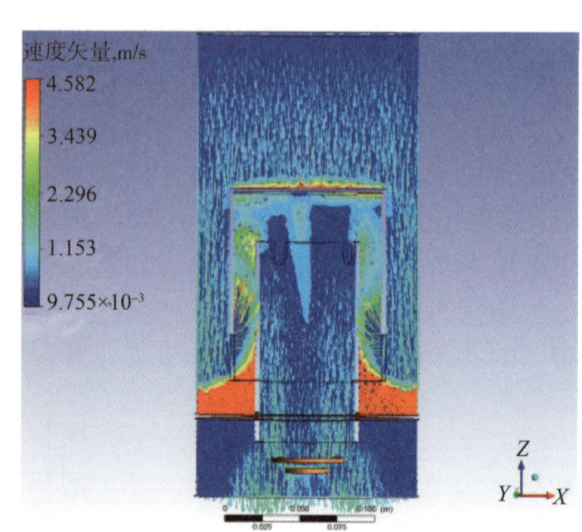

图 6-15 反应器气液分布器模拟效果图

（4）高压脉动管道及阀门整体优化技术。

中国石油开发的高压脉动管道及阀门整体优化技术包括高压脉动管道振动分析及声学模拟分析、高压临氢大压降调节阀整体优化及高压仪表测量管路安装方案优化。

根据压力脉动管道振动分析及声学模拟分析，通过管道设计及支架方案优化，避免系统发生机械共振。同时获得准确的振动载荷，在防振管卡的一端设置弹簧圈（刚度值设定），通过弹性反力补偿，可实现在线调整（图 6-16）。

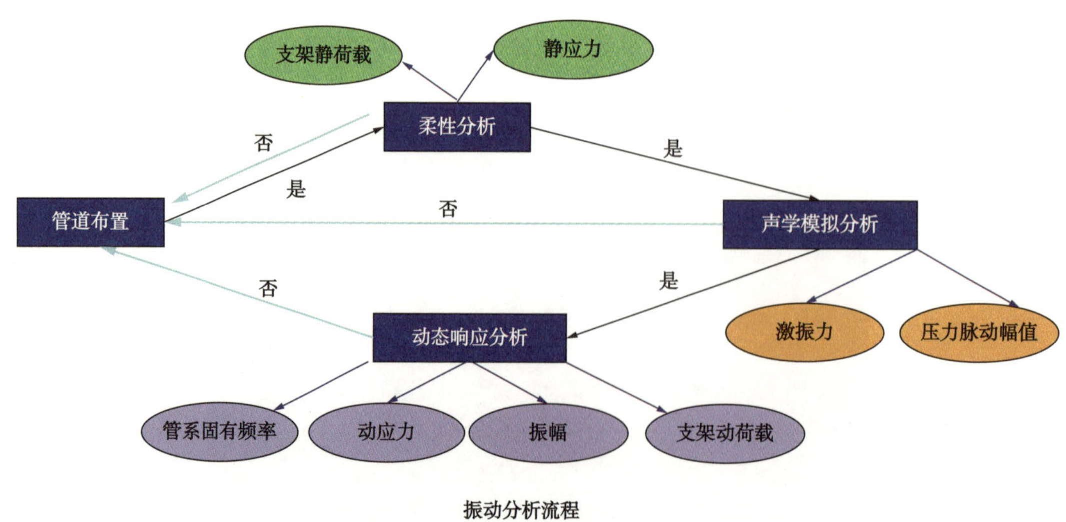

图 6-16 高压脉动管道振动分析及声学模拟分析流程图

高压临氢大压降调节阀整体优化技术从阀门选型、安装方案、支吊架设置等方面总体优化，可有效避免同类装置类似情况下出现的阀杆与填料石墨环偏磨泄漏问题。高压仪表测量管路安装方案优化技术解决了小口径管件阀门选型、管路活接、管路坡向等问题，实现了采用 PIPE 管代替 TUBE 管卡套连接方案，更加安全可靠，不易发生泄漏。高压脉动管道及阀门整体优化技术已在多套大型加氢裂化装置中成功应用，该技术同时适用于其他中、高压油品加氢装置的高压脉动管道设计（图 6–17）。

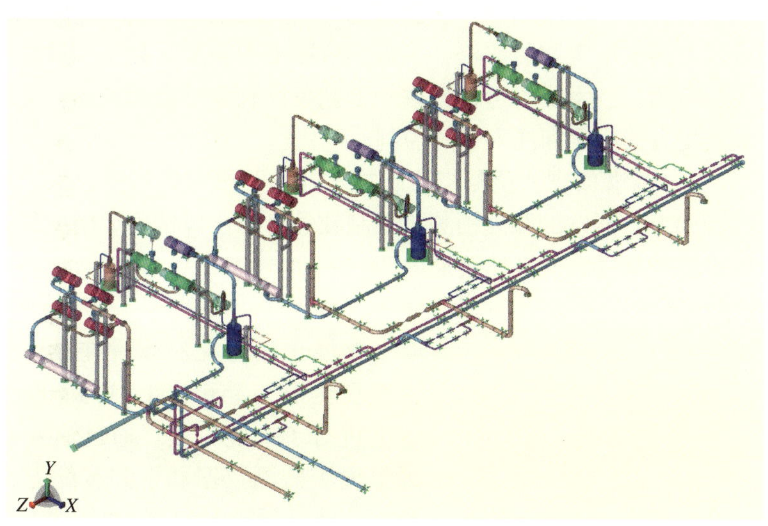

图 6–17　加氢裂化新氢压缩机组及管系整体建模振动分析图

2）应用前景

“十二五”期间，相关技术已成功应用于哥斯达黎加 MOIN 炼油厂 100×10^4t/a 加氢裂化装置 FEED 设计、阿穆尔黑河 180×10^4t/a 加氢裂化基础设计、辽阳石化 110×10^4t/a 及 160×10^4t/a 加氢裂化装置改造、大庆石化 120×10^4t/a 加氢裂化装置改造等项目工程设计，部分单项关键技术已成功应用于广西石化 220×10^4t/a 加氢裂化、200×10^4t/a 加氢改质装置以及京博石化、弘润石化、金诚石化等多个项目，相关技术同时还适用于柴油中压加氢领域。

二、关键炼油装置工艺防腐技术与长周期运行技术

1. 关键炼油装置工艺防腐技术

常减压装置分馏塔顶含水蒸气、微量 HCl、H_2S 等酸性气体的油气在冷凝冷却条件下，经多相变化过程得到分馏塔回流罐中的不凝气体和油水混合物。水相中溶解的酸类物质具有强腐蚀性，通常采用注水、注中和剂和缓蚀剂等工艺防腐措施来减缓腐蚀。但传统经验式的工艺防腐方法现在已经无法满足长周期生产需要，正逐步向系统研究、科学设计、精细管理的方向发展。

离子平衡模型技术是一项基于热力学数据和监测数据的分馏塔顶腐蚀预测和控制技术，现场应用于国内外部分炼厂。该技术可根据现场工艺条件和关键监测指标，实现中和胺成分的优化和注入量的控制。由于中和胺种类多、混合比例选择余地大，再综合市场价格等因素，实现中和剂的经济技术双优化过程，达到腐蚀预测和控制的目的。

1）主要技术进展

“十二五”期间，依托“炼油主体装置分馏塔顶腐蚀预测与控制技术开发”项目，以某炼油厂 500×10^4t/a 常减压装置和 300×10^4t/a 重催装置分馏塔顶为研究对象，针对中和剂和缓蚀剂评价不充分、现有监测数据无法准确预测和控制腐蚀风险等问题，自主开发了基于热力学数据的离子平衡模型技术。建立了分馏塔顶注剂优化与评价方法和腐蚀预测控制技术并开发相应软件，可实现露点温度与铵盐结晶温度预测。

该技术在工艺流程模拟的基础上，根据现场监测数据模拟腐蚀环境，利用平衡态理论和电解质模型处理气固平衡态文献数据、气液和液液平衡态实验数据，最终完成离子平衡模型技术的开发与应用。技术成果可根据现场工艺条件和关键监测指标，实现缓蚀剂的实验室评选、中和胺配方的优化和注入量的控制。

“炼油主体装置分馏塔顶腐蚀预测与控制技术开发”研究成果能为炼厂选用中和剂和缓蚀剂提供指导和参考，开发的腐蚀预测与控制软件可以比较精确地模拟和指导现场工艺防腐应用，确保工艺防腐措施的最佳效果。

2）应用前景

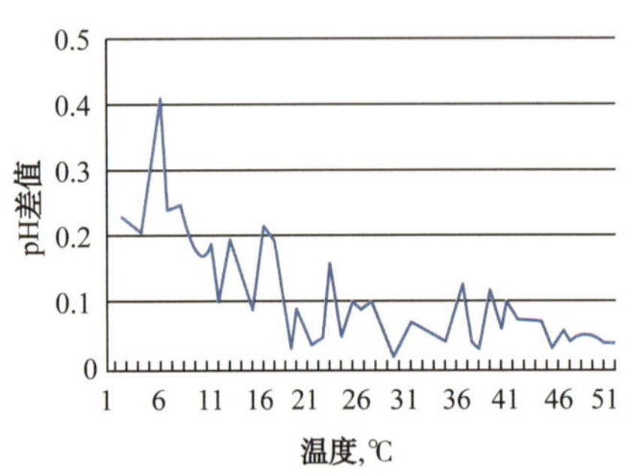

图 6-18　常减压装置 pH 值预测值与实际值比较结果

腐蚀预测与控制软件在某炼厂 500×10^4t/a 常减压蒸馏装置和 300×10^4t/a 重油催化裂化装置上进行了工业应用。通过输入常压塔顶回流罐氯离子监测数据和中和胺配方、注入量等信息，软件可预测 pH 值随温度的变化关系，40℃下预测值与实际监测值绝对误差保持在 0.5 以内（图 6-18）。即使回流罐 pH 值满足要求，若软件判断露点 pH 值低于 4.5，需要按照软件提供的中和胺配方、浓度和注入量重新调整，直至同时满足露点和回流罐 pH 值在规定范围之内。通过输入重油催化裂化装置分馏塔顶回流罐冷凝水中氯离子和氨氮监测数据，软件可根据气固平衡曲线判断分馏塔顶结盐趋势（图 6-19），与现场情况基本一致。根据软件预测结果调整现场工艺条件，可选择升高塔顶结盐区域的温度或者提高上游主体介质的流量以降低酸碱类物质的分压。该技术可逐步在国内外关键炼化装置低温系统的工艺防腐过程中进行推广应用，对于准确判断露点温度、合理采取工艺防腐措施具有重要的意义。

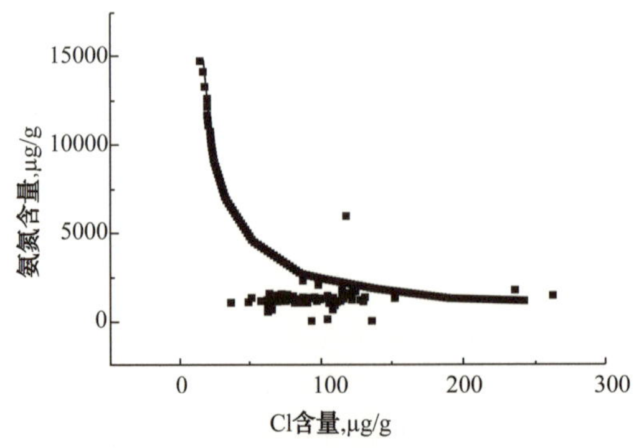

图 6-19　重油催化裂化装置铵盐预测结果示意图

2. 炼化关键设备状态监测与故障诊断技术

1）炼化设备离心机组状态监测与故障诊断技术

设备状态监测与故障诊断技术的实质是了解和掌握设备在运行过程中的状态，评价、预测设备的可靠性，早期发现故障，并对其原因、部位、危险程度等进行识别，预报故障的发展趋势，并针对具体情况做出维修决策。炼油与化工行业离心机组众多，且多为关键机组，对其开展状态监测与故障诊断工作是十分必要的。

（1）主要技术进展。

“十二五”期间，开展了炼化主要转动设备监测诊断和预警技术研究，形成了炼化转动设备的全方位安全信息采集技术。将转动设备视频监测、红外热像监测、振动监测、轴位移监测、热力参数监测相结合，有针对性地设计了汽轮机—压缩机机组和电动机—泵组的全方位安全信息采集系统，实现了多源信息同步采集，为数据级与特征级的融合、更全面准确的故障预测奠定了基础，突破了大信息量诊断的技术瓶颈。从机组故障诊断及状态评价的理论方法、技术方面逐步着手研究，形成了一套基于模糊理论的机组故障诊断与状态评价技术，提出了一种基于 Volterra 级数和多参数融合的转动设备安全状态预警技术，完成了转动设备监测、诊断及预警软硬件系统的开发，提出了基于动态更新个性化诊断标准库的故障诊断方法。针对不同设备及故障类型选取合理的特征参数，统计出每台机组特征参数的标准值及其波动范围，建立个性化的诊断标准库；并根据设备健康状态的变化（如大修）重新计算标准库特征参数，从而实现标准的动态更新；依据动态更新的标准库进行设备的故障诊断能够得到更准确的结果，提高了故障诊断的可信度。在故障诊断的基础上开发了以可靠性为中心的维护技术。最终建立了“安全监测—故障诊断—安全预警—以可靠性为中心的维护”一体化的设备安全运行保障系统。

①设备故障诊断与状态评价方法。

a. 设备故障模式库的建立。

设备的故障诊断系统为实时诊断系统，以规定的时间间隔持续地从数据采集器中获取数据，每次诊断涉及的部件和测点较多，且每个部件对应的故障模式有多种，单次诊断工作量大，人工处理不可能实现实时诊断。因此，数据自动处理系统的开发是诊断工作能否持续开展下去的关键。为了实现数据的自动处理，建立了转动设备的故障模式库。

b. 个性化诊断标准库的建立方法。

针对不同的设备及故障类型选取适当的参数特征，结合机组检维修记录，对历史振动参数进行分析，从大量历史数据中总结出每一台机组的振动标准值及其波动范围，建立个性化的诊断标准库。诊断标准所用到的数据均直接从监测系统数据库中提取。通过数据截取、去除跳变值和提取标准 3 个步骤建立所需标准库。

c. 断标准库的动态更新方法。

现场设备在长期的运行过程中，随着设备的老化、损耗，设备运行的振动情况也在发生微小的变化，因此，设备的个性化诊断标准库也应相应地变化。为了使诊断标准库能够始终与设备运行状态相一致，引入了诊断标准库的动态更新。该技术可以使得诊断标准库更好地与设备运转真实情况相符合，依据动态更新的诊断库进行设备的故障诊断和状态评价能够得到更准确的结果。

d. 基于模糊贴近度的大型转动设备故障诊断。

转动设备在经过长时间运行或环境条件的改变后，机器本身的性能参数会发生变化，这些变化导致故障征兆与故障原因间的隶属关系是模糊的，因此，将模糊贴近度和模糊聚类方法引入转动设备故障诊断及状态评价中，避开了解析方法的应用，提供了一种利用经验或试验数据进行故障诊断及状态评价的途径。

e. 基于模糊聚类的转动设备状态评价技术。

鉴于传统的状态评价方法对于转动设备的状态评价无法取得理想的效果，结合转动设备故障种类多且对其诊断的主要问题是对一些隐含故障的特征模式提取等特点，采用模糊聚类的方法进行数据分析，将相应的时域与频域振动特征值作为待识别样本，进行聚类，得出设备的各级（优、良、中、差）状态标准向量。然后将待识别样本与标准向量再聚类，即得到待识别样本的状态级别，即可进行转动设备的状态评级（A、B、C、D 4 级）。

②设备多参数融合的故障预警技术研究。

a. 多传感器融合技术应用。

该技术将转动设备的视频监测、红外热像监测、振动监测、轴位移监测、热力学参数监测相结合，进行转动设备的多源信息融合处理。采用多个温度传感器、多个压力传感器、多个位移传感器和多个流量传感器进行数据采集。对采集到的信息处理、融合、分析，全面研究设备运行状况，提高转动设备故障预测预警的准确度。

对多传感器信息进行融合，基本上可分为三类：数据级融合、特征集融合和决策级融合。数据级融合是指对多传感器的同类信息直接融合数据，并能直接综合使用未经处理的传感器原始监测信息，其优点是保持尽可能多的现场原始数据。特征级融合是指从不同类型的传感器数据中提取有效信息，形成特征向量用于表征和描述原始系统，继而参照特征信息对不同传感器的数据进行种类划分、相关性分析和信息融合。决策级融合则是在最后的决策阶段将数据信息进行融合。

该技术通过采用多传感器采集同类信息和多传感器采集不同类信息，提取各个传感器信号的特征值，将同源数据和非同源加权达到数据融合的目的，是数据级融合与特征级融合两种形式的结合，能更准确、全面地对转动设备进行安全预警，其多传感器融合技术结构图如图 6-20 所示。

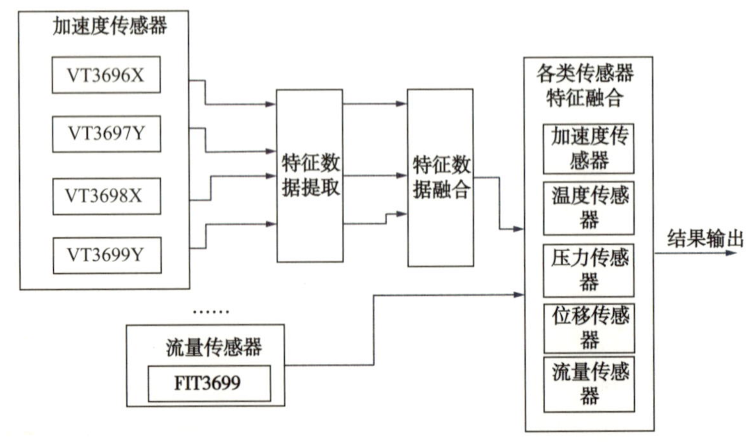

图 6-20　基于转动设备多传感器融合技术结构图

b. 多传感器信息融合故障预警系统。

作为大型融合预警系统，多传感器信息融合的故障预警系统需要对多个同类和异类传感器的信息进行分析处理，进行多层次信息的融合，实现对信号趋势的预测以及目标故障的识别。

多传感器信息融合通过最大化使用多个具有相关性和互补性的同类或异类传感器信息，能够弥补单一传感器信息不足的缺陷，综合分析后得到关于待诊断设备精准性高、全面性好的信息，提高整个系统的精度和可靠性。当系统出现某个或者某些传感器失效时，这些传感器就无法传输能够表征待诊断设备状态的信息，但由于多个传感器的信息之间具有冗余性和相关性，经信息融合技术处理能够充分利用其他传感器获得相关信息，保证系统仍可继续正常运行。因此多传感器信息融合提高了故障预警系统的可靠度、精确度和容错能力。

提取传感器的所有信息，进行同类传感器所采集到的数据信息融合，然后对同源信息的传感器数据进行特征提取，作为特征子空间，不同的子空间可以通过该类多传感器信号在二阶 Volterra 预测模型下进行预测，通过与故障数据库的极限值进行比对，可以达到该类信号故障识别的目的。同时，各个子空间组成一个融合的特征空间，通过预测模型获得多传感器融合下的转动设备故障预测模型，将数据融合和多源信息融合下预测得到的设备故障特征与故障模式库进行比对，识别同类多传感器信息和不同类的传感器信息的故障模式，达到预警的目的。

根据信息融合模型并结合设备故障特点设计了多传感器信息融合的二阶 Volterra 级数的故障预警系统，结构如图 6–21 所示。

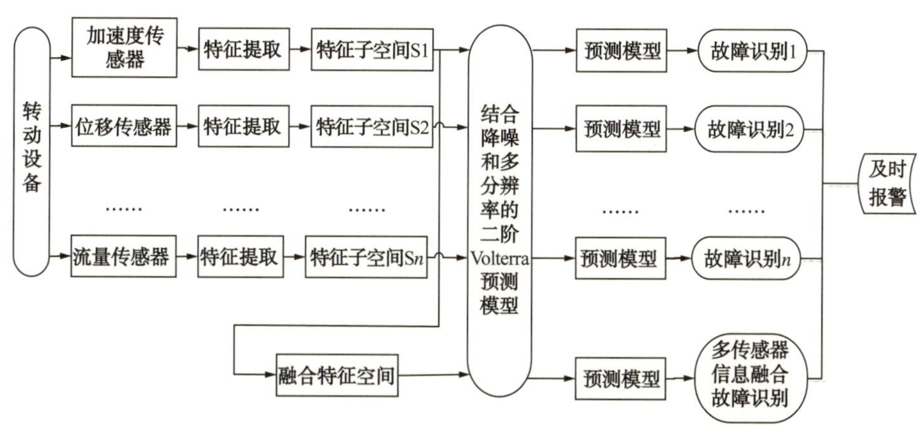

图 6–21　多传感器信息融合故障预警系统结构图

③基于故障诊断的 RCM 技术。

故障诊断和以可靠性为中心的维修是现代先进维修技术的两个基本点，只有把二者结合起来才能真正达到主动维修和预测维修的目的。以可靠性为中心的维护的实质是以设备的故障分析（可靠性分析）为基础，依据故障的性质、影响和可能造成的后果进行维修决策，按照设备故障的危害（风险）等级对维修资源实行最优配置；安全监测则是实现动态维修决策的重要前提，也是实现预测维修的基础。综合考虑转动设备发生事故的可能性和事故造成的危害后果，将故障诊断系统与维修决策相结合，实现故障诊断后的最优决策，提高炼化企业转动设备维修水平。

该技术以在线监测为基础，可靠性维修为中心，以多种维修方式相结合，针对不同情况采取不同方式的视情维修。状态维修为 RCM 提供动态的实时数据，以提高 RCM 分析的可靠性，RCM 将设备风险分析反馈给状态监测，以决定状态监测的频度与级别，状态监测与 RCM 均作为维修策略制定的依据，为维修策略的制定提供决策支持，维修策略决定设备的维修方式、维修时间等具体内容，从而实现以可靠性为中心的主动维修。

根据故障诊断结果、故障模式及后果分析，结合历年维修数据库，识别出固有的或潜在的危险及其可能产生的后果，制订出针对失效原因、经济合理的以可靠性为中心的机组检维修方法。

（2）应用前景。

该技术在现场应用中取得了很好的效果，未来可将该系统应用到同类机组中，并进一步推广至其他类型机组中，力争在设备的日常维护中有效地利用该诊断系统，最终使设备状态监测和故障诊断这项工作真正成为设备管理的一部分，从而提高设备管理水平，为企业创造更大效益。

2）炼化设备往复机状态监测与故障诊断技术

往复机械在炼油与化工领域应用十分广泛，如往复式压缩机、往复泵等。因此，对往复机械进行状态监测与故障诊断十分重要。由于往复机械振动的复杂性，对往复机械的故障诊断不仅需要在理论上进行研究，而且需要做大量的实验研究和经验的积累，同时在监测方法上也不能单一化和简单化，尽可能采用多种检测手段进行综合检测，并进行谨慎细致的分析，以便尽早发现故障，准确诊断故障原因，采取切实可行的处理对策。

（1）主要技术进展。

“十二五”期间，中国石油进行了炼厂往复式压缩机状态监测与故障诊断及以可靠性为中心的维护（RCM）技术研究，以某地区分公司的 120×10^4t/a 柴油加氢装置的往复式压缩机等关键动力机组为研究对象，以保障其安全运行为研究目标，完成了如下的研究工作：研制故障自动诊断系统；建立往复式压缩机离线状态监测、可靠性评价与精密故障诊断的专家系统及相应的软硬件；形成了以 D–S 证据理论的信息融合故障诊断技术及以振动、热力参数为基础的离线监测信息融合技术；将大型往复机组故障诊断和可靠性评价技术与 RCM 维修决策结合，开发出具备 RCM 维修决策能力的检维修方法。取得的技术进展如下：

①基于证据理论的信息融合故障诊断技术。

D–S 证据理论通过融合推理同一识别框架上的各证据体来形成决策结果，属于决策级融合中的决策输入 / 输出过程。基于 D–S 证据理论的信息融合故障诊断是通过设置在设备各关键部位的传感器来采集信号，选择对故障具有识别能力的特征信号和特征参数作为识别框架的证据体；运用建立的基本可信度分配函数计算出各证据体属于识别框架上各故障状态的信度分配，并运用合成法则计算证据联合作用下的信度分配，最后利用判定原则进行故障决策。

②基于参数融合的往复压缩机气缸故障诊断。

单一的方法只能反映压缩机气缸性能状态的一部分信息，并不能对气缸的性能状态做出全面评价。针对这种情况，该技术建立了基于信息融合的往复式压缩机气缸性能状态模糊评定方法。在大量调查统计的基础上，征询了本专业领域众多专家的意见，依据比较和评估原则，提取压缩机气缸热力参数和振动参数，形成了一组特征参数，构成评价指标集，通过隶属函数计算出隶属度，再进行加权计算出各部件性能状态结果。将这方法应用在现场中取得了较好的效果。

③往复压缩机故障诊断专家系统。

故障诊断专家系统由专家知识系统和诊断知识系统构成。专家知识系统通过知识获取模块，将本领域专家、现场工程师的故障诊断经验以专家知识的形式存储在专家知识系统中，以指导专家系统根据诊断知识系统中的机组信息对往复机组故障诊断。专家知识系统由部件测点库、特征指标库、故障模式库、征兆知识库和故障规则 5 个子数据库组成，可以实现专家知识的录入、删除以及修改。诊断知识库能将往复机组的运行状况、机组部件振动情况、热力参数变化等信息统计分析并存储，其由标准库和诊断库组成。

④基于故障诊断和可靠性评价的 RCM 技术。

基于故障诊断和可靠性评价的 RCM 技术，以状态监测为基础，可靠性维修为中心，以多种维修方式相结合，针对不同情况采取不同方式的视情维修。状态维修为 RCM 提供动态的实时数据，以提高 RCM 分析的可靠性，RCM 将设备风险分析反馈给设备状态监测人员，以决定状态监测的频度与级别，状态监测与 RCM 均作为维修策略制订的依据，为维修策略的制订提供决策支持，维修策略决定设备的维修方式、维修时间等具体内容，从而实现以可靠性为中心的主动维修。

以状态监测为基础，进行设备关键度分析，得出关键部位为气阀、缸套、十字头、电动机和曲轴。对关键部位进行分析得出故障模式分别为活塞磨损、缸套磨损、十字头松动、气阀磨损、曲轴机械松动、电动机转子不平衡、电动机机械松动、电动机轴窜动、机组对中不良、密封泄漏、汽缸破裂、泄漏等。对机组关键部位设置测点进行定期监测，对分析出的各种故障类型进行安全、环境、生产损失、维修成本 4 个方面的风险等级划分，将反映出的设备风险与状态监测相互关联，从而更有效地为往复式压缩机提供相应的维修策略。

（2）应用前景。

该技术进行了现场工业应用，对 120×10^4t/a 柴油加氢装置的两台往复压缩机进行了 5 次的测试；并对往复压缩机 29 个测点的振动进行了多次跟踪测试、趋势分析；两次诊断出活塞和活塞环过度磨损的故障，避免了事故的发生，保障了压缩机的安全运行。并与装置技术人员多次讨论制订往复式压缩机的风险分析准则，从安全、环境、生产损失、维修成本 4 个方面对其进行风险评估；对两台往复压缩机进行故障诊断和 RCM 相结合维修决策分析，其结果为往复压缩机的状态监测及维护提供了可靠的依据。

三、炼油关键装备设计制造技术

1. 烟气轮机设计制造技术

2001 年 1 月，“30000kW 级特大功率烟气轮机研制”被列为“国家‘十五’重大技术装备研制项目”，首台样机型号定为 YL33000A 型。选择国内首批建设的兰州石化公司炼油厂 300×10^4t/a 催化裂化装置作为依托，研究制造 30000kW 级特大功率烟气轮机。

YL33000A 型特大功率烟气轮机的研制成功，不仅填补了国内烟机设计制造在这一级别的空白，而且从气动设计、结构设计、技术标准、技术含量、烟机功率等诸多方面与以往 YL 型国产化烟机系列相比都有了质的飞跃，它显著缩小了国产烟机与国外烟机的差距，使中国跨入了国际大功率烟机研制的先进行列，成为继美国之后第二个有能力制造 30000kW 级烟气轮机的国家。

1）主要技术进展

（1）结构设计理论及建模分析。

美国 30000kW 级烟气轮机主要采用的是“挠性”设计理念，其主要思想是通过烟气轮机的挠性设计吸收热变形和管道力作用。

从考虑加强烟机整体稳定性的角度出发，中国石油采用的是“全刚性”设计理念，主要思想是加强烟机整体的刚性设计，避免由于烟机本身刚性不足产生严重的变形，另外还可以克服管道等外力因素。为进一步增强烟机转子的稳定性，对 ANSYS 有限元不平衡分析软件进行二次开发，进行了转子在不平衡时的稳定性分析。

设计中增加轴承跨距，加粗了配重直径，从而增加了后轴承负荷。止推轴承采和径向轴承用 Kingsbury 公司的可倾瓦节油轴承，提高了抗油膜涡动的能力。

（2）气动设计理论研究及流场模拟分析。

针对膨胀比的技术难点，进行了气动设计研究及流场模拟。YL33000 kW 烟机气动设计的难点就在于研究适用于跨音速、大焓降的气固两相流新叶型。通过对转速、轮盘直径、叶片高度及叶片出气角的合理匹配，兼顾减少叶片磨损和提高烟机效率两方面的要求，优化了各项设计指标。

（3）加工制造新技术及新工艺进展。

研制了陶瓷基的高硬度耐磨涂层材料，提高了烟机叶片的寿命；引入航空领域中先进的蜂窝密封技术，该密封具有“零间隙”的安装特点，可根据磨损情况自动形成密封间隙，有效保护烟机转子；首次将空心拉杆螺栓、爆炸喷涂、电火花加工 GH864 材料等技术集成应用于烟气轮机制造中，全面提升了产品技术水平。

（4）系列技术经济指标的提升。

YL33000A 型大功率烟气轮机研制成功后，使我国成为继美国之后第二个有能力制造 30000kW 级烟气轮机的国家。由于气动设计的不断优化及适用于二相流叶型的开发应用，适用于单级大焓降烟气轮机叶型的成功研制，烟气轮机的效率已由开发初期单级 74%、双级 78% 分别提高至 80% 及 84%。

2）应用前景

在 YL33000A 型大功率烟气轮机研制成功后，30000kW 级烟气轮机陆续推广应用到了海南石化、青岛石化、广西石化等十余家千万吨级炼厂项目，总数突破 20 台。今后随着国家千万吨级炼厂建设，将有更多的大功率烟气轮机可利用该项目成果。

经过 50 年的努力，YL 型烟气轮机已实现了从设计研制、试验、应用、发展、提高直至系列化的目标。它在催化装置的广泛应用，不仅降低了装置能耗，取得了相当可观的经济效益，也促进了气固分离技术、高温合金材料、耐磨涂层材料、机组控制及监测技术等领域的科研及生产应用的发展。

2.DYL 系列新型滑阀设计制造技术

DYL 系列电液冷壁单动滑阀一般安装于催化裂化装置再生器之间以及再生器与沉降

器、提升管、外取热器、烧焦罐之间的催化剂循环管道上，与管道直接焊接使用。主要作用是:（1）防止在开停工及发生事故时催化剂倒流;（2）在开工初期调节催化剂循环量。

DYL系列电液冷壁双动滑阀一般安装于重油催化裂化装置第一再生器和第二再生器顶部出口的烟气管道上，与管道直接焊接，用以控制再生器压力或两器的压差，使之与反应器的压力保持基本平衡。

1）主要技术进展

DYL系列新型电液控制冷壁滑阀研发着眼于技术创新与质量提升，完成大口径滑阀及配套用“智能”型电液执行机构的研制，实现了滑阀关键技术的重大突破，整体技术水平达到国内领先水平，申报国家发明专利一项，负责制定滑阀行业标准《催化裂化用电液控制冷壁滑阀技术条件》，形成了具有自主知识产权和行业优势特色的技术和产品。新型滑阀突破性设计了扣接式导轨、侧向开槽式阀座圈结构、导轨螺栓受力转移等关键技术，并在L形导轨、单填料压盖串联密封副结构、阀口面积计算机化等方面有重大创新。DYL系列新型电液控制冷壁滑阀获得2015年中国石油天然气集团公司自主创新产品称号。

DYL系列新型电液控制冷壁滑阀的衬里后内径为DN1000~2360mm，设计温度为650~870℃，设计压力可达0.5MPa以上。新型DYL型电液控制冷壁滑阀的主要性能如下:

（1）电液执行机构“智能”化设计，增加遥控调试、数据备份与恢复、油泵自动启停、油源自加热、防雷电等新功能，提升整机输出性能;

（2）液执行机构控制精确度高，主要技术参数见表6-2;

表6-2 电液执行机构主要技术参数

技术参数	线性度	灵敏度	重复性	分辨率
性能指标	≥1/1000	≥1/1000	≥1/1000	≥1/1000

（3）密封系统采用单填料压盖双填料密封结构设计，确保高温工况下催化剂无泄漏;

（4）滑阀导轨和座圈的安装采用新型防导轨螺栓断裂的结构设计，使导轨螺栓受力均匀，更为安全可靠;

（5）滑阀的高温区过流件加工采用了表面喷涂、CMT堆焊等先进工艺，产品质量更为可靠;

（6）滑阀高温区螺栓采用滚制工艺，提高紧固件质量;

（7）DYL型电液控制冷壁滑阀符合滑阀耐高温、耐冲蚀、耐磨损等工况的新材料扩展与应用，延长了滑阀使用寿命，内部高温过流件寿命可达5年以上。

2013年12月，渤海装备兰州石油化工机械厂已经完成DYL系列新型高可靠性及特大口径电液控制冷壁滑阀样机研制，产品整体技术达到国内领先水平。

2）应用前景

DYL系列新型电液控制冷壁滑阀应用，标志着中国石油在滑阀研制方面达到了国内领先水平，提高了催化裂化装置的安全性和可靠性，赢得了更多国内市场份额，国内市场平均占有率达60%以上。

渤海装备兰州石油化工机械厂生产的国产最大DYLD1700电液冷壁单动滑阀、DYLS2360电液冷壁双动滑阀，填补了国内空白;2013—2016年，超过60台套大口径电液控制冷壁滑阀（口径≥1000mm）应用于催化裂化新建及改扩建装置上;超过200台套滑阀升级换代产品应用于国内各大炼厂。

3. 焦化塔底阀 / 塔顶阀设计制造技术

2008 年以前，国内延迟焦化装置仍未能做到封闭的管线系统，未消除除焦过程中潜在的危险，且工人劳动强度大、除焦辅助操作时间长、人工成本高、维修费用高、冷焦水污染等问题没有得到根本改善。上述问题的主要原因在于延迟焦化装置的焦炭塔循环使用，即当一个塔内焦炭聚结到一定高度时将原料切换进另一个焦炭塔，该塔从系统切换出后进行除焦。除焦前先冷却焦层至 70℃以下，再人工拆除塔底 / 塔顶盲盖，除焦结束后人工安装塔底 / 塔顶盲盖。这一过程一般 24~48h 循环一次，产生大量的冷焦废水、废气，不利于环保。人工拆装重达几吨的塔底盲盖，不但劳动强度大，而且容易被溢出的水、汽及弹丸焦烫伤，焦炭塔中有毒气体的泄漏也会危害操作工人的身体健康。

国内外对这一问题的处理有多种形式，其中以阀门取代塔底盲盖及辅助装置塔底盖机这一技术发展较快。渤海装备兰州石油化工机械厂是国内最早研发焦化塔底阀 / 塔顶阀的厂家，该厂第一台 DN1500mm 焦化塔底阀于 2008 年在兰州石化 120×10^{4}t/a 延迟焦化装置投用（塔顶阀于 2012 年投用），至今使用状况良好。2013 年，“DN1500 焦化塔底阀的研制”获中国石油科技进步三等奖，并入选中国石油天然气集团公司自主创新重要产品名录。

使用焦化塔底阀后，不再需要反复拆装塔底、塔顶盲盖，开、关阀过程仅需 4min，也不必将焦层冷却至 70℃以下，因此，除焦辅助时间大量缩短，使炼厂在焦化过程中获得最大收益；工人可远程完成阀门的开关操作，消除了安全隐患，降低了工人劳动强度；阀门的卸料口直接通入水池，装置管线为封闭系统，彻底改善延迟焦化除焦的劳动条件及公众形象。

1）焦化塔底阀 / 塔顶阀技术进展

焦化塔底阀口径达 DN1500mm（塔顶阀口径 DN900mm），使用温为度 500℃，防爆等级为 d Ⅱ CT4。经过不断的完善，渤海装备兰州石油化工机械厂焦化塔底阀 / 塔顶阀已取得关键技术的重大突破，申报各类专利 3 项，负责制定中国石油企业标准 QSY 1708—2014《延迟焦化用塔底（塔顶）阀通用技术条件》，形成了具有自主知识产权和特色技术的产品，产品列入中国石油炼油化工可推广应用技术推荐产品。产品技术特点如下：

（1）阀门的密封副采用平行单闸板浮动硬密封结构，浮动阀座由高温合金弹簧组支撑，可在高温下自动吸收膨胀，降温时补偿收缩，适应温度交变的工况；同时，增加蒸汽辅助密封，确保介质的零泄漏。

（2）阀门设置焦炭屏蔽罩，防止开关阀时焦炭进入阀体中腔；上下阀座均可现场拆卸、组装，检维修方便；设计中间支架，开关过程直观，同时将油缸和高温区分开，提高了油缸使用寿命；阀盖与阀体的密封采用唇形密封结构，有效防止蒸汽外漏。

（3）执行机构为大功率电液执行机构，由 PLC 控制，实现设备与主控室的联锁，防止误操作。

（4）阀座密封面堆焊司太粒硬质合金，阀板表面辉光离子渗氮，密封面粗糙度达到 *Ra*0.8，10 年内无须更换内件。

2）应用前景

中国石油自主研发的焦化塔底阀 / 塔顶阀 2015 年底前在线运行的塔底阀共 8 台，塔顶阀共 2 台，各项性能指标满足延迟焦化工艺要求，焦化塔底阀 / 塔顶阀适用于延迟焦化新建装置及旧装置改造，潜在市场较大，同时该结构产品还可应用于相同工况的其他领域。

第三节 炼油装置大型化技术展望

一、提升炼油装置大型化水平，实现炼厂效益最大化

炼油装置的大型化是降低投资、减少消耗、提高经济效益的重要手段，也是炼油工业发展的必然趋势。近年来，我国炼厂规模不断扩大，装置大型化程度持续提升。中国石油开发应用的大型加氢反应器、烟气轮机、高效延迟焦化塔底（顶）阀、新型液相加氢循环油泵等关键设备以及加氢反应器新型内件、催化裂化用旋风分离器等一批技术先进的装备及关键内件，解决了炼油装置大型化重大装备问题。目前，我国炼油业发展方式已从追求规模、努力做大转向提质增效、努力做强发展。中国石油未来应围绕大型炼油装置的工艺特色，结合当代控制理论、计算机网络、智能仪表等技术，开发大规模控制系统网络设计、系统工业设计、现场总线集成与智能设备管理、中心控制室等核心技术，实现从原油选择、采购、加工到产品出厂全过程的智能化生产及管理，使炼厂效益最大化。

二、强化炼化一体化、基地化、园区化，提高炼油企业经济效益和市场竞争力

为满足炼油工业原料需求，提高资源利用率，未来炼厂将强化炼化一体化发展技术，主要包括优化低价值炼化物料生产高价值化工原料的一体化技术、在运输燃料和化工原料之间灵活切换的炼油技术、以煤油气为原料生产成品油及烯烃和芳烃的煤油气一体化技术等。为满足资源合理利用及节能降耗需求，炼油装置和化工装置间将由简单供料关系转变为深度耦合。在大型炼化一体化炼厂设计过程中，可将所有工艺装置、公用工程及辅助生产系统作为一个整体进行联合和集成，装置间物料实现热物料直接互供或交叉往返互供，使热量综合利用实现最优化，减少冷却过程，从而降低生产过程能耗。在煤炭供应条件较好的炼厂可采用煤制氢或采用 IGCC 技术建设公用工程岛，优化资源利用；在有天然气资源条件的炼厂可采用天然气制氢或发展天然气合成油；在生物质资源充足的地区发展生物燃料，并实现与炼厂的有机衔接。通过石油、煤炭、天然气以及生物质等资源的相互结合，实现各种资源的优化利用。中国石油未来应加快炼化一体化建设，重点建设化工型炼油装置，增产化工原料和高端化工产品。

此外，中国石油可考虑以现有大型炼油企业为依托，结合国家石化产业规划布局，在物流条件好、有码头或管道优势、上下游产业链集中的地区，以增量带动存量，加大基地化、园区化建设，打造若干个具有世界竞争力的炼油产业集群，提升炼油产业整体竞争力，根据区域供需平衡情况，坚决淘汰现有落后产能。

三、开发适应市场需求的大型化炼油技术，实现产业升级和提质增效

原油品质和油品需求的变化对炼油工业优化装置结构提出了更高的要求。对于炼化企业而

言，顺应发展环境和市场变化需求，灵活组织生产，实现产品结构调整常态化，才能保证产品销路畅通。2016 年，国务院下发的《关于石化行业调结构促转型增效益的指导意见》（国办发〔2016〕57 号）中明确指出，未来的主要任务之一是改造提升传统产业。主要包括：利用清洁生产、智能控制等先进技术改造提升现有生产装置，提高产品质量，降低消耗，减少排放，提高综合竞争能力；鼓励建设加氢裂化、连续重整、异构化和烷基化等清洁油品装置，及时升级油品质量；加快炼油和乙烯装置技术改造，适时调整柴汽比，优化原料结构。

中国石油未来应加快大型炼厂炼油装置结构调整和产品结构调整，合理调整重油加工路线，提高原油转化深度和清洁化水平，完善成品油质量升级措施，重点发展烷基化、异构化、催化裂解柴油等装置，优化加氢装置，加快油品质量升级与化工原料增产，开发高档润滑油、高级溶剂油、高等级道路沥青等高附加值石油产品生产技术从而提高炼厂的经济效益。

四、加大新技术应用，打造智能化炼厂

石油工业的技术进步和对最大化加工效益追求将推进分子炼油技术的发展，从分子层次上深入认识和加工利用石油，实现对石油烃类分子的定向转化。根据不同原油的分子结构集总，建立相应的反应动力学模型，并准确选择原油、优化加工流程和产品调和方案，最大化生产高价值产品，实现炼油技术的跨越式发展。未来炼厂将推进智能化建设，采用云计算、“互联网 +”、大数据等先进技术，加强信息化技术和炼油工业的深度融合，全面提升研发、生产、管理、销售、服务的智能化程度，努力改变我国炼油工业的生产模式和产业形态，实现炼厂运营智能化。进一步提升感知、预测、协同和分析优化能力，以智能工厂为重点，建设高度数字化、可视化、模型化、集成化和自动化的炼油工业价值链。

中国石油应依托新建千万吨级大型炼厂完成示范工厂建设，进一步开展炼油物联网技术研发和应用示范，深化生产运营和技术管理的智能化，从设计、生产、管理和物流等方面加快智能化标准体系建设，建设以安全为核心的智能化信息安全控制中心，提高信息安全风险感知和防控能力，构建系统的安全预警体系。

参 考 文 献

［1］Robert Brelsford. 2016 worldwide refining survey［J］.Oil & Gas Journal，2015，12.

［2］金云，朱和．调整转型升级 适应新常态 引领新常态——中国炼油工业发展现状及“十三五”发展趋势［J］．国际石油经济，2015，23（5）：14-21.

［3］张德义．世界炼油工业结构调整及对我国的启示［J］．石油化工技术与经济，2005，21（3）：1-7.

［4］李雪静，乔明．从近两年欧美炼油专业会议看世界炼油技术新进展［J］．国际石油经济，2015，23（5）：34-41.

第七章 炼油生产过程优化技术

炼油工业技术密集、加工流程长，具有过程工业的典型特征。因在其各系统之内和（或）系统之间始终贯穿着复杂的物质和能量交换，每一环节的生产运行直接关系着全流程以及全厂的经济效益和安全平稳。面对日益提高的环境要求、产品质量需求以及替代能源的巨大挑战，在传统技术和运行经验基础上，依托过程系统优化理论和技术进步持续推进实际生产过程的节能降耗、提质增效，促进生产过程的系统化优化运行和精细化优化管理，实现企业内涵式发展，是今后炼油企业提升核心竞争能力的重要发展方向。

炼油生产过程优化技术属于过程系统工程技术范畴，是过程系统工程思想和方法在炼油生产技术领域的应用和拓展。广义而言，炼油生产过程优化包括过程最优综合、最优设计、最优操作和最优控制。对于现有生产企业，主要是指针对原料、产品方案的变化以及实际生产过程最优化需求，通过建立与实际生产装置、系统、设备以及全流程的物料平衡、能量平衡和相平衡相一致的严格数学模型，对过程中各环节的技术、经济运行情况进行定量分析，以经济效益和能效最优为目标，结合过程系统优化理论和应用技术、专家经验和“四新”（新催化剂、新工艺、新材料、新设备）应用，对可能的优化机会进行分析计算并形成优化方案，通过方案实施对实际生产过程中的操作参数和工艺流程进行调整，实现生产各环节的优化运行，同时实现炼油加工全流程的整体优化。

到“十二五”末，炼油生产过程优化技术已成为炼油企业生产技术水平和运行管理水平的重要标志。国内企业由于在相关技术领域的研发和应用起步较晚，生产过程优化和运行管理等方面还存在较大的提升空间，单位加工效益和能耗指标与国外先进企业还存在一定的差距。2000 年以来，国内领先的石油石化公司相继开展了炼油生产过程优化领域的技术研究开发和推广应用工作，取得了一系列的重要突破性进展，大幅缩小了与国外先进水平的差距。

本章主要概述了国内外炼油生产过程优化技术的进展与发展趋势，同时重点介绍了中国石油“十二五”期间在炼油生产装置及炼油加工全流程的模拟和优化、公用工程系统离线和在线优化以及炼油生产计划优化等方面的技术进展与取得的主要成果。此外，对中国石油“十三五”及未来一段时间在炼油生产过程优化技术上的重点发展方向进行了展望。

第一节 国内外炼油生产过程优化技术现状与发展趋势

过程系统工程技术起源于 20 世纪 40 年代运筹学理论在军事调度上的应用[1]，伴随 70 年代的石油危机和 80 年代计算机技术的进步获得了快速发展，并逐渐在炼油行业中取得广泛应用，逐步形成一系列的炼油生产过程优化技术。

总的来说，炼油生产过程优化技术是在综合应用炼油工艺、化学工程、系统工程、过程控制、计算数学、信息技术、管理科学等学科理论和技术的基础上，逐渐发展建立的一项相互交叉、高度复杂的综合性技术。该项技术充分吸收了过程综合等过程系统工程的基础理论，以流程模拟和系统优化技术为核心，集成应用计算数学和信息技术，并借鉴专家的生产实践经验，开展炼油生产过程设备、系统、装置及全厂等不同层次的生产运行优化、工艺流程优化，重点强调对炼油过程的系统性优化和集成性优化，追求生产过程整体的效益、能效最优化。目前，炼油生产过程优化技术已成为国内外炼油企业挖潜增效的重要技术手段之一。

进入 21 世纪以来，伴随计算机技术和信息化技术的快速发展，炼油生产过程优化技术开始向自动化、数字化、模型化、可视化和集成化等方向发展，人工智能技术越来越多的应用到生产实践中，生产过程智能化技术正成为炼油生产过程优化技术发展的重点。

本节概述了炼油生产过程优化的流程模拟、计划优化、调度优化等技术在国内外发展应用情况，并对相关技术在集成化、智能化等方面的发展趋势进行了简要介绍。

一、国内外炼油生产过程优化技术现状

1. 流程模拟技术

流程模拟是对过程本质的数学描述和模型化，是开展过程优化研究的基础。流程模拟技术从 20 世纪 50 年代后期开始逐渐在炼化行业中应用，现已成为炼油工程设计普遍采用的技术，先进炼油企业正逐渐在工艺过程研发、催化剂评价研究、生产操作优化、操作工培训及老厂技术改造等方面开展深入应用[2]。

国内外广泛用于炼油过程的流程模拟软件多数采用稳态模拟技术。稳态模拟所建模型与时间无关，注重解决过程的物料平衡、能量平衡和相平衡，适用于连续生产过程平稳工况的优化研究。如 AspenTech 公司 Aspen HYSYS（2016 年 V9.0）和 Aspen Plus（2012 年 V12.1）、Invensys 公司的 PRO/ Ⅱ（2016 年 V10.0）、KBC 公司的 Petro-SIM（2015 年 V6.3）等均为通用型稳态模拟软件。其中 Aspen HYSYS 和 Petro-SIM 软件通过集成炼油过程的反应机理模型，形成了包含反应、分馏和换热等过程在内的炼油主体装置精细模型，进而实现了从常减压到汽柴油产品调和的炼油生产全加工流程的稳态模拟。

国内炼油过程的流程模拟技术开发起步较晚，模拟软件的研究开发与国外相比仍有一定差距。20 世纪 80 年代以来，国内先后开发出一些专用的模拟系统，如中国石化宁波工程公司的大型烃类分离模拟系统、中国石化北京设计院的催化裂化反应—再生模拟软件（CCSOS），以及国内唯一通用型模拟软件青岛科技大学开发的 ECSS- 化工之星系统[3]等。这些模拟软件的应用，对提高设计效率和水平起到了一定的促进作用。

炼油生产过程中存在各种各样的波动、干扰以及条件的变化，尤其是在装置开停工、操作方案切换阶段，过程的动态变化是必然的、经常发生的，稳态过程只是相对的、暂时的，由此带来的问题用稳态模拟的方法无法解决，必须由动态模拟完成。动态模拟在流程模型中引入时间变量，除了解决稳态模型要解决的三大平衡问题，还要解决压力、温度、液位、各相浓度随时间的变化，适用于间歇操作、装置的开停工过程或在外界干扰下产生波动的过程模拟研究。动态模拟软件主要有 Aspen HYSYS 和 Aspen Dynamic 软件等，主要应用在炼油装置的开停工优化、生产方案切换及仿真模拟培训等方面。

2. 生产运行优化

1）生产装置操作优化

炼油生产过程优化技术的生产装置操作优化是基于流程模拟技术的工艺操作参数优化，可分为离线优化与在线优化。

（1）离线优化。

离线优化是利用过程系统典型工况的稳态模型，结合专家经验，进行生产装置或系统操作参数的优化分析，形成优化方案后经由人工实施，逐步将过程系统调整到综合最优的运行状态。目前，Petro-SIM 等通用流程模拟软件还可利用内嵌的优化算法（IPOPT 等），结合稳态模型实现对操作参数的自动寻优，有效提高了离线优化方案的研究效率。

20 世纪 80 年代以来，KBC、ASPEN、PIL（Process Integration Limited）等国际知名技术公司依托成熟的流程模拟技术，借助丰富的专家经验，逐步形成了覆盖炼油主体装置和系统的离线优化技术，并在一些国际大型炼化企业取得了较好的应用效果。

20 世纪 90 年代后，在引进先进模拟软件和优化技术的基础上，国内炼油企业的操作优化水平稳步提高。中国石化、中国石油先后引进了 ASPEN 公司、KBC 公司等先进流程模拟技术，结合企业内部研发力量，通过创新开发，分别建立了支撑炼化主体装置和生产系统的优化技术，显著提升了企业挖潜增效的技术水平。同时，在换热网络等系统用能优化方面，国内自主研究形成了深度热出料和大系统热联合[4]、虚拟温度法[5, 6]等专有技术，清华大学、大连理工大学、青岛科技大学等先后开发出自主产权的换热网络优化软件，并开展了装置及装置间、换热网络等的能量综合优化工作，获得了较好的经济效益。

（2）在线优化。

在线优化是通过现场控制系统、过程模型、优化算法的集成，实现对过程系统模型的在线校正、操作参数的自动寻优，从而为过程系统的操作参数优化调整奠定基础，有效增强过程系统对原料波动、产品需求变化等生产环境变化的快速反应。在线优化又分为两种：一种是在线优化计算、开环操作指导，即在线开环优化；另一种是在线优化、闭环控制，即闭环实时优化（Real-Time Optimization，RTO）。开环优化主要是提供操作指导，闭环优化则是把在线优化结果作为操作设定，直接投入控制回路，实施在线调整。

闭环优化技术依赖在线优化平台和流程建模技术。闭环优化平台用来进行数据整定和优化模型计算。截至 2015 年底，国内外广泛应用的闭环优化平台主要有 Invensys 公司的 ROMeo 和 AspenTech 公司的 Aspen Online、Aspen Plus Optimizer，国际上的炼化装置闭环优化案例多数都由两家公司实施。2000 年以来，Invensys 公司仅在催化裂化装置就实施闭环实时优化项目超过 30 余项，而 AspenTech 公司也已在全球范围内实施了超过 130 个实时优化项目，包括常减压、催化裂化、重整、加氢裂化、焦化等炼油关键装置，取得了显著的经济效益。国内在基于稳态模型的装置全流程在线优化技术研发上起步较晚，较国际先进水平差距明显，截至 2015 年底，炼油主体装置的闭环实时优化尚为空白。

除基于稳态模型的装置全流程在线优化外，国内多家研究机构还开发了基于数据分析等技术的以反应过程为主的在线优化技术。如北京优化佳控制技术有限公司的相关积分实时优化技术以随机过程理论为基础，利用生产过程和优化目标随时间脉动的特性，计算相关积分数值，确定操作条件的调整方向，从而对装置进行实时优化。先后在青岛石化、石家庄石化、镇海石化等企业的催化裂化装置和重整装置引用，取得了较好的效果[7]。

2）生产计划优化

生产计划处于企业生产经营的最前端，对企业生产起着重要的前期指导作用。采用计划优化软件建立生产计划模型，开展计划排产和优化分析是国内外炼化企业的普遍做法。到“十三五”末，生产计划优化模型主要基于线性规划，目标函数一般是利润最大。

国际上应用较多的计划优化软件主要有AspenTech公司的PIMS软件和Honeywell公司的RPMS软件。PIMS软件主要利用线性规划、递归等技术建立数学模型，模拟企业的生产经营过程，通过对经营计划的优化，实现生产效益的最大化。RPMS软件主要利用线性规划、混合整数优化、适用于多周期模型的质量跟踪技术、快速递归技术、改进的递归质量计算技术等建立计划优化模型，可以建立单厂、多厂和多周期模型。至“十二五”末，PIMS和RPMS已在全世界的100多家炼化企业得到了应用。中国石化在2001年引进了PIMS，2006年完成了33家企业炼油PIMS模型的开发，2008年，18家化工企业完成了化工生产计划与效益测算系统的实施，7家炼化一体化企业XPIMS试运行，19家化工企业PIMS升级为PPIMS。中国石油在2004年引进了RPMS，建设炼化物料优化与排产系统（APS 1.0版），2006年完成了一期25家企业的模型建设。2012年开始对APS系统进行2.0版升级，2015年建设完成了涵盖29家地区公司和总部的生产计划优化模型。

国内清华大学与中国石油兰州石化公司合作开发了炼化企业炼油生产计划图形化建模优化系统GIOPIMS[8]。该系统基于线性规划模型，可以自动侦破矛盾约束和不合理解，可以进行原油实沸切割点的优化，改善了炼油生产计划建模的效率。

近年来，随着企业精细化管理水平的不断提高，炼化生产计划模型逐渐向复杂化和精细化方向发展。在原油蒸馏装置和二次加工装置中，通过研究蒸馏切割点对于侧线收率和性质的影响以及二次加工装置进料性质对于收率的影响，添加悬摆和Delta-base等模型以提高优化模型的精细化程度。

3）生产调度优化

生产调度优化是在尽可能满足约束条件（如交货期、工艺路线、资源情况）的前提下，协调安排其组成部分（操作）使用哪些资源以及加工时间和加工顺序，以获得某些性能指标（如生产周期、生产成本）的最优化[9]。因此，调度优化对炼油生产过程提高经济效益、增强市场响应速度有着重要的作用。

调度优化的时序问题和可行性问题都是高度非线性的，在统筹学中属于NP（非多项式）完全问题，同时由于炼油生产工艺复杂、过程模型规模大和描述困难，现有的调度建模和优化技术很难在有效的时间内获得全局最优解[9]。

截至2015年底，国外炼厂调度优化软件主要包括AspenTech公司的Aspen Petroleum Scheduler（原Orion）、Honeywell公司的Production Scheduler（PS）、WAM公司的PICASO和HIS公司的H/SCHED。其中Orion在炼厂应用得最多，并在国内多家炼厂得到了实际应用。但Orion实际是一套模拟辅助决策系统，主要为人工排产方案提供验证，在管线调度、储罐调度、产品调和等部分具有一定的优化功能，但不具备炼化生产的全局优化排产能力[10]。

20世纪80年代以来，国内研究机构开始进行炼化生产调度系统的研究与开发，形成了一些局部的生产调度系统，如浙江大学与高桥石化公司合作开发的润滑油调度系统、石油化工科学研究院开发的油罐调度管理原形系统[11]。

4）公用工程优化

（1）蒸汽动力系统优化。

蒸汽动力系统的操作优化一般是通过建立蒸汽动力系统的操作优化模型，根据供汽需求、汽轮机以及锅炉设计的性能曲线或运行数据、减温减压器和除氧器的运行数据等，求解锅炉和汽轮机的最优负荷分配方案，并实施应用[12]。

蒸汽动力系统模拟优化软件主要有AspenTech公司的Aspen Utilities Planner、横河公司的Visual MESA、KBC公司的ProSteam、Shell公司的SmartUtil、PIL公司的Site-Int，以及国内华南理工大学的SPSOpti等。其中，Aspen Utilities Planner为主流软件，市场占有率较高。蒸汽管网模拟和监测方面，应用软件主要有国外Advantica公司的SynerGEE Gas、国内北京研智杰能科技公司的PROSS、上海优华系统集成技术公司的SNAMER等。

蒸汽动力系统的操作优化也可分为离线操作优化和在线操作优化。其中，离线操作优化主要用于开展锅炉和汽轮机等典型工况方案的优化研究，技术已相对成熟，应用广泛。近年来，随着能源计量仪表及数采系统的完善，国内外先进炼化企业已逐步推广应用蒸汽动力系统的在线操作优化[13]。

ExxonMobil公司在北美的多数炼厂采用Visual MESA软件实现了全厂公用工程系统在线优化。美国最大炼油企业Valero公司的休斯敦炼厂采用Aspen Utilities Planner & Optimizer软件搭建了全厂公用工程在线优化系统，系统运行后减少蒸汽排放7%，锅炉热效率提高0.6%，年效益约270万美元[1]。

（2）燃料系统优化。

炼厂的燃料系统一般分为燃料气系统、燃料油系统。其中，燃料气系统可以利用Aspen Utilities Planner、KBC ProSteam等开展模拟优化。燃料系统操作优化一般围绕优化燃料品种、提高火炬气回收率、优化装置操作减少燃料气排放等方面进行，以降低系统的运行成本，避免乱排乱放现象的发生。

炼厂燃料系统调度以往主要由调度人员凭经验执行，缺乏调度手段和调度优化。“十二五”期间，浙江中控软件技术公司与国内炼厂合作建设开发了瓦斯系统实时监控和优化调度平台，实现了瓦斯系统基于模型的“事前调度”和“定量调度”，明显提高了生产的操作安全性和经济性，减少瓦斯放火炬时间，减少瓦斯系统补烃量，为企业带来明显的经济效益和社会效益[14]。

（3）氢气系统优化。

炼油企业的氢气系统由产氢过程、耗氢过程、氢气提纯单元及氢气管网组成。随着汽柴油产品质量要求的提升，炼厂临氢装置数量快速增加，原油加工过程氢气的消耗量大幅提升，氢气的回收利用、平衡优化成为炼厂运行管理中的重要内容。

氢气系统运行优化主要通过建立炼厂氢气网络模型，利用数学规划法和氢夹点分析法开展优化分析。优化措施主要包括制氢装置水碳比等参数优化、重整等装置副产氢量优化、耗氢装置用氢量和纯度需求优化、PSA或膜分离的操作参数优化等。氢气系统模型可利用通用流程模拟软件，部分公司、科研院所也开发了专业的优化分析软件，如PIL公司的H_2-Int、Honeywell公司的Hydrogen Management Services等软件[15]。“十二五”期间，国内某企业开发并实施了氢气系统监测与调度优化系统，以氢气系统总经济效益最大化为目标，实时监测全厂氢气的运行状态，在线计算各装置的产氢和耗氢成本，通过调整各加氢装置新氢及循环氢量以及重整氢的利用，降低供氢量，实现氢气系统的实时优化指导[16, 17]。

3. 生产流程优化

1）装置流程优化

生产装置的流程优化一般是针对装置存在的节能增效问题，提出工艺流程、设备等方面的改造方案并实施。流程优化的主要方法是通过建立流程模型，结合专家经验，对比同类装置的先进经验，分析装置的瓶颈，结合新催化剂、新工艺、新材料、新设备等“四新”技术的应用，提出工艺技术改进和设备改造的方案。

传统的装置流程优化主要包括工艺流程改造、换热网络优化改造、设备（大型压缩机/机泵、加热炉等）改造、塔进出料位置改变等方面。换热网络方面，主要通过夹点技术分析装置换热网络存在的节能潜力。截至 2015 年底，英国 PIL 公司开发的换热网络设计优化软件（HEAT-int）已经能自动计算出最佳的改造方案。设备方面，主要是针对设备的使用性能，提出相应的改造方案。如在国内炼厂中机泵扬程过剩现象十分普遍，常常通过“切削叶轮”以降低机泵扬程，减少电的消耗，同时对于负荷变化较大的大型机泵，可使用永磁调速、变频调速，以灵活适应工艺需求，减小电耗。加热炉的流程优化则常常集中在应用新型燃烧器、增加空气预热器、对流段改造、炉管强化传热和新型涂料应用等方面，以提高燃烧效率，提高加热炉效率。

新工艺、新技术的出现为装置的优化改造提供了更加广阔的空间，如催化裂化 CRC 工艺技术，能够有效提高催化裂化装置的剂油比，已被中国石油和中国石化广泛应用，取得了明显的产品结构改进效果。

2）全流程优化

全流程优化主要是从炼油加工全流程来分析工艺装置结构、装置间物料配置、能量利用等方面存在的问题，分析新装置、新工艺、新产品对全流程的影响，提出优化改造方案，从而实现全流程层面的物料优化利用及能量综合利用。

全流程能量的优化利用主要是装置间的热联合及低温热利用。装置的热联合主要是将上下游两套或者多套装置作为一个整体，在大系统内进行“高热高用，低热低用”匹配，以达到能量优化综合利用的目的。“十二五”期间，炼厂最为常见的热联合为催化裂化装置顶循与气分装置的热联合。

热供料也是热联合的一种形式，即上游装置的产品不经过冷却，直接（或经过热缓冲罐）引至下游装置作为进料。热供料可以避免物料的冷却和再加热，减少换热网络的两次传热㶲损以及燃动能耗。截至 2015 年底，新建炼厂在设计时均已考虑了热供料的问题，中国石油多数炼厂已通过改造实现了热供料，柴油馏分以上物流已基本全部实现热供料。

低温热是指未被工艺过程直接利用，但在当前技术经济条件下仍可被工艺或其他过程利用的高于环境温度的较低温位的热量。传统的低温热利用一般本着就近、热源与热阱匹配相对单一的原则，通常数个热源和热阱就构成一个低温热系统，很难做到“温度对口、梯级利用”，解决的方案就是低温热源与热阱在全局范围内系统集成。到“十二五”末，国内炼厂有效回收利用的低温热在 30%～70%之间，低温热仍是炼厂能量优化的最大挖潜点。低温热利用可分为同级利用和升级利用两类。其中，同级利用主要为工艺和采暖伴热、原料预热和工艺用热等。同级利用因常常受到季节的限制，易造成夏季全厂低温热的大量过剩而形成阶段性浪费。因此，部分炼化企业采用热泵等低温热升级利用的方式以及朗肯循环发电和溴化锂制冷等技术，使低温热转变为工艺可用的动力、冷能或较高温位热量等，实现低温热全年的稳定使用。另外，向邻近的周边企业和农业种植区供热，也正在越来越多用于低温热的回收利用。

3）公用工程优化

蒸汽动力系统的流程优化一般是在满足全厂供热需求前提下，以热电比最优为目标，综合考虑设备投资等因素，确定系统的设备配置和流程结构。其优化方法主要有基于全局温焓曲线的夹点分析法、确定剩余热负荷最佳转化途径的顶层分析法、热电联产优化的 *R*– 曲线分析法[18]。

燃料系统的生产流程优化主要从燃料气回收流程优化、回收燃料气中的高效益组分、不同组成或不同压力等级的燃料气管网优化、燃烧器等设备改造优化、增上气柜和压缩机等方面进行，以减少燃料气用量，熄灭火炬，降低瓦斯放空损失。

氢气系统的流程优化主要包括运用夹点分析法或超结构法优化氢气网络（包括氢源氢阱匹配和管网等级优化）、利用 PSA 及膜分离等技术回收利用氢气资源等[19]。随着上述技术的深入研究和完善，在实际中的应用也不断增加。2001 年，Hallale 等利用夹点法对某炼厂氢气网络进行优化，节约操作成本 400 万美元 / 年；2012 年，国内首次将氢气网络优化技术推广到炼厂工程设计中，郭亚逢等对某千万吨炼厂进行氢气网络优化，所得 3 种边界条件优化方案都能显著降低氢气的总耗量和总成本[20]。

4. 分子管理技术

随着炼油加工成本的大幅攀升，炼化企业效益空间受到严重挤压，客观上要求炼化企业必须对石油资源“吃干榨净”，通过优化炼油生产、精细化生产，实现石油资源的分子级优化利用。

分子管理技术的核心是石油分子的表征和石油转化过程的分子级模拟以及分子水平的系统优化利用。分子管理技术的开发使得炼油生产过程优化的研究范畴得以向分子水平深入，并促成更高层次的挖潜增效。

分子管理技术的开发始于 20 世纪 80 年代末，1996 年，ExxonMobil 公司正式提出分子管理概念，经过 20 多年的发展，分子管理含义也在不断变化、完善和发展。2002 年，ExxonMobil 公司启动了分子管理项目，利用专有的原油指纹技术，分析不同原油的分子结构集总，建立相应的反应动力学模型，并进一步与计划优化系统和实时优化系统相结合，准确选择原油，优化加工流程和产品调和，最大化生产高附加值产品，据介绍每年约可增加 19 亿美元的税前收入。

国内分子管理技术的开发相对滞后。1999 年，中国石化针对国Ⅱ汽油烯烃和芳烃限制的升级，提出要从分子水平上开发炼油技术，标志着国内炼油技术的研究发展进入分子水平。2005 年，华东理工大学针对石脑油优化提出“分子管理是根据不同用途对产品分子的具体要求，分离混合物组分以达到物尽其用”，开发出石脑油正异构烃类吸附分离技术。同时，对乙烯、延迟焦化、渣油催化裂化等工艺进行了分子尺度的反应模拟[21, 22]。中国石油大学（北京）构建了重质油分子表征模型[23]。

二、炼油生产过程优化技术发展趋势

1. 流程模拟技术

随着炼油装置向大型化、集成化方向发展，流程模拟技术正逐渐向多装置、多系统联合模拟的方向发展。Aspen 公司 Aspen HYSYS 和 KBC 公司 Petro–SIM 流程模拟软件先后形成了“桌面炼厂”炼油加工全流程的模拟技术。同时，为满足生产过程持续优化的要求，多装置联合模拟与在线校正技术正成为模拟技术的重要发展方向。

随着炼化技术向分子管理方向的发展，流程模拟技术也在向分子层次进步，分子表征、分子尺度反应过程动力学模拟技术正成为研究的热点。AspenTech 公司正在开发基于分子表征技术的原油和馏分油物性校正和预测技术，将为计划系统、调度系统及过程建模提供分子层次的信息[24]。

2. 生产运行优化技术

1）生产计划优化

从发展趋势来看，未来炼化生产计划优化系统将向微观化、复杂化和集成化的方向发展。随着流程模拟和分子炼油等技术的发展，炼油生产计划模型将涵盖更多的物料性质、工艺参数和辅材燃动消耗等数据，模型的应用更加突出炼油工艺过程反应机理的影响。其次，随着模型精细化发展的要求，对装置清焦周期、换剂周期以及非线性公用工程等考虑的越来越多，模型会更加复杂，运算网络和处理数据数量越来越庞大。同时，由于处理和结果展示技术的进步，将使得未来的计划优化系统更加直观易用，用户可通过拖拽等方式建立起全厂生产加工流程，模型运算结果直接显示在流程图上。

2）生产调度优化

炼油企业不断提高生产运行精细化、系统化的管理要求，有力促进了企业生产调度由生产全过程平衡调度向优化调度技术的发展，即炼油全过程的全局优化排产技术。清华大学结合专家决策推理和模型优化求解，初步形成基于智能决策的炼油生产过程调度优化方法，能够在最小化装置操作模式切换代价下给出优化调度排产方案[10]。

调度优化技术研究的核心内容和重点是调度方法。尽管调度方法逐渐走向复杂化和多元化，但是它们基本上可以归结为 4 种类型：数学规划法、启发式搜索方法、系统仿真方法、人工智能方法[25]。人工智能调度方法是基于人工智能、计算智能和实时智能的智能调度和人类调度专家经验对调度问题进行建模并求解的方法总称，主要包括模拟退火、遗传算法、禁忌搜索、神经网络、进化规划和进化策略等。到“十二五”末，智能调度方法已经显示出其优越性，逐渐成为调度优化研究的发展方向[26, 27]。

3. 生产流程优化技术

面临新技术发展、原料多元化、环境约束加大等一系列挑战，世界炼油工业正在转变发展方式，进行深层次结构调整和优化，生产过程全流程、全系统的综合优化成为生产流程优化的发展趋势。

炼化一体化企业的发展，促进了炼油、化工生产过程物料的整体协调优化。包括 C_1—C_5 的轻烃回收利用、烃类分离利用等优化工艺技术，都体现了生产流程优化的全局优化特点。此外，依托流程模拟技术的进步，开展燃料气、氢气和蒸汽系统等公用工程系统的全系统优化，以及公用工程与生产装置的整体性优化也正成为生产流程优化的研究热点[28]。

在炼油企业的供应链管理和生产运行管理中，生产计划、生产调度、装置操作是其中最为重要的环节，制订合理的生产计划是企业生产经营目标实现的重要前提，是生产运行的重要指导；生产调度是生产计划实现的保障，是生产装置平稳操作的指令和基础；装置操作是企业生产运行的最小单元，装置的稳定、优化运行是生产经营管理者最为关心的。因此，伴随计算机和信息技术的快速发展，计划—调度—操作一体化运行优化将成为炼油生产过程优化的集中体现。

4. 分子管理技术

分子管理技术的核心是从分子水平来认识及优化石油加工过程，但是具体内容随着炼化产业的发展及生产需要而发展变化。分子管理涉及分析化学、分子模拟和分子转化过程的模拟，最终目标是实现对石油加工过程的全面优化。从应用层面来看，分子管理不单纯是一项技术，而是一个面向石油炼化全过程的整体优化解决方案[29]。

发展基于分子管理的石油加工原料和产品性质预测方法，实现石油加工过程在分子水平上的模拟和调控，并将其与流程模拟软件、计划调度系统和实时优化系统集成，为石油加工过程准确选择原料、优化加工过程成本以及最大化生产高附加值产品提供准确预测，从而实现石油加工过程的重构和供应链的优化，是炼油过程高效化发展的必然方向。

第二节 炼油生产过程优化技术进展

“十二五”期间，中国石油重点围绕炼化能量系统优化开展了集中攻关，升级开发了炼化物料优化与排产系统，取得了突破性进展，极大地推动了中国石油炼油生产过程优化技术的进步。

在2008年设立的“炼化能量系统优化研究”重大科技专项攻关中，由中国石油规划总院牵头，锦州石化、兰州石化、吉林石化、长庆石化和克拉玛依石化等20余家科研和生产单位、1000多名研究和现场工程技术人员集中开展攻关研究，以4项示范工程和2项推广工程为依托，在筛选引进国际先进的7大类89项炼化模拟优化软件（其中炼油模拟优化软件78项）基础上，全面创新开发了炼油主体生产装置、公用工程系统离线与在线模拟以及系统优化技术，形成配套技术体系，并集成开发“中国石油炼化能量系统优化工作平台”等4项工作平台；创新开发了“炼油生产装置节能增效专家系统”和“重点炼油装置用能分析评价技术”，大幅提高了优化工作效率和方法的科学性；首次系统提出炼化能量系统优化技术方法和工作标准，形成《炼化能量系统优化技术导则》中国石油标准，为全面持续推广进行了明确规范；编辑形成炼化能量系统优化技术丛书和系列技术培训教材，开发完成培训考核系统，并建成中国石油能量系统优化技术培训中心，为持续人才培养奠定了重要基础条件。共建立生产装置及全流程、公用工程系统模拟模型297套，提出节能增效机会651项，制定优化方案371项，实现节能量20×10^4t（标煤）/a，年增效3.17亿元，取得了显著的节能增效效果。经系统培训和严格考核，评选专家和技术骨干100人，首次建立了一支能够独立开展炼化能量系统优化的专业技术骨干队伍，为持续开展炼化能量系统优化奠定了重要的人才基础。专项获发明专利3项，实用新型专利5项，省部级一、二等奖各1项，软件著作权6项，认定技术秘密39项。专项形成的炼油能量系统优化成套技术整体达到国内领先、部分达到国际先进水平，有效填补了中国石油在该领域的技术、人才和软件工具的空白，大幅缩小了与国际领先企业过程优化的技术差距，大幅促进了中国石油炼化业务系统优化管理理念的形成，显著提升了中国石油炼油生产过程优化技术的水平。

“十二五”后期，在“炼化能量系统优化研究”重大科技专项成果的基础上，中国石油进一步开展了“炼化能量系统优化技术升级及推广应用”重大科技专项的攻关。由中国石油规划总院牵头，在抚顺石化、大庆石化、兰州石化、辽阳石化、锦西石化、大庆炼化、宁夏石化、大港石化、辽河石化等9家企业进行重点推广，在其余炼化企业进行普及推广，进一步创新开发了芳烃联合、酮苯脱蜡、苯乙烯、MTBE 等装置的流程模拟以及系统优化技术、公用工程与工艺侧一体化能源管控系统，进一步完善了配套技术体系。截至 2015 年底，专项建立生产装置及全流程、公用工程系统模拟模型 137 套，制订优化方案 148 项，实现节能总量 12×10^4t 标煤。

针对计划管理、生产优化、原油选购、效益测算等方面的需求，中国石油完成了炼化物料优化与排产系统的升级，即 APS 系统（2.0 版）建设。建立了涵盖炼化分公司和 29 家地区公司的总部和企业级生产计划优化模型，实现了“计划优化—计划排产—效益测算—计划分析”不同业务之间的协同，提升了中国石油炼化生产精细化管理水平。同时，针对中国石油生产业务特点，创建了覆盖中国石油整体原油资源的“产、炼、销、运、储、贸”一体化模型，统筹考虑原油供应、原油运输、成品油运输、成品油销售等模块，以中国石油效益最大化为原则，合理安排原油资源分配和产品销售。“十二五”期间，应用炼化生产计划模型和原油业务链一体化优化模型，普遍开展了月度、季度、年度排产，开展了原油选购优化、装置生产优化、产品结构优化等，挖掘生产潜力，降本增效，年创效 10 亿元以上。累计形成软件著作权 4 项，获得省部级一等奖 1 项、二等奖 2 项。

一、炼油生产过程运行优化技术

1. 生产装置操作优化技术

炼油生产装置随着运行时间的延长，以及原料性质、加工负荷和产品方案的变化，装置运行工况会逐渐偏离设计点，装置之间、装置与公用工程系统之间往往存在不配套的现象，迫切需要对现场运行进行优化调整。以往中国石油曾花费大量资金聘请国外咨询公司开展相关工作，但当项目结束后随着生产条件的变化，优化效果逐渐减弱，又再次出现偏离问题。

“十二五”期间，依托“炼化能量系统优化”重大科技专项攻关，创新开发了炼油生产装置系列模拟优化技术，主要包括数据采集与处理、生产过程离线与在线模拟、生产装置与全流程离线优化、用能分析与评价、智能分析诊断与优化机会识别、能源管控等技术。

该成套技术针对炼油主体装置实际操作过程，通过现场深入分析研究，以用能综合评价和潜力分析为指导，识别各环节潜在的节能增效机会，运用通用和反应模型进行严格流程模拟并作为定量分析手段，以全局系统优化为目标，结合各类优化方法以及专家优化经验，深入研究论证形成全面配套的生产操作和节能增效优化方案，从而不断为提高炼油生产过程能效和经济效益提供具体指导。该技术综合利用了流程模拟、系统分析、过程控制等先进理论和技术，是典型的过程系统优化技术，具有广泛的适用范围，可应用于现有在运炼油生产装置、全流程的操作优化和工艺流程优化，以及新建、改扩建炼化生产装置、全流程的系统优化。利用该技术实施装置优化研究的工作过程示意如图 7-1 所示。

此外，通过中国石油信息化统建项目“流程模拟与仿真培训系统”，中国石油也有效促进了炼油主体装置模型及优化技术的研究和推广应用。“十二五”期间，中国石油先后形成常减压、催化裂化、催化重整、延迟焦化、加氢裂化、加氢精制、制氢、气体分馏、酸性水汽提等炼油装置的过程模拟和系统优化技术，有效覆盖了炼油生产的加工流程，快速提升了中国石油炼油生产装置的操作优化水平。

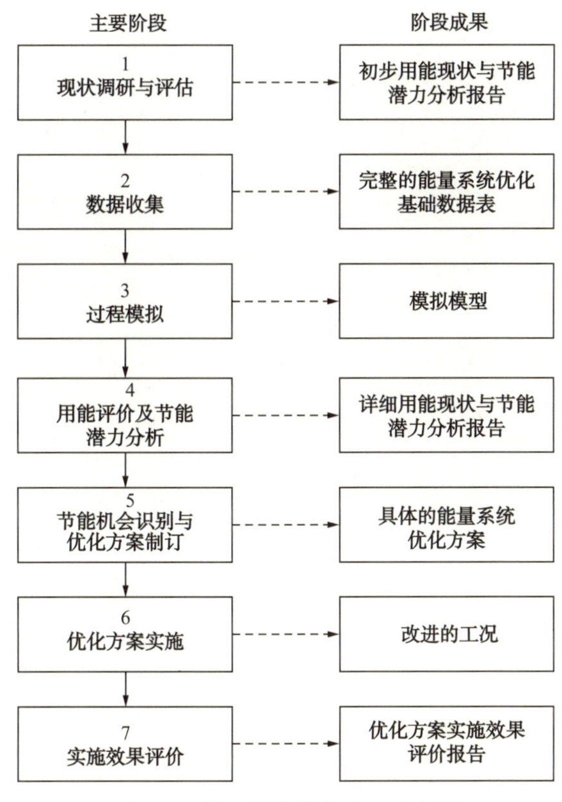

图 7-1　装置操作优化过程示意图

1）技术进展

炼油装置模拟技术方面，中国石油通过引进 Petro-SIM 及 R-SIM、Aspen One 等通用和反应流程模拟软件，研究开发了炼油主体装置模拟技术，创新开发了国内特色炼油生产装置（双提升管催化裂化、半再生重整、加氢裂化、润滑油精制）的流程模拟技术，建立的装置模型准确度在 95% 以上；同时创建了集物料平衡、能量平衡、详细物性于一体，涵盖反应机理、分馏、换热网络的多装置和公用工程系统模型的炼油全流程模拟模型，首次搭建形成“桌面炼油厂”。“桌面炼油厂”可准确预测原料、操作条件、催化剂性能等变化对中间产物、最终产品产量和质量的影响，模型准确度在 90% 以上，实现了炼油全流程的定量计算与优化分析。在炼油装置模拟技术上累计认定技术秘密 20 余项。某企业的全流程“桌面炼油厂”模型如图 7-2 所示。

炼油装置系统优化分析技术方面，通过集成炼油装置优化技术并总结示范和推广工程实践经验，提出了以全局能效和经济效益为最优目标，通过多次迭代、循环求优的炼油全流程能量系统优化的工作步骤、技术路线和方法，并首次形成了炼化能量系统优化技术企业标准，牵头编制了国家标准——GB/T 31343—2014《炼油生产过程能量系统优化技术实施指南》。该系统优化方法着眼于全局优化，可定量地描述预期节能增效效果及相关影响。工程实践证明，该系统优化方法通常可实现炼厂炼油综合能耗降低 10% 以上、经济效益提升 10 元 /t 原油以上的绩效指标，形成“一种炼化生产过程优化分析方法及系统”发明专利 1 项，“炼化过程模拟优化计算分析及能量优化系统”等软件著作权 3 项，达到了国际先进水平。

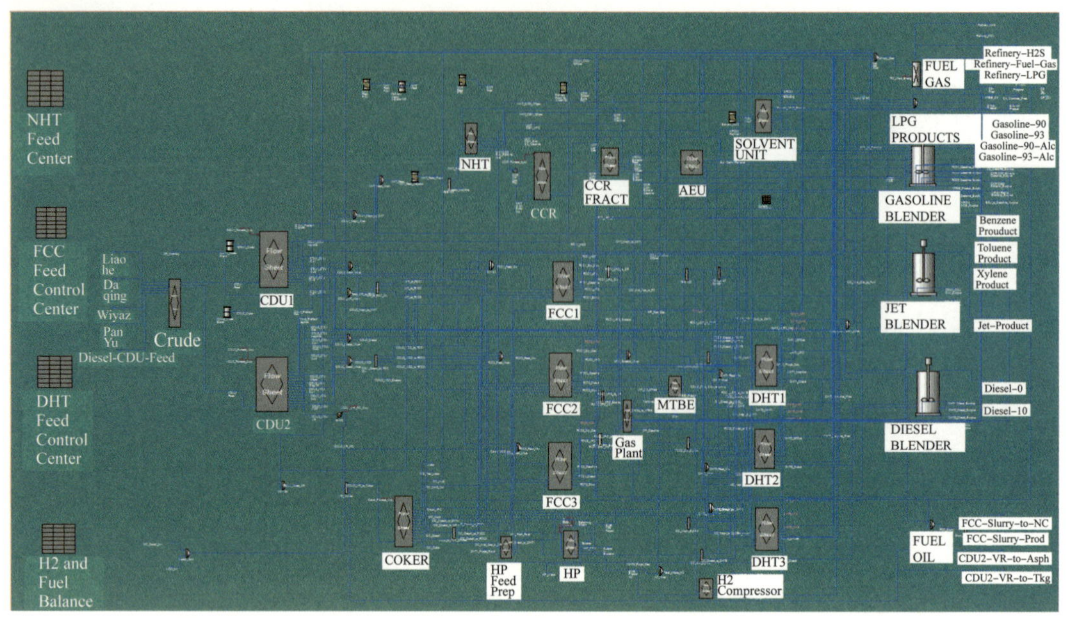

图 7-2　某炼厂的全流程“桌面炼油厂”模型

炼油装置用能分析与评价方面，借鉴 KBC 公司 BT 指数评价指标方法，通过能耗关键参数与生产装置能耗的数学关联关系，创新开发了常减压、连续重整、柴油加氢、催化裂化等 4 套重点炼油装置用能评价技术，包括不同原料性质、产品方案的最优能耗量化计算模型、关键节能潜力量化计算模型等，提出用能评价指标（Energy Cost Index，ECI），实现了对同类装置科学合理的对标，以及装置关键节能潜力点的快速识别与量化计算，形成软件著作权 2 项。

炼油装置智能分析与诊断方面，通过对炼油生产过程能效关键参数数学表达、数学模拟和逻辑推理相结合的关键技术瓶颈的攻关，首创了包括常减压、催化裂化、连续重整、延迟焦化等 9 套炼油主体生产装置、内置 688 条专家规则并与模拟模型集成、挂载逻辑推理机的节能增效分析专家系统，为大幅提高优化效果和水平、加快能量系统优化技术推广提供了重要工具，形成“一种炼化生产过程优化分析方法及系统”国家发明专利，以及“炼油生产装置节能增效分析专家系统”等软件著作权 2 项。

（1）常减压装置。

在常减压蒸馏和换热网络模拟技术的基础上，通过对不同类型塔板效率的调整，重点开发了锦州石化、长庆石化、抚顺石化、锦西石化等 10 家企业的燃料型、燃料—润滑油型常减压装置的全流程模拟模型 16 套，形成了干式、湿式蒸馏，填料塔、筛板塔等不同类型蒸馏塔的模拟技术，以及通过换热网络与蒸馏塔的模型的集成，实现对常减压装置的全流程准确模拟，认定技术秘密 1 项。

利用常减压蒸馏装置模型，开展了初馏塔、常压塔、减压塔的物料平衡、能量平衡、塔板气液负荷的状态分析，同时开发了能耗计算及产品效益计算模块，结合专家经验，逐步分析操作中的问题。通过反复试算、多案例比较，进行加热炉出口、侧线抽出、塔顶回流、中段循环、塔底汽提蒸汽等操作参数的优化。利用换热网络模型，开展换热器的热负荷、换热系数的校核，研究换热器运行状况，并将换热网络模型和分馏塔模型集成建模，利用夹点理论和夹点分析软件，综合分析分馏塔操作和换热网络的交互影响，提出优化改造方案。

通过对常减压蒸馏装置模拟和优化工作经验的总结提升，形成了常减压蒸馏装置的能量系统优化技术导则，用于持续指导企业的生产操作优化。

（2）催化裂化装置。

利用 Petro-SIM 和 R-SIM 软件，在掌握催化裂化反应系统模拟和分馏塔、换热网络模拟技术的基础上，重点开发了 11 家企业的催化裂化全流程模拟模型 15 套，创新形成两段提升管、CRC 工艺等国内特色催化裂化工艺模拟技术，采用主分馏塔分段模拟、换热段闪蒸模拟的方法解决了主分馏塔准确模拟的技术难题。通过反应过程、换热网络、分馏塔、吸收稳定部分模型的集成应用，实现对催化裂化装置的全流程模拟建模，认定技术秘密 2 项。

利用催化裂化装置的模型，开展催化裂化反再系统、分馏系统、吸收稳定系统及换热网络的运行分析，结合专家经验，研究各单元操作存在的问题，通过对提升管出口温度、循环量、剂油比、分馏塔的中段取热量、稳定吸收系统操作条件进行调整试算和灵敏度分析，考察操作条件对装置产品和能耗的影响，确定操作条件的优化方案。同时依照专家经验对雾化蒸汽量、防焦蒸汽量等模拟模型没有涵盖的操作条件进行分析判断，提出改进方向，与现场人员讨论优化调整方案，从而降低催化裂化装置的能耗、提高汽油等高附加值产品产量，形成催化裂化装置能量系统优化的方法体系。

通过建立长庆石化 140×10^4t/a 催化裂化装置的流程模拟模型，开展主分馏塔的热量平衡分析，发现低温位顶循取热比例偏大，高温位取热比例偏低。通过主分馏塔二中循环发生中压蒸汽方案的模拟测算，发现能够有效改善主分馏塔的热量分配，提高装置能量利用效率。方案论证实施后，主分馏塔顶循环量减少 50t/h，一中循环减少 30t/h，二中循环量增大 95t/h，二中取热量显著提升，发生中压蒸汽约 8t/h，年产生效益 1260 万元。

（3）延迟焦化装置。

利用 Petro-SIM 和 R-SIM 软件，掌握了延迟焦化反应系统模拟和分馏塔、换热网络模拟技术，重点开发了锦州石化、锦西石化、辽河石化等 6 家企业的延迟焦化全流程模拟模型 6 套，形成延迟焦化反应系统模拟技术，并对焦化分馏塔塔底设置蒸发罐，解决了焦化分馏塔准确模拟的技术瓶颈，同时针对中国石油特有的原油焦化工艺，通过调整反应模拟过程不同的裂化因子和分馏塔设置，开发了超稠油延迟焦化装置模型，并与换热网集成形成了焦化装置的全流程模拟技术，实现对各种延迟焦化装置全流程模拟。

利用延迟焦化全流程模拟模型，开展了焦化炉裂解深度、分馏塔热量平衡和塔汽液负荷状况分析，结合专家经验，优化分析延迟焦化装置的运行。通过对模型中焦化炉的停留时间和生焦给热、焦炭塔的进口温度、塔顶压力、循环比、分馏系统和吸收稳定系统的温度、压力、回流等操作条件进行灵敏度分析，确定优化的操作条件。另外还根据部分企业加工负荷的变化开展了优化生焦时间的研究，有效降低了装置的能耗，提升了企业的经济效益。

（4）加氢精制装置。

利用 Petro-SIM 和 R-SIM 软件，在掌握柴油加氢、加氢裂化反应系统模拟和分馏塔、换热网络模拟技术的基础上，依据催化剂的不同（催化剂的初始活性及失活速率），并根据反应器结构和催化剂的装填形式及工艺流程的不同，重点开发了 7 套加氢裂化全流程模拟模型及13套柴油加氢装置全流程模拟模型，形成轻油型、中油型不同产品方案，一次通过、全循环等不同工艺条件件的加氢裂化反应模拟技术和柴油加氢反应系统模拟技术，以及换热网络与分馏塔集成模拟技术，实现对加氢裂化装置和柴油加氢装置的全流程模拟，认定技术秘密2项。

利用加氢裂化、柴油加氢装置的全流程模拟模型，分析反应系统、分馏系统及吸收稳定系统的运行状态，研究存在的问题，对加氢装置各反应器进口温度、氢油比、分馏塔及吸收稳定系统的操作条件等方面进行优化，降低装置能耗，提高效益。分析催化剂剩余寿命，判断换剂时间，分析原料变化对催化剂寿命的影响，形成加氢精制装置的能量系统优化方法体系。

（5）催化重整装置。

利用Petro-SIM和R-SIM软件，在重整反应系统模拟以及换热网络模拟技术的基础上，重点开发了10家炼化企业的10套催化重整装置全流程模拟模型，形成连续重整的反应系统建模技术，并创新形成半再生重整模拟技术，通过对换热网络与分馏塔模拟技术的集成应用，实现对催化重整装置的全流程模拟，认定技术秘密1项。

将催化重整全流程模型与石脑油预加氢装置模型一体化集成，通过分析各反应器及分馏系统的运行情况，研究催化重整存在的问题。通过对石脑油预加氢装置的反应器进口温度、氢油比、石脑油预分馏塔的操作条件及重整反应的反应温度、氢油比、分馏系统的温度、压力、回流等操作条件的优化，优化重整进料切割温度，实现重整与石脑油预加氢装置的协同优化。

在锦州石化60×10^4t/a连续重整装置的优化研究中，发现由于重整反应进料C_6链烷烃含量达到10%，导致重整液收低、能耗高，进而影响了全厂效益。为优化进料的组成，评价重整原料的调整对企业整体加工流程的影响，利用Petro-SIM软件建立了的企业全加工流程模型。通过全流程模型的预测，在提高预分馏塔塔底油馏出温度4℃后，重整反应进料中C_6链烷烃含量降至5%，装置液收上升3%。方案实施后全装置液收实际上升3.11%，增加汽油产量1.86×10^4t/a，相应少产液化气1.5×10^4t/a，少产瓦斯0.36×10^4t/a，实现年增效益约2706万元。

（6）芳烃抽提装置。

在掌握芳烃抽提工艺专用热力学方法EXTRACTION、芳烃抽提装置物料表征技术及二元交互作用参数等模拟技术的基础上，利用加拿大VMG公司的VMG-Sim软件，开发建立了包括液液萃取塔、汽提塔、溶剂回收塔、水洗塔以及芳烃分离塔在内的中国石油某企业40×10^4t/a芳烃抽提装置的全流程模型，产品收率及物性指标等准确度达到了99%以上。

利用芳烃抽提装置模型，重点开展了优化抽提原料、优化溶剂比、溶剂水含量调整和抽提操作温度优化等优化研究，形成了生产装置的操作优化方案，主要包括调整贫溶剂温度、用环丁砜溶剂替换特殊溶剂、甲苯塔苯塔热联合操作以及降低萃取精馏塔回流量等，方案实施后取得了显著的经济效益。

（7）气分装置。

利用Petro-SIM软件，开发了10家企业的气分装置全流程模拟模型10套，并利用气分装置模型，通过对脱乙烷塔、脱丁烷塔、丙烯塔的塔板气液负荷、产品质量等运行状况分析，研究各塔操作存在的问题。对各塔的塔底和塔顶温度、塔顶压力及回流等操作条件进行调整测算，确定气分装置优化方案。

利用气分装置模拟技术，对长庆石化 20×10^4t/a 气分装置进行优化研究。通过分析液化气产品控制指标和原料组成，发现即使停开脱乙烷塔，也能够使丙烷和丙烯产量、质量达到生产要求（质量要求丙烷纯度达到 92%，丙烯纯度达到 96%）。进一步模拟计算表明，控制原料乙烷含量在 0.5% 以下，原料中杂质气体含量在 0.11% 以下，可以关闭脱乙烷塔。优化方案实施后，取得了显著的节能效果。

2）应用前景

中国石油的炼油生产装置操作优化技术是综合了过程模拟、系统优化和专家实践经验的成套技术，并经过了多家炼厂的实践检验，现正在部分企业进行进一步的推广应用。该项技术整体已达到了国内领先、部分技术达到国际先进水平，使中国石油有效摆脱了对国外技术咨询公司的依赖，可为中国石油其他尚未开展相关工作的企业优化挖潜提供有力的支持，以及为所有炼油企业开展持续性的生产过程优化提供技术支持。

形成的炼油主体装置流程模拟技术，集成炼油反应过程、分馏过程、换热网络的建模，并创新开发了国内特色炼油工艺装置模型，实现了各类炼油主体装置的全流程以及炼油企业的加工全流程的准确模拟，可以为炼厂计划优化系统提供炼油主体装置的原料—产物矢量关系，提升计划优化模型的预测精度，有力促进炼油企业计划优化水平的提升。同时装置流程模拟技术可为装置实时优化和炼油全流程在线模型的开发提供稳态模型，奠定后续技术的开发基础，实现中国石油炼化生产过程优化技术的持续提升。

2. 公用工程系统操作优化

1）蒸汽动力系统优化

炼油生产过程中蒸汽动力系统的类型主要包括纯供热系统、热电（功）联产系统、燃气轮机系统、IGCC 系统等[30]。蒸汽动力系统运行优化一般可以从以下方面开展：

蒸汽逐级利用，尽可能避免直接减温减压；依据全厂热电需求，综合工艺发生蒸汽量、热力管网压力和等级，优化动力锅炉负荷及汽轮机运行；合理降低锅炉排污量，对污水进行能量回收利用。

（1）主要技术进展。

蒸汽动力系统运行优化是在建立蒸汽动力系统模型的基础上，考虑能源价格参数，并在设备允许的操作范围内，针对设备的操作、蒸汽运行的调配、蒸汽管网的温度和压力设置等进行优化，以达到公用工程运行成本最优的效果。蒸汽动力系统优化通常采用的优化算法有线性规划、非线性规划、序贯二次规划等，目标函数一般为系统总操作费用最小化。由于冬、夏季对蒸汽的需求量不一样，因此，炼厂的蒸汽动力系统建模至少需要建立冬、夏季两套工况的模型。

“十二五”期间，中国石油采用 KBC 公司的 ProSteam、AspenTech 公司的 Aspen Utilities Planner 等软件为部分炼化企业建立了蒸汽动力系统模型，利用北京研智杰能科技有限公司的 PROSS 软件建立了部分炼化企业蒸汽管网运行模型，为企业蒸汽动力系统的操作调整和设计改造提供了科学的测算工具。同时，成功开发出适合炼化企业公用工程系统用能分析的方法，用于分析现行工况下公用工程系统的实际热电联产效率，以及公用工程系统现有运行条件下所能达到的最佳热电联产效率，并开发了“热电联产节能潜力量化计算与分析系统”，获得软件著作权 1 项。

结合模型计算，重点从以下几个方面开展了系统的整体优化：①根据工艺过程对蒸汽的需求和特点，以及锅炉与蒸汽管网的约束，优化各个蒸汽等级的压力，提高蒸汽动力系统的运行效率；②根据工艺过程对汽电负荷需求的变化以及锅炉和透平的效率曲线及约束条件，优化调整锅炉和透平的运行负荷，减温减压器的运行方式，以及对马达和汽轮机两种驱动源进行优化选择；③依据全厂蒸汽和动力平衡，以能耗费用最低为目标，优化自发电和外购电比例以及外购或外输蒸汽量。同时，部分企业对 *R*– 曲线分析方法开展了应用研究，分析了冬、夏季联产效率与理想联产效率的差距，提出了达到理想联产效率的改进措施。*R*– 曲线的绘制方法如图 7–3 所示。

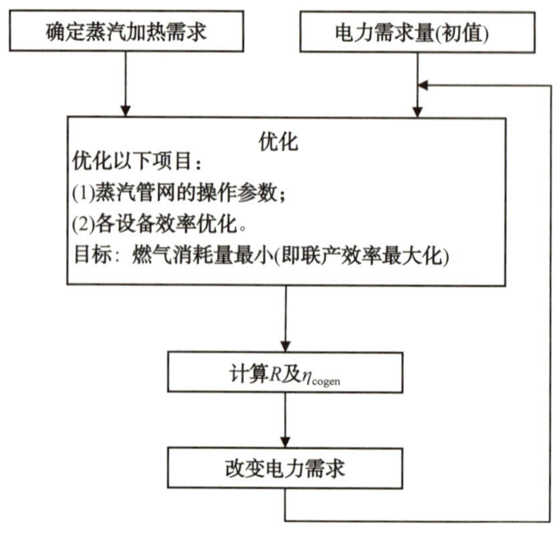

图 7–3　*R*– 曲线的绘制方法

为详细掌握蒸汽管网运行工况、了解管网损失情况，为改进热网流程、优化运行操作提供指导，中国石油某 750×10^{4}t/a 炼油企业通过集成蒸汽系统管线、汽源及用汽单位的运行数据，利用 PROSS 软件建立了蒸汽管网运行管理与智能监测系统。该系统能够准确模拟蒸汽管网的运行状态，准确计算蒸汽在管网任何位置的温度、压力和相态，有效地提升了企业管理人员的调度水平，达到了节能降耗、安全生产的目的。基于模型的计算分析，针对主蒸汽管网的保温效率下降和管托裸露等问题，研究提出了不同的改造方式和优先等级；通过改善中压煤电厂 A 线保温和三催供联箱分流改造，有效减少了减温减压量并增加了发电量，年增效 420 万元以上。

炼化一体化企业兰州石化的蒸汽动力系统庞大，下游用户蒸汽、电力需求波动较大，需经常变更生产方案，系统运行受外部电网调控和燃料气波动等因素的影响较大。同时，2008 年 10 月，企业外购煤的价格与 2007 年 10 月相比上涨了 68.57%，导致产汽与发电成本大幅增加。为此，该企业专门开展了蒸汽动力系统的一体化优化研究。在详细收集现状数据的基础上，利用 Aspen Utilities Planner 软件建立企业蒸汽动力系统混合整数线性规划模型，目标函数为系统操作费用（燃料、电力、水、排放以及其他固定费用）最小。依据模型测算，研究制定操作优化措施，开展了不同煤价下汽轮机发电负荷和电力外购策略研究；针对炼油、化工部分蒸汽动力需求，结合燃料油、燃气价格，优化锅炉运行方案研究；结合石油焦价格开展降低锅炉燃料成本方案。方案实施后，锅炉产汽负荷降低 38t/h，燃油量减少 1.2t/h，同时燃煤锅炉掺烧 3%~5% 的石油焦，锅炉平衡热效率、飞灰残炭、排烟温度等数据没有明显变化，设备运行正常，合计年增加经济效益约 1610 万元。

克拉玛依石化采用 Aspen Utilities Planner 软件建立了蒸汽动力系统模型，同时按照实际流程开发了 Excel 界面，集成了汽轮机开停策略、蒸汽平衡图（表）、工况能耗记录器及各装置的详细用汽情况表等，研究提出并实施了蒸汽动力系统运行方式优化方案，实现节能 439t（标煤）/a、年增效 54 万元。同时，结合 *R*– 曲线分析方法，成功开发出适合炼化企业公用工程系统用能分析的方法，用于分析现行工况下公用工程系统的实际热电联产效率，以及公用工程系统现有运行条件下所能达到的最佳热电联产效率，并开发了“热电联产节能潜力量化计算与分析系统”，获得软件著作权 1 项。企业 *R*– 曲线应用实例如图 7–4 所示。

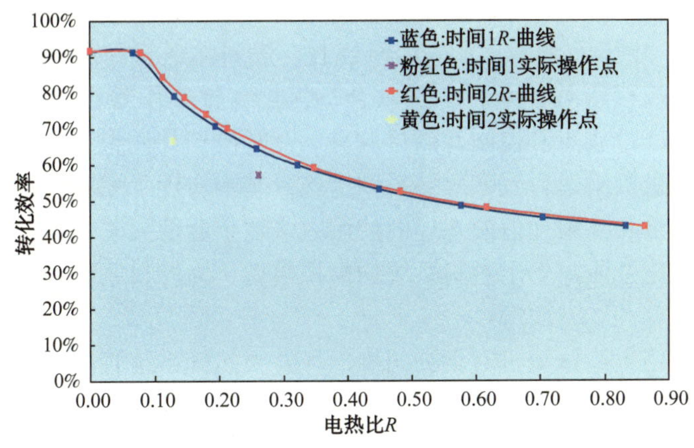

图 7–4　某炼化企业的 *R*– 曲线应用实例

（2）应用前景。

蒸汽动力系统在提供动力、电力、热能、工艺蒸汽等的同时也消耗大量的能源，其优化运行对炼油企业提升能效水平和经济效益具有重要作用。一方面，现有炼油企业的蒸汽动力系统一般较为复杂，具有管网中蒸汽使用等级较多、产汽和用汽设备较多、管线长等特点，仅靠人工经验难以做到全局优化；另一方面，多数炼化企业随着装置内部能量优化以及低温热优化利用，全厂蒸汽平衡将发生变化，如低压蒸汽消耗减少、加热除盐水的汽轮机抽汽量减少、凝结水回收量增加、中压蒸汽产量发生变化等。因此，运用蒸汽动力系统的模拟优化技术，将分散的蒸汽管线、产汽和用汽设备、减温减压系统等进行集成，得到各工况下的最优操作方案，具有较高的通用性和全面推广应用价值。

2）燃料系统优化

炼化企业的燃料系统是指将不同来源燃料收集并储存，根据用户要求，调整燃料组成、热值、流量、压力、温度等参数，并将其分配至各用户的设施[31]。

炼化企业采用的燃料按形态可分为固体燃料、液体燃料和气体燃料。其中，固体燃料主要包括煤、石油焦、催化焦炭和含油污泥等；气体燃料主要包括天然气、炼厂气、液化石油气、乙烯装置副产甲烷和氢气等；液体燃料主要包括重油、轻柴油、重柴油、渣油、催化裂化油浆、芳烃抽余油、裂解焦油等燃料油。

燃料系统运行优化一般可以从以下几个方面开展：

根据工艺要求、燃料供给的可靠性、燃料使用的经济性、燃料储存及使用的便利性等综合因素选择燃料种类，优先选择价格较低、容易获得的燃料；在确保压力较低的气源可以并网、避免系统中的重组分冷凝的前提下，尽量降低燃料气系统的压力，确保运行的经济性；做好装置和系统的平稳运行，控制装置不凝气的泄放量，尽量减少燃料气排放火炬。

（1）主要技术进展。

燃料系统运行优化一般是在建立瓦斯系统以及各燃料用户，如锅炉、加热炉等模型的基础上，通过优化计算得到最低操作成本的设备和燃料管网运行优化方案，同时尽可能回收燃料气，熄灭火炬。一般采用混合整数非线性规划等优化算法，对复杂的燃料系统运行优化进行管理，并处理大型多周期离散优化问题。由于冬、夏季对燃料气的需求量不同，炼厂的燃料气系统至少需要建立冬、夏季2套工况的模型。

“十二五”期间，中国石油因地制宜，从燃料、燃料输送管网和燃料燃烧设备三个方面，通过以煤代油/煤代气优化运行、热联合、优化装置操作参数、降低燃料气管网压力、消灭不合理的瓦斯排放点和控制瓦斯排放量、及时监控并调整火炬气和各装置瓦斯气组成、定期检测压缩机机组运行效率等一系列措施，基本实现了燃料气系统的整体操作优化，减少了燃料气用量和高附加值液态烃的使用，多数企业熄灭了火炬，降低了瓦斯放空损失。同时，部分炼化企业建立了燃料系统的模拟模型，为燃料系统平衡统计和优化计算提供了定量依据。

克拉玛依石化利用大检修契机对全公司炼厂气、天然气系统管网进行了优化改造，完成了天然气、炼厂气环网扩容及重新布局，新增一制氢装置为炼厂气用户，新增焦化、重整、脱硫火炬系统、焚烧炉和加氢装置等为天然气用户。该企业热电厂有4台锅炉，均为煤、气混烧炉，实际生产以燃煤为主，燃气为辅。为了保证事故状况下锅炉能够快速恢复运行，实际运行时每台锅炉始终保留一个燃气火嘴，因此，锅炉对燃气的需求有最低限制，4台锅炉所需燃气的量不得低于1500m^3/h。2010年前9个月热电厂锅炉实际消耗炼厂气平均为1891m^3/h。由于燃煤价格便宜，若优化燃料气的匹配，使炼油装置多烧炼厂气，只保证热电厂维持锅炉安全最低用气，可替代炼油装置消耗的部分天然气，节约燃料成本。为此，利用Aspen Utilities Planner软件建立了燃料系统的模拟模型，通过计算分析发现，将一制氢装置的燃料由天然气切换成炼厂气，可减少去热电厂锅炉的炼厂气量，维持去热电厂炼厂气量在1500m^3/h，达到燃料的平衡。该优化方案实施后，减少了天然气消耗，实现年增效147万元。

（2）应用前景。

燃料系统是炼化企业不可缺少的公用工程系统，具有工艺流程复杂、涉及面广、排放介质杂、不稳定因素多等特点，是炼化企业能量系统的重要组成部分。目前，尚有许多炼化企业的燃料气系统都缺乏可靠的监控系统，燃料气的产耗缺乏预估，难以实时做到安全、平稳和经济运行；炼厂气普遍不足，一般采用天然气或液化石油气作为补充，燃料配比没有充分优化；部分加氢装置放空系统正常排放的主要是氢气。因此，燃料系统的优化运行对炼化企业降本增效具有重要意义，建立燃料系统的模型，优化燃料的种类，研究预测燃料产耗变化，实现全厂燃料平衡，减少直至消灭瓦斯放空，具有良好的实用价值和推广意义。

3）氢气系统优化

炼化企业的氢气系统由产氢过程、耗氢过程、氢气提纯单元以及氢气管网组成。产氢过程主要向系统提供氢气，如连续重整副产氢、专门的制氢过程等；耗氢过程包括：加氢精制、加氢裂化、临氢异构化过程等；氢气提纯净化单元通常指将低浓度氢气提纯到高浓度的过程或装置，如 PSA 吸附装置。这三要素间的相互作用决定了氢气分配网络以及氢需求量。

氢气系统操作优化一般可以从以下几个方面开展：

拓宽氢气的来源，可以适当提高催化重整装置的负荷和反应的苛刻度；优先使用低成本的氢气，如优先使用重整氢，其次是干气等的低浓度氢气分离提纯，再次为天然气制氢，最后为石脑油制氢；按氢气纯度梯级利用氢气，如对氢气纯度要求较高的加氢裂化、渣油加氢等装置采用高纯氢，对汽油加氢、煤油加氢、柴油加氢等装置采用较低浓度的新氢，可降低制氢负荷；优化装置用氢量，在满足油品质量的前提下，低限控制油品质量，适当降低反应氢油比、反应温度等，从而降低反应的深度、氢气需求量等[19]。

（1）主要技术进展。

“十二五”期间，中国石油针对氢气系统运行优化，基于氢夹点技术理论开发了氢气网络夹点分析及优化系统（V1.0），形成软件著作权 1 项。利用该软件，根据全厂氢气系统情况，建立氢夹点模型，按照梯级利用等优化原则进行调配，结合耗氢装置的氢气用量预测产量和纯度要求，进行最优产氢策略优化，计算系统氢气的最小用量或最低浓度要求，分析氢气网络优化潜力；通过制氢装置水碳比等操作参数优化、重整装置副产氢量优化、PSA 或膜分离的操作参数优化等措施，降低制氢装置的开工率和加工负荷，实现氢气系统的安全平稳运行和氢气系统成本的整体最低。此外，采用数学规划法进行了氢气系统网络结构调整优化研究。

长庆石化制氢装置原料曾有部分为加氢裂化所产低分气和重整饱和干气，为了减少转化炉管内催化剂积炭，水碳比提高至 4.0 左右（设计水碳比 3.5）。装置低负荷运行，但配汽却降量很少，导致水碳比达到 4.4，较设计水炭比偏高。且当前原料均为市政天然气，CH_4 含量达 95% 左右，在转化炉催化剂表面积炭少，转化炉水碳比存在下降空间。通过模拟分析，在保证转化炉出口温度不变的情况下，转化炉水碳比从 4.41 降低到 4 后，转化气中的 CH_4 含量小于 8%，中变气中的 CO 含量小于 10%，均符合工艺指标要求。方案实施后，节省了中压蒸汽和燃料气，实现节能 281kg（标油）/h，年增效 353 万元。

（2）应用前景。

随着原油加工深度和环境保护对油品质量的要求不断提高，加氢工艺在石油炼制过程中得到越来越广泛的应用，炼化企业对氢气的需求迅速增加。截至 2015 年底，氢气成本已经成为企业原料成本中仅次于原油成本的第二成本要素，而多数炼化企业氢气梯级利用不足、氢气资源回收利用不足，增加了用氢的成本，例如，高低浓度的氢源直接混合、燃料气系统的氢气浓度偏高、制氢装置水碳比偏高等。因此，通过研究建立氢夹点模型，尽可能减少制氢装置的负荷，优化制氢装置的操作，充分利用现有的氢源、氢压等开展用氢优化等一系列措施，实现氢气系统的运行优化，具有广阔的应用前景。

4）公用工程系统在线优化

炼化企业的公用工程系统一般包括蒸汽动力系统、燃料系统、储运系统、空气压缩和分离系统、氢气系统、水系统及输配电系统。公用工程系统的主要作用是将外部的一次能源（煤、石油、天然气、新鲜水等）转化为内部工艺制造过程所需要用的蒸汽、电、水、燃气及氢气、风等二次能源[32]。

公用工程系统在线优化一般可以从以下几个方面开展：

锅炉产汽和外购蒸汽量平衡优化；工艺过程产汽和动力系统产汽电整体优化；锅炉和汽轮机负荷优化；汽轮机发电量和外购电量优化；加热炉燃料优化；调整通过减温减压器的蒸汽流量。

（1）主要技术进展。

公用工程系统在线优化技术是以包含蒸汽系统、动力系统、燃料系统、氢气系统等公用工程系统的稳态模拟模型为基础，在实现企业能源消耗在线计量的基础上，进一步调整形成在线模拟模型，并利用数据在线整定技术和内置的优化算法，以系统涵盖的总运营成本最小化为优化目标，通过调整各项工艺和合同约束范围内的优化变量，实现公用工程系统的在线优化，并可根据企业提供的月度生产计划、能源合同等制订优化后的公用工程计划[13]。通常采用混合整数线性规划、混合整数非线性规划或混合整数线性规划和非线性规划相结合的方法进行求解，目标函数一般为总运行成本最低或效益最大。

“十二五”期间，中国石油通过“炼化能量系统优化研究”重大科技专项，在所属部分企业实现了能源实时监控及管理和公用工程系统在线优化的全面集成，可围绕公用工程买卖、公用工程设备操作和公用工程消耗等一系列业务流程进行优化管理，具有两大优化功能：一是基于公用工程设备条件下的在线开环优化；二是离线计划分析和工况研究，即通过对比和评估，在未来可能发生的变化或工况调整下来确定最佳操作方案，形成了专利《能源管理优化系统》。公用工程在线优化逻辑如图7-5所示。

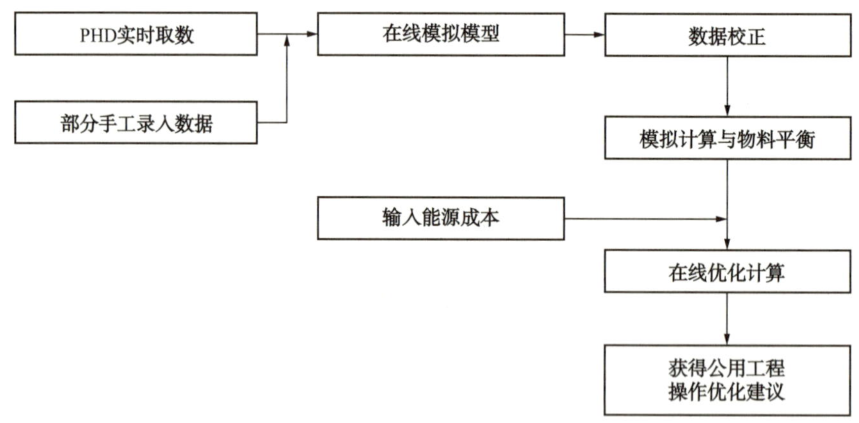

图7-5　某炼化一体化企业公用工程在线优化逻辑框图

兰州石化基于Visual MESA软件建立了公司级、分厂级、装置级、重点产用能设备的4级模拟模型，范围涵盖炼油厂、石化厂、乙烯厂、化肥厂等4个分厂的蒸汽、电力、除盐水、燃料和氢气等系统，实现了工艺过程产汽和动力系统产汽电的集成，具备能耗指标统计分析、节能措施绩效跟踪、重点耗能设备监测、公用工程外购和自产的一体化优化等功能。该系统实现了炼化一体化公用工程在线开环优化，可根据需要每40min运行一次，通过优化运行，实现节能514t（标煤）/a，年增效256万元。

克拉玛依石化利用 Aspen Utilities 软件开发了支持工厂公用工程操作优化、设备性能监控、KPI 管理、测量仪表维护、能耗统计、能耗分析、能耗诊断、能耗考核和节能节水项目管理等 9 项业务流程的系统，范围包括全厂蒸汽、燃料、电力、氢气和氮气系统，如图 7-6 所示。该系统实现了在线开环优化，每 15min 运行一次，可通过当前实际能耗值与在线目标值的对比来实现能量关键性能指数（KPI）的实时监控，通过优化运行，实现节能 8317t（标煤）/a，年经济效益 1637 万元。

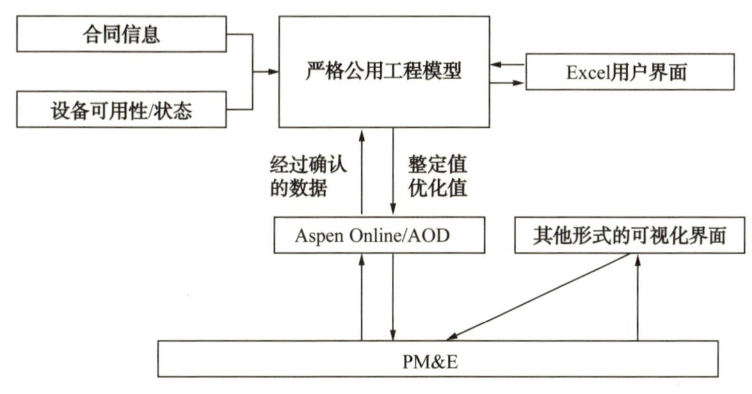

图 7-6　某炼化企业公用工程在线优化模型结构

（2）应用前景。

公用工程系统贯穿于整个炼化企业之中，包含大量的能量转换和输送等过程，其能量转换效率的高低将直接影响企业的能耗和经济效益。随着企业现代化管理水平的提高，开展公用工程在线优化已成为炼化企业持续降低能耗和经营成本、提高企业市场竞争力的有效手段。截至 2015 年底，国内的炼化企业大多数还没有建立起真正意义上的公用工程在线优化系统，应用前景十分广阔，未来将向能源使用的计划优化、调度优化和在线操作优化等多个生产层面扩展，并将与生产工艺过程进一步紧密结合，通过与流程模拟技术、优化技术、先进控制技术等的集成，在生产效益最大化的基础上实现炼化企业能源使用全过程管理与控制。

3. 生产计划优化

1）企业级生产计划优化

基于线性优化软件，建立炼化企业生产计划优化模型，根据市场需求和价格因素，实现原油和原料结构优化、装置负荷优化和产品结构优化等，是中国石油炼化生产计划优化工作的重点。2004 年，中国石油引进了 Honeywell 公司的 RPMS 软件。根据软件的特点和中国石油下属炼化企业的装置加工流程搭建炼化生产计划优化模型，并建立了炼化生产计划优化领域的专业应用系统——炼化物料优化与排产系统系统（Advanced Planning System，APS）。APS 系统于 2004 年 8 月开始实施，系统建设了分公司的 APS 简单模型，集成在总部模型中，基本涵盖了当时中国石油全部的炼化业务。系统主要功能是基于 APS 优化模型进行总部生产计划优化和地区公司生产计划优化，优化模型包括原料采购、生产装置加工、调和、库存、产品销售等功能模块。

（1）主要技术进展。

“十二五”期间，针对计划管理、生产优化、原油选购、效益测算等方面的需求，中国石油对炼化生产计划优化模型进行了模型提升并完成了炼化物料优化与排产系统的升级，建设完成了 APS 系统（2.0 版）。该系统于 2014 年底建设完成，涵盖中国石油炼化分公司和 29 家地区公司的总部和企业级生产计划优化模型，2015 年上线应用。系统全面支持炼化计划业务管理、生产优化、原油选购、整体资源配置、财务效益测算等业务，实现了“计划优化—计划排产—效益测算—计划分析”不同业务之间的协同，成为总部和企业之间、计划部门和财务部门之间统一工作的系统平台。中国石油单厂生产计划优化模型优化功能架构如图 7-7 所示。

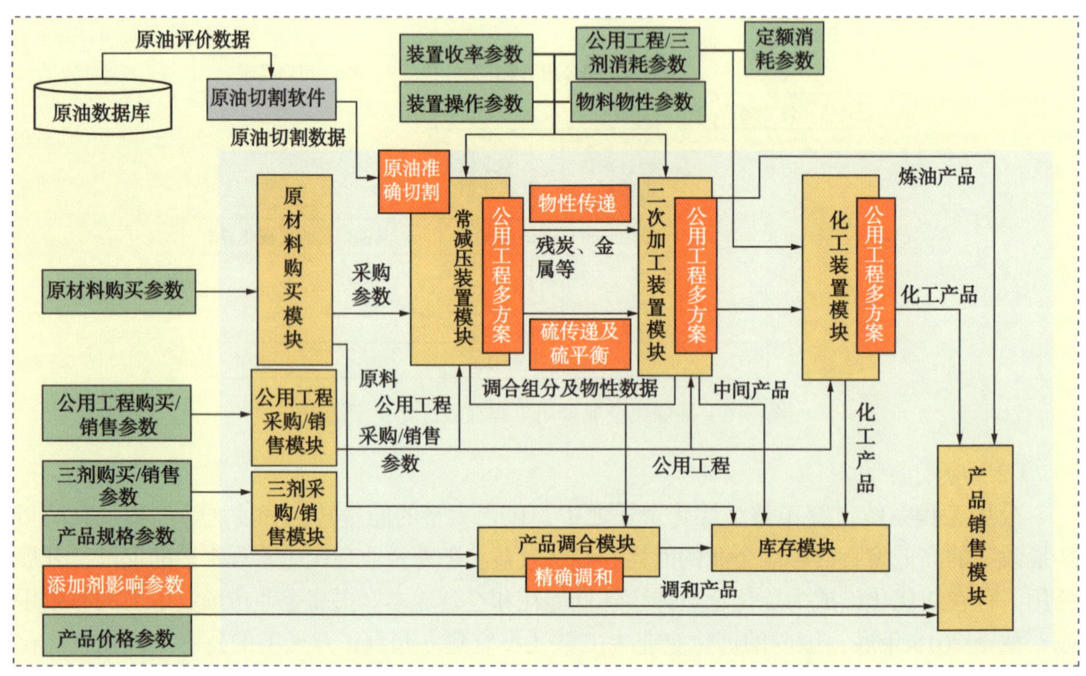

图 7-7　中国石油单厂生产计划优化模型优化功能架构

主要技术进展体现在以下几个方面：

①搭建精细化的计划优化模型。

根据计划排产和生产计划优化的要求，基于各炼化企业生产流程，在中国石油 29 家炼化企业搭建了涵盖所有主体生产装置、主要产品的炼油精细化模型和炼化一体精细化模型。在常减压装置中增加悬摆切割结构，实现根据效益优化切割点。针对炼油主要二次加工装置，建立物性传递结构，实现装置中主要侧线性质（密度、硫含量、残炭等）随进料物性变化而动态变化；建立 Delta-base 结构，预测进料性质改变后收率变化情况；建立多方案结构，生产可在不同方案之间灵活调整。在加工高硫油和含硫油的企业建立了全厂硫平衡结构，可准确反映硫传递和硫分布，实现物料硫含量的动态计算。在各企业建立了全厂氢气平衡结构，可合理利用炼化企业不同品质的氢气资源，降低制氢成本。

②生产计划优化模型网络化和虚拟化应用。

通过研究解析专业优化软件 RPMS 软件的 I/O 接口和关键指令，对生产计划优化软件进行二次开发，实现了计划优化功能 B/S 应用，同时通过封装 RPMS，简化参数维护过程，丰富输出报表类型，有效降低了用户在模型使用中的操作难度和复杂程度，实现了对传统计划优化软件的重要改进。用户不用安装客户端，使用 IE 浏览器就可以完成所有操作，应用运维、数据管控都更加方便，系统的共享服务能力、安全性也大大提高。开发了近千张报表，生产计划优化和效益测算结果可以实时在线输出、下载。采用虚拟化应用技术，在虚拟化环境中部署和应用 RPMS 软件和 HCAMS 软件，用户通过浏览器就可以在线使用服务器端发布的服务和功能，使用户的体验与单机体验一致，提升了用户的操作感受。通过模型网络化的部署，利用先进技术手段，使模型数据存储安全和数据安全有明显提升。基于表单调用的企业版应用和基于虚拟视界的专业版应用，实现了优化模型的在线协同和服务共享。

③炼化生产计划优化与财务效益测算的衔接。

炼化企业效益测算是企业监控生产运营情况，根据市场变化及时调整经营策略，降低生产成本，追逐利润最大化的重要抓手。效益测算工作一般需要计划部门、财务部门和价格部门的协同工作。由于炼化生产计划优化模型运算结果中包含了原油数据、流程数据、产品数据、物性数据、成本数据、价格数据等关于炼厂生产的关键数据，为生产计划和效益测算相结合提供了有利的条件。为了实现基于生产计划优化模型进行在线效益测算的功能，APS2.0 项目开发了基于炼化生产计划模型的地区公司炼油、化工逐步结转计算方法，总部炼油一步结转、化工逐步结转计算方法和测算核算对比分析方法。建立了基于财务一步结转或逐步结转方法的 25 家炼化企业的炼油和化工的效益测算模型，建立了中国石油炼油与化工分公司级总部炼油和化工效益测算模型。财务效益测算模型利用 Excel API 技术和 NPOI 读写框架，融合 Excel 公式灵活配置的特点，固化参数表和结果表，自动集成 RPMS 数据和 ERP 数据，开发了可视化的运行空间，在线显示财务效益测算的计算过程，实现企业成本逐步结转和一步结转的个性化需求，财务效益测算业务进行了规范和提升，实现了计划部门和财务部门的业务协同，提高了预算工作的准确度和工作效率。

④系统开发采用新技术，实现系统间数据集成与业务集成。

APS2.0 系统采用工作流引擎和商业化报表，提高开发效率。采用微软 WPF、Web GIS、Intuition 等技术实现 APS2.0 系统业务数据的图形化综合展示，并与移动应用相结合，实现手机和 PAD 的访问。应用综合审计功能，将系统所有的关键操作都记录下来，确保系统安全可控。APS2.0 设计了集成技术方案，开发与不同系统之间的集成接口，实现了与 ERP、MES、总部统计系统、价格管理平台、A4（GIS）等系统的集成，截至 2017 年 5 月，集成各类数据 400 万条，另外实现了 APS 生产计划与 ERP 生产订单、炼化应用集成化工新产品业务主线的业务集成与贯通。

APS 系统（2.0 版）在国内首次实现了传统优化软件的 B/S 架构化，开发了基于表单调用的企业版应用和基于虚拟视界的专业版应用，这在国内属于首创，在国际上也属于最佳实践案例。中国石油内部首次实现财务效益测算模型的在线应用。系统架构大规模使用云计算技术，对大部分硬件资源和关键应用进行虚拟化和池化，简化了部署管理，强化了数据安全，高效利用资源，节省系统成本。系统工作流、报表、综合展示、应用审计等开发采用新技术。实现与 ERP、MES 等系统的大规模数据集成和应用集成。

“十二五”以来，APS 系统在中国石油炼化领域得到了广泛的应用，取得了显著的应用效果和经济效益。

应用原油数据库和悬摆切割技术优化原油选购和常减压切割方案。中国石油某沿海炼厂对原油品种和加工方案进行优化，优选硫含量适合的原油，降低减压渣油的收率，不断优化催化裂化装置工艺操作，使掺渣比最高达48%，减压渣油产量基本与加工量、消耗量平衡，全年外售减压渣油相比设计值大幅减少，实现年增效2.3亿元。

根据原料和产品价格变化，应用APS模型对产品结构进行优化。某千万吨级炼化企业的蜡油既可以用以生产汽柴油，也可以用以生产润滑油、石蜡，产品结构可调节空间较大。该企业经常应用APS对各条路线的效益进行测算和对比分析，哪条加工路线效益更好，就按哪条路线生产。以2016年一季度为例，国内外石蜡市场价格较好，通过APS测算，减压蜡油去石蜡线的边际效益较好，及时增产石蜡1.3×10^4t，创效5000多万元。

中国石油炼油与化工分公司总部"用模型说话，以结果支撑"，根据生产效益灵活安排原油资源配置、调整生产计划和评估企业经营情况，坚持效益发展。以2016年重点开展的降低柴汽比优化分析为例，通过优化原油结构、挖掘渣油加氢装置潜力、提高催化裂化负荷、降低加氢裂化负荷等措施，优化后2016年炼化整体柴汽比平均为1.37，与年计划相比降低0.22，增效3亿元。

通过APS2.0系统的设计、开发以及建设，锻炼了一大批既精通炼化生产知识又熟悉IT开发的人才，为信息技术与传统行业更好地融合培养了一支人才队伍。同时通过参与实施及参加培训等方式，在中国石油炼化企业中培养了一大批具有优化思路同时熟悉系统应用的人才，为中国石油提高效益，同时更好地承担社会责任起到了积极作用。

APS 2.0系统建设项目先后获得"2016年度中国石油和化工自动化行业一等奖"、中国石油天然气集团公司科技进步（2017年度）二等奖，申请软件著作权4项。

（2）应用前景。

中国石油在炼化生产计划方面研发的相关提升技术有广阔的应用前景。精细化的模型是企业生产计划优化决策的关键，应用模型开展原油选购、生产优化等可以充分利用炼厂资源，选择合理的加工路线。为企业开展原油选购、乙烯芳烃原料及后续产品线优化、物料及装置优化、效益测算分析等工作提供技术支持和决策依据，为炼化企业提质创效、扭亏脱困、平稳开工提供了有效保障。优化模型网络化应用可以为用户提供统一的应用平台。模型运算结果存储在专门的数据库中，并通过与ERP数据、MES数据等集成，可以方便数据挖掘、数据下钻和数据可视化。为后续实现计划、调度、操作一体化系统集成和平台开发提供基础。基于炼化生产计划的在线财务效益测算实现了全新的计划、财务业务协同工作的模式。企业应用在线效益测算功能可以快速测算基于不同生产方案的效益，并进行对比分析。可以大幅度提高财务效益测算工作的工作效率和准确性。

2）原油业务链生产计划优化

中国石油是上下游、内外贸、产供销一体化的综合性能源公司，业务涵盖从石油开采、进口、运输、加工以至成品销售至用户的全过程，包括"产、炼、运、销、储、贸"等业务环节，上下游各环节间相互关联且影响密切，公司效益的提升依赖对整个业务链条的统筹优化来实现。而且中国石油自产原油量大，炼厂加工资源中海上进口原油不足20%，炼厂加工和成品油产量调节余地不大，资源和市场分离，长期处于长距离的原料和产品运输的不利局面，很多情况下炼化企业的单厂效益最大化和中国石油整体角度产炼销一体效益最大化存在矛盾。因此，对于中国石油这样的大型企业，要做好原油业务链的整体优化，从中国石油整体效益的角度统筹资源分配和产品销售。石油供应链上下游整体优化技术是应用线性规划，以石油供应链整体效益最大化为目标，以产品市场价格为价值依据，将石油供应链“产、炼、运、销、储、贸”各环节、各层次之间的物流和信息流传递的逻辑关系表述为数学模型，通过优化计算得到符合石油公司整体效益最大化的生产方案，从而提高生产经营计划编制的科学性，助力公司综合效益提升。

（1）主要技术进展。

“十二五”期间，中国石油应用Honeywell公司RPMS软件的多厂模型功能，建立了石油供应链上下游整体优化模型，模型涵盖13家油田和5个口岸的原油供应、27家炼化企业生产、33个销售公司的成品油采购和销售、9家炼化企业成品油出口、13家油田到27家炼厂的原油运输、27家炼厂到33个销售市场的成品油运输、各油田和炼厂的原油仓储、各炼厂和销售公司的成品油仓储等业务。其中27家炼化企业的APS模型是以子模型的方式被集成到整体优化模型中，和整体优化模型中的原油供应、原油运输、成品油运输、成品油销售等模块一起进行联立求解。中国石油供应链整体优化模型架构如图7-8所示。

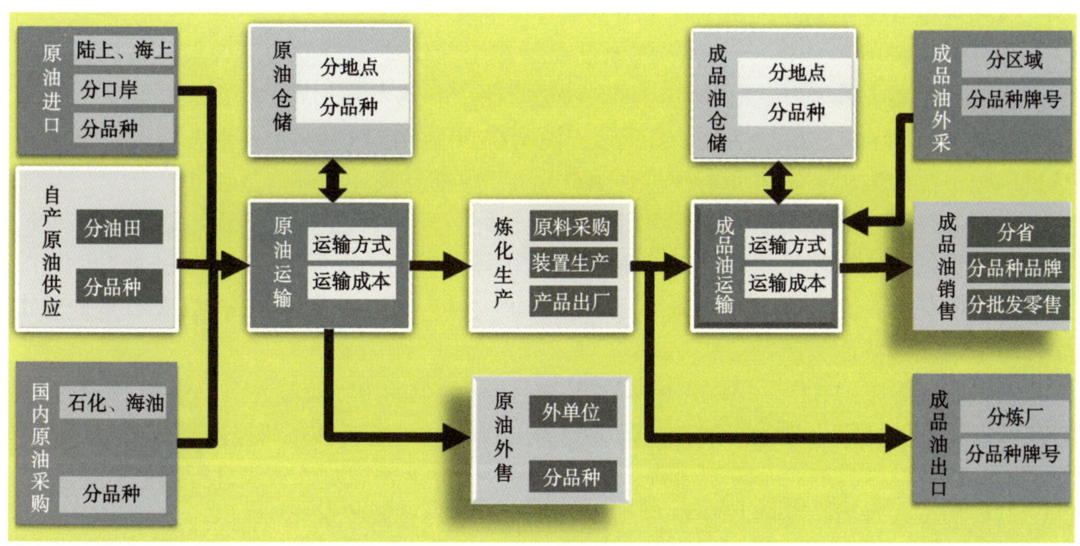

图7-8 中国石油供应链整体优化模型架构

中国石油供应链整体优化模型规模庞大。模型参数涉及自产原油供应、原油进口、国内原油采购、原油运输、原油外售、原油仓储、炼化加工、成品油外采、成品油运输、成品油销售、成品油出口、成品油仓储等12个业务环节的诸多量、价、成本等数据。模型约束方程包括两大类：一是业务内在的关联关系，形成等式约束；二是具体的条件限定，主要是不等式约束。等式约束方程包括各品种自产原油平衡方程、各品种进口原油平衡方程、各牌号成品油平衡方程等；不等式约束方程主要是各环节的上下限约束，如原油进口量上下限约束、原油管输量上下限约束、装置加工能力上下限约束、成品油零售量上下限约束、成品油批发量上下限约束、成品油出口量上下限约束等。此外，还根据业务需要，建立了一些全局层面的约束方程，如约束整个石油公司的生产柴汽比范围，约束整个公司的原油加工总量等。根据上述业务情况建立的中国石油整体优化模型，共包含约15万条参数、5万个变量、2万个方程，单次运算时间在5min左右。

整体优化模型计算结果中包含大量的信息，如何对信息进行解读，从而快速挖掘出企业效益提升点是决定模型应用效果的一个关键所在。经实践，中国石油总结出两种主要的分析方法：一是多情景对比分析方法；二是边际效益分析方法。

多情景对比分析方法就是在优化测算时，设定多个情景进行对比测算，如在开展某年度方案测算时，除基础情景外，还设定了哈萨克斯坦原油进口量增加、汽油零售量减少、成品油批零价差扩大、原油价格提高等多个情景，通过对比不同情景优化测算结果，从而分析各因素对资源配置及效益的影响。如通过对比哈萨克斯坦原油进口量增加情景和基础情景，可以得出哈萨克斯坦原油是否适合多进口，还可以比较不同哈萨克斯坦原油进口量对炼化加工、成品油外采、成品油销售和成品油出口的具体影响。

除设定多情景进行对比分析外，边际效益分析也是整体优化的一种重要分析手段。边际效益含义是某个约束方程右端项数值发生微小变化后线性规划目标函数的变化率。边际效益只会发生约束方程的边界处，即只有一个约束方程到达了设定下限或设定上限时，边际效益才不为零。

边际效益分析在整体优化中的应用主要有以下几个方面：

①原油资源效益分析：计算不同原油品种在当前供应量下的边际效益，边际效益为负，就要考虑减少采购，边际效益为正，就适宜研究和落实增加原油资源的供应。如计算结果中某进口原油的边际效益为100元/t，说明在当前的进口量和价格下，若再增加1t进口量，则下游的炼化+销售能实现盈利100元/t，应提高该油种进口量。

②成品油市场效益分析：把销售市场根据边际效益进行优先级排序，发现高效市场，查找低效市场。如计算结果中A省柴油批发的边际效益为100元/t，B省柴油批发的边际贡献为−80元/t。说明A省是高效市场，应当加大供应量、扩大市场份额；B省是低效市场，应适当抽紧柴油资源。

③物流运输瓶颈分析：根据优化测算结果中运输约束的边际效益大小，分析突破瓶颈是否值得。如计算结果中某条管线的边际效益为−100元/t，说明该条管线的最低输量是制约供应链整体效益提升的一个重要瓶颈，有必要深入研究是否需对该管线进行最低输量改造。

开展原油业务链一体化优化是提高中国石油生产经营水平的重要途径。一体化优化研究工作在统筹优化资源配置，优化“产、炼、销、运、储、贸”的科学衔接等方面发挥了重要作用，中国石油原油业务链一体化优化模型是世界上首个涵盖综合性石油公司原油业务链“产、炼、销、运、储、贸”全业务链条的一体化优化模型，在公司生产经营业务得到持续应用，多项技术处于国际领先水平。

“十二五”以来，原油业务链一体化优化在中国石油取得了显著的应用效果和经济效益。一体化优化结果为中国石油整体效益的提升提供了有力支撑。

原油业务链一体化优化针对中国石油生产经营热点、焦点问题开展专题分析，辅助生产经营决策。自2009年起中国石油规划总院成立了专门的一体化优化研究团队，与规划计划部、生产经营部密切结合，针对中国石油生产经营中的热点和焦点问题开展专题分析，如“两种资源、两个市场”研究、进口原油与国内资源配置研究、辽河油田和辽河石化换烧对中国石油整体的效益情况分析、宁夏石化和呼和浩特石化提高柴汽比分析、向大连西太配置管输俄罗斯原油的经济性分析、大连石化和广西石化供应广东省国Ⅴ汽柴油对比分析、哈萨克斯坦原油合适进口量分析、锦郑管线投产后输量分析等，测算结果为中国石油生产运行优化提供了科学依据。

原油业务链一体化优化模型提升了资源优化配置的科学性和水平，使原油资源优化工作走向了模型化和定量化。一体化优化模型逐年、逐月、逐季度支持原油业务链生产经营计划编制。模型以市场为导向，以中国石油整体经济效益最大化为目标，统筹安排和配置原油自产、陆上进口和海上进口，统筹安排成品油自产、外采和出口，形成了大量的有影响力的应用分析成果，为总部生产经营方案制定提供了依据。如在编制 2015 年年度计划时，按照基础方案、优化方案、刚性方案等三个方案进行了测算和效益分析，并综合量效指标提出推荐方案，在提出量化优化措施同时，还从规划、计划、价格、考核和产业政策 5 个方面提出了管理措施建议，实现了定量定性优化的有机结合。

原油业务链一体化优化模型的建立及应用，使总部计划编制模式由传统的手工平衡向模型化、智能化转变，促进了管理创新，优化分析结果为生产经营决策提供了量化依据，提高了计划编制的科学性。整体优化和细节分析并重。针对各类业务问题开展了多角度、多层次的分析，如同一油种在不同炼化企业加工的边际贡献对比分析，整体优化结果对价格的灵敏度分析，成品油外采和出口的效益对比分析等，为总部制定和落实方案提供了科学定量的依据。

原油业务链一体化优化在 2015 年获得中国石油天然气集团公司科学技术进步奖二等奖，“十二五”期间形成了一系列中国石油炼化生产计划优化科技成果。

（2）应用前景。

在国际原油价格波动频繁、市场需求瞬息万变等复杂形势下，如何以市场为导向优化资源配置，科学衔接“产、炼、运、销、储、贸”各环节，是综合性石油公司提升盈利能力的关键问题，开展石油供应链整体优化对于综合性石油公司而言至关重要。石油供应链整体优化技术具有广阔的市场推广及应用前景。整体优化模型的开发和应用，可使计划编制模式由传统的手工平衡向模型化、智能化转变，提高计划编制的科学性，提升企业盈利能力和市场竞争力。

二、炼油生产工艺流程优化技术

1. 设备优化

利用流程模拟模型，结合设备的实际运行数据，分析设备的运行状态，研究其存在的问题，并提出改造方案。例如，对加热炉采用新型燃烧器、调整对流段取热量、增加空气预热器等改造；换热器则采取更换新型高效换热器，增大低温热量的回收利用；机泵则通过对负荷变化较大的机泵，采用增上变频调速器的方式，降低电耗；压缩机则通过对负荷变化大的压缩机，采用增上无极变频调速器的方式，降低电耗。针对关键设备的优化，先后形成了“提高余热锅炉、锅炉效率的装置”和“降低锅炉排烟温度提高能量利用效率的装置”等 2 项实用新型专利。

中国石油某炼厂重整装置加热炉烟气排放温度为 230℃，排放温度偏高，加热炉效率低；为提高加热炉效率，该厂对重整装置加热炉进行改造，设置烟气和空气换热的空气预热器，从而将烟气温度降低到 150℃，提高加热炉效率 2.5 个百分点。

结合模型计算，“十二五”期间，中国石油通过更换烧嘴、增加空气预热器等措施，进一步提高了加热炉的热效率，降低了燃料气的用量，优化了加热炉的能耗。锦西石化 60×10^4t/a 连续重整装置四合一加热炉由辐射室和对流余热锅炉组成，烟气通过对流换热后，排烟温度 240℃，存在较大的排烟热损，加热炉运行热效率仅有 87.7%。2011 年以来，炉用燃料瓦斯的硫含量始终小于 50μg/g，而排烟温度 240℃远高于该烟气的露点腐蚀温度。为解决上述问题，对比分析了扰流子式、热管式、水热媒式、钢板式、铸铁板式以及以上预热器的组合式空气预热器，最后确定在预热器组的高温段选用扰流子式空预器，低温段采用铸铁板式空气预热器，将加热炉的排烟温度降低了 120℃，并配套更换高效低氮燃烧器，加热炉热效率提高至 93%，降低了燃料气消耗约 2400×10^4t/a，同时减少了烟气和 CO_2 排放，节能及环保效益显著。

2. 装置流程优化

炼油装置的生产流程优化主要是依靠所搭建的全流程模拟模型，结合实际生产经验和新技术的应用，分析装置存在的技术瓶颈和不合理之处并提出改造建议。

“十二五”期间，常减压装置的生产流程优化主要包括对换热网络的优化调整，以及结合下游装置的生产调整侧线产品的出装置温度，实现热出料等方面。催化裂化装置主要在催化剂预提升是否采用干气预提升、换热网络调整、吸收稳定系统的供热方式等方面进行优化。加氢装置的生产流程多因原料及生产方案变化带来的换热流程不合理，需要开展换热流程改造及热供料等方面的流程优化。催化重整装置作为成熟的工艺技术装置，生产流程的优化主要是热进料引起的一些变化及加热炉系统的空气预热器改造。延迟焦化装置生产流程优化主要是应用一些新技术改造焦化炉，同时针对一些易结焦、易结垢的地方，如转油线、分馏塔底部等开展优化工作。

例如，对长庆石化 500×10^4t/a 常减压装置换热网络进行分析，采用最小换热温差经验值 20℃作为换热网络夹点温差，对装置的换热网络进行夹点分析，由组合曲线分析判断该网络的夹点为 288℃ /268℃，而理论最大换热终温为 303℃。装置的实际换热终温为 286℃，说明该装置的换热网络存在一定的优化空间。通过对该装置的换热网络进行详细分析，发现其存在以下问题：首先，减压渣油的高温位热没有得到充分利用；其次，初底油两路换热流程中均存在换热流程温位匹配不当的情况，即存在初底油与高温热源换热后再与低温热源换热的现象。根据分析结果，提出以下优化方案：（1）增加渣油与进常压炉物料换热器换热面积；（2）调整初底油的换热流程，使初底油的两路换热均按热物流温位由低到高顺序排布。优化方案实施后，初底油的换热终温提高到 292.0℃，节能效果显著。

3. 全流程优化

全流程优化是指利用系统分析的方法，从企业整体效益最大化出发，研究分析企业存在的问题，从装置结构、物流走向、氢气系统利用、装置间热联合、低温热等方面提出改造方案，加强新技术的应用，提高企业效益。

1）装置热联合

通过分析装置的总体用能情况及各种物料的低温热利用及进料温度情况，进行装置间的系统优化，一方面实现装置间侧线产品的能量集成利用，另一方面实现装置间的热出料和热进料。结合装置的工艺特点和装置总图布局，通过提高中间物料的出料温度及优化直接供料温度，推动上下游装置的能量集成优化。

长庆石化催化裂化装置顶循环油依靠循环水进行冷却，而相邻的气分装置却依靠蒸汽给分馏塔底加热，通过分析发现催化裂化装置顶循环油的温度和能量均能满足气分装置的分馏塔底热负荷，因此，建设管线将催化裂化装置顶循环油引入气分装置进行换热，从而不但节约了气分装置蒸汽的使用量，还节约了催化裂化装置循环水的使用量。

锦西石化常减压蒸馏装置采用蜡油和渣油先输送到罐区，然后再去催化裂化装置作为原料，通过与柴油和油浆换热后进入提升管反应器，在此过程中，常减压蜡油和渣油先通过循环水取热将温度由 130℃降为 80℃出装置，再在催化裂化装置将原料通过与产品柴油和循环油浆换热由 80℃升至 220℃进提升管反应器，这个过程出现了同一产品先降温在升温的不合理现象。通过能量优化项目，提出热出料热进料优化方案，直接将常减压蜡油和渣油供应催化裂化装置，通过减少常减压装置的循环水的使用量，将蜡油和渣油的出装置温度调高到 110℃，同时为保证原料进提升管温度不变，通过调节催化裂化的操作，使得油浆系统多发蒸汽，柴油多发热水，可有效实现节约循环水 240t/h，多发蒸汽 2.2t/h，多发热水 70t/h。

2）低温热综合利用

炼油生产中的低温热主要是产品、分馏塔顶油气、中段循环油、蒸汽凝结水等与工艺换热后，热量不能再被工艺直接利用同时还需采用循环水或空冷器冷却，但能通过某一热媒介质（如除盐水或除氧水）回收间接用于其他热阱的热源。炼油企业低温热物流的温度范围一般在 150~70℃，烟气在 150~400℃。

截至 2015 年底，国内原油年加工量 500×10^4t/a 左右的炼厂低温热总量为（50~80）× 10^6kcal/h，其中有效回收利用的低温热在 30% ~70%之间。“十一五”期间，中国石油投入了大量的人力和物力对低温热系统进行改造，低温热源从原有的炼油区扩大到芳烃、化纤等化工区，热阱从厂区扩大到厂外相关区域，系统复杂程度大大提高，但是面对更为紧张的能源环境、更为苛刻的环保政策以及能量系统优化的新格局，必须以新的眼光重新审视低温热，对其进行系统优化利用。

（1）主要技术进展。

“十二五”期间，中国石油基于“温度对口、梯级利用”的低温热利用原则，依托流程模拟技术，通过“三环节”能量系统分析、夹点技术分析等手段，开展了大量的工程积极实践，研究形成了低温热综合利用的技术方法。

低温热系统的模拟主要是平衡热源和热阱的负荷，较一般的炼油工艺过程模拟相对简单，但需要针对不同的热源物流采用不同的热力学方法，同时结合严格换热器、简单换热器的灵活使用实现对低温热系统的准确模拟。

针对低温热系统的优化，面对炼厂热源大于热阱的普遍问题，开展了多家企业全厂低温热源、热阱的普查，从全系统层面减少低温热的产生，同时深入发掘厂区内外的热阱。根据低温热源、热阱的特点、布局等从全厂层面合理布局低温热利用子系统，在建立系统模型的基础上，应用能量系统优化的理论，进行系统分析和优化，确定热媒水的上水和回水温度，合成取热和用热网络。综合利用热泵技术，低温热制冷、低温热发电、吸收式变热器等技术，合理布局低温热优化利用子系统，同时开展各低温热系统之间的柔性调节，研究热源、热阱在各低温热子系统之间的切换，合理配置低温热系统的补热及冷却，制订符合企业的低温热优化方案。在该方法的指导下，中国石油对多家炼厂开展了低温热系统的优化改造，取得了明显的节能增效效果。

长庆石化原有 3 套相互独立的低温余热系统，包括 1 套以常减压装置为热源的低温热水系统、1 套以溶剂脱沥青装置为热源的低温热水系统和 1 套以催化裂化装置为热源的低温热水系统。通过对全厂低温热源与热阱统计分析，发现冬季和夏季全厂低温热源的负荷均大于低温热阱的负荷，该系统存在热量回收不充分、热阱发掘不充分、流程结构不合理等问题。为此，在通过工艺和换热网络优化减少全厂低温热产生的基础上，在全厂建立了两个热水系统，分别是西区热水系统和东区热水系统。前者为催化热水系统，收集催化装置的低温热源用于气体分离装置丙烯塔、脱乙烷塔再沸器热源及原料预热，并部分用于该装置伴热和动力生水加热；后者冬季运行时的热源以常减压装置、催化裂化原料预处理装置和制氢装置为主，热阱包括苯抽提装置伴热、老制冷机组低温热制冷、动力除盐水加热、厂区和生活区采暖以及生活区洗浴用水加热。低温热系统优化后，全厂的低温热利用率大幅上升，同时系统柔性得到提高。

（2）应用前景。

近年来，炼油企业面临产品质量升级等因素的影响，相继实施了大量装置的新建和改造项目，由于区域限制和安全操作等原因，新旧装置之间以及装置和系统之间的热量没有得到较好的集成，产生了大量的低温热，急需开展相关的优化研究。中国石油的低温热综合利用技术作为中国石油炼化能量系统优化成套技术之一，综合利用了系统优化、流程模拟技术，能够有力支撑企业现有低温热系统的优化，挖掘企业的节能潜力，同时在企业开展装置新建和改造过程，指导进行能量系统的整体优化研究，规避重新产生大量的低温热源，提升企业整体的能量利用效率。

4. 公用工程系统优化

1）蒸汽动力系统优化

蒸汽动力系统的组成一般包括锅炉房或热电站，辅助锅炉或开工锅炉，余热、废气回收、蒸汽过热装置，蒸汽输送、分配及平衡设施，蒸汽及热用户，工业及发电汽轮机，给水除氧及凝结水回收系统，燃气轮机等。

蒸汽动力系统的流程优化可以从以下几个方面开展：

依据工艺过程需求和全局组合曲线，优化蒸汽动力系统配置；优化热力管网布局，降低管线压降、温降；热电联产系统坚持以汽定电。除最高压力等级母管外，系统其余各级蒸汽母管平衡所需的汽量应充分考虑工艺装置余热所产生的副产蒸汽，不足部分由汽轮机的抽、排汽供给或补充；在各等级的蒸汽管网之间，选用汽轮机发电或驱动较大功率的压缩机，汽轮机抽汽或背压排出的蒸汽供下一级管网使用。

（1）主要技术进展。

蒸汽动力系统的流程优化是在准确模拟炼化企业蒸汽动力系统生产、输送、消耗、回收过程的基础上，应用系统工程技术及先进的优化分析方法，结合实际生产管理及操作经验，对能源消耗及成本等进行系统分析，对热电比进行评价，找出用能的瓶颈所在，提出改善能量利用的优化方案，实现汽轮机设置以及蒸汽管网的匹配优化。例如，结合具体企业的电价、自发电上网的难易程度，优化发电量、发汽量等最合理的比例关系；尽可能消灭直接的、大量的减温减压。

“十二五”期间，中国石油研究形成了蒸汽动力系统的流程优化方法。首先，开展现状调研和现状评估，收集蒸汽动力系统的数据，包括所有产汽、用汽单元温度、压力、流量；集气管及压力等级；汽包、锅炉（加热炉和余热锅炉）流量、压力、温度；所有汽轮机；蒸汽用户凝液是否回收；减温减压器；凝液闪蒸罐压力；所有除氧器温度及蒸汽来源；锅炉排污及去向；锅炉进水来源及温度；现场发电设备；透平运行策略；能够体现锅炉、集气管、透平、减温器等的蒸汽系统配线图。其次，利用KBC公司的Prosteam和SuperTarget或AspenTech公司的Aspen Utilities Planner等软件，建立蒸汽动力系统模型，包括锅炉、除氧器、泵、燃料（煤、天然气和炼厂气）供给、空气供给、水或蒸汽进料、水或蒸汽消耗、集气管、减温减压器、减压阀、透平、多级透平、驱动序列、冷凝器、加热器等模块。最后，结合夹点分析和模型计算，针对蒸汽的生产、输送、使用和凝结水回收4个环节提出流程优化措施。通过换热器改造、采暖站蒸汽改水、蒸汽管网改造、凝结水回收系统改造等一系列措施，中国石油进一步降低了蒸汽用量，消除了部分蒸汽放空，减少了新水消耗。

锦州石化平衡3.5MPa中压蒸汽管网和1.0MPa低压蒸汽管网的方式是减温减压，大量高品质热源通过减温减压的方式补入1.0MPa蒸汽管网，造成能量浪费严重，同时厂东3.5MPa中压蒸汽管网末端带水严重，存在一定的安全隐患。为解决上述问题，研究提出在厂东第一循环水场增设双螺杆膨胀动力机，替代电动机驱动水泵，避免中压蒸汽通过减温减压的方式补入1.0MPa蒸汽管网，从而达到回收压损、高效节能的目的。该方案实施后，为企业节约了大量电量，显著减少了中压蒸汽减温减压量，实现年增效211万元。

（2）应用前景。

蒸汽动力系统的能耗在整个石化企业中占有相当大的比例。由于技术和资金限制，在公用工程系统层面上以及公用工程系统与生产工艺流程结合层面上，所开展的系统优化较少，仍存在中压蒸汽直接减温减压使用、乏汽过剩放空和蒸汽作为伴热采暖使用等现象，迫切需要开展蒸汽动力系统的流程优化研究，该技术具有广阔的应用前景。

2）燃料系统优化

燃料系统中，燃料气系统主要包括缓冲罐、预热器、汽化器、过热器、燃料气收集和分配管道等；燃料油系统主要包括燃料油罐、供油泵、油加热器、油过滤器、供油及回油管道等。

燃料系统的流程优化可以从以下角度开展：

优化燃料气管网配置，回收火炬气，最大限度减少火炬排放；回收含H_2、CO、N_2、CO_2等低热值和惰性气体较多的燃料气；回收燃料气中的高效益组分，如H_2、乙烯等；降低燃料气硫含量，充分回收烟气余热。

（1）主要技术进展。

“十二五”期间，中国石油研究形成了燃料系统的流程优化方法。在收集燃料产量（购入量）、消耗量和组成，燃料管网流程图，加热炉、锅炉的设计数据和实际运行数据等数据资料的基础上，开展燃料系统的现状分析，并进行节能机会识别，包括是否可以优化燃料气管网的结构，以使所有加热炉都能消耗自产燃料气；是否可以优化自产燃料气品质，尽可能回收燃料气中的轻烃和氢气；是否可进一步降低瓦斯的硫含量，为降低加热炉排烟温度奠定基础等。其次，利用Aspen Utilities Planner、KBC ProSteam等软件开展燃料系统的模拟。由于冬、夏季对燃料的需求量不一样，因此，需要分别建立冬、夏季工况的模型。最后，开展燃料系统的流程优化包括燃料管网优化、压缩机、气柜等的优化，在确保系统安全条件下，设置高低压管网连通线、低热值燃料气或燃料气中高效益组分回收等措施。

中国石油针对一些企业存在的燃料气系统带液、压缩机工作液带油回收效率低、高压火炬气未回收等问题，先后研究提出了“改进瓦斯回收工艺，提高压缩机效率，多回收瓦斯气”“火炬气回收装置新上冷却器和分液罐改造”“改造液环压缩机出口分液罐结构”“回收高压火炬气”“事故 / 紧急放空的燃料气回收”等一系列优化措施，取得了显著成效，基本实现了燃料系统的整体流程优化。同时进一步总结经验，研究形成了“一种提高气体提压系统螺杆压缩机效率的方法”“一种用于提高火炬气中凝缩油回收率的脱硫塔系统”“火炬气回收系统”“一种联合回收高低压火炬系统”等 4 项专利。

以发明专利“一种提高气体提压系统螺杆压缩机效率的方法”为例，该专利将从瓦斯或其他气体总管来的各装置瓦斯气、油田气或其他气体先进入气柜储存，再和喷淋液一同进入螺杆压缩机，进行压缩提压，然后直接进入一次气液分离罐，进行气液分离；一次气液分离罐的罐底液相经过喷淋液冷却器，得到冷却后的喷淋液，回螺杆压缩机入口，循环使用；一次气液分离罐的罐顶气相经过瓦斯、气体冷却器冷却后，进入二次气液分离罐，罐底分离出液化气重组分，排入凝缩油罐，罐顶气相去净化处理。该方法可以将螺杆压缩机机组回收效率从 40% 提高到 90% 以上（实际回收量 / 额定回收量），提高压缩机气体处理能力，节省电能，减少环境污染[33]。

长庆石化采用 Petro-SIM 软件，对瓦斯回收系统进行了模拟。针对冷却器能力不足、富胺液带液化气以及压缩机效率低、瓦斯回收能力不足等问题，研究提出了瓦斯回收工艺改进方案，主要包括将现在的冷却器改造成返回喷淋液冷却器；将现有的气液闪蒸罐改造成高温闪蒸罐，减少返回柴油中的液化气量，提高压缩机效率；在现有气液分离罐出口气相线上新加冷却器，在入脱硫塔管线上增加温度计，保证入脱硫塔瓦斯温度低于贫液温度，不污染胺液等措施。方案实施后，有效提高了压缩机效率，多回收液化烃、瓦斯气，实现节能 244kg（标油）/h、年增效 655 万元。

（2）应用前景。

燃料系统易于出现能源浪费和环境污染，但重视程度不足。对燃料系统进行工艺流程优化，可合理利用企业的各类燃料，提高设备效率，深入挖掘企业降本增效的潜力，具有广阔的应用前景。

3）氢气系统优化

氢气系统的流程优化可以从以下几个方面优化：

在综合考虑投资、运行经济性和网络简洁程度的基础上，优化氢气管网等级，并优化各级的纯度和压力；充分回收利用富氢气体中的氢气；炼油与化工氢源综合利用优化；优化制氢装置原料；运用夹点分析法优化氢气网络。

（1）主要技术进展。

“十二五”期间，中国石油以夹点分析方法为手段，通过从炼厂富氢气体回收氢气资源减少排氢量、增设氢气提纯设施、将炼油厂过剩氢气资源处理后作为合成氨装置进料等措施，有效地促进了炼化企业氢气系统的平衡优化，实现了“浓度对口、梯级利用”及氢气资源的炼化一体化优化，形成了专利“一种回收炼油厂废氢用于化肥厂合成氨装置的系统”。

同时，研究形成了氢气系统的流程优化方法。首先，收集炼化企业所有氢源氢阱信息，主要包括各装置氢气的流量、压力、氢气纯度以及 H_2S、NH_3、CO、CO_2 等杂质含量等。通过氢阱最低浓度限制、杂质限制、压力限制、流量等识别可以调节的余量。比较典型的可供回收氢气的废气主要有：加氢低分气、合成氨驰放气、制氢弛放气、PSA 解吸气、膜分离滞留气、装置干气等。其次，通过基于氢夹点理论的氢网络优化软件建模分析。氢网络优化模型主要计算最小用氢量以及用线性规划优化氢源、氢阱的网络匹配。最后，结合模型分析，提出氢气回收利用等的优化措施。常用的氢气回收技术主要是变压及变温吸附（PSA）、低温精馏及膜回收。可以根据产品要求、投资、运行成本来决定采用哪种技术，膜分离技术产量小，成本低。PSA 技术一般适用于流量大的情况。对于其他气体物流，如液化石油气，宜选择低温设备回收氢气，低温设备可生产出中等纯度的氢气。

克拉玛依石化在深入研究氢气网络夹点分析及优化技术上，结合氢气系统优化需要，开发形成“氢气网络夹点分析及优化系统”，系统界面如图 7–9 所示。具体功能包括：氢源、氢阱组合曲线的计算和绘制；氢气网络剩余氢量的计算和剩余氢量图绘制；计算系统氢气的最小用量或最低浓度要求，得到氢气网络优化潜力；自动求解多工况下的氢气网络最优匹配方式等。

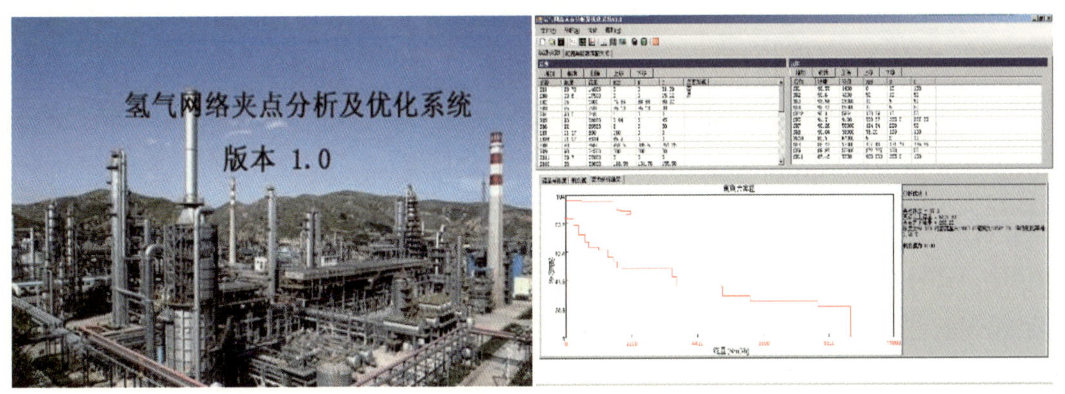

图 7–9　氢气网络夹点分析及优化系统界面

该企业共有 7 套加氢装置，氢气系统基本平衡，但由于新建 60×10^4t/a 催化重整、120×10^4t/a 柴油加氢改质装置即将投产，30×10^4t/a 催化重整装置计划停工，新工况下公司产、用氢情况将发生变化。通过对全厂产氢装置、用氢装置进行综合研究分析，并充分考虑新装置投产和老装置停产后的氢气平衡，研究提出了全厂氢气系统优化方案，通过新建氢气回收系统，回收全厂燃料气及放空气中氢气并提纯，保证全厂氢气平衡，该方案预计可实现节能 7009t（标煤）/a，年增效 1293 万元。

（2）应用前景。

随着油品质量升级步伐的加快，炼化企业氢气的消耗量大幅增长，降低氢气成本、实现氢气系统的优化利用对炼化企业具有重要意义。但是，截至 2015 年，不少炼化企业尚未利用氢夹点对氢气网络进行优化分析，一些企业富氢气体中的氢气尚未回收，制氢装置的原料仍有空间。因此，该技术具有普遍的推广意义。未来氢气资源优化不仅要考虑炼油厂本身的氢气资源，还要向炼化一体化氢气资源优化延伸，甚至包括邻近的化工园区关联单位（如钢铁厂、化肥厂、焦化厂等）大系统的综合集成，以便更好实现资源充分利用和优化。

第三节 炼油生产过程优化技术展望

面对未来国内外炼油行业竞争的进一步加剧，以及近年来信息化、智能化技术的快速进步和在炼油生产领域的不断成功应用，中国石油"十三五"期间将重点围绕流程模拟优化技术提升、生产运行优化技术开发与应用、分子炼油技术开发等三个方面，推进炼油全流程模拟与优化技术的进一步深入和配套，创新信息化、智能化技术在生产运行优化的集成应用，探索研究炼油生产分子级模拟与系统优化技术，不断完善中国石油的炼油生产过程优化技术体系。

一、流程模拟技术

为实现流程模拟技术对炼油加工流程的全面覆盖，中国石油将通过广泛合作，针对炼油生产过程的特色工艺，如催化裂化MIP、柴油液相加氢、催化汽油深度脱硫以及润滑油生产工艺等，进一步完善流程模拟技术，拓展流程模拟技术在炼油生产过程优化上的应用，提高模拟技术对炼化生产过程优化的支撑能力。

二、在线实时优化技术

伴随近年来计算机技术和信息化技术的快速发展，基于稳态流程模拟技术的闭环实时优化技术正成为炼油装置提升生产运行水平的关键技术。"十三五"期间，中国石油将重点围绕大型催化裂化等炼油重点装置开展闭环实时优化（RTO）技术的攻关，突破基于反应机理的优化模型对装置多工况、多约束的联立求解等关键技术，填补国内在炼油反应装置上实时优化技术的应用空白。此外，通过聚类分析、深度学习的神经网络分析方法和相关积分等智能化、大数据分析理论和方法，针对炼油生产装置的复杂反应过程，开发在线优化技术，补充完善中国石油炼油重点装置的在线优化技术。

"十三五"期间，中国石油将基于已形成的炼油生产装置全流程模拟技术，实施与MES、LIMS等信息系统的集成应用，重点开发炼油全流程的在线模拟技术，实现装置模拟模型的在线自动校正。同时，开发以效益最大化为目标的多装置、炼油全流程的一体化优化技术，提升全流程整体协调优化能力。

三、生产计划优化技术

计划优化系统将结合Delta-base技术升级、炼厂生产调度系统的完善，开展与装置模拟模型的集成应用技术开发，实现全厂生产计划优化模型、生产调度优化模型和装置操作模型的深度集成和有效衔接，建立计划—调度—操作一体化平台，增强企业生产运行调整的敏捷性和效益导向性。使企业在面临波动变化的原油市场、产品市场，能够快速制订切实可行的效益最大化生产方案，及时调整优化生产经营策略，并传递到计划、调度和装置操作各个层面，不断提升生产运行管理的精细化水平，提升企业优化协调、预测预警、科学决策的能力，提升企业的盈利能力。

四、设备智能诊断技术

在大型关键设备运行优化管理上，将大数据分析等技术引入设备动态管理中，采用大数据与机器学习算法，充分挖掘状态数据的异常信息，开发设备故障诊断专家规则和专家系统，以及设备故障诊断方法、设备健康状态评价指标体系及评价方法，进行关键设备的预测预警与预知性维护，为装置的长周期平稳运行奠定技术基础。

五、分子管理技术

炼油过程分子管理技术是实现石油资源高效利用的根本方法，也是应对原油资源劣质化和环保要求日益严格的重要手段。随着现代分析技术和计算机技术的发展，国际领先的炼油企业都将分子管理技术作为未来重要的突破方向。中国石油也将在分子管理技术上积极探索，大力开展相关研究工作。

“十三五”期间，中国石油将重点攻关原油及其馏分、二次加工产品的分子表征，开发相应分子数据库，实现对不同物料的快速、准确分子表征，奠定炼油分子水平优化的技术基础。

在炼油装置上，针对催化裂化、加氢裂化 / 精制、催化重整等炼油主体装置，探索研究反应过程的分子转化规律，开展相关反应动力学模型的开发并应用于过程优化研究，提升生产过程优化的精细化分析、预测能力。适时开展工程示范研究，及时将研究成果转化为生产力。

通过“十三五”以及未来一段时间的集中攻关，中国石油将在炼油过程的深度模拟、配套分子管理技术的开发、重点装置闭环实时优化、炼油全流程在线优化、计划—调度—操作一体化优化以及大型关键设备在线智能管理技术等方面，形成更为完善的过程优化技术体系，使中国石油炼油生产过程优化技术水平在微观和智能化层面进一步大幅提升。

参考文献

[1] 杨友麟，成思危．中国过程系统工程20年——回顾与展望（上）[J]．现代化工，2012，32（6）：1-5.

[2] 李文波，毛鹏生，王长英，俞裕国．化工流程模拟技术的现状与发展[J]．化工时刊，1998（6）：3-6.

[3] 何英华，李洪涛，路明．浅谈化工过程模拟技术[J]．现代化工，2010（30）：325-327.

[4] 王春花，华贲，仵浩．提高出料温度，实现炼油装置的深度热联合[C]．第十一届中国化工学会信息技术应用专业委员会年会，2007.

[5] 刘琳琳，都健，肖丰，等．基于虚拟温度法的间歇过程换热器网络综合[J]．计算机与应用化学，2009，26（8）：1017-1021.

[6] 马相坤，姚平经，钱新华，等．乙烯装置预冷系统换热网络的节能优化[J]．现代化工，2006，26（S2）：311.

[7] 杨文发．催化裂化装置相关积分优化控制设计及应用[J]．石油化工设计，2008，25（2）：40-42.

[8] 何小荣，李初福，陈丙珍．石化企业生产计划图形建模优化系统[J]．计算机与应用化学，2006，23（1）：1-8.

[9] 余建军，张定超，周铭新．生产调度研究综述[J]．企业管理与信息化，2009（17）：13-17.

[10] 余冰，高小永，摆亮，等．炼油企业全厂调度优化系统的设计与开放[J]．化工进展，2013，32（2）：475-480.

[11] 王景芳，邬书跃，郭武．生产调度决策优化系统 Orion[J]．石油化工自动化，2006（3）：4-7.

[12] 徐燕平．蒸汽动力系统操作优化及应用[J]．炼油技术与工程，2010，40（5）：50-53.

[13] 龚燕，王弘历，游晓艳，等．炼化企业能源管控系统应用进展研究[J]．石油石化绿色低碳，2016，

1（4）：9–12.

［14］王少杰．瓦斯系统平衡与优化调度系统管理信息化浅析［J］．石油石化节能与减排，2012，2（1）：43–46.

［15］王新平，陈诚．炼油厂氢气分配系统夹点优化技术研究进展［J］．广东化工，2012，39（234）：184–186.

［16］焦云强，苏宏业，侯卫锋．炼油厂氢气系统优化调度及其应用［J］．化工学报，2011，62（8）：2101–2107.

［17］邸雪梅，焦云强．炼化企业氢气系统监测与调度优化［J］．中外能源，2016,，21（7）：68–72.

［18］黄雪琴，龚燕，朱宏武，等．炼化企业蒸汽动力系统优化分析方法进展综述［J］．节能，2010，29（5）：6–10.

［19］王献军，田涛，王北星．炼油企业氢气系统优化研究［J］．石油石化节能与减排，2015，5（1）：22–28.

［20］康永波，曹萃文，于腾．炼油厂氢气网络优化方法研究现状及展望［J］．石油学报（石油加工），2016，32（3）：645–658.

［21］田立达，沈本贤，刘纪昌．基于结构导向集总的延迟焦化分子尺度动力学模型［J］．石油学报（石油加工），2012，28（6）：957–966.

［22］祝然，沈本贤，刘纪昌．减压蜡油催化裂化结构导向集总动力学模型［J］．石油炼制与化工，2013，44（2）：37–42.

［23］Zhang L，Hou Z，Horton S R，et al. Molecular Representation of Petroleum Vacuum Reside［J］. Energy & Fuels，2014，28（3）：1736–1749.

［24］Aspen. Molecule–based Characterization Methodology for Correlation and Prediction of Properties for Crude Oil and Petroleum Fractions［G］.2014.

［25］徐俊刚，戴国忠，王宏安．生产调度理论和方法研究综述［J］．计算机研究与发展，2004，41（2）：257–267.

［26］DiPippo L C，Wolfe V F，Nair L，et al.A Real–time Multi–agent System Architecture for E–commerce Applications1［C］. University of Rhode Island，Tech Rep：TR00–280，2000.

［27］Hodysl E.A Scheduling Algorithm for a Real–time Multi–agent System［D］.University of Rhode Island，Kingston，2000.

［28］Zhang J，Zhu X X，Towler G P. A Simultaneous Optimization Strategy for Overall Integration in Refinery Planning［J］.Industrial & Engineering Chemistry Research，2001，40（12）：2640–2653.

［29］史权，张霖宙，赵锁奇，等．炼化分子管理技术：概念与理论基础［J］．石油科学通报，2016，1（2）：270–278.

［30］中国石油天然气集团公司．Q/SY 06517.1—2016 炼油化工工程热工设计规范 第 1 部分：蒸汽系统［S］．北京：石油工业出版社，2016.

［31］中国石油天然气集团公司．Q/SY 06503.10—2016 炼油化工工程工艺设计规范 第 10 部分：燃料系统［S］．北京：石油工业出版社，2016.

［32］杨友麒．企业公用工程系统节能减排的发展现状［J］．现代化工，2010，30（12）：1–6.

［33］赵金海，姚玉瑞，乔涛，等．一种提高气体提压系统螺杆压缩机效率的方法：中国，201010272749.3［P］2011–4–6.

中国石油石油炼制科技发展大事记

2006 年 4 月 25 日，中国石油科技大会在北京召开。

2006 年 6 月 28 日，中国石油天然气股份有限公司石油化工研究院组建。

2007 年 2 月 27 日，2006 年度国家科学技术奖励大会在北京举行，中国石油“催化裂化汽油辅助反应器改质降烯烃技术的开发和应用”荣获国家科学技术进步奖二等奖。

2007 年 11 月 12 日，两段提升管催化裂解多产丙烯技术在中国石油大庆炼化公司 12×10^4t/a 工业装置试验成功。

2008 年 4 月 7 日，“中国科学院与中国石油先进制造与新材料技术交流研讨会”在黑龙江省大庆市召开。

2008 年 4 月 10—11 日，中国石油科技管理部在兰州石化公司组织召开中国石油催化裂化催化剂技术专题研讨会。

2008 年 5 月 20 日，中国石油炼油与化工专业标准化技术委员会成立。

2008 年 5 月 21—23 日，中国石油在北京召开了炼化企业科技工作座谈会。

2008 年 6 月 25 日，中国石油“炼化能量系统优化研究”重大科技专项启动会在京召开。

2009 年 1 月 9 日，2008 年度国家科学技术奖励大会在北京召开，中国石油“原位晶化型重油高效转化催化裂化催化剂及其工程化成套技术”获国家科学技术进步奖二等奖。

2009 年 2 月 10 日，中国石油科技管理部在北京组织召开“劣质重油轻质化关键技术研究”重大科技专项启动会。

2009 年 2 月 26 日，中国石油科技管理部在大港石化组织召开“柴油加氢精制催化剂开发与工业试验”项目启动会。

2009 年 3 月中旬，中国石油首批中试基地建设项目——催化裂化催化剂及制备工艺中试基地在石油化工研究院兰州中心建成投用。

2009 年 6 月 4—5 日，中国石油科技工作座谈会在河北廊坊召开。

2009 年 6 月 22—23 日，由中国科学院化学部和中国石油科技管理部联合举办的“西部能源化工可持续发展论坛”在新疆乌鲁木齐成功举办。

2009 年 7 月 21 日，中国石油知识产权战略研究项目启动会在北京举行。

2009 年 8 月 19 日，中国石油首批建成投用的 3 个炼油化工科技平台——重质油加工重点实验室、催化裂化催化剂及制备工艺中试基地、聚丙烯催化剂及工艺中试基地在石油化工研究院正式挂牌运行。

2009 年 10 月 21 日，中国石油在北京组织召开了重大科技专项交流暨推进会。

2009 年 12 月 8 日，中国石油重大炼化工业化试验——万吨级重油梯级分离耦合萃余残渣造粒工业示范试验装置在辽河石化公司开车成功。

2010 年 1 月 11 日，在 2009 年度国家科学技术奖励大会上，中国石油“齿轮油极压抗磨添加剂、复合剂制备技术与工业化应用”获 2009 年度国家技术发明二等奖。

2010 年 3 月 24 日，中国石油在“第 23 届炼油与能源公司年度奖”评选及颁奖大会中荣获“2010 年度国际石油炼制商”大奖。

2010 年 3 月 30 日，“高辛烷值型重油裂化催化剂关键技术开发与推广应用”荣获中央企业青年创新奖金奖。

2010 年 5 月 26 日，中国石油与中国国航、美国波音公司及霍尼韦尔 UOP 公司签署了《关于中国可持续航空生物燃料验证试飞的合作备忘录》。

2010 年 7 月 20—22 日，中国石油科技代表团参加了在加拿大举办的第四届“油砂及重油加工技术国际研讨会”。

2010 年 8 月 13 日，中国石油科技管理部在北京召开“炼油催化剂研制开发与工业应用”重大科技专项启动会。

2010 年 11 月 1—2 日，中国石油“千万吨级大型炼厂成套技术研究开发与工业应用”重大科技专项启动会在北京召开。

2011 年 4 月 13—14 日，中国石油与英国 KBC 先进技术公司在北京联合组织召开了中国石油 -KBC 能量优化技术研讨会。

2011 年 6 月 24 日，中国石油兰州石化公司催化剂厂正式接到雪佛龙公司（Chevron）美国盐湖城炼油厂催化剂试用订单，标志着中国石油催化裂化催化剂首次进入美国市场。

2011 年 6 月 24 日，中国石油和中国航油在北京举办了“中国首次试飞航空生物燃料交接仪式。

2011 年 8 月 11 日，中国石油和中国石化共同承担的国家“十二五”科技支撑计划“符合国家第四阶段汽车排放标准的汽柴油组成与排放的关系研究”课题顺利通过国家科技部组织的验收。

2011 年 8 月 18 日，国家自然科学基金委员会与中国石油天然气集团公司共同设立的“石油化工联合基金”协议签字仪式在北京举行。

2011 年 8 月，由中国石油作为依托部门组织申报的“绿色低碳导向的高效炼油过程基础研究”项目获得国家科技部批准，正式列入 2011—2012 年国家重点基础研究发展计划（简称“973”计划）。

2011 年 10 月 28 日—11 月 4 日，委内瑞拉超重油减压渣油延迟焦化工业试验在辽河石化公司取得成功，标志着中国石油攻克了 100% 委内瑞拉超重油减压渣油延迟焦化加工这一世界性难题。

2011 年 11 月 14 日，中国石油和中国石化联合牵头承担的“劣质、重质原油高效转化”项目成功列入国家“十二五”科技支撑计划。

2011 年 12 月 8 日，北京市环保局正式公开征求北京市第五阶段《车用汽油》《车用柴油》标准意见，中国石油参加的北京市第五阶段《车用汽油》《车用柴油》标准完成全部研究内容。

2012 年 1 月 10—11 日，中国石油作为支持依托部门，中国石油大学（北京）牵头的国家重点基础研究“973”计划“绿色低碳导向的高效炼油过程基础研究”项目启动会在北京召开。

2012 年 8 月 8 日，中国石油由渤海装备兰州石油化工机械厂研制生产的国内首套平板式 DN900mm 焦化塔顶阀在兰州石化公司延迟焦化装置正式投入工业运行。

2012 年 8 月 21—22 日，中国石油 2012 年炼化技术座谈会在北京召开。

2012 年 9 月 5—6 日，中国石油主办的“2012 年中加重油与油砂技术研讨会”在加拿大卡尔加里市召开。

2012 年 11 月 26—28 日，中国石油科技管理部组织召开了“航空生物燃料生产成套技术研究开发与工业应用”重大科技专项启动会。

2013 年 1 月，中国石油兰州石化公司催化剂获得新加坡 SRC 炼厂 1200t 催化剂试用订单，实现了中国石油首次大规模向海外高端炼厂供应催化剂。

2013 年 4 月 19 日，受国家能源局委托，中国石油石油化工研究院承办的“航空涡轮生物燃料”国家标准制定工作启动会召开。

2013 年 5 月 21—23 日，中国石油科技管理部组织召开了“劣质重油加工新技术研究开发与工业应用”重大科技专项启动会。

2013 年 8 月 13 日，中国石油具有自主知识产权的国Ⅴ柴油加氢催化剂—硫化型柴油加氢催化剂 FDS-2 在长庆石化完成首次工业应用试验，生产出国Ⅴ柴油。

2013 年 10 月，中国石油具有自主知识产权的国Ⅴ柴油加氢精制催化剂（PHF-102）在辽阳石化公司 120×10^4t/a 柴油生产装置首次应用取得成功。

2013 年 11 月 18 日，国内首套采用 WGS 技术催化裂化烟气脱硫装置在中国石油锦西石化公司顺利开工投用。

2014 年 6 月 18—19 日，中国石油重质油加工重点实验室、催化裂化催化剂及制备工艺中试基地、合成橡胶试验基地、聚丙烯催化剂与工艺工程中试基地 4 个科技平台通过验收与运行评估。

2014 年 10 月 30—31 日，中国石油科技管理部在兰州组织召开了中国石油催化裂化技术交流研讨会暨重质油加工重点实验室、催化裂化催化剂及制备工艺中试基地学术委员会会议。

2014 年 12 月 2—3 日，中国石油科技管理部在北京召开了“炼油催化剂研制开发与工业应用”重大科技专项验收评估会。

2015 年 1 月 6 日，中国石油“炼化能量系统优化技术升级与推广应用”重大科技专项邀请美国弗吉尼亚理工大学刘裔安教授进行炼化能量系统优化技术交流。

2015 年 7 月 28 日，中国石油“国Ⅴ汽油调和组分稳定生产工业试验”“FCC 汽油硫转移 - 加氢脱硫工业试验”“柴油加氢改质催化剂（PHU-201）工业应用试验”3 个重大工业试验项目启动暨实施方案审查会在乌鲁木齐召开。

2015 年 12 月，中国石油“满足国家第四阶段汽车排放标准的清洁汽油生产成套技术开发与应用”获国家科学技术进步奖二等奖。